饮用水深度处理技术与工艺

Advanced Drinking Water Treatment Technologies and Processes

董秉直 何 欢 李 甜 柳君侠 赵青青 陈 艳 著

同济大学 出版社
TONGJI UNIVERSITY PRESS
·上海·

内 容 提 要

本书较为全面和详细地介绍了天然水体中有机物的特性,并着重介绍了其有机物分子量、亲疏水性以及三维荧光光谱;饮用水处理的各种技术、特点和所起的作用;饮用水不同的处理工艺及其优缺点;消毒副产物的生成、特点以及去除的技术和工艺;同化有机物和可生物降解有机物的生成、特点及去除的技术和工艺;臭氧生物活性炭处理技术以及膜技术等。

本书适合从事饮用水处理的研究、设计以及管理人员阅读,也可供给排水专业的本科生和研究生参考,亦可作为饮用水深度处理课程的研究生教材。

图书在版编目(CIP)数据

饮用水深度处理技术与工艺 / 董秉直等著. —上海:
同济大学出版社,2024.8
ISBN 978-7-5765-0719-5

Ⅰ. ①饮… Ⅱ. ①董… Ⅲ. ①饮用水—水处理 Ⅳ.
①TU991.2

中国国家版本馆 CIP 数据核字(2023)第 018360 号

饮用水深度处理技术与工艺

Advanced Drinking Water Treatment Technologies and Processes

董秉直 何 欢 李 甜 柳君侠 赵青青 陈 艳 著

责任编辑: 马继兰
责任校对: 徐春莲
封面设计: 陈益平

出版发行　同济大学出版社　www.tongjipress.com.cn
　　　　　(地址:上海市四平路1239号　邮编:200092　电话:021-65985622)
经　销　全国各地新华书店、建筑书店、网络书店
排版制作　南京文脉图文设计制作有限公司
印　刷　上海巅辉印刷厂有限公司
开　本　787mm×1092mm　1/16
印　张　25
字　数　518 000
版　次　2024 年 8 月第 1 版
印　次　2024 年 8 月第 1 次印刷
书　号　ISBN 978-7-5765-0719-5
定　价　258.00 元

前 言

PREFACE

随着人们生活水平的日益提高以及人们对健康的重视,人们对饮用水水质的要求也不断提高。饮用水水质的要求从最初的"卫生饮用水"提高到"安全饮用水",再到目前的"优质饮用水"。日益严格的水质指标推动了饮用水处理技术和工艺的发展和进步,处理工艺从最初的"常规工艺"发展到"臭氧生物活性炭深度工艺",再到现在的"纳滤工艺"。

水质分析技术的进步使我们有更多的水质指标描述有机物的特征,为水处理技术及其工艺的发展提供了有力的支撑。本书较为深入地论述了分子量测定技术、有机物组分以及三维荧光的分析方法,并对它们之间的关系进行了较为深入的探讨,本书结合大量的分析实例反映它们在水处理技术以及工艺上的应用。

膜技术的应用以及高品质饮用水的提出有力促进了给水处理工艺的进步。膜技术与传统水处理技术如混凝、吸附以及氧化的组合,极大丰富了给水处理工艺,同时膜在工艺上的位置变化也给予工艺不同的内涵,从而有效改善了水质并降低了处理费用以及占地面积。本书论述了各种处理工艺,并对今后的水处理工艺发展进行了探讨。

我国的许多水源受到不同程度的污染,原水中的藻类、消毒副产物的前体物、抗生素、嗅味有机物以及微量和痕量有机物影响饮用水水质,并给水处理工艺带来了巨大的挑战。本书论述了这些有机污染物的特征,不同水处理技术、工艺的去除效果以及存在的局限性。

本书总结并凝练了作者及其团队在饮用水处理技术、工艺方面的长期教学和科研的心得与成果,本书的出版得到了国家水体污染控制与治理科技重大专项的资助。

各章的执笔人是:第1章,刘铮,黄伟伟,柳君侠;第2章,董秉直,曹达文,何欢,祝淑敏;第3章,董秉直,陈艳;第4章,董秉直,赵青青;第5章,董秉直,何欢;第 6 章,董秉直,何欢,陈艳;第 7 章,董秉直,褚华强,李甜,桂波,柳君侠,黄伟伟,郜阔,陈艳。

由于水平所限,本书的某些结论难免有不当之处,希望同行批评指正。

编者

2024 年 8 月

目录

CONTENTS

第1章　地表水有机物的分类与特性

有机物对水处理工艺,特别是膜工艺有很大的影响。天然水体中的有机物种类繁多,而且性质各异。无法也没有必要研究每一种有机物的性质,目前常用的方法是利用有机物的某种特性对其进行分类。有机物的分子量(下文中"分子量"指的有机物分子量)、亲疏水性和荧光光谱是其最主要的三大特性。膜利用其孔径的大小来截留水中的杂质和有机物,通过对有机物分子量的测定可以了解有机物分子的尺寸以及它们的分布范围,从而为膜以及相应的工艺选择提供依据。因此,了解有机物的分子量是膜研究中不可缺少的工作。膜截留有机物不仅依靠膜孔径的大小,而且它与有机物的相互作用也起着重要作用,而这种相互作用与有机物的亲疏水性、荧光光谱特征有着密切的关系。

1.1　测定有机物分子量的原理和方法

1.1.1　凝胶色谱法和超滤膜法

1. 测定原理和方法

测定有机物分子量分布主要有两种方法,凝胶色谱(Gel Permeation Chromatography,GPC)法和超滤(Ultra-filtration, UF)膜法。凝胶色谱法是在凝胶色谱柱中装填一定孔径分布的多孔凝胶作为固相。当水流经凝胶时,水中分子量较大的有机物无法进入凝胶,而是较快地通过凝胶色谱柱出现在出水中,分子量较小的有机物进入多孔凝胶内。分子量越小的有机物在凝胶中运动的路径越长,通过凝胶色谱柱的时间也越长。不同分子量的有机物通过凝胶色谱柱的时间不同,按分子量大小不同的先后顺序出现在出水中,这样就实现了分离不同分子量有机物的目的。

超滤膜法是用已知截留分子量的超滤膜置于带有搅拌功能的杯式超滤器(Stirred Cell)中,用纯氮气提供分离所需的驱动力。水中分子量小于膜截留分子量的有机物会透过膜,出现在出水中,而分子量大于膜截留分子量的有机物将被膜截留。用一系列不同的已知截留分子量的超滤膜对水样进行分离,就可得到有机物分子量分布(图 1-1)。

当用凝胶色谱法测定时,水中某些有机物会与凝胶产生离子相斥而较快地通过凝胶色谱柱,导致所测的分子量偏大;而某些有机物会与凝胶产生吸附或静电作用使运动受阻,导致所测的分子量偏小。而且,在用凝胶色谱法测定前,需用蒸发或冷冻方法对水样进行浓缩预处理,这可能会改变水中溶解性有机物的分子量大小,从而影响分析结果(图1-2)。用凝胶色谱法进行测定的优点之一是:它所得到的分子量分布是连续的。用超滤膜法测定结果会受到所选择膜的孔径分布、所施压力、水样的水温、pH值和离子强度、溶解性有机物分子量大小、形状以及膜本身性能的影响。用超滤膜法测定的优点是:分析设备和方法简单,可得到大量的分离水样以做进一步分析之用。超滤膜法测定得到的分子量分布是不连续的。

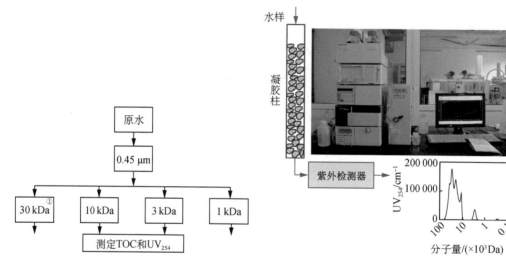

图1-1 超滤膜法测定分子量分布流程   图1-2 凝胶色谱法测定分子量分布流程

Gary L. Amy等比较了凝胶色谱法和超滤膜法,结果表明,对于同一水样,两种方法测定可得到不同的分子量分布。凝胶色谱法测定得到的分子量分布数值较超滤膜法测定的偏大。由于两种方法均是用已知分子量的物质来进行测定的,因此得到的分子量仅为表观分子量(Apparent Molecular Weight,AMW)。

近年来,为了使凝胶色谱法能够更准确地测量水中有机物分子量分布,国外一些研究试图利用多种检测器在线连接的方式,得到了较好的测定效果。Kawasaki等人利用一种新型的高效凝胶色谱仪与紫外检测器和NDIR总有机碳分析仪连接,第一次得到了UV吸光度、NDIR总有机碳浓度与有机物分子量之间很好的线性相关($R^2 > 0.99$)。为了更好地检测水中腐殖质紫外响应,防止硝酸盐等干扰,UV波长设定在260 nm。经过改进的HPLC-UV-TOC系统可以很好地测定天然湖水、河水、地下水等天然原水的有机物分子量分布,并且可以定量研究紫外检测器和NDIR总有机碳分析仪得到的UV

---

① 为了便于表示,正文中Ak形式表示$A \times 10^3$,A为具体数字。

和溶解性有机碳（Dissolved Organic Carbon，DOC）结果，以深入了解溶解性有机物（Dissolved Organic Matter，DOM）的物理化学性质。

2. 天然原水中的有机物分子量分布

1）有机物的分子量分布

腐殖酸（Humic Acid，HA）、单宁酸（Tannic Acid，TA）和海藻酸钠（Sodium Alginate，SA）的分子量分布如图 1-3 所示。腐殖酸和海藻酸钠的分子量分布主要集中在大于 30 kDa，单宁酸的分子量分布主要集中在小于 1 kDa，这表明腐殖酸和海藻酸钠是典型的大分子有机物，而单宁酸是典型的小分子有机物。

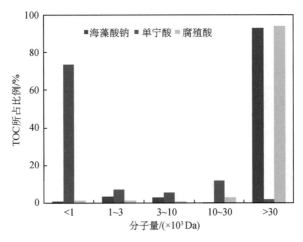

图 1-3　有机物的分子量分布

2）天然原水的有机物分子量分布

图 1-4、图 1-5 和图 1-6 为不同原水的有机物分子量分布，由此可见，多数有机物分子量分布集中为小于 1 kDa 的小分子。分子量小于 1 kDa 的原水物质中有机物占 45%，处于 1 k～10 kDa 分子量的占 37%，而大于 10 kDa 的仅占 18%。如果天然水体不受任何污染，它们的有机物来自腐烂的植物或动物，主要的代表物质是腐殖酸。从图 1-3 可知，腐

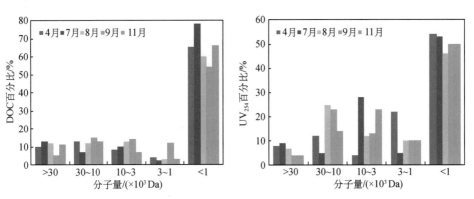

图 1-4　长江镇江段的有机物分子量分布

殖酸的大部分分子量大于 30 kDa。因此,现在的天然水体中的腐殖酸比例很低,大部分的有机物来自生活或工业废水。由此可见,水体中小分子有机物的大量增加是污染的结果。

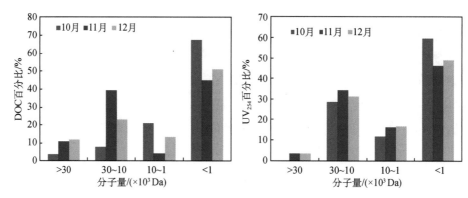

图 1-5 淮河原水的有机物分子量分布

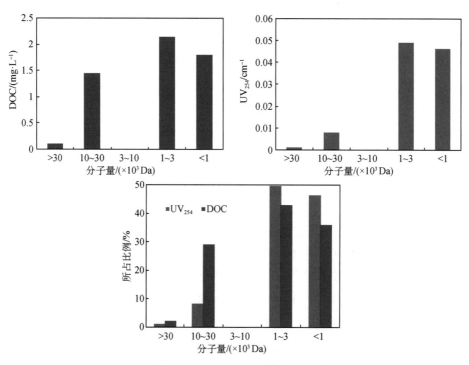

图 1-6 镇江延陵蛟塘水样有机物分子量分布

图 1-7 为凝胶色谱法测定的 3 个水源的分子量分布。凝胶色谱法与超滤膜法的最大不同之处是它得到的是连续的曲线,并且可以得到每个分子量的响应。

研究分子量分布的最主要作用是帮助我们了解有机物在工艺处理中的变化,从而为提高有机物的去除效果提供帮助。图 1-8 为某水厂常规工艺处理过程的有机物分子量变化情况,由图可见,大部分的有机物集中在分子量小于 1 kDa,在处理过程中,混凝沉淀工艺对分子量大于 30 kDa 的 DOC 有较好的去除效果,对分子量为 10 k~30 kDa

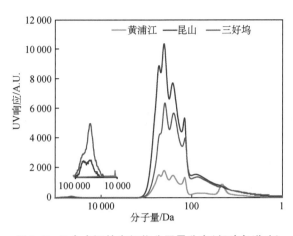

图 1-7　3 个水源的有机物分子量分布(凝胶色谱法)

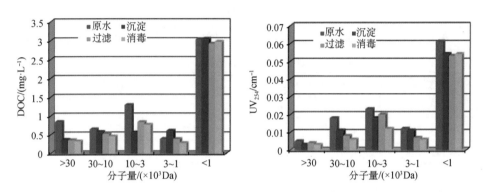

图 1-8　常规工艺处理过程的有机物分子量变化情况

略有去除效果,但对分子量小于 1 kDa 的有机物几乎没有去除效果。

以黄浦江为原水的甲水厂的深度处理过程的分子量分布变化如图 1-9(a)所示。原水的分子量主要集中在 10 000～37 000 Da 的分子量区段,并在 2 800 Da 处有个响应峰。在水处理工艺流程中,分子量在 10 000～37 000 Da 的其响应持续下降,并向右边迁移。

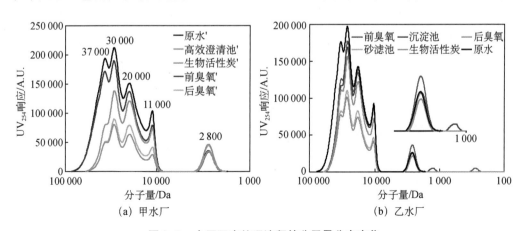

(a) 甲水厂　　　　　　　　　(b) 乙水厂

图 1-9　水厂深度处理流程的分子量分布变化

从图中可见,高效澄清池的处理效果明显优于其余的处理环节,分子量约 37 000 Da 的响应峰完全消失。但是,对于分子量 2 800 Da 的有机物,工艺没有任何的去除效果,反之,后臭氧反而增强了其响应,后续的活性炭并没有去除。图 1-9(b)为乙水厂的深度工艺的分子量分布的变化情况,同样也是以黄浦江为原水。由图 1-9(b)可见,分子量的变化与图 1-9(a)的相似。同样的,前臭氧导致了分子量 2 800 Da 处有机物的响应增强,但后续的工艺对此有所去除。

3) 超滤膜法和凝胶色谱法在测定分子量分布上的比较

表 1-1 为 5 种水源的水质。黄河水的有机物浓度指标可达到 I 类水质标准,而其他 4 种水源水均处于 II 类、III 类标准区间内,属于典型的微污染水源水质情况,其中以昆山和黄浦江水源的有机物污染情况最严重。

表 1-1 水源水质

水源	三好坞	黄河	黄浦江	昆山	高邮湖
采集地点	同济大学	甘肃兰州	上海杨树浦水厂	江苏昆山水厂	江苏高邮
水源类型	湖水	河水	江水	湖水	湖水
浊度/NTU	23.9	5.83	24.3	15.2	50.3
pH 值	8.4	8.63	8.22	8.3	8.2
DOC/$(mg \cdot L^{-1})$	4.75	1.48	5.42	5.86	4.24
UV_{254}/cm^{-1}	0.076	0.034	0.177	0.114	0.087
SUVA /$[L \cdot (mg \cdot m)^{-1}]$	1.61	2.27	3.27	1.95	2.06

图 1-10 为采用超滤膜法表征 4 种原水的分子量分布。小于 1 000 Da 的小分子有机物最多,其次是 1 k~3 kDa 和 10 k~30 kDa,3 k~10 kDa 和大于 30 kDa 的有机物最少。若将溶解性有机物按照大分子(>10 kDa)、中分子(3 k~10 kDa)和小分子(<3 kDa)进行归类,小分子有机物占 60%~70%,大分子有机物为 20%~35%,中等

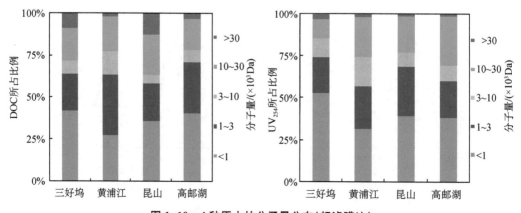

图 1-10 4 种原水的分子量分布(超滤膜法)

分子有机物仅占 5%～10%。说明原水中有机物以小分子为主,是典型的地表水水质特征。分子量大于 30 kDa 的有机物比例最高的是昆山和三好坞,分别为 12.5% 和 8.8%,其他两种原水的大分子有机物以 10 k～30 kDa 为主,大于 30 kDa 的有机物极少。5 种原水中,三好坞和昆山为封闭类水体,而黄浦江和黄河属流动类水体,这似乎表明,相比于流动性水体,封闭类的水体中的大分子有机物会较多。

从 UV_{254} 的分子量分布可以看出,大于 30 kDa 的大分子比例明显减少,含量低于 3%。由此可以认为,这部分有机物主要是胶体、多糖或蛋白质有机物。但以 UV_{254} 表示 10 k～30 kDa 之间的大分子有机物时,则出现了两种不同的情况。三好坞和昆山原水中比例明显降低,而黄浦江、高邮湖原水中 10 k～30 kDa 的大分子有机物比例有所增加,这说明三好坞和昆山的 10 k～30 kDa 大分子中仍然以多糖、蛋白质等紫外吸收弱的有机物为主,而黄浦江和高邮湖原水中则可能含有对紫外吸收极强的腐殖类大分子聚合物。

从各原水分子量区间的 SUVA 值也可以清晰地看出,与其他分子量区间相比,大于 30 kDa 的分子 SUVA 值明显偏低,除黄浦江水外均在 1.0 以下。黄浦江大于 30 kDa 的大分子 SUVA 值为 1.24,说明此区间大分子有机物中可能含有苯环结构,如芳香族蛋白质或腐殖酸等。在 10 k～30 kDa 区域内,三好坞和昆山原水的 SUVA 在 1.0～2.0 之间,而黄浦江和高邮湖水的 SUVA 则超过 2.0。这说明分子量在 10 k～30 kDa,黄浦江和高邮湖水含有更多的腐殖类大分子有机物。而三

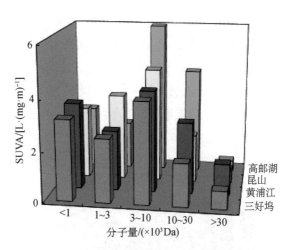

图 1-11　不同原水的 SUVA 分子量分布

好坞和昆山大分子仍主要以对紫外响应强度低的大分子多糖和蛋白质为主(图 1-11)。

在 4 种原水中,对 SUVA 值响应最强的区域均是 3 k～10 kDa 的中等分子有机物,其 SUVA 值均在 4.0 以上。特别是高邮水,其紫外响应强度高达 6.0。小于 3 kDa 的有机物 SUVA 值在 2.0～4.0 之间。

由此可见,大分子有机物的特点是以亲水性为主,紫外响应强度低,SUVA 值小;中等分子有机物主要以紫外响应强度高的有机物,如腐殖酸类,SUVA 值大;小分子有机物既有亲水性,也有疏水性,SUVA 值在 2.0～4.0 之间。

图 1-12 为凝胶色谱法测定的 5 种原水的分子量分布图。可以看出,三好坞水的响应峰最低,其次为昆山水,而黄浦江和黄河水的响应峰最高。由于采用紫外检测器,凝胶色谱图上峰高的差异源于原水中有机物对紫外响应强弱的影响。即各原水分子量峰

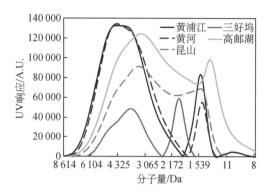

图 1-12 凝胶色谱法测定的 5 种原水的分子量分布

高的差异与表 1-1 中的原水 SUVA 值大小有关。图 1-12 表明,在大于 3 kDa 的有机物中,3 k～10 kDa 的中等分子有机物对紫外响应强度最高。

注意到三好坞原水和昆山原水均为封闭水体,因而它们的响应峰明显小于其他几种原水,是由于亲水性有机物较多的缘故。黄浦江和黄河水的紫外响应最为强烈,表明它们的疏水性有机物较多。

1.1.2 OCD 法

虽然超滤膜法和凝胶色谱法在测定有机物分子量上有其各自的优点,但也存在不足。超滤膜法方法简单,但所测的有机物相对分子质量分布不连续,且仅能得到分子量的区间,无法得知准确的分子量;另外,所需的水样量大,人工操作误差大。传统的凝胶色谱法采用紫外检测器,只能响应含有共轭双键和芳香结构的化合物,某些有机成分如含有碳-碳单键的亲水性分子和无苯环类化合物就无法被检测出,这可能会造成分子量测定的偏差。

为此,可在凝胶色谱仪后面再接续总有机碳(Total Organic Carbon,TOC)检测仪,如图 1-13 所示。水样经过凝胶色谱柱,按照不同尺寸依次流出,先后经过紫外吸光度

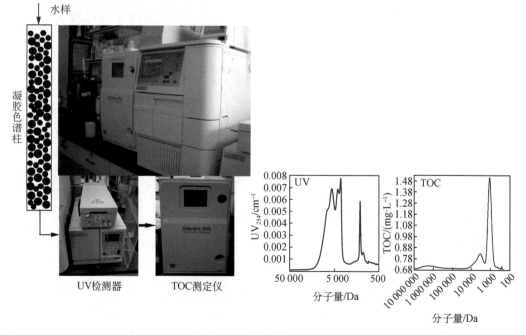

图 1-13 OCD 法的测定原理图

(UV)检测仪和 TOC 检测仪。这样,我们可以同时得到 UV 和 TOC 的分子量分布。这种方法被称为 OCD(Organic Carbon Detection)法,其优点是 TOC 检测仪可以检测出所有的有机化合物,从而可准确地反映有机物的分子量分布。此外,UV 和 TOC 两种不同的浓度表征值还可以为我们提供一些重要信息,如 SUVA 值等,进而能够更真实地反映有机物的结构特征和物化性质等。

上述的 OCD 法仅仅将 TOC 检测仪简单与传统的凝胶色谱组合,仍然存在一些问题,主要是分析的软件和数据的处理。德国的 Stefan Huber 博士开发了 OCD 测定装置,如图 1-14 所示。

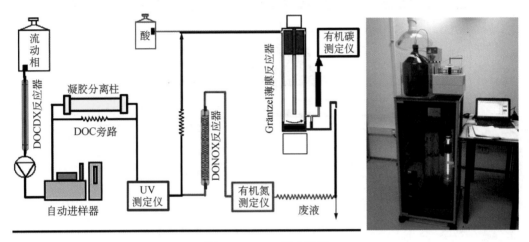

图 1-14　OCD 测定装置

Stefan Huber 博士对天然水的有机物分子量分布进行了大量深入研究,认为有机物按照分子量可由 5 个部分组成,如图 1-15 所示。第一部分是生物聚合物(Biopolymers),它主要由多糖和蛋白质构成,源于微生物和藻类,反映了亲水性的大分子有机物,可造成严重的膜污染;第二部分是腐殖酸类(Humics),可部分为混凝剂所去除;第三部分被称为 Building Blocks,主要是腐殖质的水解产物,呈酸性,难以被混凝剂去除;第四部分是酸类以及低分子腐殖质(Acids and LMW Humics);第五部分是LMW-Neutrals,它由具有亲水性的低分子量代谢产物,即主要由醇、酮以及氨基酸等有机物构成,仅能被树脂去除。

1. 有机物

单宁酸、腐殖酸、海藻酸钠和蔗糖的分子量分布如图 1-16 所示。海藻酸钠是典型的大分子亲水性有机物,蔗糖是亲水性小分子有机物,腐殖酸是典型的疏水性有机物,而单宁酸具有亲水和疏水性能。4 种有机物的浓度均为 30 mg/L。从 TOC 图中可以看出,海藻酸钠的主要响应峰相对分子量在 $8.25 \times 10^5 \sim 3.57 \times 10^4$ 区段,为典型的大分

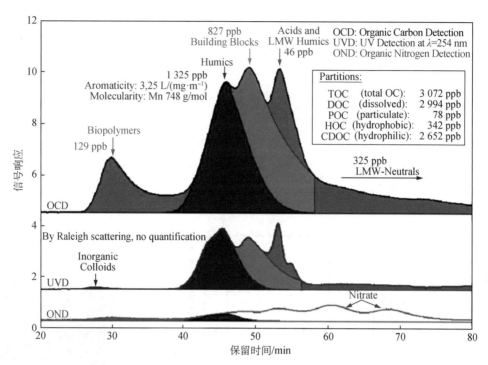

图 1-15　天然水的有机物分子量分布

子。腐殖酸的响应峰分子量范围在 1 000～10 000 Da,为中分子。单宁酸的响应峰分子量在 300～3 000 Da,基本属于小分子的有机物。蔗糖的响应峰集中在分子量为 1 000 Da。

对于 UV 凝胶图,可以看到仅有单宁酸和腐殖酸响应,而海藻酸钠和蔗糖完全没有响应,这说明 SA 和 SUC 是亲水性有机物,这类有机物对紫外没有任何的响应。

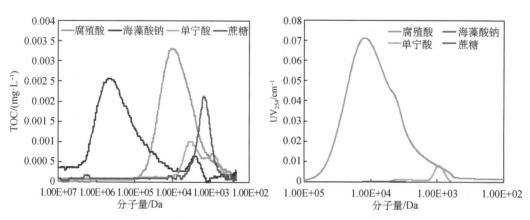

图 1-16　4 种有机物的分子量分布

低分子量的有机物,如乙酸、草酸等,这类有机物被认为是可同化有机碳(Assimilable Organic Carbon,AOC)的前体物,具有亲水性。它们的 OCD 凝胶图如图 1-17 所示,从图中可以看出,甲醛和丙酮的分子量很低,主要响应峰分子量分别为

400 Da 和 300 Da,草酸的分子量较大,主要响应峰分子量在 2 100 Da,而乙酸和甲酸的分子量均在 1 500 Da。

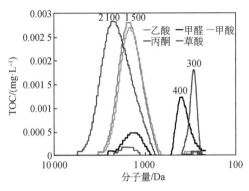

图 1-17　小分子有机物的分子量分布

2. 天然原水

太湖和湘江原水中的分子量分布如图 1-18 所示。两种原水有机物分子量分布均有 3 个响应峰,相应于大分子、中分子和小分子。不同的原水,它们的分子量区间有所不同。太湖水的大分子分布范围在 100 k~10 000 kDa,而湘江水的分子量在 60.4 k~1 180 kDa,太湖水大分子的分子量较湘江水更大,且含量更高。由 UV 图可以看出,这部分有机物对紫外吸收并没有响应,说明大分子多为对紫外吸收极低的多糖类、胶体和高分子蛋白类。太湖水中分子的分子量范围为 1.78 k~10.3 kDa,湘江水的为 978~3 950 Da,对比 UV 图可知,这部分有机物对 UV_{254} 响应强烈,可知中分子多为对紫外吸收极强的腐殖类有机物。太湖小分子的分子量范围为 329~1 780 Da,湘江水的为394~978 Da,对比 UV 图,小分子有机物虽然 TOC 响应最大,但对紫外响应很小,说明这部分有机物主要由碳-碳单键和芳香结构较少的亲水性有机物构成。

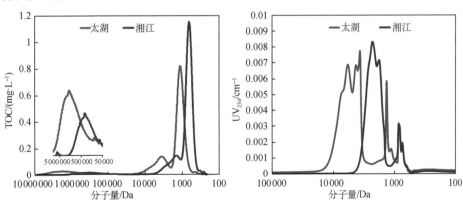

图 1-18　太湖和湘江水的分子量分布

青草沙和滆湖水的分子量分布如图 1-19 所示,有机物分子量分布与太湖和湘江的相似,大分子主要分布在 100 k～1 000 kDa。这部分有机物分子量较高,且对紫外无响应,占水中总有机物的比例很小,表明主要由亲水性有机物如多糖或高分子蛋白质构成。滆湖的大分子有机物含量多于青草沙的。中分子的分子量范围在 2 k～10 kDa,与太湖和湘江水类似,这部分有机物对紫外响应强烈,同样说明主要是由腐殖酸等对紫外响应较高的疏水性有机物构成。滆湖原水中含有较多的中等分子疏水性有机物。小分子的分子量分布范围为 200～2 000 Da,峰值在 1 kDa 附近。这部分有机物对 TOC 响应最大,但是对紫外响应却较低,说明这部分有机物主要包括一些碳-碳单键和芳香结构较少的亲水性小分子有机物,青草沙原水中小分子有机物的含量明显高于滆湖原水中小分子有机物的含量。

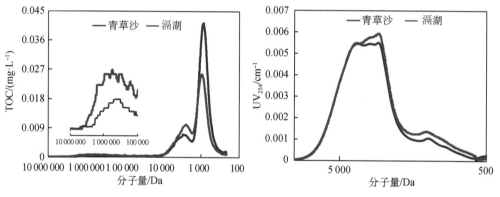

图 1-19 青草沙和滆湖水的分子量分布

图 1-20 为太湖、黄浦江、黄河和青草沙水的分子量分布。与前文所述原水的情况类似。太湖和黄浦江水的大分子分布范围比黄河和青草沙的更大,而且响应也更强烈。对于中分子,黄浦江的响应强度最大,其次为黄河,青草沙和太湖的响应强度最低。黄浦江的小分子响应强度最低,其余的相似。

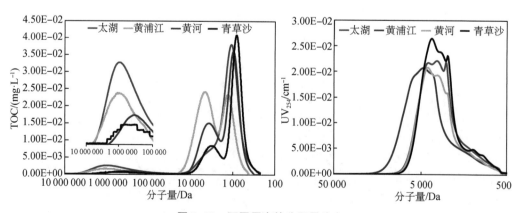

图 1-20 不同原水的分子量分布

3. 藻类有机物

藻类有机物是藻类生长过程分泌的新陈代谢产物,许多封闭性的水体如湖泊和水库,容易滋生藻类,因而这类水体的有机物在较大程度上由藻类有机物构成。因此,分析藻类有机物的分子量分布特点有助于提高水处理工艺去除效果,以及了解水体受到藻类的影响程度。

图 1-21 为 6 种藻类有机物的分子量分布。与天然原水相似,它们也明显由 3 个响应区间构成。与天然原水明显不同的是,某些藻类的大分子含量较高,其中的鱼腥藻最高,其次是束丝藻和铜绿藻,这 3 种藻类的大分子可占 20%,如图 1-22 所示。由此可见,一些湖泊的大分子含量高,主要是受到了藻类的影响,例如太湖水。

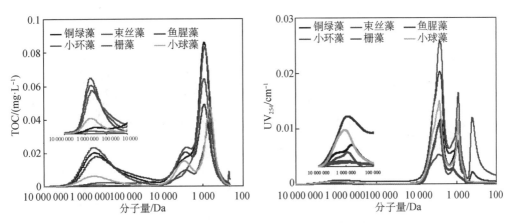

图 1-21　藻类有机物的分子量分布

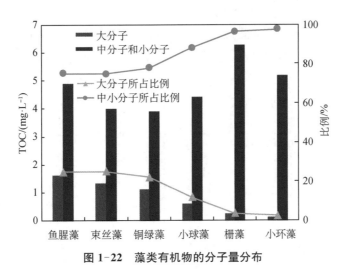

图 1-22　藻类有机物的分子量分布

通过对多种原水以及藻类有机物的分子量分布的分析,可以归纳分子量分布的特征和共同点,如图 1-23 所示。分子量分布可分为 3 个区间:大分子区间,分子量分布范围从数万至百万,主要由多糖和蛋白质类有机物构成,紫外响应弱甚至没有响应;中分子区间,分子量范围在几千至 1 万,主要由紫外吸收强烈的疏水性有机物如腐殖酸构成;小分子区间,分子量从几百至 2 000,多为亲水性有机物。

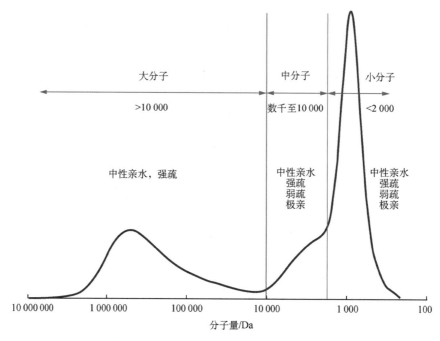

图 1-23　天然水的有机物分子量分布特点

1.1.3　OCD 法与超滤膜法的比较

用不同截留分子量的超滤膜过滤太湖水,并采用 OCD 系统测定过滤液分子量,如图 1-24 所示。经 100 kDa 的膜过滤后,响应峰下降甚少,但 100 kDa 的有机物仍存在,经 30 kDa 的过滤后,100 kDa 的有机物才会完全消失。经过 3 kDa 的过滤后,该分子量的有机物仍大量存在。由此可见,超滤膜的截留分子量与 OCD 系统之间不可等同。

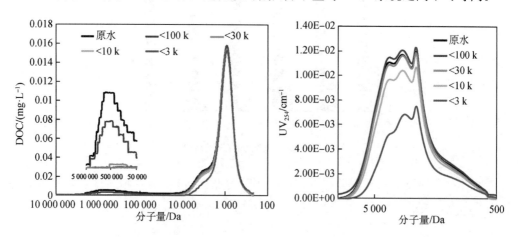

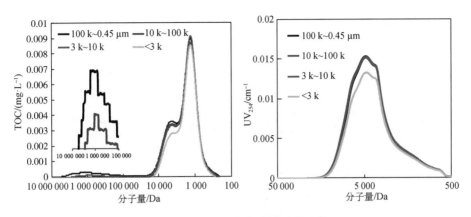

图 1-24　OCD 法与超滤膜法的比较

1.2　有机物组分

　　天然水中的有机物是许多有机物质的混合体,虽然性质各异,但它们具有某些共同的物化性质,这些性质很大程度影响了水处理的效果,因而成为研究的对象。亲水性和疏水性是表征有机物的重要参数。研究表明,亲水性、疏水性与产生的消毒副产物密切相关。此外,饮用水去除有机物的效果也与它们的亲水性、疏水性密切关联。

1.2.1　分离方法

　　有机物的亲水性和疏水性可用树脂吸附分离。水样首先用 $0.45~\mu m$ 过滤,去除悬浮性固体物,然后用 HCl 调节水样的 pH 值为 2 并通过装填 DAX-8 树脂的吸附柱,DAX-8 树脂吸附了强疏水性有机物如腐殖酸,而亲水性有机物则通过吸附柱。吸附在 DAX-8 树脂上的有机物可用 pH 值为 13 的 NaOH 洗脱,洗脱液再通过装填 IRC-120 树脂的吸附柱,将疏水性有机物分离为强疏水性(简称"强疏")和弱疏水性(简称"弱疏")有机物。DAX-8 树脂吸附柱的透过液进入 XAD-4 吸附柱,XAD-4 树脂吸附弱疏水性有机物,而透过液中的有机物可被认为是亲水性有机物。将透过液再通过 IRA-958 树脂吸附柱,将亲水性有机物分离成中性亲水(简称"中亲")有机物和极性亲水(简称"极亲")有机物。分离过程如图 1-25 所示。

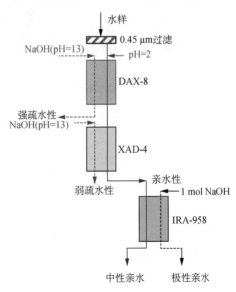

图 1-25　有机物组分分离流程

　　大量研究发现,相同组分的有机物由某些相似的物质构成,而不同组分之间,在特征官能团类型、元素含量和化合键饱和程度方面均存在较大差异。表1-2总结了天然有机物亲水与疏水组分中的物质构成。

表1-2　　　　　　　　　　　　　有机物亲水与疏水组分的物质构成

有机物组分	主要物质构成
强疏组分	腐殖酸、苯酚类化合物(如木质素)、芳香族化合物
弱疏组分	脂肪族、芳香族化合物、氨基化合物、不饱和性碳减少,C—O,C—H键比例增加
极亲组分	酯类、酰胺类、羧酸类官能团、蛋白质、少量不饱和性芳香族化合物
中亲组分	多糖、氨基糖类、小分子有机物

1.2.2　天然原水的有机物组分

1. 有机物组分

　　腐殖酸、单宁酸和海藻酸钠的组分如图1-26所示。腐殖酸的强疏水组分所占比例超过了70%,而亲水组分仅为10%,说明腐殖酸是典型的疏水性有机物。海藻酸钠的亲水组分所占比例超过了80%,显示出它是典型的亲水性有机物。单宁酸的亲水与疏水组分所占的比例比较平均。

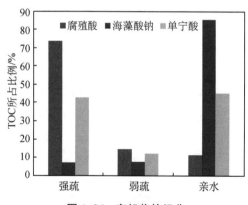

图1-26　有机物的组分

2. 试验用原水的有机物组分

　　三好坞、黄河、黄浦江、昆山和高邮湖等水样的有机物组成如图1-27所示。有机物组分在不同原水中的分布情况有很大的差别。从亲疏水性有机物的总比例上看,5种原水60%以上的有机物为亲水性组分(包括极亲和中亲),三好坞和昆山水样的亲水性组分所占比例高达70%以上。在5种原水中,疏水性有机物所占的比例为30%~40%,其中疏水性组分比例最大的是黄浦江原水,其次是黄河水。在疏水组分中,强疏水组分含量比弱疏水略高,而且各强疏组分含量的顺序与原水SUVA值高低顺序基本一致,说明SUVA值与疏水性组分有很好的相关性。图1-28为各组分的SUVA值,从中可以看出各组分对SUVA值的响应顺序为:强疏水>弱疏水>极亲水>中亲水,说明4种组分对紫外吸收强度随着其苯环类分子结构的减少而降低。

　　天然原水的亲疏水性的比例随着水源的不同而有所差别,但它们的共同之处是亲水组分所占比例很高。如果水源没受到任何污染,有机物应以腐殖酸为主,因而应呈强烈的疏水性。天然原水的亲水性是水体受到污染造成的。

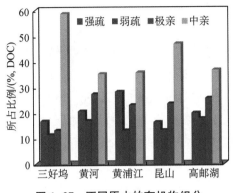

图 1-27　不同原水的有机物组分

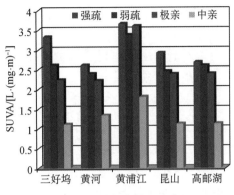

图 1-28　不同原水的组分 SUVA

图 1-29 为 4 种原水的亲疏水组分所占比例的比较,太湖水的中亲组分最多,其次为湘江水,青草沙和淀湖的水大致相同。4 种原水的强疏组分相差不大,均在 30%～35% 区间,淀湖的水略多,其次为太湖和青草沙的水,湘江的水最少。原水中弱疏组分所占比例从大到小顺序为淀湖→青草沙→湘江→太湖。有机物极亲水组分一项太湖原水最多,其余的大致相同。

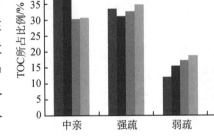

图 1-29　不同水源的有机物组分

通过比较多种原水的有机物组分,可知中亲水性和强疏水性的有机物是天然原水中最主要的有机物组分,多数情况下,湖泊和水库水的有机物中亲组分比例最高。

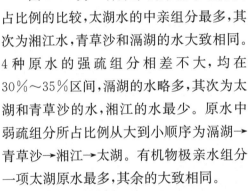

图 1-30　藻类有机物的组分

1.2.3　藻类有机物的组分

藻类有机物的组分如图 1-30 所示。与天然原水不同的是,藻类有机物的中亲组分所占比例非常高,所测的占比均超过了 50%。藻类有机物是典型的亲水性。因此,许多湖泊和水库由于是封闭水体的缘故,容易导致藻类的滋生。因而这些水体的有机物多由藻类有机物构成,亲水程度较高。前面所取样的水体,如三好坞、昆山、太湖水均为封闭性的水体,因而它们的中亲组分比例明显高于其他的流动性水体如黄河水。

1.3　有机物三维荧光光谱在水处理领域的应用

荧光光谱被用在水科学研究中已有50多年的历史。20世纪90年代,有研究者开始利用三维荧光光谱(3D-EEM)分析水样的来源和成分。由于水处理技术及其效果受水质来源和成分的影响较大,因此三维荧光光谱被广泛应用到水处理技术的分析中,其产生荧光的强弱和有机物的分子结构有直接关系。像含有 π 键的芳香族化合物,不饱和碳键(C=C),羟基、氨基、烷氧基等特征官能团,都是易引发荧光的分子结构。

随着三维荧光光谱被广泛应用在水处理领域中,这种灵敏度高、选择性好、信息量大且不破坏水样结构的检测方法日益受到关注。三维荧光光谱可对多组分复杂体系进行光谱识别和表征,非常适合用于研究天然水体中的溶解性有机物。三维荧光光谱为溶解性有机物的研究提供了丰富的物质信息,对于不同来源的溶解性有机污染物,荧光峰的位置、强度、区域分布均有不同,从而形成了代表各种水源特征的荧光光谱信息。表1-3中选取了近年来部分研究者利用三维荧光光谱研究水质成分信息所得到的结果,从中可以看出,三维荧光光谱可用来判断水中有机物的来源、成分,其至少能够为水质分析提供两大类荧光基团的光谱信息,即腐殖酸类和蛋白质类,而这两类有机物均是造成膜污染的重要组成成分。

表 1-3　　　　　　　　　　　三维荧光光谱分析荧光物质分类

来源	名称	类型	区域/nm	来源
Coble	Peak A	紫外区腐殖酸类	250～260/380～480	河水等淡水、沿海和海洋环境
	Peak C	可见区腐殖酸类	330～350/420～480	陆源型有机物、淡水、深层海水、深度降解的腐殖酸类有机物
	Peak M	海洋腐殖酸类	310～320/380～420	海洋类样品
	Peak B	酪氨酸类蛋白类	270～280/300～320	海洋类样品、生物活性、可生物降解有机物
	Peak T	色氨酸类蛋白类或酚类	270～280/320～350	生物活性成分
Baker	Peak A	富里酸类	220～250/400～460	富里酸
	Peak C	腐殖酸类	300～340/400～460	腐殖酸
	Peak T	色氨酸类	220～235/330～370	河、湖中的微生物和藻类代谢产物

续表

来源	名称	类型	区域/nm	来源
傅平青	Peak A	紫外区类富里酸	235～255/320～350	未受污染的河流以陆源型腐殖酸荧光峰为主,受工业和生活污水污染的湖水中,类蛋白荧光峰较强,在不同来源的 DOM 中,Peak C 与 DOC 有良好的相关性
	Peak C	可见区富里酸	310～330/410～450	
	Peak B	蛋白类色氨酸	270～290/320～350	
	Peak D	蛋白类酪氨酸类	220～250/300～320	
Chen	Region Ⅰ	芳香族蛋白质	200～250/280～330	酪氨酸
	Region Ⅱ	芳香族蛋白质	200～250/330～380	BOD_5
	Region Ⅲ	富里酸类	200～250/380～480	疏水性酸
	Region Ⅳ	溶解性微生物副产物	250～280/280～380	色氨酸
	Region Ⅴ	腐殖酸类	280～340/380～480	腐殖酸、疏水性酸

三维荧光光谱不仅可以表征有机物的成分和来源信息,还与 DOM 的分子量、亲疏水性等特征存在一定的相关性。F. C. Wu 在研究天然水体中氨基酸类有机物的荧光特性时发现,蛋白类荧光峰主要由大分子量色氨酸组成,而腐殖酸类荧光峰则包含了很多小分子的中性及芳香性氨基酸官能团。L. Yue 等人利用 HPSEC 对天然水源中 DOM 的荧光峰进行分析,发现腐殖酸类荧光峰主要存在于分子量 1 k～3 kDa 的有机物中,而蛋白类荧光峰则由分子量大于 2 kDa 的有机物构成。T. F. Marhaba 等人的研究认为,采用大孔径吸附树脂分离出来的各种亲疏水性有机物组分在三维荧光光谱中存在不同的特征区域。疏水性较强的组分处于光谱中波长较长的区域(腐殖酸类荧光区),而亲水性较强的组分在短波长区域(蛋白类荧光区)。Lee N. 等人研究发现,除了疏水性有机物的特征荧光峰位于腐殖酸类荧光区域外,藻类有机物(AOM)在该区域也会出现明显的荧光峰。

1.3.1　三维荧光光谱

三维荧光光谱矩阵数据采自 Hitachi F-4500 型荧光光谱仪,激发光源为氙灯,波长扫描范围 E_x/E_m 为 200～400/275～575 nm,激发和发射狭缝宽度均为 5 nm,扫描速度为 12 000 nm/min,增倍管电压(PMT)为 400 V。根据测试发现,三维荧光光谱受水样的 pH 影响较大,受水样的离子强度影响很小。因此测试前,需将水样 pH 值调节为约 7.0,保持温度 20～25 ℃。使用 1 cm 荧光比色皿进行测试。每次扫描样品前,均需要用 Milli-Q 超纯水进行空白测定,以排除由于纯水产生的瑞利散射和拉曼散射峰,并以此控制荧光仪的稳定性。试验数据采用 Matlab 7.0 进行处理。

三维荧光光谱有等高线图和三维投影图的表达形式,如图 1-31 所示。相比较而言,三维投影图可以获得更加直观的视觉效果,等高线图对信息量的表现更加准确,并能体现与传统二维荧光图谱的关系。

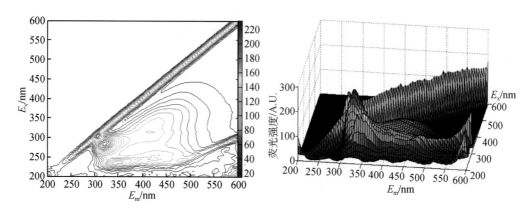

图 1-31　三维荧光光谱图的表示方法

对于不连续的荧光矩阵数据,荧光区域强度 ϕ_i 由下式计算得出:

$$\phi_i = \sum_{ex} \sum_{em} I(\lambda_{ex}\lambda_{em})\Delta\lambda_{ex}\Delta\lambda_{em} \qquad (1\text{-}1)$$

式中　$\Delta\lambda_{ex}$,$\Delta\lambda_{em}$——激发、发射波长间距(5 nm);

　　　$I(\lambda_{ex},\lambda_{em})$——对应于每对激发、发射波长的荧光强度。

总荧光区域强度为

$$\phi_T = \sum \phi_i \qquad (1\text{-}2)$$

某一区域的荧光强度百分比为

$$P_i = \phi_i / \phi_T \times 100\% 。 \qquad (1\text{-}3)$$

当水质成分接近时,三维荧光光谱强度与水质成分含量有一定的线性相关性。但在研究不同水质情况时,由于水源成分差异,不可直接将荧光强度和成分含量进行关联,需要做进一步的归一化处理,按照以 DOC 为单位浓度的荧光强度进行比较,以消除水样浓度差异对荧光强度的影响。参考单位 DOC 浓度下的紫外吸收强度用 SUVA 表示的方法,处理后单位 DOC 浓度下的荧光强度用符号 FLU 表示。

光谱被划分为 5 个区域,如图 1-32 所示,5 个区域的边界划分以及主要特征物质见表 1-4。

表 1-4　　　　　　　　　　　　各荧光区域划分

区域	激发波长(E_x)/nm	发射波长(E_m)/nm	特征有机物
区域 1	200~255	280~330	芳香族蛋白质

续表

区域	激发波长(E_x)/nm	发射波长(E_m)/nm	特征有机物
区域 2	200～255	335～380	芳香族蛋白质
区域 3	200～280	385～500	富里酸
区域 4	260～320	280～380	溶解性微生物产物
区域 5	285～350	385～500	腐殖酸

还可将区域 1 和区域 2 合并,形成 4 个响应区域,即

荧光峰 A:E_x/E_m 为 230～250/330～380 nm;

荧光峰 C:E_x/E_m 为 280～350/400～470 nm;

荧光峰 B:E_x/E_m 为 220～250/大于 380 nm;

荧光峰 T:E_x/E_m 为 250～310/300～360 nm。

如图 1-32 所示。荧光峰 A 和 C 属于腐殖酸类荧光,其中的荧光峰 A 所在区域称为紫外区富里酸类荧光,荧光峰 C 所在区域称为可见区腐殖酸类荧光。荧光峰 B 和 T 属于蛋白类荧光,荧光峰 B 可称为酪氨酸类荧光,荧光峰 T 称为色氨酸类荧光。

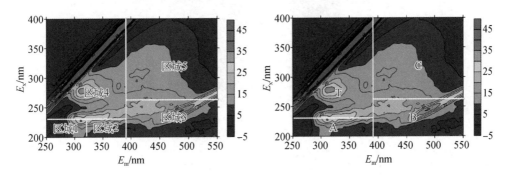

图 1-32　三维荧光光谱响应区域

1.3.2　天然原水的三维荧光光谱

1. 天然原水

三好坞、黄河、黄浦江、昆山和高邮湖水的三维荧光光谱如图 1-33 所示。5 种原水在 4 个区域出现荧光峰。

从荧光峰的分布位置来看,5 种水源中,有 4 种水源(三好坞、黄河、黄浦江和昆山)在蛋白类荧光峰区域具有较强的荧光峰,只有高邮湖水的蛋白类荧光峰不明显。蛋白类荧光主要来自水生生物如藻类代谢产生的有机物以及人类活动产生的污水。N. Maie 认为,色氨酸类荧光峰 T 由两部分组成,一部分为普遍认为的大分子蛋白类有

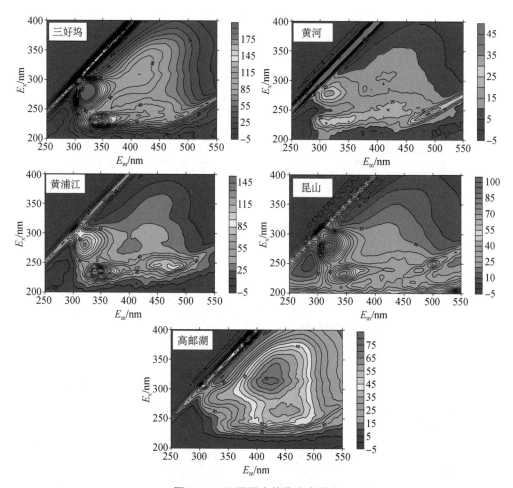

图 1-33　不同原水的荧光光谱图

机物（$E_x/E_m=280/325$），另一部分是分子量相对较小的酚类物质（$E_x/E_m=275/306$），主要来自植物降解，是腐殖质的前体物。因此，T 峰较强的 4 种原水中，三好坞、黄浦江和昆山水中可能存在一定比例的大分子蛋白类有机物。

　　从荧光强度上看，不同来源的溶解性有机物对荧光的响应强度不同，反映了不同水源中溶解性有机物的来源和成分差异。根据表 1-5 所示，5 种原水的总荧光响应强度顺序是：黄浦江＞昆山＞三好坞＞黄河＞高邮湖。对于不同类型的荧光峰，其荧光响应的强弱顺序是：FLU$_T$＞FLU$_B$＞FLU$_A$＞FLU$_C$，说明芳香族蛋白类有机物对荧光的响应强度大于腐殖酸类有机物。腐殖酸类荧光峰往往容易受到蛋白类高强度荧光峰的掩蔽而被忽视。

表 1-5　　　　　　　　　　　　　　原水的荧光强度对应表

水源	A 峰		C 峰		T 峰		B 峰		总荧光峰	荧光指数 $f_{450/500}$ [a]	$r(a, c)$	$r(t, b)$
	E_x/E_m	FLU$_A$	E_x/E_m	FLU$_C$	E_x/E_m	FLU$_T$	E_x/E_m	FLU$_B$				
三好坞	245/415	4.45	315/415	3.85	285/320	8.79	235/350	6.63	23.72	1.44	1.16	1.33

续表

水源	A峰		C峰		T峰		B峰		总荧 光峰	荧光 指数 $f_{450/500}^{a}$	$r(a, c)$	$r(t, b)$
	E_x/E_m	FLU_A	E_x/E_m	FLU_C	E_x/E_m	FLU_T	E_x/E_m	FLU_B				
黄河	240/435	5.55	300/420	3.75	280/310	7.01	225/310	6.60	22.91	1.32	1.48	1.06
黄浦江	245/445	18.06	305/435	7.87	280/320	25.67	235/350	34.26	85.86	1.43	2.29	0.75
昆山	240/420	7.29	310/420	4.6	280/320	18.97	230/340	14.64	45.5	1.34	1.58	1.30
高邮湖	255/430	3.9	325/420	3.09	285/320	2.15	—	—	9.14	1.3	1.26	—

　　利用 Chen 等人研究得到的荧光区域积分法,对荧光强度进一步量化分析。将荧光光谱图分成 5 个区域,分别对 5 个区域中的荧光强度进行积分,可以计算出每个区域的荧光总强度以及各区域荧光强度的比例情况。通过荧光区域积分法进行量化分析,可以避免在同一区域中同时存在几个峰顶时(如黄河水源)对荧光峰位置所作出的判断不够准确合理的情况。并且可以通过比较不同区域的比例情况,对水源中有机物构成进行总体分析。

　　根据荧光区域积分法计算得到如图 1-34 所示的荧光区域强度比例。由图可知,三好坞原水在荧光区域 2 的响应最为强烈;黄河原水在荧光区域 1、区域 2 的响应强烈;黄浦江原水在荧光区域 2 的响应强烈,其次是荧光区域 1;昆山原水在荧光区域 2 的响应强烈,其次为荧光区域 1;而高邮湖水在荧光区域 3 响应最为强烈,其次为荧光区域 5。由此可见,不同的原水,它们的荧光响应区域是不同的,很大程度上是由于有机物的来源不同的缘故。

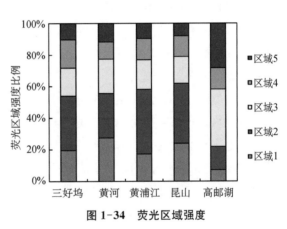

图 1-34　荧光区域强度

进一步观察水源的类型与荧光响应区域的关联,可以发现,封闭性的水体如湖泊和水库,它们的共同荧光响应特征是荧光区域 2 最为强烈。虽然黄浦江为流动性水体,但其水源主要来自太湖,因而有机物的特征很大程度上与太湖水相似。

　　水源不同,它们的荧光区域强度比例有明显差别。来自高邮湖的原水明显不同于其他几种水源原水,其腐殖类荧光区域的比例高达 65%(区域 3、区域 5),而蛋白类荧光比例较小。其他水源原水则是以蛋白类荧光为主,它们的荧光强度可占全部荧光强度的 65%~75%。在有机污染最为严重的昆山和黄浦江水源中,蛋白类荧光含量比例极高,尤其是以酪氨酸为主的区域 1、区域 2,可占全部荧光强度的 60% 以上。而腐殖类荧光强度的比例只有不到 25%。因此可以认为，受有机物污染较为严重的水源，其蛋白类荧光强度较高。

腐殖类荧光区域有两个可以用作判断有机物来源的荧光参数。荧光指数 $f_{450/500}$ 表示的是激发波长 370 nm 时，发射波长 450 nm 和 500 nm 处对应的荧光强度比值。荧光指数通常用来判断水体中腐殖类有机物的来源，受生物来源污染的水体，荧光指数约为 1.4；腐殖类有机物由陆源输入的水体，荧光指数一般为 1.9 左右。经计算，5 种原水的荧光指数均在 1.4 左右，说明这几种水源均存在来自水生生物、藻类、浮游植物代谢等来源的溶解性有机物。

另一个荧光参数为 $r(a, c)$，是荧光峰 A 和 C 强度的比值，可用于判断水源的腐殖化程度。$r(a, c)$ 比值越小，说明水源腐殖化程度越高，分子量比较大。此外，$r(a, c)$ 比值的变化也反映了水源中输入的腐殖类有机物具有不同的来源。Coble 的研究结果显示，地下水的 $r(a, c)$ 比值为 0.77，河流的 $r(a, c)$ 比值为 1.08，CuiCui 湖的 $r(a, c)$ 比值为 1.26，傅平清测定的高原湖泊因受城市生产和生活污染排放影响，其 $r(a, c)$ 比值最高可达 2.09。对比 5 种原水的 $r(a, c)$ 比值，发现 5 种原水未出现近似的比值，说明腐殖类有机物来源差别很大。其中黄浦江原水的 $r(a, c)$ 比值高达 2.29，已高于傅平清测定的受污染的高原湖泊原水的比值。这说明黄浦江原水受到了严重的生活污染和工业废水排放影响。其他几种原水的 $r(a, c)$ 比值均处于正常的地表水情况范围内，但腐殖类有机物的来源差异较大。

蛋白类荧光区域也存在一个可用于判断有机物来源的荧光参数 $r(t, b)$，用荧光峰 T 和 B 强度的比值判断水中蛋白类荧光物质的来源。$r(t, b)$ 较大（1.4）的水源中，来自藻类和生物分解的大分子比较多。此外，人类生产生活排放的污水中也存在大量蛋白类荧光峰，但此来源的 $r(t, b)$ 比值较小（0.6）。对比 5 种原水的 $r(t, b)$ 比值，发现三好坞原水比值（1.33）最大，其次是昆山（1.3），数值接近 1.4，说明这两种水源中存在较多藻类等生源污染的有机物。尽管黄浦江原水的荧光强度非常高，但 $r(t, b)$ 比值仅为 0.75，这说明黄浦江原水中蛋白类有机物分子量较小，主要由于人类生产生活污水的污染较为严重。高邮湖原水的蛋白类荧光峰极低，不存在 $r(t, b)$ 比值，说明高邮湖原水中的蛋白类有机物含量极少。

综上所述，通过对 $r(a, c)$ 和 $r(t, b)$ 两种荧光参数的分析，发现蛋白类荧光参数和腐殖类荧光参数对有机物来源的判断基本一致。为简化分析，将蛋白类荧光峰 T 与腐殖类荧光峰 A 的强度进行合并比较 $r(t, a)$（即荧光峰 T 和 A 的比值），即可判断出上述两种荧光参数表征的结果。$r(t, a)$ 比值的意义有以下几个方面：一是大分子有机物与小分子有机物的比值。根据上文的分析，荧光峰 T 与蛋白类大分子有机物的存在有关，而荧光峰 A 反映小分子腐殖类有机物。因此，$r(t, a)$ 比值的大小与分子量成正比。二是反映了有机物来源。荧光峰 T 主要来自蛋白类有机物，这些有机物主要出现在生源或人类排放的污水中。而荧光峰 A 则代表了来自陆源的小分子有机物。因此二者的比值与有机物来源有密切关系。

表 1-6 列出了各种原水及其亲疏水组分中的 $r(t, a)$ 荧光参数，可以看出，$r(t, a)$ 比值较高（2.0 或以上）的原水受生源污染最为严重，而 $r(t, a)$ 比值极低（<1.0）的水源污染程度极低，有机物污染种类以陆源为主，主要含有腐殖类有机物。$r(t, a)$ 比值在 1.0～2.0 之间的有机物受人类生产生活排放污水的影响较大，污染源较多，分子量较小。

表 1-6　　　　　　　　　　　原水及其组分的 $r(t, a)$ 比值对照表

$r(t, a)$	三好坞	黄河	黄浦江	昆山	高邮湖
原水	1.98	1.26	1.42	2.60	0.55
强疏水	0.00	0.41	0.72	0.63	0.00
弱疏水	1.20	0.64	1.30	1.67	0.42
极亲水	5.43	1.16	2.09	3.32	0.84
中亲水	0.66	0.00	0.47	0.43	0.56

对荧光参数的研究可作为膜污染的指示参数。5 种原水的过滤通量下降情况如图 1-35 所示。由图可见，昆山水下降最为严重，其次为三好坞和黄浦江，黄河与高邮湖水的下降最为缓慢。对照表 1-6，可以发现这种通量下降严重程度的顺序与 $r(t, a)$ 大小的顺序完全一致。

柳君侠研究了几种原水的荧光参数，如表 1-7 所示。他发现，膜压差的上升程度与 $r(t, b)$ 的相关性最好，不同原水的膜压差的

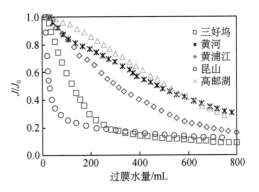

图 1-35　5 种原水过滤通量下降

变化如图 1-36 所示。由图 1-36 可见，太湖原水的膜压差增加最为剧烈，其次为三好坞和黄浦江原水，增加最为平缓的是青草沙原水。4 种原水的膜压差增加程度的顺序与 $r(t, b)$ 的大小顺序完全一致。

表 1-7　　　　　　　　　　　　不同原水的荧光参数

参数	三好坞	青草沙	黄浦江	太湖
$f_{450/500}$	1.35	1.23	1.38	1.52
$r(a, c)$	3.36	3.28	2.55	19.24
$r(t, b)$	1.96	0.26	0.63	8.63
$r(t, a)$	1.15	0.78	1.76	1.53

黄伟伟研究了 6 种藻类的有机物，并计算了它们的荧光参数，结果如表 1-8 所示。

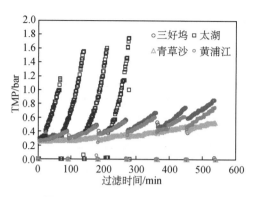

图 1-36　不同原水的膜压差变化

6 种藻类过膜的通量下降情况如图 1-37 所示。由图可见，束丝藻下降最严重，其次为铜绿藻、鱼腥藻、小球藻和栅藻，小环藻的下降最缓慢。对照表 1-8 的荧光参数，对于参数 $r(t, b)$，除了小环藻外，其余 5 种藻类的大小顺序与它们的通量下降程度完全一致。对于参数 $r(t, a)$，顺序则完全一致。

表 1-8　　　　　　　　　　　　不同藻类有机物的荧光参数

参数	铜绿藻	束丝藻	鱼腥藻	小球藻	栅藻	小环藻
$f_{450/500}$	1.85	2.95	1.68	2.71	1.36	1.89
$r(a, c)$	0.95	1.17	1.12	1.7	0.87	1.01
$r(t, b)$	1.71	5.56	1.51	1.36	1.11	1.51
$r(t, a)$	1.01	1.18	1.02	0.97	0.82	0.816

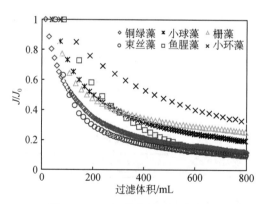

图 1-37　不同藻类过滤通量变化

4 种原水的荧光光谱如图 1-38 所示。湘江和太湖的荧光响应区域有相似之处，T 和 B 区的响应强烈，不同之处是湘江在 A 和 C 区也有响应，且 A 区的响应较为强烈。太湖水的荧光响应主要集中在 T 和 B 区。青草沙在 4 个区均有响应，但 B 和 A 区的响应强烈。与之不同的是淀湖的荧光响应主要集中在 C 和 A 区。

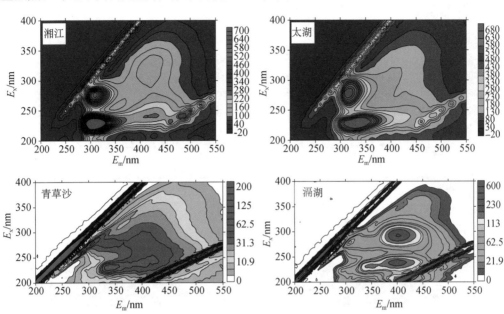

图 1-38　不同原水的三维荧光响应光谱

2. 藻类有机物

6 种藻类有机物的荧光光谱如图 1-39 所示。栅藻在 E_x/E_m 为 350/425 以及 270/450 处有强烈的荧光响应,表明栅藻有较多的腐殖酸类物质。腐殖酸类有机物(A 区和 C 区)主要源于藻细胞死后的分解代谢以及大分子有机物如多糖、蛋白质等有机物的分解代谢。有研究表明,在绿藻的代谢过程中,腐殖酸类荧光区的强度伴随着蛋白质类荧光区的减弱而增强,说明腐殖酸类有机物可能主要源于大分子蛋白质类有机物等。对于鱼腥藻、铜绿藻、小球藻、小环藻和束丝藻来说,除了腐殖酸类 A 峰和富里酸类 C 峰外,蛋白质荧光峰 T 的响应强度也比较强烈,表明鱼腥藻、铜绿藻、小球藻、小环藻和束丝藻中有大量蛋白质类有机物。

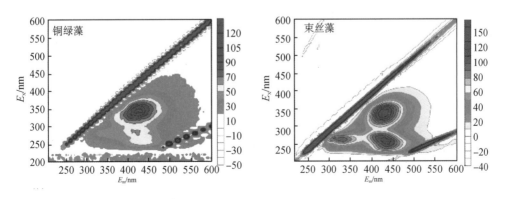

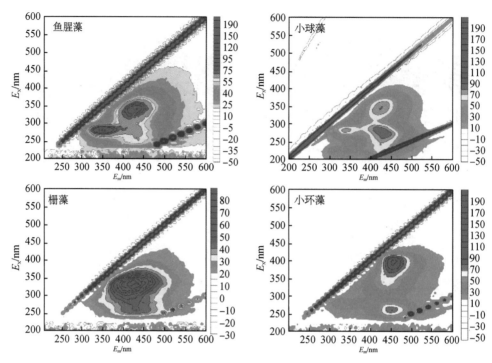

图 1-39 藻类有机物的三维荧光光谱

6 种藻类有机物的荧光区域强度比例如图 1-40 所示。6 种藻类的腐殖类和蛋白质类的荧光区域占比均很高,但它们之间的荧光强度略有不同。

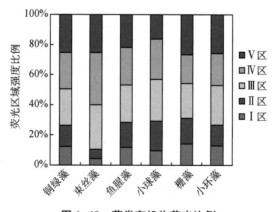

图 1-40 藻类有机物荧光比例

1.4 有机物亲疏水性与三维荧光光谱的关系

研究表明荧光峰位置与有机物的亲疏水性有一定的相关性。T. F. Marhaba 和

L. Y. Wang 等曾用三维荧光峰位置快速表征各种亲疏水组分,认为疏水性酸碱组分一般出现在激发-发射波长较长的区域,而亲水性酸碱组分则出现在波长较短的区域。以往研究发现,在腐殖类荧光区域中,发射波长较长区域出现的荧光强度往往与疏水性强的腐殖类有机物有关(图 1-41)。

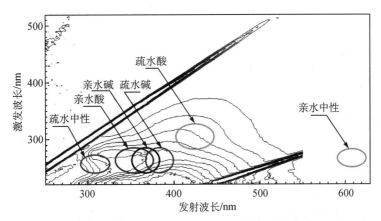

图 1-41　有机物不同组分与荧光响应区域的关系

图 1-42 和图 1-43 为湘江和太湖水有机物不同组分的荧光光谱。湘江强疏水组分主要由 A 区域的富里酸类和 C 区域类腐殖质组分组成,有少量蛋白类有机物。相比而言,太湖强疏水组分中有较多的蛋白类有机物,并有少量腐殖酸类。湘江原水中的弱疏水性有机物主要由 A 区域的腐殖酸类和 C 区域的富里酸类组成,其响应强度小于湘江强疏水组分。太湖弱疏水组分中则以某些蛋白类有机物为主,并有部分小分子酚类、色氨酸和类腐殖质。湘江和太湖中的极亲水组分 4 个区域均有峰出现,说明极亲水组分

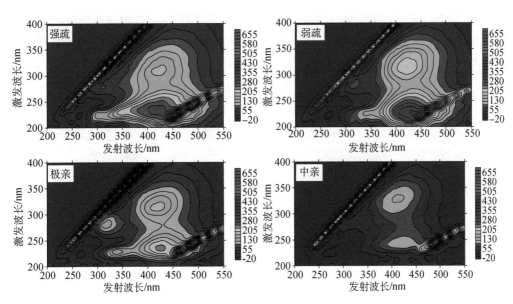

图 1-42　湘江有机物组分荧光光谱

有机物所含物质种类较多,既有蛋白类有机物,也有腐殖类有机物。中亲水组分的响应主要出现在腐殖酸、富里酸类荧光区间。中亲水组分主要由多糖和蛋白质类有机物构成,多糖类有机物对荧光响应很弱或甚至没有响应,因而其响应反映了蛋白质类有机物,可对图1-44、图1-45进行分析。

研究分析三好坞水、黄河水、黄浦江水、昆山庙泾河水、高邮湖水不同组分的三维荧光光谱发现(图1-46—图1-49),在不同水源中,强疏组分均具有很强的腐殖类荧光峰

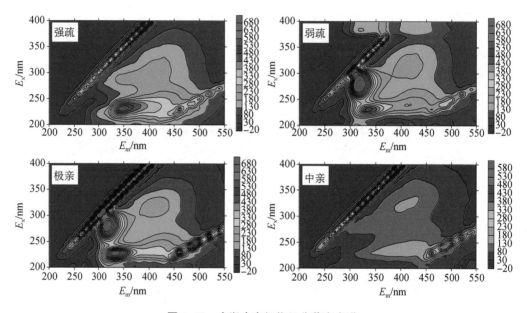

图1-43 太湖水有机物组分荧光光谱

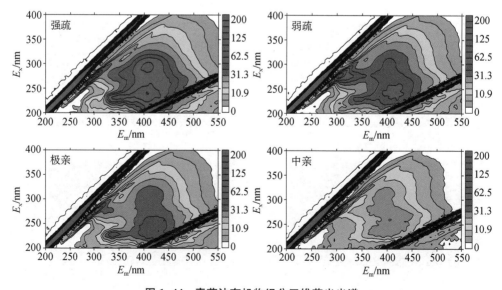

图1-44 青草沙有机物组分三维荧光光谱

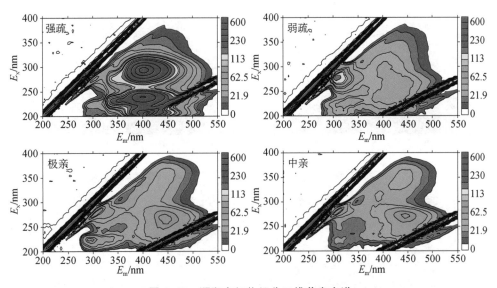

图 1-45　滆湖有机物组分三维荧光光谱

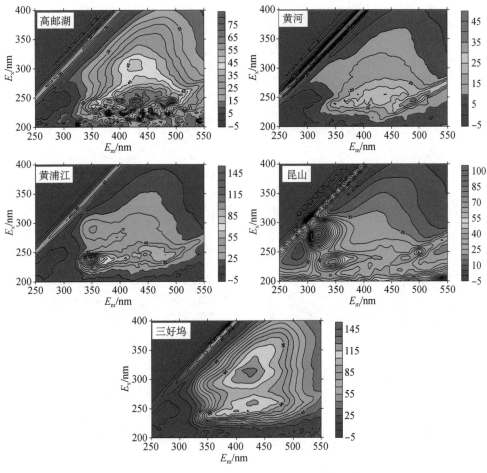

图 1-46　不同原水强疏组分的三维荧光光谱

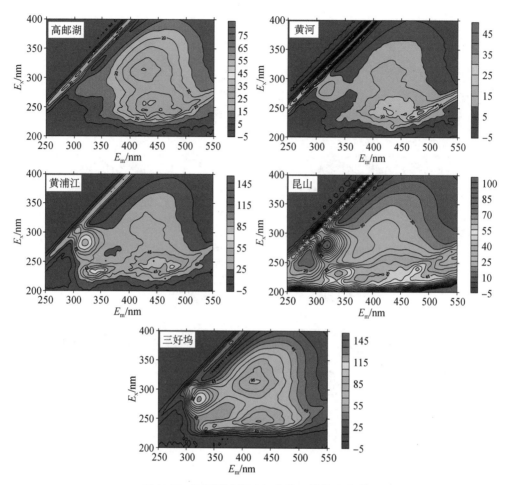

图 1-47　不同原水弱疏组分的三维荧光光谱

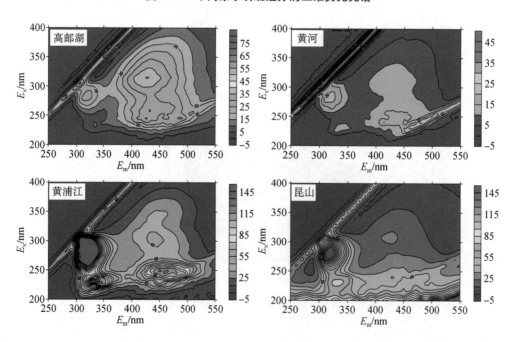

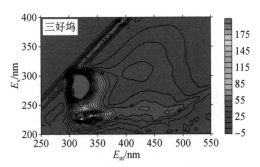

图 1-48 不同原水极亲组分的三维荧光光谱

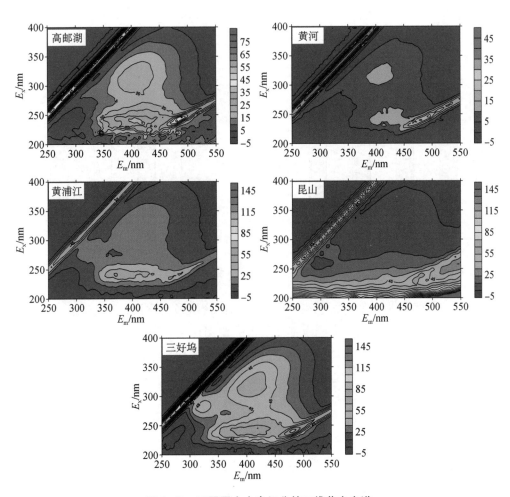

图 1-49 不同原水中亲组分的三维荧光光谱

A、C,蛋白类荧光峰 T,B 相对较弱。说明强疏水性有机物的荧光基团主要出现在长波长区段。色氨酸类荧光峰 T 在强疏组分中最弱,说明荧光峰 T 与腐殖类有机物的相关性最小。在 5 种原水的强疏组分中,腐殖类荧光峰的 E_m 波长均出现在 420 nm 以上的范围内,其中荧光峰 A 的 E_m 波长最长的是高邮湖水(440 nm),其次是黄河(435 nm),黄浦江水(420 nm)、昆山水(420 nm)和三好坞水(420 nm)中强疏水组分的 E_m 波长最短。因此可以认为高邮强疏水中有机物的芳香构造化程度最高,芳香族化合物最多,而昆山和三好坞强疏水的芳香构造化程度最低。弱疏水组分中,色氨酸类荧光峰强度明显高于强疏水组分。弱疏水组分中腐殖酸类荧光峰仍然出现在 E_m 波长大于 420 nm 以上的范围内,但某些水源中弱疏水组分已出现向 E_m 短波方向偏移的趋势,说明弱疏水组分中有机物的芳香基团减少。极亲水组分有非常明显的蛋白类荧光峰,特别是荧光峰 T,响应强烈。与其他组分相比,可以发现原水中的荧光峰 T 主要来自极亲水组分。中亲水组分的主要荧光峰并不在波长较短的蛋白荧光区,而是出现在腐殖酸和富里酸区域(图 1-50、图 1-51)。

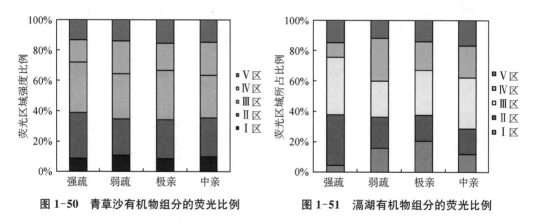

图 1-50　青草沙有机物组分的荧光比例　　图 1-51　滆湖有机物组分的荧光比例

图 1-52 为不同原水的有机物组分的荧光响应区域强度比例。组分在所有的荧光区域中均有响应,其次是它们的响应强度所占的比例存在差别,表明不同的组分有其荧光响应特征。进一步考察不同组分的荧光响应区域,对于强疏水性有机物组分,三好坞原水的在区域 2,3 和 5,黄浦江原水的在区域 2 和 3,黄河原水的在区域 3,其次是 2 和 5,高邮湖原水的在区域 3 和 5,昆山原水的在区域 1 和 2;对于弱疏水性有机物组分,三好坞的在区域 3,其次是 2 和 5,黄浦江的在区域 2 和 3,高邮湖的在区域 3 和 5,昆山的在区域 1 和 2;对于极亲水性有机物组分,三好坞的在区域 1 和 2,黄浦江的在区域 1 和 2,黄河的在区域 3,其次是 2 和 5,高邮湖的在区域 3 和 5,昆山在区域 1 和 2;对于中亲水性有机物组分,三好坞的在区域 2 和 3,黄浦江的在区域 2 和 3,黄河的在区域 3,其次是 2 和 5,高邮湖的在区域 2,3 和 5,昆山的在区域 1 和 2。由此可见,不同组分的荧光响应与有机物组分有着密切的联系,例如,三好坞、黄浦江和昆山的在区域 1 和 2 的响应强烈,因而它们的不同组分也基本上在这些区域上有着强烈的响应,而高邮湖水的有

机物响应主要在区域 3 和 5,它的组分的荧光响应也是该区域。

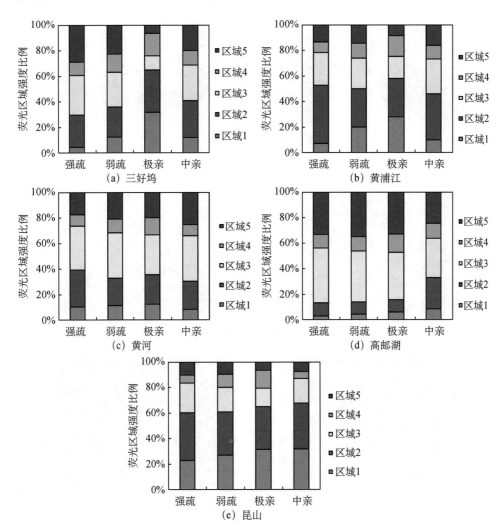

图 1-52 不同原水的有机物组分的荧光强度比例

由此可见,有机物组分与荧光响应的区域没有必然的联系,而是强烈反映了不同水源的有机物特征。

藻类有机物不同组分的三维荧光图如图 1-53—图 1-56 所示,藻类有机物不同组分的荧光响应比例如图 1-57 所示。由此可见,没有组分在特定的区域有明显的强度优势。因而没有证据表明,组分有特定的响应区域。一些研究认为,有机物组分与响应区域有某种对应的关系,但这只能适合于特定的水源,而不能扩展到其他的水源。

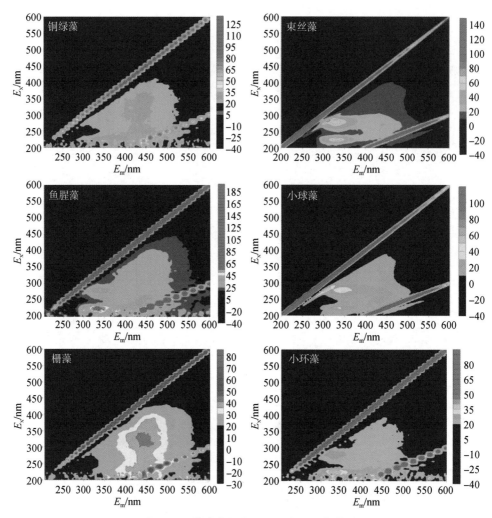

图 1-53　藻类有机物强疏组分三维荧光图

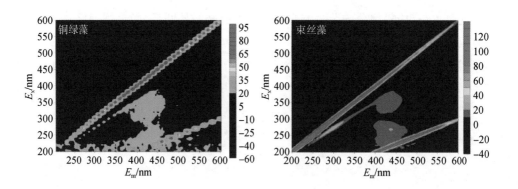

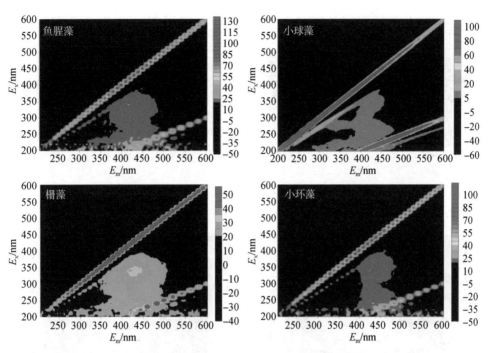

图 1-54　藻类有机物弱疏组分三维荧光图

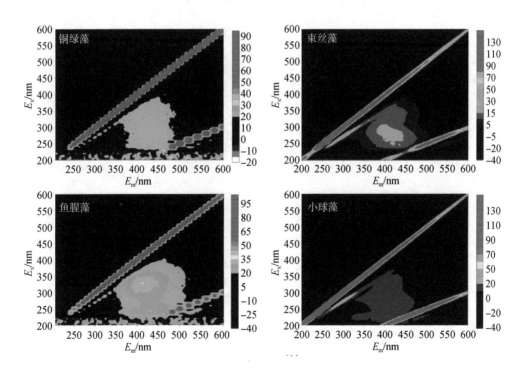

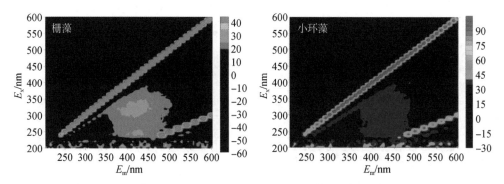

图 1-55　藻类有机物极亲组分三维荧光图

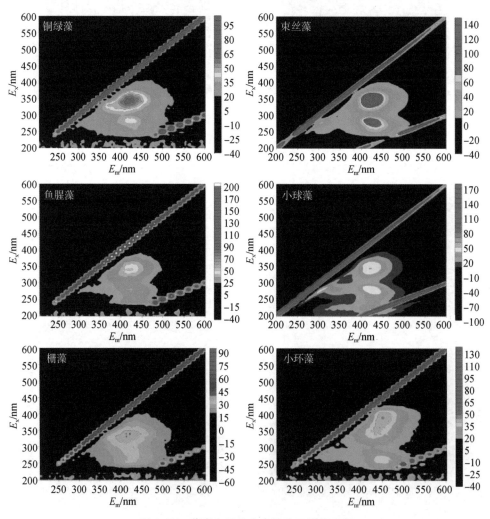

图 1-56　藻类有机物中亲组分三维荧光图

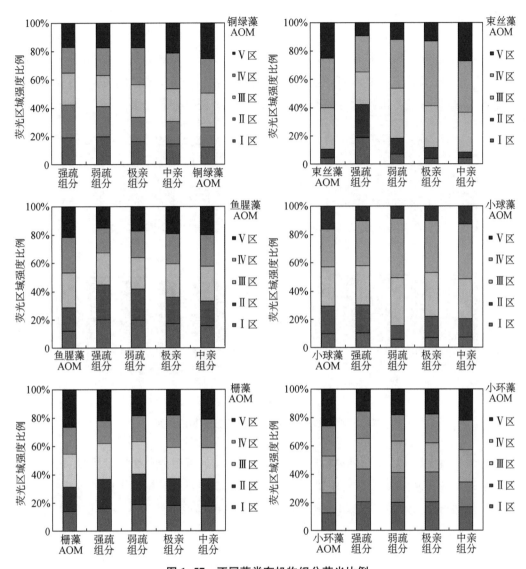

图 1-57　不同藻类有机物组分荧光比例

1.5　有机物亲疏水性与分子量的关系

图 1-58 为三好坞、黄河、黄浦江、昆山庙泾河水和高邮湖水的亲疏水组分与分子量分布的关系。在三好坞 4 种组分中,中亲组分分子量分布大于 30 kDa 的有机物含量最多,其他组分的大于 30 kDa 的有机物含量较低,这说明三好坞原水中大于 30 kDa 的大分子主要是中性亲水性有机物。由于中亲组分中主要的有机物成分是多糖类物质。因此可以认为,昆山原水分子量分布大于 30 kDa 的大分子有机物主要为多糖类物质,但

由于其强疏、弱疏和极亲组分中也含有少量大于 30 kDa 的大分子有机物,因此昆山原水中大于 30 kDa 的大分子成分比三好坞更复杂。黄浦江水中的强疏、弱疏和极亲组分大于 30 kDa 的有机物明显多于三好坞原水,因此可以认为,黄浦江原水中,分子量分布大于 30 kDa 的大分子主要由腐殖类和蛋白类有机物组成。高邮湖水的各组分分子量分布大于 30 kDa 的有机物含量极低(小于 2.0%),中亲组分的略多。

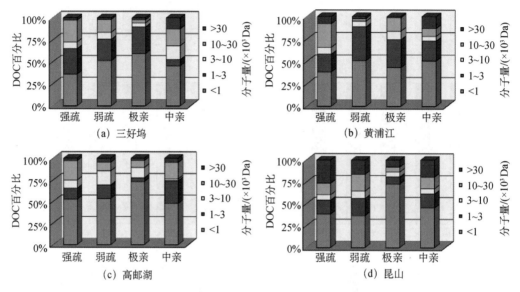

图 1-58　原水各有机物组分与分子量的关系

对于 10 k~30 kDa 的有机物,三好坞和昆山水的强疏组分低于中亲组分,说明这两种原水的 10 k~30 kDa 大分子中腐殖类有机物较少,主要以多糖或蛋白类有机物为主。而黄浦江和高邮原水中,强疏组分比例较高,因此这两种原水的 10 k~30 kDa 大分子含有较多腐殖类有机物。

对于 3 k~10 kDa 的有机物,三好坞和昆山水中的 3 k~10 kDa 的中等分子有机物较多,并且主要出现在中亲组分中,其他组分极少。黄浦江原水的中等分子有机物含量较少,并且在各组分中的比例较为一致,因此可以认为黄浦江原水的中等分子有机物来源较广,包含腐殖类、蛋白类有机物,氨基糖的含量较少。高邮原水的中等分子有机物主要出现在疏水和极亲组分中,中亲组分中几乎没有 3 k~10 kDa 的有机物。说明高邮中等分子有机物主要是腐殖类和芳香族蛋白有机物。

表 1-9 为上述的 5 种原水的不同分子量和相应的有机物成分进行的归纳。

太湖水的有机物分子量与组分的关系如图 1-59 所示。原水的小分子最多,其次为中分子,大分子最少。对于强疏组分,中分子所占比例最大,其次为小分子,而大分子也占有一定的比例,弱疏组分中的小分子比例进一步扩大,中分子比例减少,而大分子消失;亲水组分的小分子所占比例最多,与其余的组分相比,中分子比例最少,而大分子比例最多。

表 1-9　　　　　　　　　　　　不同的分子量和相应的有机物成分

水源	＞30 kDa	10 k～30 kDa	3 k～10 kDa	＜3 kDa
三好坞	胶体、多糖	多糖为主,有少部分腐殖类	肽聚糖、氨基糖等	以上物质的分解产物
黄浦江	多糖、芳香族蛋白质;腐殖类大分子聚合物	腐殖类为主,有少部分多糖或蛋白质	腐殖类和具有苯环结构的芳香族蛋白质	以上物质的分解产物
昆山	胶体、多糖、蛋白质	多糖,蛋白质为主,有少部分腐殖类	腐殖类和具有苯环结构的芳香族蛋白质,肽聚糖、氨基糖类	以上物质的分解产物
高邮湖	含量极低或无大分子有机物	腐殖类有机物为主,有少量多糖和蛋白质	腐殖类和具有苯环结构的芳香族蛋白质	以上物质的分解产物

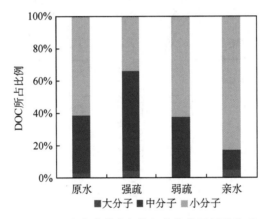

图 1-59　太湖水的有机物组分与分子量的关系

图 1-60 为 4 种藻类有机物的不同组分的分子量分布。与天然原水不同的是,一些藻类有机物的某些组分的大分子含量非常高,例如鱼腥藻、小球藻。通过进一步观察可知,大分子主要来自中性亲水,其次为强疏水。这结果与上述的天然原水的相似,同样表明大分子主要由中性亲水和强疏水构成。中性亲水在某些藻类如鱼腥藻和栅藻的中分子也有强烈的响应,表明这些藻类的中分子的构成包括了中性亲水。对于中分子,在测试的 4 种藻类有机物中,强疏水组分均有强烈的响应,表明强疏水主要是由中分子构成。至于小分子,除了鱼腥藻,中性亲水均有强烈响应。弱疏和极亲组分主要分布在中分子和小分子,并随着藻类的不同而变化。

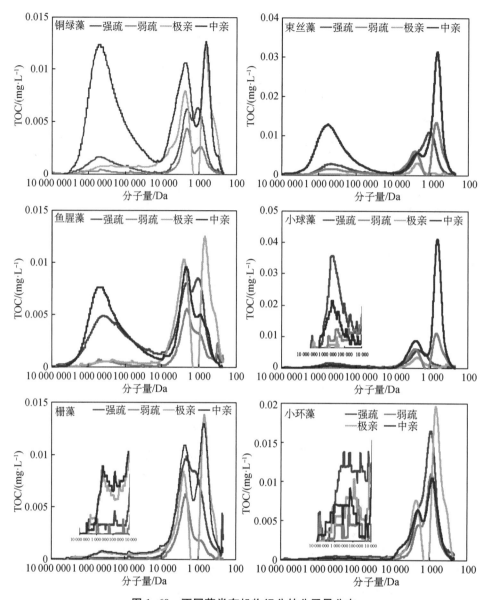

图 1-60　不同藻类有机物组分的分子量分布

1.6　有机物荧光光谱与分子量的关系

　　荧光峰强度大小还与有机物的分子量有关,荧光峰的强度与分子量大小有关。大多数的研究认为,T 峰与大分子有机物或胶体颗粒物有关,而 B 峰代表的是小分子有机物。在腐殖类荧光区,分子量较小的富里酸类荧光峰 A 往往比腐殖酸类荧光峰 C 强度高。

利用超滤膜法分离出来的不同分子量的高邮湖原水进行三维荧光光谱检测，通过比较不同分子量段的有机物荧光图，分析荧光光谱与有机物分子量的关系，如图 1-61 所示。

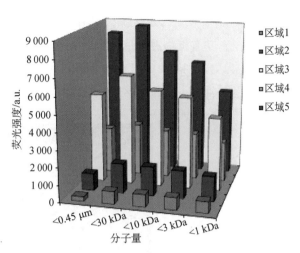

图 1-61　高邮湖水的有机物分子量与荧光响应的关系

超滤膜法分子量分布将原水分成了 5 个不同的分子量段，每个分子量段均是去除了大于超滤膜截留分子量的溶解性有机物。根据荧光区域积分法计算得到的结果发现，不同荧光区域与有机物的分子量有一定相关性。最明显的是 ＜0.45 μm 与＜30 kDa 两个水样的荧光区域强度情况。去除大于 30 kDa 的大分子有机物后，全部荧光区域的强度反而提高。这说明大于 30 kDa 的有机物不仅对荧光强度没有贡献，并且这些大分子有机物还可以降低水样的荧光强度值。

当小于 30 kDa 的有机物继续被膜截留后，全部区域的荧光强度逐渐降低。其中腐殖类荧光区域 3 和 5 的降低幅度最明显，其他蛋白类荧光区域的变化较少，这说明各分子量区间的腐殖类有机物对荧光强度均有贡献，而蛋白类荧光强度主要来自小分子有机物。同时值得注意的是，小于 1 kDa 的小分子有机物具有很高的荧光强度，其强度值占全部荧光强度 60% 以上，这说明小分子有机物对荧光强度有主要贡献（图 1-62）。

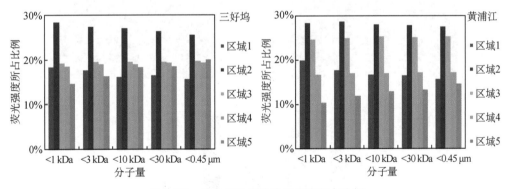

图 1-62　分子量区间的荧光强度所占比例

研究人员对太湖水也开展了同样的试验。根据差减法得到各有机物分子量区间与荧光光谱如图 1-63 所示。不同分子量之间的荧光光谱有很大区别。原水在 B、T、A、C 四个区域内均有响应，以 B 区和 T 区响应最为强烈。分子量小于 3 kDa 的在 B 区和 T 区的响应与原水相当，但 A 区和 C 区的响应明显低于原水。B 区和 T 区的芳香族蛋白质、溶解性微生物产物大部分分子量在 3 000 Da 以内，而 A 区和 C 区的腐殖酸类有机物有一部分分子量大于 3 000 Da。根据 3 k～10 kDa、10 k～100 kDa、大于 100 kDa 的差减法荧光分析，其有机物占有量较少，3 k～10 kDa 的有机物主要以 A 区和 C 区的腐殖酸类有机物为主，10 k～100 kDa 和大于 100 kDa 的有机物主要以 B 区和 T 区的蛋白类有机物为主，并且均表现为 B 区的响应大于 T 区。

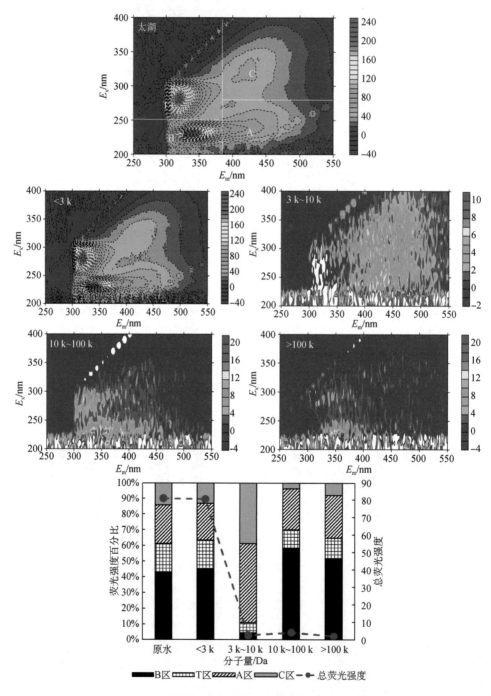

图 1-63　太湖水的有机物分子量与荧光响应的关系

如图 1-63 所示。原水和小于 3 kDa 的总荧光强度大致相同,但当分子量大于 3 kDa 时,荧光强度急剧下降,仅为原水的 1/40,这表明荧光响应的绝大部分为小于 3 kDa 的有机物所贡献。从图 1-63 还可以看出,当分子量低于 3 kDa 时,相比于原水,B 区和 T 区的荧光强度所占比例略有增加。在分子量 3 k～10 kDa 范围,荧光强度的绝大部分为 A 区和 C 区所贡献,这表明分子量 3 k～10 kDa 的有机物的大部分为腐殖酸类的有机物。当分子量大于 10 kDa 时,荧光强度的大部分为 B 区所贡献,这表明蛋白质类的大分子主要由 B 区的荧光响应所表达。由此可见,B 区和 T 区的荧光响应主要由小分子和大分子有机物表达,而 A 区和 C 区主要由中分子有机物表达。

1.7 有机物分子量、亲疏水性及其荧光响应之间的关系

分子量、亲疏水性及其荧光响应之间的关系归纳总结如图 1-64 所示。大分子有机物多为多糖物质,它们的荧光响应区域在 E_x230/E_m350,这类有机物可采用混凝法和超滤法去除。中分子多呈疏水性,荧光响应区域位于腐殖酸和富里酸的区域,说明这类有

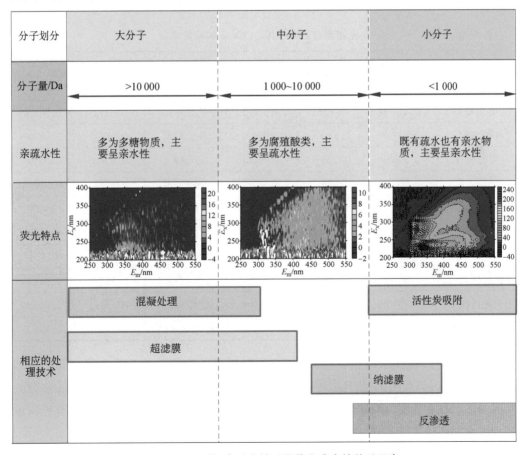

图 1-64 分子量、亲疏水性以及荧光响应的关系示意

机物多由腐殖酸和富里酸组成。小分子有机物有两个强烈的响应峰,分别在 E_x270/E_m320 和 E_x230/E_m350,活性炭吸附以及纳滤膜可对其有效去除。

1.8 荧光强度与有机物含量的关系

表 1-10 列出了四种荧光峰强度以及五个荧光区域与 DOC、UV_{254} 的线性相关性。可以看出,荧光峰强度与有机物浓度的相关度从高到低的顺序是:荧光峰 C>荧光峰 T>荧光峰 A>荧光峰 B。荧光区域强度与有机物浓度的相关度从高到低的顺序是:荧光区域 5>荧光峰 4>荧光峰 3>荧光峰 2>荧光峰 1。由线性相关性 R_2 值可看出,用区域荧光强度表征有机物浓度,其相关性要好于用荧光峰强度进行表征。此外,激发和发射波长越长,其对应区域的荧光强度与有机物浓度的相关性越好;若激发和发射波长越短,所在区域的荧光强度与有机物浓度的相关性越差。从荧光区域所代表的物质类别来看,腐殖酸类荧光峰(区域)和色氨酸类荧光峰(区域)与有机物浓度的相关性较高。而富里酸类荧光峰(区域)和酪氨酸类荧光峰(区域)与有机物浓度的相关性较低。

表 1-10　　　　　　　　荧光强度与 DOC、UV_{254}、UV_{210} 的相关关系

三好坞原水	R^2_{DOC}	$R^2_{UV_{254}}$	$R^2_{UV_{210}}$	黄浦江原水	R^2_{DOC}	$R^2_{UV_{254}}$
荧光峰 A	0.911 7	0.918 9	0.944 7	荧光峰 A	0.922 5	0.924 7
荧光峰 B	0.811 2	0.828	0.907 2	荧光峰 B	0.943	0.949 8
荧光峰 C	0.984 7	0.988 7	0.978 6	荧光峰 C	0.986 7	0.989 4
荧光峰 T	0.948 9	0.956 3	0.986 3	荧光峰 T	0.958 6	0.961 8
总峰强度	0.923 9	0.933 5	0.951 9	总峰强度	0.952	0.955 7
荧光区域 1	0.763 2	0.778 5	0.820 1	荧光区域 1	0.818 2	0.828
荧光区域 2	0.795 4	0.801	0.854 2	荧光区域 2	0.869 9	0.876 9
荧光区域 3	0.936 2	0.943 9	0.984 0	荧光区域 3	0.949 6	0.954
荧光区域 4	0.952 6	0.959 2	0.988 9	荧光区域 4	0.968 3	0.971 8
荧光区域 5	0.991 9	0.994 4	0.980 6	荧光区域 5	0.994	0.995 8
总区域强度	0.959 9	0.966 1	0.975 5	总区域强度	0.968 4	0.972 1

三好坞和黄浦江水的 DOC 和 UV_{254} 的线性关系分别为 0.999 3 和 0.999 5,如图 1-65 所示。与此相比,荧光强度作为反映有机物浓度的指标,精确度略差。总荧光强度无法准确定量测出溶解性有机物的浓度。荧光区域 5(腐殖类荧光区)与有机物浓度的线性关系较高($R^2>0.99$)。

UV_{210} 可以有效区分蛋白类有机物和腐殖类有机物,据报道,藻类有机物中的氨基

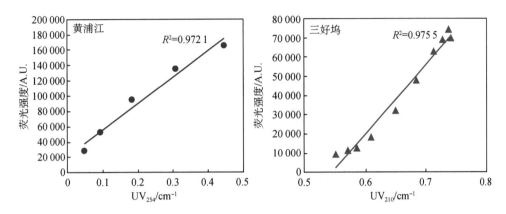

图 1-65　荧光强度与紫外响应值的关系

酸和蛋白质对 UV_{210} 具有极高的响应值,而腐殖类有机物相对较低。由于蛋白类有机物在荧光光谱中也存在明显的荧光峰,因此,表 1-10 也比较了 UV_{210} 和荧光强度之间的关系,可见 UV_{210} 与荧光强度的线性关系普遍好于 DOC 或 UV_{254},尤其是在荧光峰 T 和荧光区域 4 中,UV_{210} 与荧光强度的线性关系最好($R^2 \approx 0.99$)。这与蛋白类荧光强度普遍高于腐殖类荧光强度存在一定关系。

1.9　有机物组分在处理工艺流程中的变化

1.9.1　有机物组分的变化

太湖原水的有机物组分比例如图 1-66 所示。亲水性组分比例为 55%,强疏组分为 27%,弱疏组分为 17%。以太湖为原水的 3 个水厂的深度处理工艺过程中,有机物组分的变化如图 1-67 所示。由图 1-67 可见,3 个水厂的组分变化显示出一个共同点,即疏水性组分所占比例随着工艺流程的进程而下降,其中的强疏组分比例下降程度较弱疏组分大,而亲水性比例增加。BYW 水厂出水的亲水性比例为 64%,强疏比例 21% 和弱疏比例 14%;这说明

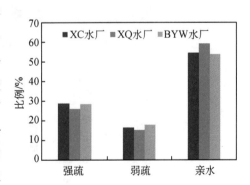

图 1-66　太湖原水有机物组分所占比例

深度工艺去除疏水性有机物的效果优于亲水性有机物。

图 1-68 为 2 个水厂的深度水处理工艺的各技术环节去除组分的效果。就强疏组分而言,混凝沉淀去除效果最好,其次为砂滤。2 个水厂的生物活性炭去除强疏组分有

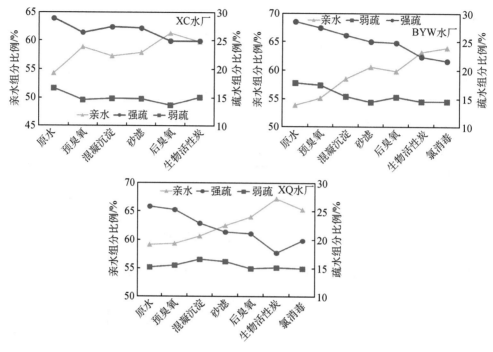

图 1-67　深度水处理工艺组分变化

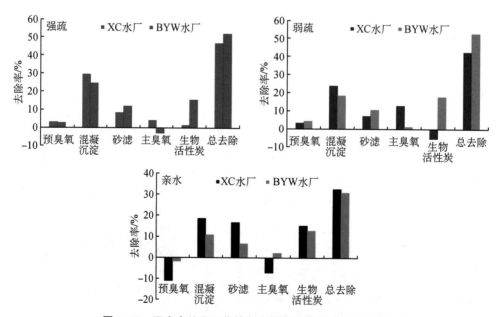

图 1-68　深度水处理工艺的各个技术环节去除组分的效果

明显的差别,BYW 水厂有较好的去除效果,但 XC 水厂的去除效果很差。弱疏组分的去除在混凝沉淀和砂滤的处理环节中的去除与强疏的相似。生物活性炭的去除仍然显示出很大的不同,BYW 水厂去除效果甚好,但 XC 水厂非但没有去除,出水的弱疏组分反而增加。就亲水组分而言,臭氧去除率出现了负值,2 个水厂均有此现象,这说明了臭氧将疏水性有机物转为亲水性的事实。混凝沉淀和砂滤去除亲水组分也有较好的效果。生物活性炭去除亲水组分,不同于疏水组分,2 个水厂的去除效果大致相同。2 个水厂在生物活性炭去除组分上的不同,可能源于活性炭的运行年限的不同。BYW 水厂仅运行 1 年多,而 XC 水厂运行了 6 年。由此,我们发现了一个事实,在活性炭的运行初期,可同时有效去除疏水和亲水组分,随着运行时间的延长,疏水性组分的去除逐渐下降,而亲水组分的去除保持不变。这种活性炭运行年限对有机物组分去除的不同很大程度上影响了水厂的出水水质。例如,运行年限较长的活性炭出水的疏水性有机物较多,对其加氯消毒时会产生更多的 AOC,导致出水的生物不稳定。此外,较多的疏水有机物加氯后可能会产生更多的含碳消毒副产物。

1.9.2 有机物组分中分子量的变化

某水厂的深度工艺过程中的有机物各组分的分子量变化如图 1-69 所示。大分子仅占极小部分,而且疏水性的大分子经混凝沉淀后已几乎完全去除,亲水性有机物的经氯消毒后也已完全去除。中分子和小分子在处理工艺过程中呈较为复杂的变化,但它们之间的关系基本表现为中分子的下降伴随着小分子的增加。例如,在预臭氧和后臭氧的处理环节,我们可以明显看到,中分子比例减小,小分子比例必然增加;而中分子比

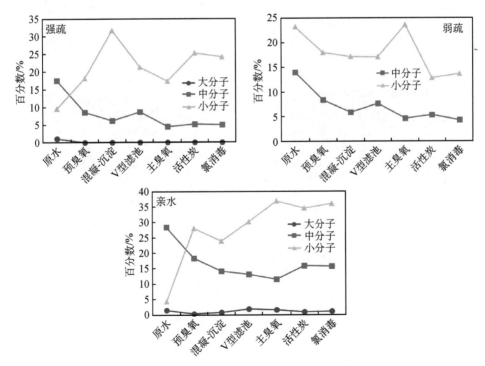

图 1-69 有机物组分分子量分布在工艺流程中的变化

例增加,小分子比例减少。另外,我们发现经过活性炭后,有机物各组分的中分子比例减少,小分子的比例增加。此外,除了强疏组分,其余组分的小分子比例虽然在处理过程中有增减,但与原水比较,最后的比例均呈增加的趋势。其中的中性亲水增加为最。

1.10　三维荧光在处理工艺流程中的变化

图 1-70 为深度工艺的三维荧光的变化。原水在 4 个区域有响应,分别标以 B、T、A、C。B 区的响应最为强烈,其次为 A 区和 T 区,C 区的响应最弱。B 区的响应反映的

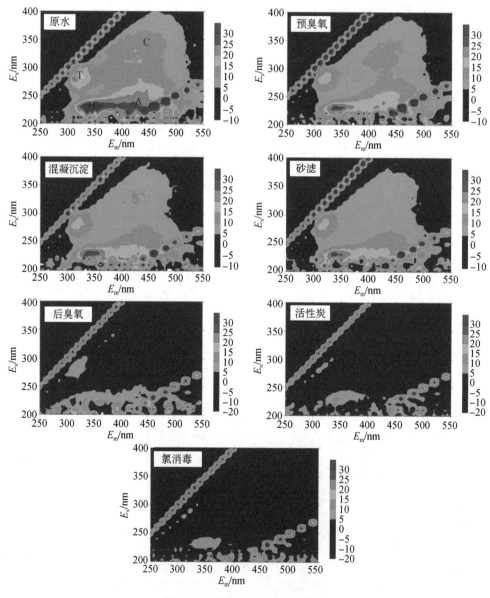

图 1-70　深度工艺三维荧光变化

是蛋白类有机物,这说明太湖水中的蛋白质类有机物较高。A 区反映富里酸类的有机物。图 1-71 表明,经过整个处理流程,三维荧光的响应区域和强度均大为降低,其中降低最明显的为前臭氧、后臭氧和氯消毒工艺。氧化后的响应区域和强度明显缩小和降低。尤其是经后臭氧处理后,C 区的响应区域几乎消失,而其余 3 个区域的响应和强度也明显缩小和降低。但是,混凝沉淀和砂滤对荧光响应的影响很小。

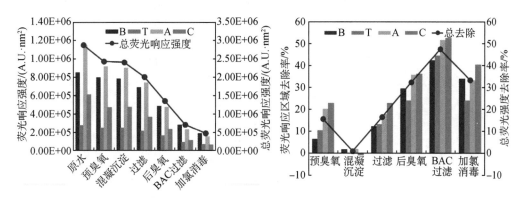

图 1-71　深度工艺荧光响应去除效果

图 1-72 为深度水处理工艺过程中各个响应区的荧光强度比例变化。由图 1-72 可以明显看出,在工艺过程中,A 区和 C 区的荧光强度比例逐渐减少,分别由 39% 和 21% 减少至 32% 和 14%,而 B 区和 T 区的比例逐渐增加,分别由 29.5% 和 9.5% 增加至 39% 和 14.5%。A 区和 C 区代表疏水性有机物,而 B 区和 T 区代表了蛋白质类的有机物,这表明深度工艺去除疏水性有机物的效果优于蛋白质类的有机物。

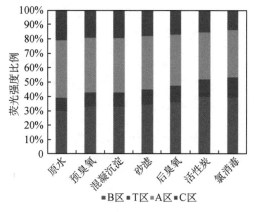

图 1-72　荧光强度比例变化

1.11　平行因子分析

1.11.1　平行因子分析方法的原理

平行因子(PARAFAC)分析是一种分析三线性数据的方法,此方法的使用前提是三维数据在三个方向上呈线性关系、混合物的组分数确定、信噪比在一定范围内,此方法不仅能分辨出样品的纯光谱,还能得到混合物中各纯组分的相对浓度。

PARAFAC 方法基于交替最小二乘原理的迭代类型三维矩阵分解算法,将三维数据信号分解成为一个三线性项和残差项。如图 1-73 所示将三维数据矩阵 X 分解为三

个二维载荷矩阵 A、B、C 和一个核心矩阵 G，并且 G 为正方形矩阵。

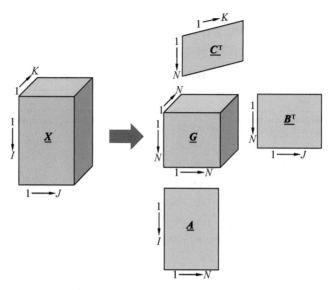

图 1-73　平行因子原理示意图

对于三维荧光矩阵，在激发波长为 I、发射波长为 J、样本数为 K 的条件下，得到 EEM 矩阵 $X(I \times J \times K)$，三线性成分模型如下：

$$x_{ijk} = \sum_{n=1}^{N} a_{in} b_{jn} c_{kn} + e_{ijk}^{i}$$
$$i = 1, 2, \cdots, I \quad j = 1, 2, \cdots, J \quad k = 1, 2, \cdots, K \tag{1-4}$$

式中　N——独立荧光成分数；

$\quad\quad x_{ijk}$——三维矩阵 X 的一个元素，即激发波长为 i，发射波长为 j，第 k 个样品的荧光强度；

$\quad\quad a_{in}$——激发光谱矩阵 A $(I \times N)$ 中的元素 (i, n)，与激发波长 i 处的吸光系数成正比例；

$\quad\quad b_{jn}$——发射光谱矩阵 B $(J \times N)$ 中的元素 (j, n)，与发射波长 j 处，第 n 个分析物的荧光量子产率有关；

$\quad\quad c_{kn}$——相对浓度的矩阵 C $(K \times N)$ 中的元素 (k, n)，与第 k 个样品第 n 个组分的浓度成正比；

$\quad\quad e_{ijk}$——三维残差矩阵 E $(I \times J \times K)$ 中的元素 (i, j, k)，表示不能被模型解释的荧光信号。

三线性分析的结果唯一是 A、B、C 三个载荷矩阵的"相对形状"是唯一确定的，不能自由旋转。也就是说三个荷载矩阵中代表不同因子的向量以及元素的绝对值没有具体不变的值，只是荷载矩阵整体的相对性状恒定唯一。

只有确定了体系主成分数 N，即平行因子方法中的因子数，才可以对三线性矩阵进行有效分解，因此成分数的合理选择是整个分析过程的关键。因子数与三维矩阵的规模无关，是由被测体系本身决定的。常用的成分数判定方法有：对半分析法、核一致诊断法、加一法、残差分析法、多维交互检验法等。

使残差矩阵中元素的平方和达到最小，一般通过交替最小二乘法实现。平行因子算法就是通过交替最小二乘法来解决三线性数据的分解。首先假设任意两个负载矩阵为已知，利用这两个已知矩阵去估算第三个未知负载矩阵，最后用同样方法估算前两个荷载矩阵。

1.11.2　平行因子分析在饮用水处理中的应用

利用 PARAFAC 法对水厂工艺水三维荧光光谱图进行分析，经残差分析（Residual Analysis）发现，比较 3、4、5 组分时，残差和没有明显降低，即没有必要增加组分数。而当组分数从 2 变成 3 时，残差和显著降低，因此选择 3 个组分。同时，在进行半分析法（Split-half Analysis）验证时发现，只有选取 3 个组分时系统出现组分模型半分析验证有效（Model Split-half Validated），因此最终确定组分数为 3。图 1-74 显示了原水 3 个组分荧光光谱图及其激发、发射波长对应的最大荧光强度（载荷值）。从图中可知，原水中有 3 个组分（C_1，C_2，C_3）。C_1 组分有两个峰，主峰 $E_x/E_m=280/318$，次峰 $E_x/E_m=230/318$，与前人对太湖水中有机物及藻类分泌物的研究中发现的某一组分类似，主要是色氨酸类。C_2 组分有两个峰，主峰 $E_x/E_m=250/438$，次峰 $E_x/E_m=330/438$，主要是腐殖质类物质。C_3 组分有两个峰，主峰 $E_x/E_m=230/338$，次峰 $E_x/E_m=290/338$，主要是氨基酸类及自由或结合类蛋白质物质。

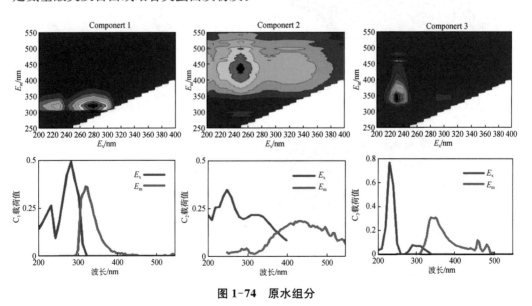

图 1-74　原水组分

3 个组分(C_1,C_2,C_3)的激发和发射波长见表 1-11。C_1 组分有两个峰,主峰 E_x/E_m=280 nm/322 nm 和次峰 E_x/E_m=230 nm/322 nm,C_1 组分主要是色氨酸类。C_2 组分有 3 个峰,主峰 E_x/E_m=250 nm/450 nm,两个次峰为 E_x/E_m=(220 nm,330 nm)/450 nm,主要为腐殖质类物质。C_3 组分有两个峰,主峰 E_x/E_m=230 nm/350 nm 和次峰 E_x/E_m=310 nm/350 nm,主要是氨基酸类和蛋白质类物质。

表 1-11 组分与主要类别

组分	E_x/E_m/nm	组分主要类别
C_1	(230,280)/322	色氨酸类
C_2	(220,250,330)/450	腐殖质类
C_3	(230,310)/350	氨基酸类、蛋白质类

从图 1-75 可知,各工艺水均为一个组分,且通过 E_m/E_x 波长峰值,可看出是同一组分,组分激发波长和发射波长峰值为(230 nm,270 nm,330 nm)/330 nm,组分类别主要为蛋白质类、氨基酸类和色氨酸类,与原水组分比较,发现腐殖酸类减少。从图中还可知,一直存在的主峰 E_x/E_m=230 nm/330 nm,主要为蛋白质类物质,两个次峰 $E_x/$

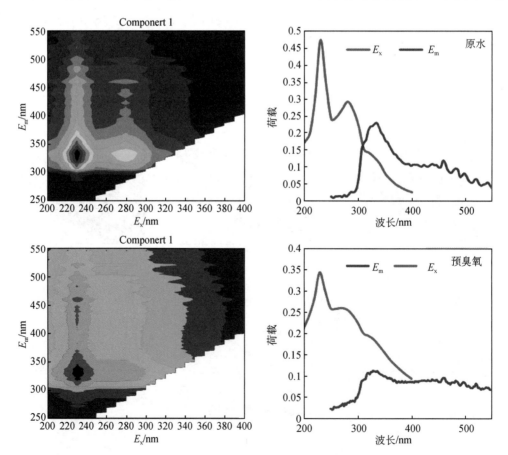

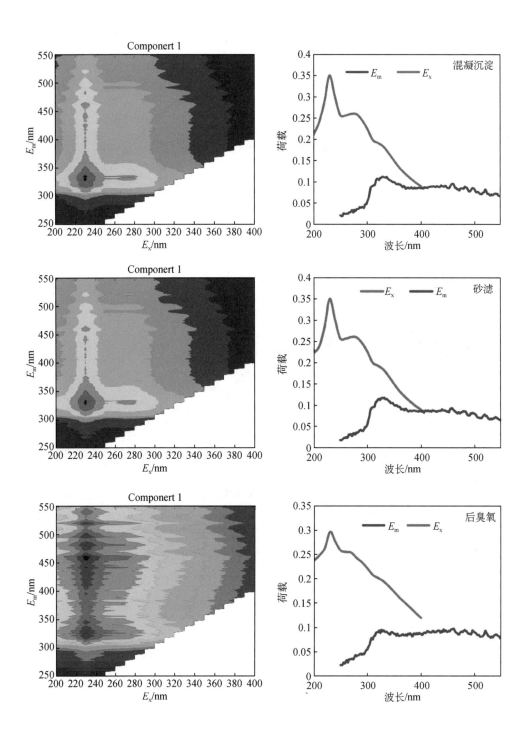

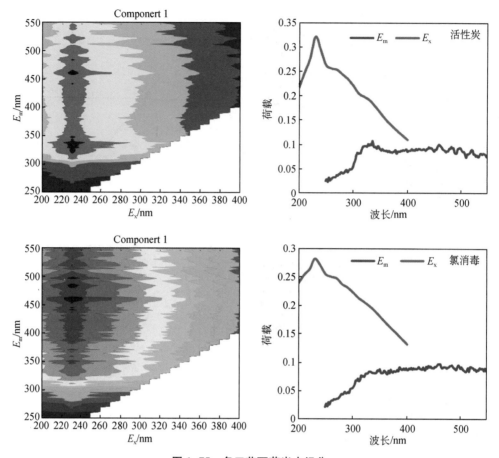

图 1-75 各工艺环节出水组分

$E_m = (270\ \text{nm}, 330\ \text{nm})/330\ \text{nm}$ 在主臭氧工艺之后变得不太明显,这一部分应该是色氨酸类物质。其实经过主臭氧工艺,除了次峰几近消失之外,主峰也有一定程度的下降,说明主臭氧工艺对多种荧光组分都有良好的去除效果,相似情况还可以在氯消毒中看到。而经过炭滤池之后,可以明显看到主峰有明显的增加,也就是蛋白质类物质有一定程度的上升,而混凝沉淀和砂滤的效果并不明显。

由图 1-76 可见,荧光组分强度基本随工艺流程而降低。混凝沉淀和砂滤工艺对该荧光组分基本没有去除作用,去除率分别为 1.0% 和 0.3%;主臭氧,较其他工艺而言,对该荧光组分去除能力为最佳,去除率为 46.81%;生物活性炭(BAC)滤池出水中的最大荧光强度最低,去除效果也不错,去除率为 29.21%,而前文提到 BAC 使蛋白质类物质有一定程度的上升,但最大荧光强度反而有了良好的降低,这可能是因为 BAC 释放的蛋白质类物质并没有较高的荧光强度,是一些荧光强度响应较低的物质;而氯消毒之后该荧光组分强度不降反升,上升了 29.47%,可能是因为在氯的氧化作用下,某些荧光强度低的物质被氧化或发生反应生成荧光强度较大的物质,使氯出水的最大荧光强度增加。整个工艺对该荧光组分的最大荧光强度去除率为 51.88%。

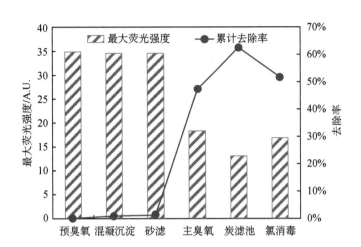

图 1-76　深度水处理工艺对组分荧光最大强度的去除

在臭氧-生物活性炭工艺中，主臭氧对该荧光组分的最大荧光强度的去除效果最好，BAC 滤池次之，混凝沉淀和砂滤对该组分的去除作用很小，可忽略不计，而氯消毒工艺增加了该荧光组分的最大荧光强度。

（1）天然有机物的分子量分布可分为大分子区间、中分子区间和小分子区间，大分子区间的分子量分布范围从数万至百万，紫外响应弱甚至没有响应，主要由亲水性有机物构成，强疏组分也会出现在大分子；中分子区间的分子量范围在数千至 1 万，主要由紫外吸收强烈的疏水性有机物如腐殖酸构成；小分子区间的分子量从 2 000 至几百，多为亲水性有机物。弱疏水性和极亲水性有机物不会出现在大分子区间，主要分布在中分子和小分子区间，随着原水的不同而有很大的变化。原水的小分子有机物最多，其次为中分子有机物，大分子有机物最少。

（2）有机物的相对分子质量分布随着水源以及时间的不同而不同。天然原水的有机物多为小分子有机物。某些藻类大分子有机物占有相当的比例，藻类较多的水体内如湖泊等的大分子有机物较多。

（3）强疏组分在中分子区间中所占比例最大，其次为小分子区间，而大分子区间也占有一定的比例。弱疏组分中的小分子比例较大，中分子比例较少，完全没有大分子。亲水组分的小分子所占比例最多，与其余组分相比，中分子比例最少，而大分子比例最多。

（4）有机物组分与荧光响应的区域没有必然的联系，而是强烈反映了不同水源的有机物特征。B 区和 T 区的荧光响应主要表达小分子和大分子有机物，而 A 区和 C 区主要表达中分子有机物。

（5）有机物的亲疏水性、相对分子质量以及荧光响应区域和强度之间存在密切关系。大分子有机物对荧光强度没有贡献,小分子有机物对荧光强度有主要的贡献。

(6) 荧光峰 T 和 A 的比值 $r(t, a)$ 反映大分子与小分子有机物的比值,该数值可反映水源的受污染程度,并可作为膜污染的指示参数。

第2章 饮用水处理技术

2.1 饮用水处理技术概述

饮用水处理工艺是多种技术的组合，这些技术类型包括物理、化学和生物等类型。物理类型主要为过滤技术，包括砂滤和膜滤，吸附工艺既有物理作用又有化学作用；化学类型包括了氧化法和混凝处理法等。主要的饮用水处理技术分类如表 2-1 所示。

表 2-1　　　　　　　　　　　　饮用水处理技术分类以及优缺点

技术分类		优点	缺点
氧化法	氧化剂氧化 臭氧(O_3) 过氧化氢(H_2O_2) 二氧化氯(ClO_2) 高铁酸钾(K_2FeO_4) 高锰酸钾($KMnO_4$)	—	—
	高级氧化 紫外/臭氧(UV/O_3) 紫外/过氧化氢(UV/H_2O_2) 紫外/二氧化钛(UV/TiO_2) 超声(US) 超声/紫外(US/UV) 超声/过氧化氢(US/H_2O_2)	(1) 化学药剂需要量少； (2) 反应迅速； (3) 可利用原有的设备； (4) 可氧化消毒副产物	(1) 去除有机物效果较混凝的差； (2) 难以矿化，氧化后的有机物有毒性问题； (3) 紫外耗能高； (4) 去除效果取决于 pH 值； (5) 臭氧气体具有毒性，需监控； (6) 臭氧残留水中时间短
	生物氧化 生物接触氧化 生物滤池 生物流化床 生物转盘	(1) 去除可生物降解的有机物； (2) 可氧化氨氮	(1) 需要较大的面积； (2) 有机物去除效果差； (3) 水温以及水质变化对去除效果影响较大
吸附法	颗粒活性炭(GAC) 粉末活性炭(PAC) 生物活性炭(BAC) 改性黏土 沸石	(1) 去除有机物效果较好； (2) 吸附系统可处理不同水量以及不同浓度的有机物； (3) 易于检修； (4) 适合去除疏水性有机物	(1) 需要再生以及部分更新吸附剂； (2) 吸附剂无法再生时，必须处置，处置不当会对环境造成二次污染； (3) 需要对进水预处理； (4) 水温和 pH 值影响去除效果

续表

技术分类		优点	缺点
膜分离法	微滤膜 超滤膜 纳滤膜 反渗透 预涂膜	(1) 可完全截留悬浮固体、细菌、微生物,生物安全得到保障; (2) 处理时间短; (3) 不会产生化学副产物; (4) 可适应任何水量处理; (5) 占地面积小,建设安装容易	(1) 耗能(反渗透和纳滤); (2) 需要增加预处理; (3) 膜污染
混凝处理法	—	(1) 价格便宜; (2) 利用常规工艺,有机物去除效果较好; (3) 适合去除大分子有机物	(1) 产生较多的污泥; (2) 难以去除小分子的亲水性有机物

2.2 混凝处理法

2.2.1 胶体性质

1. 表面电荷

天然水中的悬浮颗粒、胶体以及有机物等表面均带电,通常为负电荷。悬浮固体表面的基团会与水作用,接受或给出质子,从而产生表面电荷。带有羧基(COO^-)和氨基(NH_4^+)基团的有机物通过离子反应产生负电荷或正电荷。此外,黏土会通过"同形替代"产生负电荷。

2. 双电层

水中胶体表面的负电荷通过静电作用将水中带相反电荷的离子(反离子)吸引到胶体的周围,从而形成了双电层。紧靠胶体表面的反离子吸附较为牢固,该层称为"吸附层",吸附层的外围称为"扩散层"。当胶体移动时,吸附层与胶体一起移动,但扩散层由于与胶体的吸附力较弱,并不与胶体一起移动,从而在吸附层和扩散层的界面上形成"滑动面"。滑动面的表面呈负电性。

胶体表面电位称为"总电位"或"热力学电位",滑动面上的电位称为"动电位"或"Zeta 电位"。

3. 胶体稳定性

胶体稳定性是指胶体在水中长期保持悬浮分散状态而不聚集下沉的特性。德加根

(Derjaguin)、兰道(Landon)、伏维(Verwey)和奥伏贝克(Overbeek)各自独立完成了胶体相互作用理论，故简称为 DLVO 理论。DLVO 理论认为，两个胶体相互接近至双电层发生重叠时，便产生了静电斥力。同时，胶体之间又存在范德华力。

2.2.2　混凝反应

无机混凝剂为铝盐和铁盐，它们含有金属离子 Al^{3+} 和 Fe^{3+}。当混凝剂投加到水中，高价金属离子与 6 个水分子中的氧紧密结合，导致水分子的氧—氢结合键变弱，氢离子从水分子中脱离，释放到水中，该过程为“水解”，如图 2-1 所示。铝和铁的氢氧化物被称为“水解产物”，混凝的水解反应如图 2-2 所示。

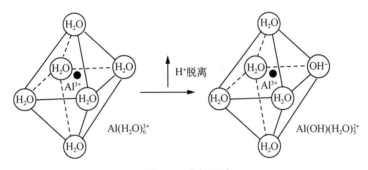

H_2O
Al^{3+}
$Al(H_2O)_6^{3+}$
H^+脱离
OH^-
$Al(OH)(H_2O)_5^{2+}$

图 2-1　水解反应

H^+
$Al(H_2O)_6^{3+}$ Al离子
$Al(OH)(H_2O)_5^{2+}$ 单核
$Al_{13}O_4(OH)_{24}^{7+}$ 多核
$Al(OH)_3$ 沉淀
$Al(OH)_4^-$ 铝酸根离子

图 2-2　混凝的水解反应

在混凝阶段，投加混凝剂导致固体颗粒脱稳；这个过程还包括了布朗运动形成微小的絮凝体，并进一步形成更大的絮凝体，称为“絮凝”。最常使用的混凝剂为铝盐和铁盐。当混凝剂投加到水中，铝盐和铁盐离解出多价离子，如 Al^{3+} 和 Fe^{3+}，它们水解为几种高价正电荷的络合物，并吸附在负电的胶体表面。当 pH 值高于混凝的最小溶解度时的 pH 值(氯化铁为 5.8，硫酸铝为 6.3)时，水解产物为高摩尔质量的聚合物或胶体沉淀物；当 pH 值略低于最小溶解度时的 pH 值时，水解产物主要为中等聚合物或单体。不同的聚合物可分为三类，即单核、中等多核和胶体沉淀物，其中，中等多核被认为是最有效去除有机物的水解产物。多核可由单核通过羟基桥联形成，如下反应所示。

$$2[Al(OH)(H_2O)_5]^{2+} \rightleftharpoons [(H_2O)_4\,Al\begin{matrix}\diagup OH \diagdown \\ \diagdown OH \diagup\end{matrix}Al\,(H_2O)_4]^{4+} + 2H_2O \quad (2\text{-}1)$$

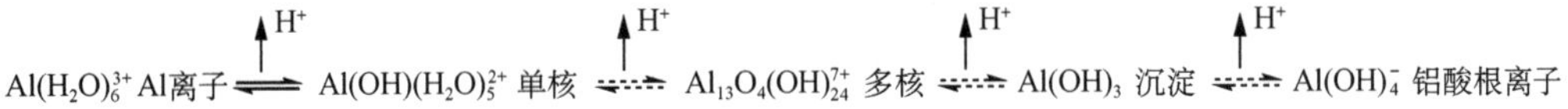

2.2.3 混凝过程机理

混凝过程机理涉及的内容包含以下几种。

1. 压缩双电层

投加电解质如 NaCl,反离子进入扩散层,扩散层厚度减小,被压缩,Zeta 电位降低,颗粒间的斥力降低,颗粒产生凝聚。双电层压缩所需的盐浓度接近海水,无法在实践中实现。但在天然水中,双电层压缩仍是重要的脱稳机理,如河水入海口的泥沙沉积,双电层压缩起到了重要的作用。

2. 电性中和

投加混凝剂,降低颗粒表面的电荷,扩散层厚度减小,颗粒之间的相互排斥力降低。

3. 吸附架桥

投加高分子聚合物,聚合物的活性基团吸附颗粒,将许多颗粒连接在一起,产生吸附架桥。

4. 网捕

投加足量的混凝剂形成氢氧化物沉淀,将悬浮颗粒网捕,使之从水中分离。

絮凝为物理和化学过程,絮凝过程中,胶体双电层的斥力变小,形成微小颗粒并相互碰撞,形成大的颗粒,称为矾花。在水处理中,混凝-絮凝工艺传统上被用来降低浊度,解决色度问题以及去除原生动物。但是,需要强调的是最佳去除浊度或色度所需的条件不总是与去除有机物的相同。混凝条件如投加量的优化是为了去除浊度,而 pH 值的优化是为了降低有机物。强化混凝的措施包括采用较高的投加量(以及随之带来的 pH 值变化)、改变化学药剂投加顺序,以及选择其他的混凝剂,其目的是更加有效地去除有机物。以往少有人研究传统的氯化铁和硫酸铝在水的物化性质改变时对有机物去除的作用,但近年来发现,在水处理工艺中,pH 值变化会影响有机物的去除。

混凝去除有机物和颗粒的能力取决于几个因素,包括混凝剂类型和投加量、搅拌条件、pH 值、水温、颗粒和有机物性能(如尺寸、官能团、电荷以及亲疏水性)、水中多价阳离子以及脱稳的阴离子(包括重碳酸根、氯离子和硫酸根)类型。

2.2.4 混凝剂

混凝剂分为无机和有机。无机主要为铁盐和铝盐以及聚合物,如硫酸铝、三氯化铁、聚合氯化铝、聚合硫酸铝和聚合硫酸铁等。目前采用的多为铝盐如硫酸铝和聚合氯化铝。铁盐的适合 pH 值范围广,可形成粗大的絮体,去除有机物的效果优于铝盐。但铁盐的腐蚀性较强,会腐蚀水处理设备,处理水有时会产生色度,因而使用较少。

在饮用水处理中应用最广泛的混凝剂是硫酸铝,但近来铁盐的应用也变得普遍。这可能是由于铝在饮用水中会增加阿尔兹海默病的患病风险。研究结果表明,铁基混凝剂去除 DOC 和 UV_{254} 的效果优于铝基混凝剂,温度对铁基混凝剂去除浊度的影响小于铝基混凝剂。

絮凝剂的作用是将微小絮体形成大絮体,也可归为助凝剂。最常用的絮凝剂为聚丙烯酰胺。由于丙烯酰胺对人体健康有害,水厂对其使用非常慎重。

2.2.5　混凝去除有机物

一般来说,增加硫酸铝的投加量会提高有机物的去除效果。但在较高的投加量(>100 mg/L)下,NOM 的去除不会大幅提高;硫酸铝难以去除中性亲水有机物,且处理水的中性亲水有机物有很高的可生化性(BDOC),会造成供水系统的生物膜以及消毒副产物的生成。混凝难以去除的 NOM 组分为多糖以及它们的衍生物。

pH 值对混凝的效果影响很大,硫酸铝混凝的最佳 pH 值在 $5.0 \sim 6.5$(硫酸铝投加量在 $5 \sim 100$ mg/L),去除 DOC、UV_{254}、三卤甲烷生成潜能(THMFP)以及浊度的效果分别可达 $25\% \sim 67\%$、$44\% \sim 77\%$、$25\% \sim 66\%$ 以及 97%。常用的铁盐为氯化铁($FeCl_3$)和硫酸铁[$Fe_2(SO_4)_3$],去除 NOM 最佳的 pH 值为 $4.5 \sim 6$,可去除 $29\% \sim 70\%$ 的 DOC,增加混凝剂至 100 mg/L 可提高 DOC 和 THMFP 的去除。

1. 去除机理

虽然混凝可有效去除浊度和微生物,但也可去除有机物。混凝去除有机物的机理与上述去除颗粒物的机理类似,包括电性中和脱稳、捕捉、吸附以及与金属离子的络合形成不溶的凝聚颗粒(图 2-3)。由于有机物的结构千变万化,对于具体的 NOM,去除的机理也不同。但是,优化 pH 值实现电性中和为主要的机理。此外,高分子聚合物通过吸附架桥和网捕絮凝去除颗粒,而中等聚合物或单体通过络合、吸附,电性中和以及共沉淀,有效去除有机物。在不同混凝机理下生成的絮凝体在尺寸大小、结构和强度等方面性能不同。

NOM 的性质对混凝剂投加量的影响很大。如果 NOM 主要由大分子构成,则最佳的混凝剂投加量要低,这是由于去除机理大多为电性中和。但是,如果 NOM 由低分子量和非腐殖酸构成,去除机理为金属氢氧化物表面的吸附,则最佳的混凝剂投加量较大。混凝去除疏水有机物的效果优于亲水有机物。另外,大分子有机物较之小分子有

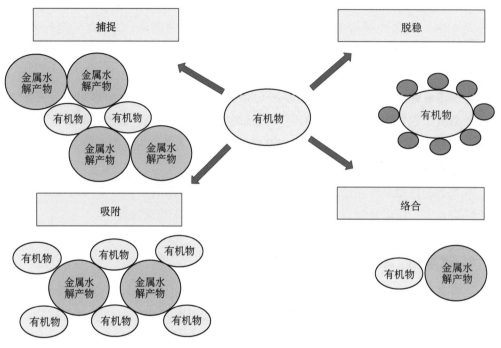

图 2-3　混凝去除天然有机物的机理

机物,更容易为混凝所去除,大多是由于大分子有机物为芳香族的疏水组分。较高SUVA 的有机物容易被混凝去除;相比于 DOC、UV_{254} 降低更多,表明芳香族类的去除较其他的 NOM 组分更有效。疏水性 NOM 含有羧酸和酚基等基团,有较高的负电荷。因此,疏水组分为胶体电荷的主要贡献,较高电荷的组分更容易被去除。

　　NOM 的去除可通过监测悬浮液的负电荷的去除来衡量。Zeta 电位在$-10\sim 5$ mV范围内,NOM 的去除效果达到最大。

2. 去除有机物的特点

　　图 2-4 为硫酸铝去除有机物组分的效果。由图 2-4 可见,混凝去除强疏组分和弱疏组分的效果最好,其次为中亲组分,极亲组分的去除效果最差。由此可见,混凝有效去除疏水组分,但对亲水组分的效果较差。疏水性有机物带有羧酸基的官能团,呈负电性,容易与混凝剂的正电金属离子发生络合反应,主要为混凝水解产物产生吸附,从而被去除。

　　图 2-5 为混凝处理太湖水的分子量分布的变化。由图 2-5 可见,投加 10 mg/L 的硫酸铝对大分子有很好的去除作用,大分子有机物的响应峰明显降低,但小分子的响应峰仅略有下降;投加 50 mg/L 后,大分子的响应峰进一步下降,小分子的响应峰也有所降低。由此可见,混凝可有效去除大分子,对小分子也有一定程度的去除效果。由于天然水中的大分子有机物所占比例很低,大多数的水体中占比不超过 10%,甚至不到

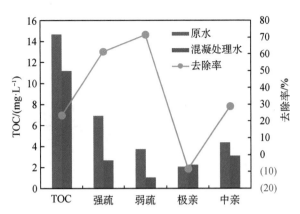

图 2-4 混凝去除有机物组分的效果（太湖浓缩水，混凝剂为硫酸铝，投加量 60 mg/L）

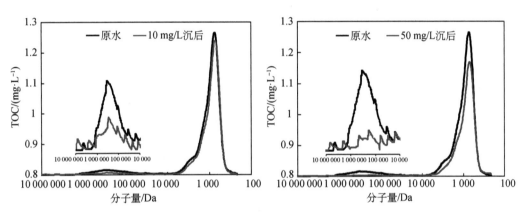

图 2-5 混凝剂投加量对太湖水分子量分布的影响

5％，因此，混凝只可有限地去除有机物，去除效果随水体的有机物性能变化，在 10％～25％。

2.2.6 强化混凝

以去除消毒副产物前体物为目标的混凝技术被称为"强化混凝"，强化混凝的主要目的是去除有机物和消毒副产物，被认为是经济和有效的技术。强化混凝的主要措施是提高混凝剂的投加量，通常高于去除浊度所需的投加量；其次是改变 pH 值，降低 pH 值可有效去除有机物和消毒副产物，最佳的 pH 值在 4～6。

1. 混凝剂投加量

由图 2-6 可知，随着混凝剂投加量的增加，DOC、UV_{254} 和 THMFP 的去除率也随之提高。

混凝投加量与 pH 值以及 Zeta 电位的关系如图 2-7 所示。由图 2-7 可见，随着投加量的增加，pH 值下降而 Zeta 电位增加。

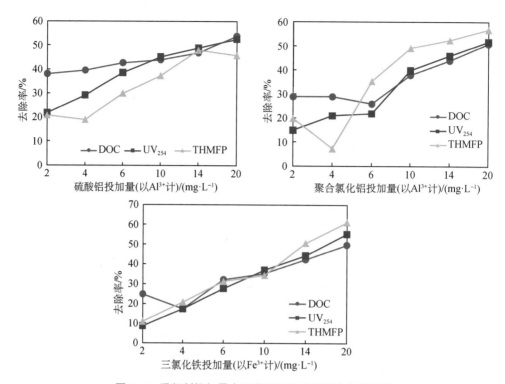

图 2-6 混凝剂投加量去除有机物和消毒副产物的效果

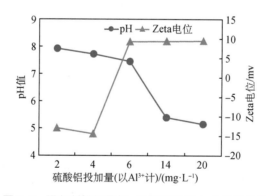

图 2-7 混凝剂投加量与 pH 值以及 Zeta 电位的关系

2. 改变 pH 值

pH 值变化对混凝去除有机物的影响如图 2-8 所示。由图 2-8 可知,随着 pH 值的降低,DOC 和 UV_{254} 的去除率明显增加,并在 pH 值为 5 时达到最高值,分别为 46% 和 55%,与 pH 值为 8 时的 12% 和 11% 相比,分别提高了近 3 倍和 4 倍。

由图 2-9 可以看出,当 pH 值较高时,DOC、UV_{254} 和 THMFP 的去除率很低;随着 pH 值降低,有机物和 THMFP 的去除率也随之提高,在 5~5.5 达到最高。当 pH 值较

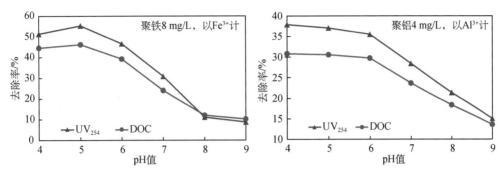

图 2-8　pH 值变化对去除有机物的影响（黄浦江水，DOC＝4.8 mg/L；UV$_{254}$＝0.088 cm^{-1}）

高时,混凝剂的水解产物以$[Al(OH)_4]^-$负离子形态出现,它对有机物的电性中和,吸附作用减弱,有机物去除效果下降;当 pH 值下降时,铝盐的水解产物多为 $Al(OH)^{2+}$ 和 Al^{3+} 等,水解产物的正电性增强,电性中和与吸附作用增强,从而提高有机物的去除效果。James Edzwald 指出,pH 值为 5.5 时,铝盐的水解产物多为$[Al(OH)_{1.5}]^{+1.5}$,其平均电荷为＋1.5;当 pH 值增加至 6.5 时,水解产物多为$[Al(OH)_{2.5}]^{+0.5}$,平均电荷降至＋0.5,如果pH 值高于 7,则变为负电性,电性中和与吸附作用大为减弱。

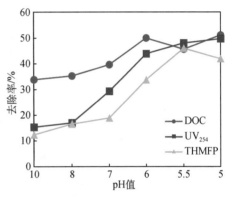

图 2-9　pH 值变化对消毒副产物去除的影响（聚铝 4 mg/L，以 Al^{3+} 计）

3. 强化混凝的机理

关于降低 pH 值促进有机物去除的机理,有人认为混凝剂水解产物会与水产生反应,使之产生羟基(OH^-)。许多有机物带有羧基官能团,水解产物吸附有机物时,羧基取代了羟基,并释放出羟基,因而降低羟基即降低 pH 值有利于有机物的吸附去除,如下列反应式所示。

$$\equiv SOS \equiv + H_2O \longrightarrow 2\equiv SOH \tag{2-2a}$$

$$\equiv S-OH + \overset{O}{\underset{-OH}{\underset{\|}{\overset{\|}{C}}R}} \longleftrightarrow \equiv S-O-\overset{O}{\overset{\|}{C}}R + OH^- \tag{2-2b}$$

在足够低的 pH 值时,表面吸附位和羧酸基均质子化,则反应变为:

$$\equiv SH-OH_2^+ + \overset{O}{\underset{OH}{\parallel}}CR \longleftrightarrow \equiv S-O-\overset{O}{\overset{\parallel}{C}}R + H_3O^+ \qquad (2-3)$$

水中 pH 值的变化也会影响有机物的形态如表观分子量。图 2-10 为黄浦江水的表观分子量分布随 pH 值变化的情况。由图 2-10 可知,当 pH 值降低时,表观分子量大于 30 000(大分子)的有机物所占比例增加;当 pH 值增大时,大分子所占比例降低,同时表观分子量小于 1 000(小分子)的有机物所占比例增加。图 2-11 为太湖水的分子量分布随 pH 值变化的情况,由图 2-11 可见,当 pH 值为中性和碱性时,有机物的表观分子量主要为小分子;当 pH 值为酸性时,有机物的表观分子量主要为大分子和中分子。

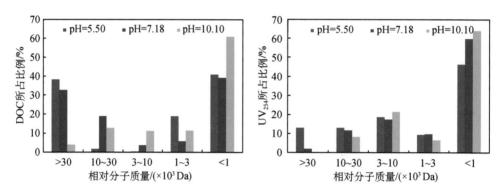

图 2-10 黄浦江原水的分子量分布随 pH 值的变化(超滤膜法检测)

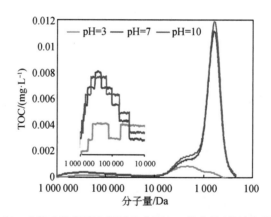

图 2-11 太湖水的表观分子量分布随 pH 值变化(凝胶色谱检测)

由此可见,强化混凝的机理也可以解释为:无论是增加投加量或调节 pH 值,使 pH 值降低,有机物的官能团如羧酸基团质子化,有机物负电性降低,它们之间的电荷排斥作用下降,小分子会聚集成大分子,从而更有利于混凝去除。

图 2-12 为 pH=5.5 时,混凝对各个分子量区间有机物的去除情况。由图 2-12 可见,强化混凝特别是调节 pH 值,去除有机物有很好的效果,在 pH=5.5 时,TOC 的去

除高达 50％,甚至高于臭氧生物活性炭。但是,生产实践很少采用调低 pH 值来提高去除有机物的做法,这是由于投加酸降低 pH 值会将水中的碱度耗尽,如果是大型水厂,酸的投加量非常大,更重要的是,出厂水还需调节 pH 值和碱度,否则会对管网产生严重的化学腐蚀。因此,调低 pH 值不仅制水成本大为增加,水质安全也难以管理。

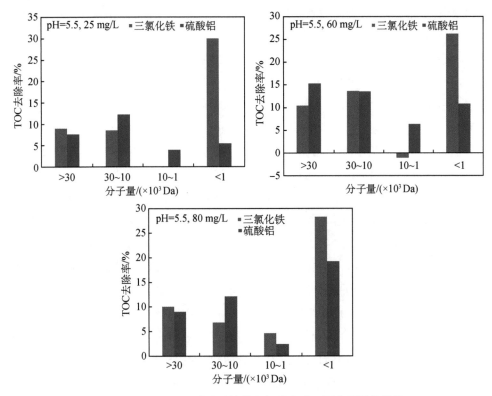

图 2-12　pH＝5.5 时采用铁盐和铝盐去除不同分子量的效果

2.3　活性炭吸附

活性炭吸附技术是饮用水深度处理中常用的技术之一,在生活饮用水处理时,用以去除水的嗅味,以及酚、卤代甲烷、微量有机物、各种有毒有害物质和余氯等。活性炭以其优良的吸附性能,可吸附去除原水中的大量低分子量有机物(其中相当部分为 DBP 前驱物),而且活性炭价格便宜,基建投资省,不需增加特殊设备和构筑物,应用灵活,尤其适合于季节性变化较大的原水的净化和原有常规处理水厂的工艺改造。在不增加大量投资的条件下,应用粉末活性炭可取得满意的处理效果,对于目前我国水厂的升级改造有较大的意义。此外,我国当前饮用水源水突发事件急剧增多,为保障水厂供水安全,配备应急处理系统具有现实可行性。投加活性炭是目前水厂应对突发污染事件的最经济有效的手段。

2.3.1 活性炭的性能

活性炭的结构与其他微晶质炭的结构都类似,但它与其他炭材料的最大区别是它具有发达的孔隙结构和巨大的比表面积($500\sim3\,000$ m²/g),这就是活性炭吸附能力强的主要原因。此外,活性炭的吸附容量不仅与比表面积有关,而且还与细孔的构造和孔的大小分布情况有关。

活性炭的孔隙结构通常分为微孔、中孔(过渡孔)和大孔,活性炭孔径大小分布很宽,从$1\sim104$ nm 以上。根据 Dubinin 提出并为国际理论与应用化学协会(IUPAC)采纳的分类法:孔径 $d<2$ nm 为微孔,2 nm$<d<50$ nm 为中孔,$d>50$ nm 为大孔。在高比表面积活性炭中,比表面积主要是由微孔贡献,中大孔在吸附过程中主要起通道作用。活性炭吸附是利用活性炭固体表面对水中杂质的吸附作用,以达到净化水质的目的。活性炭的吸附特性,不仅受孔隙结构而且受活性炭表面化学性质的影响。活性炭的表面性质因活化条件差异而不同,高温水蒸气活化的活性炭,表面多含碱性氧化物,而氯化锌活化的活性炭,表面多含酸性氧化物,后者对碱性化合物的吸附能力特别大。

在活性炭的组成中,碳占 $70\%\sim95\%$,此外还有氢、氧和灰分。炭化与活化过程中,氢和氧同碳以化学键结合,使活化炭表面上有各种有机官能团形式的氧化物和碳化物,氧化物使活性炭与吸附分子发生化学作用,显示出选择吸附性。

活性炭对有机污染物的吸附有两种方式:一种是物理吸附(即范德华力吸附),吸附质通过一种相当弱的力结合到吸附剂表面上,在这种吸附中,被吸附分子的化学性质保持不变,吸附质可相对于吸附剂自由移动,吸附是可逆的;另一种方式是化学吸附,活性炭在制造过程中炭表面生成的一些官能团使活性炭表面和吸附质之间有电子交换或共享而发生的化学反应,这种吸附是不可逆的。活性炭对无机离子的去除,主要通过静电作用实现,而对有机物的吸附,通常是物理吸附与化学吸附共同作用的结果,它们的一般特点和主要区别如表 2-2 所示。

表 2-2 物理吸附与化学吸附的比较

性质	物理吸附	化学吸附
吸附力	范德华力	化学键力
吸附热	近于液化热	近于化学反应热
吸附温度	较低	相当高(高于沸点)
吸附速度	快	有时较慢
吸附选择性	无	有
吸附层数	多层	单层
脱附性质	完全脱附	脱附困难,常伴有化学变化

活性炭吸附性能主要是由其本身性能特点与水质环境所决定的,同时在实际处理过程中,工艺条件决定了是否能充分利用活性炭的最大优势。其中本身性能特点包括:比表面积、孔径分布、孔径大小和表面化学性质;水质环境包括水体 pH 值、多组分共存等。

2.3.2　吸附性能

1. 吸附容量

在恒定温度下,单位质量活性炭在达到吸附平衡时的吸附量称为吸附容量。吸附容量可由式(2-4)计算。

$$q_e = \frac{V(C_0 - C_e)}{W} \qquad (2\text{-}4)$$

式中　q_e——吸附容量,mg/g;

　　　V——水样量,L;

　　　C_0——初始浓度,mg/L;

　　　C_e——平衡浓度,mg/L;

　　　W——活性炭量,mg。

2. 吸附等温式

在等温条件下,每单位吸附剂的吸附质 q_e 与溶液平衡浓度 C_e 的关系被称为"吸附等温式",它是反映吸附剂最重要的性能。

1) Freundlich 吸附等温式

$$q_e = K \cdot C_e^{1/n} \qquad (2\text{-}5)$$

式中　q_e——吸附容量,mg/g;

　　　C_e——平衡浓度,mg/L;

　　　K——常数,单位由 q_e 和 C_e 的单位确定;

　　　$1/n$——常数,无单位。

将式(2-5)的两边取对数,可得线性表达式为

$$\log q_e = \log K + \frac{1}{n}\log C_e \qquad (2\text{-}6)$$

K 主要与吸附容量有关,$1/n$ 与吸附强度有关。当 C_e 和 $1/n$ 不变时,K 值越大,q_e 也越大;当 K 和 C_e 不变时,$1/n$ 越小,则吸附力越强。当 $1/n$ 变得非常小时,吸附容量 q_e 与 C_e 无关,吸附等温线接近水平线,q_e 为常数,此时的吸附为不可逆。如果 $1/n$ 值

很大,表明吸附力很弱,则 C_e 的很小变化会引起吸附容量的很大变化。

图 2-13 为 4 种嗅味有机物的吸附等温线。土臭素(Geosmin,GSM)、二甲基异茨醇(2-Methylisoborned,2-MIB)和 β-环柠檬醛(β-Cyclocitral)的 $1/n$ 在 0.5~1.0,β-紫罗兰酮(β-Ionone)的 $1/n$ 大于 2.0。可以看出,当 C_e 小于 30 mg/L 时,β-Ionone 的 q_e 值明显低于其余的三种嗅味有机物,说明 β-Ionone 的亲和力低,活性炭较难吸附。

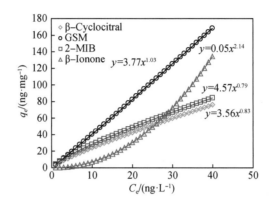

图 2-13 活性炭对 4 种嗅味有机物的吸附等温线

2) Langmiur 吸附等温式

Langmiur 吸附等温式假定吸附剂的所有吸附位能相同,并且每一吸附位仅吸附一个吸附质分子,即累积的吸附层为单层。吸附为化学吸附。

$$q_e = \frac{bq^0 C_e}{1 + bC_e} \tag{2-7}$$

式中 q^0——吸附最大容量;

b——常数,b 与吸附能有关,随着吸附强度的增加而增加。

$$\frac{1}{q_e} = \frac{1}{bq^0 C_e} + \frac{1}{q^0} \tag{2-8}$$

3. 吸附动力学

活性炭的吸附过程如图 2-14 所示。吸附质为吸附剂所吸附去除,需要通过以下几个步骤。

(1) 主体溶液传输。吸附质从主体溶液通过扩散到达吸附剂周围的水界面。

(2) 边界层传输。吸附质扩散通过边界层,扩散的速度和距离取决于经过吸附剂的水流速度,流速越大,距离越短。

(3) 孔扩散。吸附质进入孔道,通过孔扩散和表面扩散到达吸附位。

(4) 吸附。物理吸附的速度非常快,化学吸附速度较慢。

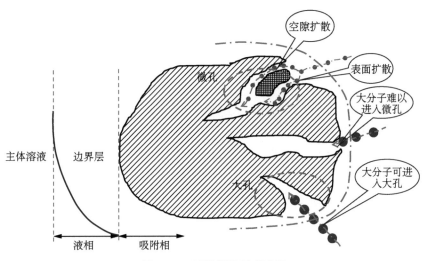

图 2-14　活性炭的吸附过程

　　最慢的步骤称为速度控制步骤。边界层扩散和孔扩散经常控制吸附速度。吸附初期,边界层扩散控制吸附速度,但在吸附后期,由于大量的吸附质累积在孔道内部,孔扩散控制吸附速度。

　　吸附质和吸附剂的尺寸对吸附速度影响很大。吸附质的尺寸增大,扩散系数减小。因此,去除大分子的有机物较小分子,需要更长的时间。吸附剂尺寸决定了吸附质在孔道内到达吸附位所花费的时间。

4. 吸附动力学方程

1) 伪一级动力学方程

$$\frac{\mathrm{d}q}{\mathrm{d}t} = k_1(q_e - q_t) \tag{2-9a}$$

对式(2-9a)积分后,可得到以下的线性表达式:

$$\ln(q_e - q_t) = \ln q_e - k_1 t \tag{2-9b}$$

式中　q_e——平衡吸附量,mg/mg;

　　　　q_t——t 时间的吸附量,mg/mg;

　　　　t——吸附时间,min;

　　　　k_1——一级吸附速率常数,min^{-1}。

　　以 $\ln(q_e - q_t)$ 为纵坐标,t 为横坐标作图,若能得到一条直线,说明吸附符合伪一级动力学方程。

　　2) 伪二级动力学方程

$$\frac{\mathrm{d}q}{\mathrm{d}t} = k_2(q_e - q_t)^2 \qquad (2\text{-}10a)$$

对式(2-10a)积分后,可得到以下的线性表达式:

$$\frac{1}{q_t} = \frac{1}{k_2 q_e^2} + \frac{1}{q_e} t \qquad (2\text{-}10b)$$

式中,k_2 为二级吸附速率常数,$\min^{-1}$。

以 t/q_t 为纵坐标、$1/t$ 为横坐标作图,若得到一条直线,说明吸附符合伪二级动力学方程。

图 2-15 为粉末炭吸附 4 种嗅味有机物的伪二级动力学方程。

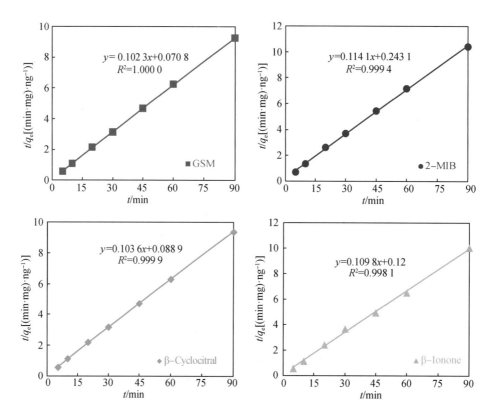

图 2-15　活性炭对 4 种嗅味有机物的伪二级吸附动力学拟合

2.3.3　影响吸附的因素

1. 吸附剂的性能

吸附剂的性能包括比表面积、孔径分布以及表面化学性能都是影响吸附的重要因素。

图 2-16 为 8 种粉末炭的比表面积（BET）与吸附太湖水的 TOC 的关系。图 2-16 表明，活性炭的比表面积大小与 TOC 去除率成非常好的线性关系，说明比表面积越大，则吸附有机物的量越多。

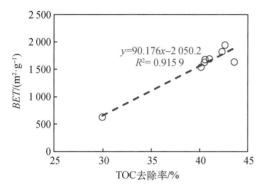

图 2-16　粉末炭的比表面积与 TOC 去除的关系

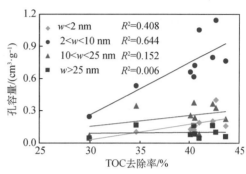

图 2-17　不同孔径与吸附有机物的关系

活性炭的孔径分布是指不同孔径表面积在总表面积所占的比例。微孔（Micropores）为孔径 w 小于 2 nm，中孔（Mesopores）的孔径范围 2～50 nm，大孔大于 50 nm。图 2-17 为以上 8 种粉末炭不同孔径范围的孔容量与去除太湖有机物的关系。由图 2-17 可见，孔径在 2～10 nm 范围内的孔容量与 TOC 去除率的相关性最好，孔容量越大，则 TOC 的去除率越高；其次为小于 2 nm 孔径的孔容量。其余的孔径范围下，孔容量与 TOC 去除率的相关性很弱。

太湖水的分子量分布如图 2-18 所示。有机物的表观分子量在 1 000 Da 左右。根据表 2-3，该表观分子量对应的有机物尺寸在 2 nm 左右。活性炭吸附有机物的最佳孔径 D 与有机物尺寸 d 的关系 D/d 为 1.7～6，由此得到的活性炭孔径范围为 3.4～12 nm，该孔径范围基本与图 2-17 吻合。

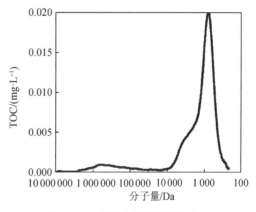

图 2-18　太湖水的分子量分布

表 2-3　　　　　　　　　　　　分子量与尺寸的关系

分子量/($\times 10^3$ Da)	0.5～1.0	1.0～5	5～10	10～50	50～100
扩散系数/(m²·s⁻¹)	2.47	1.88	1.41	1.35	1.09
直径/nm	1.73	2.28	3.04	3.18	3.94

图 2-19 为粉末炭吸附 4 种嗅味有机物的 K 值与孔径的关系。由图 2-19 可见，对于 4 种嗅味有机物，孔径大于 50 nm 的粉末炭吸附 K 值与孔径的相关性最好。

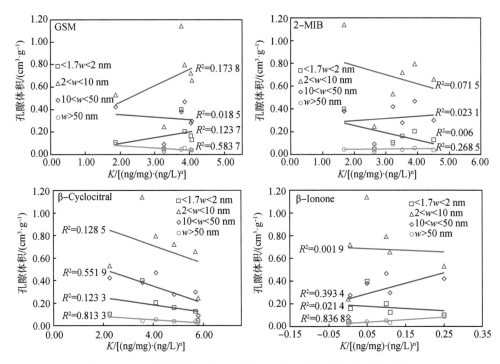

图 2-19 粉末炭吸附 4 种嗅味有机物的 K 值与粉末炭孔径的关系

2. 有机物的性质

极性以及电离官能团的有机物由于和水(极性物质)之间的吸引力很大,与疏水性的活性炭作用力小,难以被活性炭吸附。非极性以及大分子量的有机物容易被非极性活性炭吸附。疏水性和中性有机物容易被活性炭吸附。

由于非极性有机物尺寸越大,水中的溶解度越小,因而溶解度可作为衡量吸附力大小的指标。

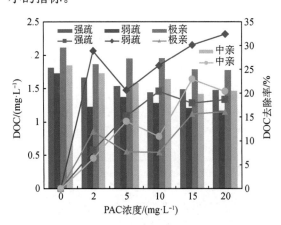

图 2-20 不同粉末炭投加量下有机物不同组分的去除效果

图 2-20 为粉末炭投加量对去除不同组分有机物的影响效果。由图 2-20 可见,随着投加量的增加,各组分的去除率上升;弱疏水性的有机物去除率最高,其次为强疏水性和中性亲水有机物,极性亲水的有机物去除率最低。结果表明,粉末炭去除疏水性有机物的效果最好,去除极性有机物的效果较差。

图 2-21 为不同组分有机物对粉末炭吸附嗅味有机物的影响。由图 2-21 可

知,对于 GSM、2-MIB 和 β-Cyclocitral,强疏的影响最大,其次为弱疏和中亲,极亲的影响最小。图 2-21 还表明,有机物组分的影响随着粉末炭投加量的增加而迅速下降;当投加量超过 15 mg/L 时,对于 GSM 的影响几乎消失。当投加量较低时,吸附位较为缺乏,因而吸附力较大的如疏水组分会优先得到吸附,导致影响了嗅味有机物的吸附;随着投加量的增加,吸附位增加,不同物质对吸附位的竞争程度大为下降,从而使影响程度降低。但是,对于 β-Ionone,有机物组分几乎没有影响。

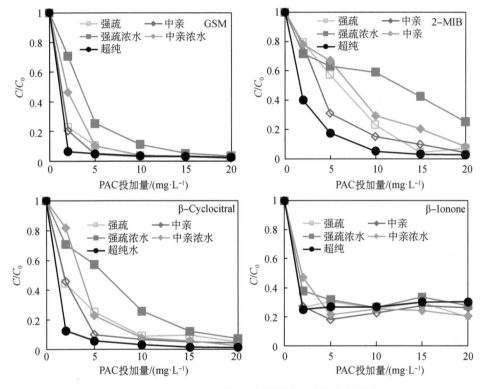

图 2-21　有机物组分对粉末炭吸附嗅味有机物的影响

3. pH 值

水的 pH 值变化会改变有机物的亲疏水性,从而影响活性炭对有机物的吸附力。许多有机物为弱酸,当 pH 值变小时,有机酸质子化,变得更为疏水,容易为活性炭吸附;当 pH 值增大时,有机物电离化,变得更为亲水,吸附能力下降。

图 2-22 为 pH 值变化对粉末炭吸附藻类有机物的影响。图 2-22 表明,随着

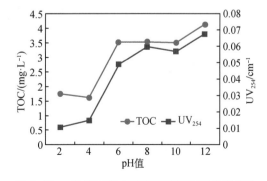

图 2-22　pH 值对粉末炭吸附藻类有机物的影响

pH 值的降低，TOC 和 UV_{254} 也随之下降。降幅最大的发生在 pH 值为 4～6。图 2-23 为 pH 值变化对粉末炭吸附不同分子量区间有机物的影响，由此可见，随着 pH 值的下降，无论是大分子还是小分子，它们的响应都显著降低，表明粉末炭的吸附作用加强，这结果与图 2-22 的相一致。

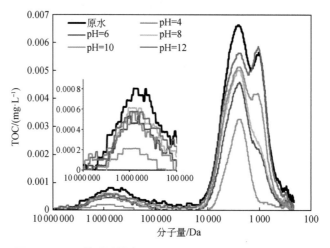

图 2-23 pH 值对活性炭吸附不同分子量区间有机物的影响

图 2-24 为 pH 值变化对粉末炭吸附嗅味有机物的影响，由此可见，随着 pH 值的降低，各嗅味有机物的浓度下降，去除率上升。最大的去除率出现在 pH 值为 2，最小的去除率出现在 pH 值为 10。

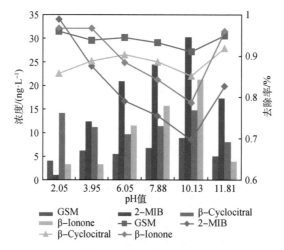

图 2-24 pH 值对活性炭吸附嗅味有机物的影响

4. 无机离子

水中的无机离子如 Ca^{2+} 会与有机物的羧酸基团络合，使活性炭对有机物的吸附力大为增强。

5. 水温

活性炭吸附有机物为放热反应,因而低温更有利于吸附。图 2-25 为不同的水温下粉末炭吸附 4 种嗅味有机物的效果。图 2-25 表明,粉末炭去除 4 种嗅味有机物的效果整体上均随着水温的降低而增加。

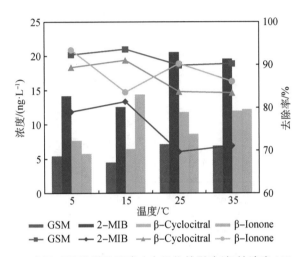

图 2-25　水温对活性炭吸附嗅味有机物的影响(初始浓度 100 ng/L)

6. 多组分吸附质共存的影响

天然水有多达数百甚至数千的不同有机物,从而会对有限的吸附位产生竞争吸附。吸附力强的有机物优先得到吸附位,吸附力弱的不容易被吸附,即使得到吸附位,也往往被吸附力强的替代,产生脱附。竞争吸附会降低活性炭对目标有机物的去除。

不同有机物对粉末炭吸附嗅味的影响如图 2-26 所示。腐殖酸(Humic Acid,HA)为典型的疏水性有机物,单宁酸(TA)的亲疏水各占一半,蔗糖(SUC)为亲水性有机物。由图 2-26 可见,对于 GSM、2-MIB 和 β-Cyclocitral,腐殖酸的影响最大,其次为单宁酸,蔗糖的影响最小,说明疏水性有机物对粉末炭的吸附力最大,因而产生了较大的竞争吸附,亲水性有机物对粉末炭的吸附力最弱,因而影响最小。由于 β-Ionone 的吸附力较弱,因而没有显示出明显的规律性。

有机物的浓度也会对竞争吸附产生很大的影响。图 2-27 为不同的有机物浓度对粉末炭吸附嗅味物质的影响。由图 2-27 可见,高浓度的原水对粉末炭吸附嗅味的影响最大,但对于低浓度和原水,由于浓度的差别较小,其影响没有规律性。

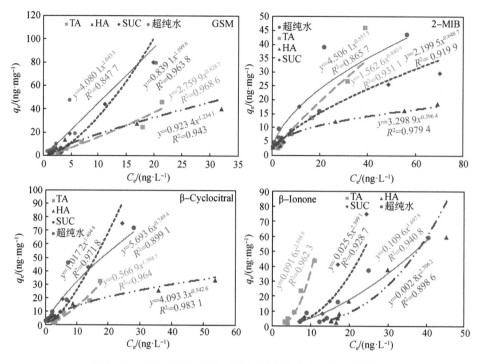

图 2-26　不同天然有机物对粉末炭吸附嗅味有机物的影响

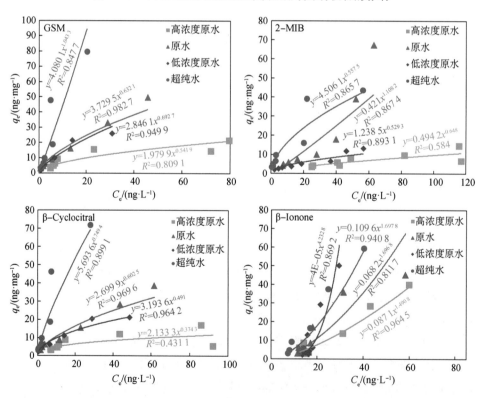

图 2-27　4 种嗅味有机物与天然有机物的竞争吸附(高浓度原水的 TOC 约为 6 mg/L;
原水的 TOC 约为 3 mg/L;低浓度原水的 TOC 约为 2 mg/L)

7. 投加方式

粉末炭投加水中后,炭粒的分散程度直接影响吸附效果。炭粒的分散程度取决于自凝聚和水力搅拌强度。曹达文和张小满在淮南水厂的粉末炭试验研究中,借助显微镜发现炭浆直接投加水中后,粉末炭因自凝聚形成较大团块,从而影响了吸附效果。为此,曹达文等人开发了扩散器,以淹没式多层小孔喷射方式,强制分散粉炭,达到瞬间分散均匀的目的,如图 2-28 所示。图 2-29 表明,粉末炭直接被投加,由于自凝聚结成较大的团块,而采用强制分散投加方式,粉末炭均匀分散。

试验采用的水泵扬程为 314 kPa,流量为 8 m³/h,产生的水流剪切力在 10^{-12} N/μm² 左右。该投加方法称为"粉末炭强制分散投加方式"。

常规方式投加和强制分散方式投加去除有机物的效果和原理如表 2-4 和图 2-28、图 2-29 所示。由表 2-4 可知,强制分散方式投加较常规方式投加,COD_{Mn} 的去除率可提高 2~3 倍。

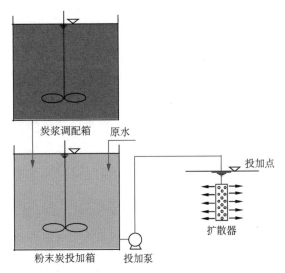

图 2-28　粉末炭强制分散投加方式示意

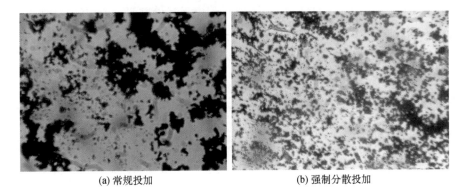

(a) 常规投加　　　　　　　　　　　(b) 强制分散投加

图 2-29　粉末炭常规投加和强制分散投加的炭粒情况

表 2-4　　　　　　　　常规方式与强制分散投加方式去除有机物的效果比较

粉末炭投加量/(mg·L^{-1})	10	15	20	30
常规方式投加,COD$_{Mn}$ 净去除平均值/%	2.4	11.3	10	17.2
强制分散方式投加,COD$_{Mn}$ 净去除平均值/%	22.8	23.1	34.9	37.6

2.3.4　活性炭在饮用水处理中的应用

粉末炭主要用于去除嗅味、低浓度的农药以及其他的微污染物,此外,粉末炭还可用于应对水质突发事故。

1. 粉末活性炭投加点

粉末活性炭投加点的选择主要考虑以下几方面的内容:投加点要有充分的搅拌条件,使粉末活性炭能快速与处理水良好地混合接触;尽量延长粉末活性炭与水体接触时间,充分利用粉末活性炭的吸附能力,提高吸附率;尽量减少水处理过程中的化学药品干扰等。粉末活性炭的投加点一般设在吸水井处、快速混合处、絮凝初期、絮凝中期及滤池之前。在取水口处投加,如果取水点距水厂较远,则炭、水混合接触时间充分;如果取水点距水厂很近,甚至就在水厂内,则会与混凝剂产生竞争吸附;在快速混合前或絮凝过程投加,会产生絮凝体包裹粉末炭,从而影响吸附,另外,粉末炭吸附了部分本应为混凝剂所去除的有机物,从而影响了吸附容量。在滤池前投加,虽然上述的弊端不存在,但粉末炭易泄漏至清水池或配水系统。

2. 粉末活性炭投加量

对于 PAC 的投加量,当投加量较少时,可以充分利用其吸附容量,但难以达标。如 PAC 投加过多,虽然目标物质出水浓度很小,能满足饮用水要求,但 PAC 没有被充分利用,增加制水成本。因此,应根据水厂的实际水质情况,确定合理、经济的投加量。

投加量可通过杯罐试验确定。待处理水倒入杯罐中,投加不同量的活性炭后搅拌一定时间并沉淀静止一定时间,取其上清液并测定目标污染物的浓度。绘制投加量和目标物去除率的曲线,根据所需的去除率,得到投加量。

3. 淮南水厂粉末炭投加点的中试试验

淮南水厂开展了粉末炭投加点的中试试验(10 m³/h),投加点的工况如图 2-30 所示。

试验结果如表 2-5 所示。由表 2-5 可知,工况(a)的有机物去除明显优于工况(b),足见投加点的重要性。由图 2-31 可见,工况(a)已开始形成肉眼可见的微小絮凝体($d \approx 0.1$ mm),粉末炭大于 90% 的粒径为 0.047 mm,故絮凝体无法包裹粉末炭,粉末炭仅附着在絮凝体表面,混凝剂基本上不影响粉末炭的吸附。图 2-31 还表明,工况

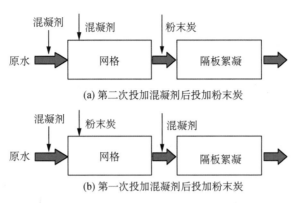

(a) 第二次投加混凝剂后投加粉末炭

(b) 第一次投加混凝剂后投加粉末炭

图 2-30 粉末炭投加点

（b）的粉末炭完全为絮凝体所包裹，且粉末炭形成大团，严重影响了吸附作用。

表 2-5　　　不同投加点的 CODMn 以及去除效果（粉末炭投加量 20 mg/L）

工况	$COD_{Mn}/(mg \cdot L^{-1})$			全流程去除率/%	粉末炭净去除率/%
	原水	常规处理	常规＋粉末炭		
a	11.26	4.56	3.04	73.0	33.3
	10.78	4.16	2.64	75.5	36.5
	10.14	4.08	2.32	77.1	43.1
	9.82	4.40	2.40	75.6	45.5
b	11.74	5.88	4.63	60.6	21.3
	14.57	5.80	4.63	68.2	20.2

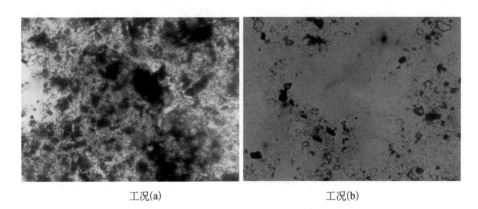

工况(a)　　　　　　　　　　　工况(b)

图 2-31 不同投加点的粉末炭情况

4. Haberer 工艺

Haberer 工艺的流程图如图 2-32 所示，以密度小于水的聚苯乙烯小球作为载体，将粉末炭预载在小球表面,表面覆盖粉末炭的小球成为上向流过滤介质。原水自下而上通过滤料层,在粉末炭吸附作用下有机物被去除。粉末炭饱和后,由高速水流反向冲洗小球,将粉末炭从小球表面剥离,新的粉末炭重新预涂小球。该工艺为 Haberer 等人在1991 年提出的粉末炭应用工艺。该工艺的主要优点是充分利用了粉末炭的吸附容量,还可将粉末炭回收再生。

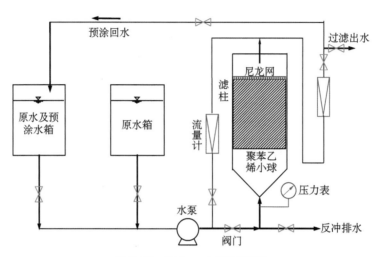

图 2-32　Haberer 工艺流程图

同济大学在 1996 年对该工艺进行了试验研究,试验装置及流程如图 2-32 所示。

1) 工艺操作步骤

(1) 预涂粉末炭:先将粉末炭配制成一定浓度的炭浆,用水泵将浆液自下而上送入滤床,经过一定时间的循环,粉末炭均匀地附着在载体表面。

(2) 吸附过滤:预涂粉末炭结束后,切换阀门,将待滤水自下而上送入过滤柱,水流经过滤层时与载体表面的粉末炭接触和吸附。

(3) 反冲洗:当出水水质不符合要求时,切换阀门,反冲洗水(一般为自来水)自下而上进入滤柱,吸附饱和的粉末炭从载体上脱落,随水流排出滤柱。

试验水为受污染的河水,浊度为 30～90 NTU,COD_{Mn} 为 5.5～8.5 mg/L。载体为聚苯乙烯小球,粒径为 1.0～1.6 mm,滤层厚度为 100 cm。粉末炭为木质炭,粒径250 目。预涂流速 10 min 时为 50 m/h,20 min 时为 10 m/h。滤速为 7.5 m/h。反冲洗流速为 60～100 m/h。混凝剂为硫酸铝,投加量为 40 mg/L。对比炭量采用 1.25 g/L、1.90 g/L 和 2.5 g/L 进行对比试验。

比炭量为单位体积滤床附着的活性炭量,它反映了滤床中的活性炭量的多少。三种不同比炭量下的 COD_{Mn} 和 UV_{254} 的去除效果如图 2-33、图 2-34 所示。平均去除率以及单位重量粉末炭去除 COD_{Mn} 和 UV_{254} 的效果如表 2-6 所示。

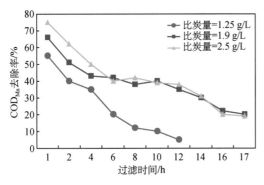
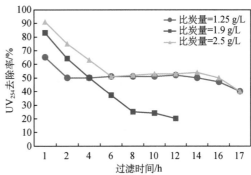

图 2-33　Haberer 工艺处理下 COD$_{Mn}$ 去除率变化　　**图 2-34　Haberer 工艺处理下 UV$_{254}$ 去除率变化**

表 2-6　　　　　　　　　　　　去除效果

比炭量/(g·L^{-1})	1.25	1.90	2.50
UV$_{254}$ 平均去除率/%	41.6	50.8	55.2
COD$_{Mn}$ 平均去除率/%	30.3	38.9	43.0
单位粉末炭去除有机物量(mgCOD$_{Mn}$/gPAC)	165.7	183.6	162.6
过滤时间/h	12	17	17

2) 试验结论

(1) 无论比炭量多少, COD$_{Mn}$ 和 UV$_{254}$ 的去除率均随着过滤时间降低。

(2) 比炭量 1.25 g/L 的 COD$_{Mn}$ 和 UV$_{254}$ 去除明显低于 1.9 g/L 和 2.5 g/L。

(3) 虽然比炭量 2.5 g/L 时 COD$_{Mn}$ 和 UV$_{254}$ 去除率最高, 但下降速度很快。其原因为比炭量过多, 导致粉末炭无法紧密黏附在小球表面, 经一段时间过滤后, 部分粉末炭从小球表面脱落, 从而使去除率大幅下降, 并接近比炭量 1.9 g/L。因此, 经试验可看出最佳的比炭量为 1.9 g/L。

2.4　化学氧化

化学氧化是电子转移的反应。电子从还原剂转移到氧化剂。其中, 得到电子的物质被还原, 称为"氧化剂"; 失去电子的物质被氧化, 称为"还原剂"。

由于电子在反应中被交换, 氧化还原反应被分成氧化半反应和还原半反应。

电势电位可描述氧化剂得到电子以及还原剂失去电子的能力。表 2-7 为饮用水处理中常用的氧化剂的标准电势电位。

表 2-7   饮用水处理中常用的化学氧化剂的标准电势电位

氧化剂	半反应	电势电位/V
臭氧	$1/3O_3 + H^+ + e^- \longrightarrow 1/2O_2 + 1/2H_2O$	2.08
氢氧自由基	$\overset{\cdot}{O}H + H^+ + e^- \longrightarrow H_2O$	2.85
过氧化氢	$1/2H_2O_2 + H^+ + e^- \longrightarrow H_2O$	1.78
高锰酸盐	$1/3MnO_4 + 2/3H^+ + e^- \longrightarrow 1/3MnO_2 + 2/3H_2O$	1.68
二氧化氯	$ClO_2 + e^- \longrightarrow ClO_2^-$	0.95
次氯酸	$1/2HOCl + 1/2H^+ + e^- \longrightarrow 1/2Cl^- + 1/2H_2O$	1.48
次氯酸离子	$1/2OCl^- + H^+ + e^- \longrightarrow 1/2Cl^- + 1/2H_2O$	1.64
次溴酸	$1/2HOBr + 1/2H^+ + e^- \longrightarrow 1/2Br^- + 1/2H_2O$	1.33
一氯化胺	$1/2NH_2Cl + H^+ + e^- \longrightarrow 1/2Cl^- + 1/2NH_4^+$	1.40
二氯化胺	$1/4NHCl_2 + 3/4H^+ + e^- \longrightarrow 1/2Cl^- + 1/4NH_4^+$	1.34
氧气	$1/4O_2 + H^+ + e^- \longrightarrow 1/2H_2O$	1.23

2.4.1 氯

氯是广泛用于水处理的氧化剂和消毒剂。氯以气态存在时为氯气(Cl_2,常压下),以液态存在时通常为次氯酸钠($NaOCl$)或液氯(Cl_2,高压下),以固态存在时为次氯酸钙$Ca(OCl)_2$。

(1)当氯气或液氯投加到水中,马上分解为 HOCl 和 Cl^-、H^+,如下式:

$$Cl_2 + H_2O \longrightarrow HOCl + H^+ + Cl^- \tag{2-11}$$

上述的反应彻底,因而 Cl_2 在总氯中仅占很小的比例。

(2)次氯酸(HOCl)为弱酸,可部分离解出 OCl^-。

$$HOCl \Longleftrightarrow H^+ + OCl^- \tag{2-12}$$

Cl_2、HOCl 和 OCl^- 这 3 种形态的氯,通常称为自由氯。

(3)次氯酸钠投加水中后的反应如下:

$$NaOCl \longrightarrow Na^+ + OCl^- \tag{2-13}$$

$$OCl^- + H_2O \Longrightarrow HOCl + OH^- \tag{2-14}$$

(4)次氯酸钙溶解水后产生如下的反应:

$$Ca(OCl)_2 \longrightarrow Ca^{2+} + 2OCl^- \tag{2-15}$$

$$OCl^- + H_2O \Longrightarrow HOCl + OH^- \tag{2-14}$$

次氯酸和次氯酸离子都是强氧化剂,但次氯酸的氧化能力更强,因而氯在低 pH 值下的氧化能力更强。

自由氯可与无机物反应。自由氯可氧化 Fe^{2+} 和 Mn^{2+}，二者的反应速度随 pH 值的增加而显著增加。自由氯氧化铁离子的速度非常快，在中性或偏酸性时，反应时间仅需数秒；而锰离子的氧化非常慢，pH 值为 9.0 时的反应时间可长达 25 min，甚至更长。

（5）当水含有溴离子（Br^-）时，自由氯如次氯酸会氧化溴离子，生成次溴酸（HOBr）。

$$HOCl + Br^- \longrightarrow HOBr + Cl^- \tag{2-16}$$

$$HOBr \Longleftrightarrow OBr^- + H^+ \tag{2-17}$$

次溴酸是比次氯酸更弱的酸（$pKa_{HOBr} = 8.65 > pKa_{HOCl} = 7.54$），但次溴酸盐较次氯酸盐是更强的氧化剂。因此，当 pH 值为中性或弱碱性时，质子化的次溴酸的量大于相应的次氯酸，前者的氧化作用大于后者。

HOCl 和 OCl^- 的氯原子的电荷为 $+1$，有强烈获取电子的倾向，因而为强氧化剂。它们容易与亲核电子如有机物上的 C—C、C—H 以及 S—H 基团反应。大多数 HOCl 和 OCl^- 与亲核之间的反应将电子转移到 Cl 上，生成 Cl^-。

（6）次氯酸中的 Cl 还可通过取代反应，即 Cl 取代有机物上的各种原子，主要是 H^+，以及加成反应，即 HOCl 的 Cl^+ 和 OH^- 分别加成到有机物的不同部位，如图 2-35、图 2-36 所示。这种氯化反应生成的有机物被称为消毒副产物。

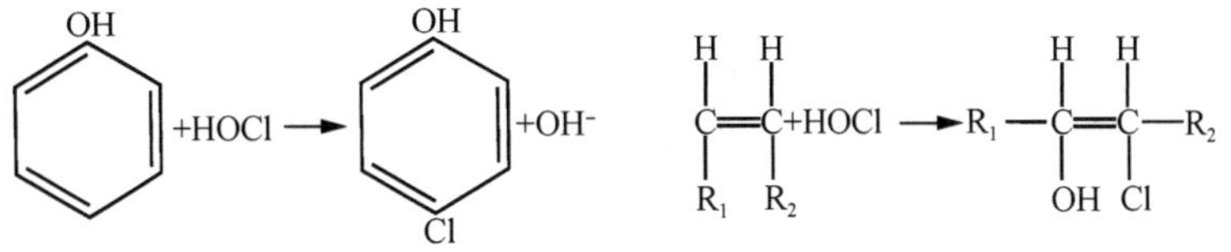

图 2-35　加成反应

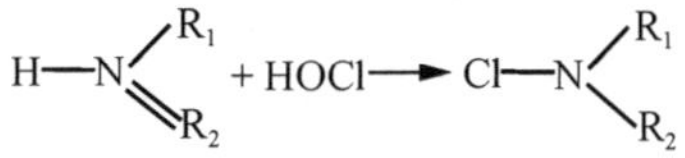

图 2-36　取代反应

过去在水处理中常用气态氯（Cl_2），以高压液氯形式储存。近年来，由于担心氯气运输和操作的危险性，次氯酸钠的应用变得广泛。次氯酸钠的价格较高，而且会随时间产生降解，特别是在高温和暴露在阳光下。

2.4.2　二氧化氯

二氧化氯在室温下为黄绿色气体，气味类似于氯。二氧化氯在高浓度下不稳定，遇到光、热或震动时会产生爆炸，故二氧化氯在使用现场制取。

二氧化氯易溶于水，在水中不会水解且保持分子形态。二氧化氯较氯更易挥发，容易从液态中挥发。

二氧化氯通过 $NaClO_2$ 与 Cl_2 或 $HOCl$ 在酸性条件下反应来制取。

$$2NaClO_2 + Cl_2 \longrightarrow 2ClO_2 + 2Na^+ + 2Cl^- \tag{2-18}$$

$$2NaClO_2 + HOCl \longrightarrow 2ClO_2 + 2Na^+ + Cl^- + OH^- \tag{2-19}$$

二氧化氯的优点是不与氨氮反应,因而所需的投加量少,另一个优点是不与有机物发生取代反应,不会生成三卤甲烷、卤乙酸或卤化消毒副产物。

二氧化氯可以氧化大多数的还原物如铁离子、天然有机物等,它获得一个电子,还原为亚氯酸根离子(ClO_2^-)。

$$ClO_2 + e^- \longrightarrow ClO_2^- \tag{2-20}$$

亚氯酸根是二氧化氯主要的氧化副产物,对人体健康有潜在的危害。美国环境保护局(USEPA)在 1998 年规定亚氯酸在供水管网的最高浓度(MCL)限制在 1.0 mg/L。如果作为消毒剂,二氧化氯在管网入口处的最大残留浓度(MRDL)限制在 0.8 mg/L。残留在供水管网的亚氯酸会与自由氯反应,生成低浓度的二氧化氯和氯酸(ClO_3^-)。自来水中的二氧化氯会挥发,在密闭居室内可能会有氯臭味。

许多研究表明,在饮用水处理过程中,投加的二氧化氯 50%~70% 最终转化为亚氯酸。

2.4.3 氯胺

当水中有氨氮时,自由氯与其反应,生成一氯胺(NH_2Cl)、二氯胺($NHCl_2$)和三氯胺(NCl_3)。

$$NH_3 + HOCl \Longleftrightarrow NH_2Cl + H_2O \tag{2-21}$$

$$NH_2Cl + HOCl \Longleftrightarrow NHCl_2 + H_2O \tag{2-22}$$

$$NHCl_2 + HOCl \Longleftrightarrow NCl_3 + H_2O \tag{2-23}$$

氯胺被称为"结合性氯",自由氯和结合性氯的浓度之和称为"总氯"。生成的氯胺种类与水中的 pH 值、氯与氨氮的比例、温度以及接触时间有关。在大多数情况下,三氯胺的生成量非常少,这是由于其他氯胺优先生成以及它的不稳定性。

氯胺可氧化很多还原性物质,如铁离子、锰离子和硫化物。氯胺较之自由氯会减少三卤甲烷和大多数卤乙酸的生成,因而一些水厂用结合氯替代自由氯作为出厂水的消毒剂。

有研究表明,一氯胺和二甲胺的反应会生成 N-二甲基亚硝胺(NDMA)。二甲胺是人畜排泄物的成分并会残留在水中,即使经过污水二次处理,依旧可能存在残留。另外的研究发现,氯胺会造成管网中铅含量的增加。

2.4.4 高锰酸钾

高锰酸根离子(MnO_4^-,Mn^{7+},氧化态)可氧化大部分有机物和无机物。氧化后的

锰还原为 Mn^{4+}，并以锰氧化物产生黑色和褐色的沉淀以及氢氧化物，氧化还原的半反应如下所示。

$$MnO_4^- + 4H^+ + 3e^- \longrightarrow MnO_2 + 2H_2O \tag{2-24}$$

高锰酸盐在饮用水处理中主要用于铁和锰的去除，高锰酸盐将溶解性的二价金属氧化成它们的不溶物，反应如下：

$$3Fe^{2+} + MnO_4^- + 7H_2O \longrightarrow 3Fe(OH)_3 + MnO_2 + 5H^+ \tag{2-25}$$

$$3Mn^{2+} + 2MnO_4^- + 2H_2O \longrightarrow 5MnO_2 + 4H^+ \tag{2-26}$$

由上述的反应式可计算出，氧化 1 mol 的 Fe^{2+} 和 Mn^{2+} 分别需要 0.33 mol 和 0.67 mol 的高锰酸盐。但实际去除的 Fe^{2+} 和 Mn^{2+} 所需的高锰酸盐的量低于计算值，表明部分的 Fe^{2+} 和 Mn^{2+} 的去除为锰氧化物和氢氧化物的吸附所致。

高锰酸钾氧化生成的二氧化锰为黑色的沉淀物，如果不去除的话，会沉积在供水管网，以及居民的浴缸和抽水马桶等。传统的澄清和过滤工艺可去除二氧化锰。

高锰酸钾通常投加在处理工艺的前端，尽量靠近取水点，这样可使高锰酸钾有足够的时间完全反应，否则的话，未反应的高锰酸钾会使水呈粉红色，并在进入滤池前完全还原为二氧化锰。

2.4.5　臭氧和高级氧化

臭氧被用于饮用水和废水处理已有很长的历史了。1893 年，在荷兰，臭氧首次被用于饮用水的消毒；1906 年，在法国的尼斯，臭氧被用于处理生活用水。在饮用水处理中，臭氧可用于消毒、改善口感、降低色度和嗅味、氧化铁(锰)以及提高有机物的可生化性，改善沉淀，提升过滤效果。

高级氧化的特点是产生强氧化剂如羟基自由基($\dot{O}H$)，羟基自由基为电子轨道上仅有 1 个电子。

1. 臭氧的产生

产生臭氧的化学式如下：

$$O_2 + 能量 \longrightarrow O + O \qquad O_2 + O \longrightarrow O_3 \tag{2-27}$$

从氧分子(O_2)到氧原子(O)所需的能量来自放电，其峰电压为 8～20 kV。干燥、冷却、清洁空气与氧气，通过两电极之间的窄缝，高能放电产生臭氧。

2. 臭氧的反应

臭氧在水中非常不稳定，非常容易与水中的有机物反应，并自发进行分解反应。

$$OH^- + O_3 \longrightarrow \dot{H}O_2 + O_2^- \tag{2-28}$$

$$\dot{H}O_2 \Longrightarrow H^+ + \dot{O}_2^- \tag{2-29}$$

$$\dot{O}_2^- + O_3 \longrightarrow O_2 + \dot{O}_3^- \tag{2-30}$$

$$\dot{O}_3^- + H^+ \longrightarrow \dot{H}O_3 \tag{2-31}$$

$$\dot{H}O_3 \longrightarrow O_2 + \dot{O}H \tag{2-32}$$

$$\dot{O}H + O_3 \longrightarrow \dot{H}O_2 + O_2 \tag{2-33}$$

氢氧根离子(OH^-)和臭氧的反应产生了过氧羟基($\dot{H}O_2$)和超氧离子($\dot{O}_2^-$),随后产生了链式反应,分解臭氧,产生羟基自由基($\dot{O}H$),羟基自由基与臭氧继续反应生成过氧羟基和氧,生成的过氧羟基又产生氢离子和超氧离子,即所谓的增殖链式反应。因而增殖链式反应是不断生成氢氧自由基和分解臭氧的过程。

对于天然水,水中的重碳酸根和碳酸根与氢氧自由基产生如下的反应。

$$\dot{O}H + HCO_3^- \longrightarrow OH^- + H\dot{C}O_3 \tag{2-34}$$

$$\dot{O}H + CO_3^{2-} \longrightarrow OH^- + \dot{C}O_3^- \tag{2-35}$$

重碳酸根、碳酸根和氢氧自由基反应分别生成重碳酸和碳酸自由基,但这两种自由基不会进一步发生如式(2-33)中的反应,从而终止了增殖链式反应。重碳酸和碳酸被称为"自由基淬灭剂"。

当 pH 值增加时,碳酸体系的淬灭能力也增强,这是由于碳酸根较之重碳酸根,是更有效的淬灭剂。

羟基自由基为分解臭氧生成的中间产物,是已知最强的化学氧化剂。

3. 臭氧的氧化途径

臭氧氧化通过两种途径,直接氧化和由臭氧分解产生的羟基自由基的间接氧化。直接氧化有很强的选择性,臭氧会迅速与某些物质,如酚类和硫醇类反应,但会缓慢地与另一些物质如苯和四氯乙烯反应。臭氧的反应途径如图 2-37 所示。

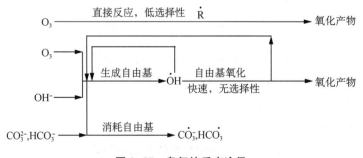

图 2-37 臭氧的反应途径

4. 臭氧与溴的反应

当水中有溴离子时，臭氧可将溴离子氧化为次溴酸，反应如下。

$$O_3 + Br^- + H^+ \longrightarrow HBrO + O_2 \tag{2-36}$$

上述的反应非常快，生成的次溴酸与天然有机物反应生成溴代消毒副产物，如三溴甲烷和二溴乙酸等。

臭氧氧化含溴水的另一个担忧是产生溴酸盐（BrO_3^-）。溴酸盐的生成与臭氧分子和自由基有关。生成的路径之一是通过生成次溴酸盐（OBr^-）和亚溴酸盐（BrO_2^-），反应如下。

$$O_3 + 3Br^- \longrightarrow 3OBr^- \tag{2-37}$$

$$3OBr^- + O_3 \longrightarrow 3BrO_2^- \tag{2-38}$$

$$3BrO_2^- + O_3 \longrightarrow 3BrO_3^- \tag{2-39}$$

如果生成羟基自由基的速度很快，溴酸盐可通过次溴酸自由基（$Br\dot{O}$）生成，反应如下：

$$\begin{cases} HOBr + \dot{O}H \longrightarrow Br\dot{O} + H_2O \\ OBr^- + \dot{O}H \longrightarrow Br\dot{O} + OH^- \end{cases} \tag{2-40}$$

$$3Br\dot{O} + 2O_3 \longrightarrow 3BrO_3^- \tag{2-41}$$

控制溴酸盐的生成方法有偏酸性下的臭氧氧化、臭氧的多点投加，以及用氨氮与产生的次溴酸反应，避免次溴酸与臭氧反应生成溴酸盐。

$$NH_3 + HOBr \longrightarrow NH_2Br + H_2O \tag{2-42}$$

5. 臭氧与无机物的反应

臭氧可与各种无机物反应，如下列的反应：

$$Fe^{2+} + O_3 \longrightarrow FeO^{2+} + O_2 \tag{2-43}$$

$$NO_2^- + O_3 \longrightarrow NO_3^- + O_2 \tag{2-44}$$

$$Br^- + O_3 \longrightarrow BrO^- + O_2 \tag{2-45}$$

亚硝酸（NO_2^-）可迅速被臭氧氧化成硝酸（NO_3^-），但其氧化氨氮（NH_3）的速度非常慢，且几乎不与质子化的 NH_4^+ 反应。

6. 氢氧自由基与无机物的反应

氢氧自由基通过单电子转移氧化无机物，反应如下：

$$\text{无机物} + \overset{\cdot}{\text{O}}\text{H} \longrightarrow \text{无机物}^{+} + \text{OH}^{-} \qquad (2\text{-}46)$$

反应中,$\overset{\cdot}{\text{O}}\text{H}$获得电子并还原为$\text{OH}^{-}$离子,并将无机物变成氢氧自由基。如氢氧自由基与$\text{HCO}_3^{-}$和$\text{H}_3\text{PO}_4^{-}$的反应。

$$\text{HCO}_3^{-} + \overset{\cdot}{\text{O}}\text{H} \rightleftharpoons \text{H}\overset{\cdot}{\text{C}}\text{O}_3 + \overset{\cdot}{\text{O}}\text{H} \rightleftharpoons \overset{\cdot}{\text{C}}\text{O}_3^{-} + \text{H}_2\text{O} \qquad (2\text{-}47)$$

$$\text{H}_2\text{PO}_4^{-} + \overset{\cdot}{\text{O}}\text{H} \rightleftharpoons \text{H}_2\overset{\cdot}{\text{P}}\text{O}_4 + \text{OH}^{-} \rightleftharpoons \text{H}\overset{\cdot}{\text{P}}\text{O}_4^{-} + \text{H}_2\text{O} \qquad (2\text{-}48)$$

7. 氢氧自由基与有机物的反应

氢氧自由基与饱和有机物的主要反应是夺氢反应,与不饱和有机物的主要反应为加成反应,如下列的反应所示。

$$\text{CH}_3 + 2\overset{\cdot}{\text{O}}\text{H} \longrightarrow \overset{\cdot}{\text{C}}\text{H}_2\text{OH} + \text{H}_2\text{O} \qquad (2\text{-}49)$$

$$\text{C}_6\text{H}_5\text{R} + \overset{\cdot}{\text{O}}\text{H} \longrightarrow \text{H}(\text{OH})\overset{\cdot}{\text{C}}_6\text{H}_4\text{R} \qquad (2\text{-}50)$$

$$(\text{CH}_3)_3\text{C-OH} + \overset{\cdot}{\text{O}}\text{H} \longrightarrow (\overset{\cdot}{\text{C}}\text{H}_2)(\text{CH}_3)_2\text{C-OH} + \text{H}_2\text{O} \qquad (2\text{-}51)$$

$$\text{C}_2\text{O}_4^{2-} + \overset{\cdot}{\text{O}}\text{H} \longrightarrow \overset{\cdot}{\text{C}}_2\text{O}_4^{-} + \text{OH}^{-} \qquad (2\text{-}52)$$

上述反应从有机分子的碳上转移1个电子到氢氧自由基的氧原子上,生成了碳中心自由基,从而碳被氧化(带有不成对的电子),而氧被还原。

氢氧自由基还可以通过同时投加过氧化氢和臭氧来产生,反应如下:

$$\text{H}_2\text{O}_2 \rightleftharpoons \text{HO}_2^{-} + \text{H}^{+} \qquad (2\text{-}53)$$

$$\text{HO}_2^{-} + \text{O}_3 \longrightarrow \overset{\cdot}{\text{O}}\text{H} + \text{O}_2^{-} + \text{O}_2 \qquad (2\text{-}54)$$

用紫外照射过氧化氢,紫外提供能量将过氧化氢分裂为两个氢氧自由基。

$$\text{H}_2\text{O}_2 + \text{UV} \longrightarrow 2\overset{\cdot}{\text{O}}\text{H} \qquad (2\text{-}55)$$

2.4.6 氧化在饮用水处理中的应用

1. 去除铁和锰

投加氧化剂可将溶解性的铁和锰氧化和沉淀,并通过沉淀法和过滤法去除,氧化剂可采用氯、氧、高锰酸钾、二氧化锰和臭氧。

2. 去除嗅味

嗅味来自藻类、放线菌、有机物以及无机的硫化物。蓝藻会产生2-甲基异莰醇(2-

MIB,一种具有强土腥味的化合物)和土臭素(Geosmin,GSM),它们是嗅味的主要来源。自由氯氧化 MIB 和土臭素的效果较差,氧化过程会产生氯酚,氯酚有强烈的嗅味,因此,采用氯处理反而会强化嗅味。臭氧可有效氧化 MIB 和 GSM、降低嗅味。

3. 色度的去除

水中的色度来自天然植物腐败产生的多环芳香烃物质。产生色度的有机物多为腐殖酸或腐殖质。腐殖酸可使水呈黄色,腐殖质会与金属络合,导致水出现色度。氧化剂会攻击吸收可见光的发色团,它们通常是碳-碳双键和多环芳烃结构。

4. 助凝

水中的大部分颗粒呈负电,这是由于颗粒表面吸附了天然有机物。在不受污染的水体中,投加混凝剂后的水解产物颗粒如 $Al(OH)_3$ 和 $Fe(OH)_3$ 通常带正电荷,但当水体受到污染,水中有较多的有机物。有机物的吸附导致颗粒表面转为负电性,从而阻碍了小的絮体变成大絮体,导致混凝效果变差。因此,水体污染使混凝剂的投加量增加。氧化可使颗粒表面的有机物更加极性化,并脱离颗粒表面,从而使颗粒失去稳定性而更易于凝聚,这是氧化助凝的机理。还有人认为,氧化有机物使之形成羧酸基团,它们与钙形成有机物-金属的络合物并沉淀,此外,氧化有机物使之释放络合的金属如 Fe^{3+},从而有助于颗粒的凝聚。

氧化助凝在我国的水处理工艺中已被普遍应用,称为预氧化。过去常采用氯作为氧化剂,但由于氯会产生消毒副产物,现在多用臭氧。

2.4.7　臭氧对天然有机物组分和分子量的影响

图 2-38 为臭氧投加量对天然水的分子量分布的影响。图 2-38 表明,臭氧会导致大分子的响应下降,而且随着投加量的增加,响应持续下降,说明臭氧会氧化大分子有机物。臭氧导致了小分子有机物的增加,但臭氧的高投量如 9 mg/L 会使小分子减少。

原水的 DOC 为 8.916 mg/L,臭氧投加 3 mg/L 时的 O_3/DOC 为 0.335,3 mg/L 时的为 0.910。臭氧对有机物组分的影响如图 2-39 所示。由图 2-39 可知,臭氧会使中性亲水组分的比例增加,强疏组分比例减少,而弱疏和极亲组分保持基本不变。说明臭氧倾向于氧化强疏组分,并将其转为中亲组分。

臭氧对不同有机物组分分子量分布的影响如图 2-40 所示。强疏的分子量有 3 个响应峰,大分子、中分子和小分子。臭氧可使大分子响应峰明显下降,同时也使中分子的响应峰下降,说明臭氧可有效氧化疏水的中分子和大分子。对于小分子,3 mg/L 的臭氧可增加小分子,7 mg/L 的臭氧可降低小分子。

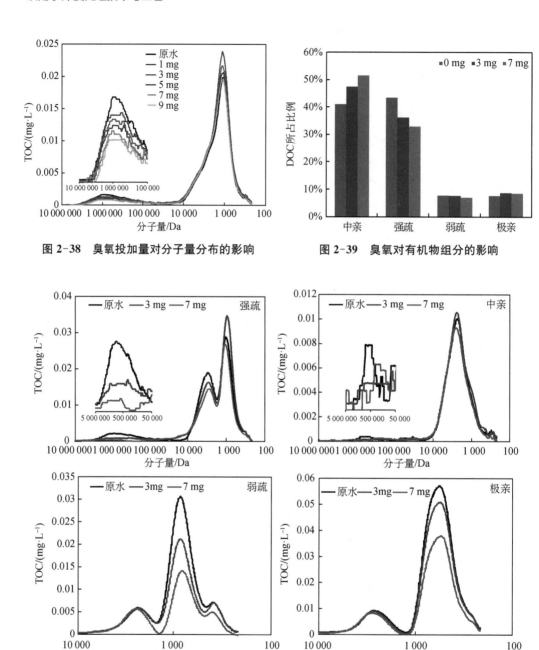

图 2-38 臭氧投加量对分子量分布的影响　　　图 2-39 臭氧对有机物组分的影响

图 2-40 臭氧对不同有机物组分分子量分布的影响

2.5　生物预处理

2.5.1　好氧生物膜处理工艺

生物膜处理工艺,是使微生物附着在载体材料表面,形成有生物活性的黏膜的生物预处理工艺。当待处理的水与生物膜接触时,水中有害物质被载体及生物膜吸附并被其中的微生物利用(氧化分解),待处理水因此被净化。好氧生物膜处理工艺,指在有溶解氧存在条件下,依靠好氧微生物形成的生物膜净化水质的过程。在给水处理中,生物处理只能应用生物膜工艺,是因为原水中营养物质含量很低,微生物生长缓慢,只有微生物固着生长的生物膜工艺才能积累并维持足够的生物量,保证生物处理过程的持续。此外,在给水生物处理中,化能自养菌起着重要的作用。化能自养菌的繁殖速度慢,只有在平均固体停留时间相当长的生物膜处理工艺中,这些自养菌才能繁殖积累到一定的数量,发挥净化作用。

生物膜是黏附在载体材料表面上的一层微生物群体,也可以说是载体材料表面的一层充满微生物的黏膜。含有营养物质的原水与载体接触时,原水中或人工投加的污泥中一些菌类和藻类会在载体表面吸附,利用原水中的营养物质和氧气生长繁殖,分泌黏性物质黏附更多的微生物及其他胶体和颗粒物并形成一层基本连续的、有生化反应活性的黏膜,即生物膜。在给水处理中,非吸附性的惰性载体表面,如塑料载体表面,生物膜的形成被认为同水中胶体与苔藓类在载体表面的先行吸附及生长有关。工程上生物膜的培育形成过程,称为挂膜。在给水处理中,挂膜通常采用不投加菌种、直接通入待处理原水的自然挂膜法,也有少数研究采用投加菌种(污泥)的接种挂膜法。

生物膜中微生物的组成称生物相。在给水处理中,生物膜的生物相,同污水处理中有相似之处,都含有细菌、真菌、藻类、原生动物与后生动物,但微生物的优势种群不尽相同,自养菌在给水处理中占有更重要的地位:硝化菌、亚硝化菌、铁细菌都是在给水处理中起重要作用的自养菌。这种生物相的形成,同原水中的有机碳含量较低、自养菌在与异养菌的竞争中更具优势有关。在给水生物预处理中,水库或湖泊的原水,浊度及色度低,透光率高,生物膜中藻类的含量通常较高,载体上层光照充分,生物膜常富含藻类,呈墨绿色,厚度较大。而在原水水质较好,光照较弱的载体下层,生物膜厚度很小,一般不到 0.1 mm,呈黄褐色。因出水水质较污水处理好得多,生物预处理中生物膜上原生动物和后生动物稳定存在,种类更多,在净化中所起的作用相对也较为重要。

好氧生物膜工艺的运行过程如图 2-41 所示。在生物膜与水的接触面上,有一滞留层(层流层)。本体溶液中的营养物质和溶解氧由浓度差扩散穿过层流层到达生物膜表面,并被生物膜所吸收利用,实现了同原水的分离。微生物的代谢产物同样由扩散作用反向穿过层流层进入本体溶液。在

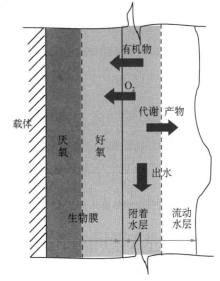

图 2-41　好氧生物膜结构以及去除有机物的过程

原水水质差或原水中惰性杂质含量高,生物膜厚度较大的场合,同污水处理中情况相似,生物膜内侧也会因缺氧出现厌氧层。在一些生物预处理工艺的运行过程中,也要采用反冲洗之类的强制脱膜操作,以保持生物膜的活性。

生物反应器应具备下述条件:

(1) 载体有足够大的比表面积,反应器有较大的生物量,保证生化反应高效;

(2) 良好的供氧能力和较低的比能耗;

(3) 反应器中水流的流态好,能为传质提供良好的条件;

(4) 运行稳定可靠,建造和运转费用合理。

河床渗滤,沙田过滤,生物转盘,蜂窝填料生物接触氧化及生物流化床在国外有实际应用的报道。国内受到重视的给水生物预处理工艺有弹性填料生物接触氧化和淹没曝气陶粒滤池等。

2.5.2 生物预处理机理

1. 稳态生物膜

生物预处理过程中,微生物在利用营养物质合成细胞物质的同时,还需要通过呼吸消耗一部分细胞质以获取生命活动所需能量。在细胞质的合成数量和内源呼吸的消耗量相等时,生物膜中活细胞物质总量保持稳定,此时生物预处理处于稳态过程,相应的生物膜为稳态生物膜。

通常情况下,生物膜工艺的细胞合成量大于内源呼吸的消耗量,须通过冲洗或维持较高的水力负荷等手段保持生物膜数量的稳定及生物膜的活性。而生物预处理过程中,有时原水中营养物质的浓度很低,细胞的生产速度很慢,甚至不足以维持自身的消耗。此时生物膜的厚度将越来越小,以致生物处理过程不能继续。这就是给水处理中的非稳态过程。

2. 最小基质浓度

按照生长速度等于消耗速度,根据 Monod 方程,可推出稳态生物过程的最小基质浓度 S_{min}:

$$S_{min} = \frac{K_s \cdot b}{Y_k - b} \tag{2-56}$$

S_{min} 表示稳定生长条件下,单一基质培养所能达到的最小出水浓度。对适应清洁水体的贫营养菌,S_{min} 可低至 $0.6~\mu g~COD/L \sim 0.1~mg~COD/L$。通常情况下,$S_{min}$ 的典型值在 $0.1 \sim 1.0~mg/L$。最小基质浓度的概念产生于异养菌对碳源的需求,但这一概念也同样适用于各种自养菌。

3. 二级利用

饮用水水质标准中,有害物质的最大允许浓度通常是 μg/L 级或是亚 μg/L 级,远小于常见的最小基质浓度。最小基质浓度是指单一基质培养而言。实际水处理是有多种营养物质和污染物存在的混合基质培养。在此条件下,各种单一污染物的浓度有可能被微生物降低到各自的最小基质浓度之下。这种现象被称为二级利用。

最小基质浓度的概念基于维持生物膜生物量的最低营养物质含量。在水中有一种以上的营养物质存在时,生物膜有可能从其中一种浓度较高的物质获得长期稳定生长的能量,在此基础上利用其他营养物质,将其浓度降低到此物质单独存在时的最小基质浓度之下。为生物膜提供能量的称为主基质,另外的微量污染物质称为二级基质。主基质也可能是一系列微量物质的总和。

2.5.3 生物预处理的处理效果

1. 氨氮

氨氮(NH_3-N)是水中蛋白质之类含氮有机物分解的产物,在受到生活及工业污水污染的水体中普遍存在。氨氮是反映水体遭受有机污染程度的一个重要指标。对饮用水处理而言,氨氮的危害首先是影响消毒效果。依靠氯氨消毒,效果通常难以达到要求,特别是对受到污染、水中细菌等病原微生物含量较高的原水。折点加氯不仅消耗大量的氯,而且大大增加了水中氯化副产物的含量。常规工艺难以去除氨氮,出水对氨氮造成管网中硝化菌及亚硝化菌的繁殖,影响水的生物稳定性。在生产实践中还发现,气候温和地区原水中的氨氮在快滤池中会因生物作业被不完全硝化为亚硝酸氮(NO_2-N),而后者的危害远大于氨氮。《城市供水行业 2000 年技术进步发展规划》中提出的一类水司 2000 年的供水水质目标:氨氮为 0.5 mg/L,亚硝酸氮为 0.2 mg/L。美国水质标准中氨氮被列为感官指标(无限定值),而亚硝酸盐为有害物质。欧共体水质标准中,氨氮的指导值是 0.05 mg/L,最大允许值为 0.5 mg/L。

水中的氨是在好氧条件下为两类自养菌,亚硝化菌与硝化菌氧化成高价的氮氧化物的。这两类自养菌分别通过氧化氨氮和亚硝酸氮获得生命活动所需能量,直接利用水中 CO_2 为碳源合成细胞物质。上述两种氧化反应可分别用以下反应式简单描述:

$$2NH_3 + 3O_2 \longrightarrow 2HNO_2 + 2H_2O + 619.6 \text{ kJ}$$
$$2HNO_2 + O_2 \rightarrow 2HNO_3 + 201 \text{ kJ}$$

(2-57)

经上述生化反应,氨氮被转化为基本无害的硝酸氮(NO_3-N)。在我国的有关水质标准《城市供水行业 2000 年技术进步发展规划》中提出,硝酸氮在饮水中的允许浓度是 20 mgN/L,为 NH_3 的指标值的 177 倍,NO_2 值的 880 倍。因此,在生物预处理中,氨氮并非被去除,而仅仅是转化为了硝酸盐。

氨氮的转化效果受水温、溶解氧浓度及水力停留时间等多种因素的影响。

温度对反应速率的影响,常用下式描述:

$$\mu_T = \mu_{20} \cdot \theta^{T-20} \tag{2-58}$$

θ 称作温度系数。硝化反应的 θ 值较大(对 μ 约为 1.06),因此反应速度受温度影响较大。水温低于 5℃时,硝化作用受严重影响,氨氮的转化率大幅下降。硝化反应的适宜水温在 20~30℃。NH_3-N 硝化的最佳温度为 23.5℃。

2. 有机物

有机物作为异养菌的电子供体和碳源,在为异养菌提供能量和参与细胞合成过程被从水中去除。国内常以 COD_{Mn} 表示;而国外更多以 TOC 或者 DOC(溶解性总有机碳)表示。不同生物预处理工艺对 COD_{Mn} 的去除率基本在 10%~30% 之间。

降低水中有机物的总量,除有改善水的色度、嗅味等作用之外,其他方面的重要意义在于降低了水的消毒副产物如三卤甲烷的生成潜能(THMFP)和 AOC。通常认为,THMFP 去除率同 UV_{254} 或 TOC 的去除率有良好的相关性。然而,国内的现场试验极少提供对 THMFP 去除效果的直接测定值。M. W. LeChevallier 用吸附饱和后的 GAC-砂滤池进行的试验结果,在接触时间为 10 min 时,TOC 和 THMFP 的平均去除率分别为 51% 和 54%(有预臭氧化)。日本霞浦水厂用蜂窝填料接触氧化处理湖水的试验结果,TOC 和 THMFP 的平均去除率分别为 12% 和 14%。这些试验数据表明,在生物预处理的处理效果上,TOC 和 THMFP 去除率仍有很好的相关性。

3. 嗅味

生物法是去除水中嗅味的效果良好的新方法。国内外的研究试验均得出了类似的结论:生物预处理在降低原水的嗅阈值方面有显著的效果。因各地及不同季节的水质及环境条件不同,嗅阈值去除率为 30%~70%,效果明显优于对 COD_{Mn} 与 TOC 的去除效果。

4. 生物除铁和锰

生物除铁是通过被称作铁细菌的一大类细菌的生物作用实现的。通常认为,铁细菌是一类化能自养菌,它们通过氧化低价的铁获得能量,还原 CO_2 得到碳源并合成自身的细胞物质。被氧化的铁以 γ-羟基铁的形式沉积在细胞的鞘膜中,Fe^{2+} 被从水中去除。近年来的研究表明,铁细菌除自养型外,还有兼营型和异养型。兼营型铁细菌既可从 CO_2 中获得碳源,又可利用水中的有机物。而异养型铁细菌氧化铁可能不是为了获取能量,而是为了消除环境中有害物质(Fe^{2+})对其的不利影响。上述几种类型的铁细菌的共同特点是，能通过酶的生物催化作用，在较低的氧化还原电位下快速氧化 Fe^{2+}。

与生物除铁相比，生物除锰的研究成果较少。部分铁细菌也有除锰的能力，但更多的是专门的锰细菌。生物除锰要求 pH 值大于 $7.4 \sim 7.5$，氧化还原电位 $E_h > 400 \sim 500$ mV（溶解氧浓度约 5 mg/L）。从 pH 值和 E_h 看，生物除锰要求的条件比物理-化学法缓和。Mn^{2+} 生物氧化的产物为 MnO_2，以颗粒状包裹在单个细胞外，或存在于鞘膜中。此外，与除铁相比，生物除锰需要比较长的接种成熟期，大约为两周直到两个月时间，而除铁生物膜只要 $2 \sim 3$ 天时间就可能成熟。用除锰滤池的反冲洗水对新的滤池进行接种，可大大提高滤料除锰的成熟期。生物法除铁除猛可将水中 Fe^{2+}、Mn^{2+} 降至痕量（< 0.02 mg/L）。

5. 藻类

对生物除藻的效果，国内外都有过研究报道。虽然国内外多年以前就有生物预处理除藻作用的报道，但对藻类被去除的机理，至今尚未有比较一致的结论。目前提出的可能的除藻作用机理，主要有以下几点：

（1）生物吸附：藻细胞被生物膜或菌胶团吸附，因而被从水中分离。

（2）生物絮凝：藻细胞被水中生物絮体或微生物分泌的黏性物质吸附捕捉，形成大的絮凝体沉降而被分离。

（3）被生物膜中的原生和后生动物捕捉并吞噬。

（4）被生物膜中的异养菌作为基质利用。

生物反应池底泥中存在活的藻细胞，支持以上有关生物吸附、生物絮凝的假设。藻类大量繁殖时底泥生物不稳定性说明原生动物的吞噬不占重要地位。实际去除效果的观察显示，藻类的种属在很大程度上影响去除效果。据分析，这同藻细胞的大小、表面电性及其生物学特性不同有关。有报道认为，隐藻的去除率最高，硅藻和绿藻次之，小体积的微囊藻的去除率最低。生物预处理对藻类的总体去除效果在 $50\% \sim 75\%$ 之间。藻类含量太高或太低，都会降低去除率。在生物膜生长旺盛的气水比与水温等运行条件下，藻类的去除效果较好。

6. 浊度

生物法除浊的主要机理是生物吸附、生物絮凝以及生物降解作用。生物吸附和生物絮凝产生于微生物代谢过程中分泌出的促絮凝物质。这类物质有荚膜、细胞外黏液物质等；生物膜中的原生动物也会分泌黏液物质，如黏蛋白和多糖类。这些黏液物质是微生物形成菌胶团和生物膜的主要原因。在生物预处理过程中，原水中的颗粒物由于生物膜的吸附作用黏结在生物膜的表面，成为生物膜的一部分；同时水中的生物絮体和黏性物质可起吸附架桥作用，捕捉细小的浊度颗粒形成较大的絮体，在生化反应池中下沉（分离）。上述两种作用使出水浊度得以降低。有机物的生化降解也可加速颗粒物的去除。这里一方面是小的有机颗粒被生物膜吸附利用,另一方面无机颗粒表面黏附的有机物被生物降解,降低了颗粒表面的 ζ 电位,加速了浊度颗粒的聚沉。生物预处理过程中,颗粒表面的 ζ 电位的下降达 14.4%～37.2%。这不仅降低了预处理的出水浊度,也减少了后续常规处理的混凝剂用量。

图 2-42　小岛贞男在同济大学讲学

2.5.4　生物预处理工艺

对生物预处理工艺在给水处理中作用的探索是随着水源污染的加剧以及对供水水质要求的日益提高而发展起来的。1971 年,日本的小岛贞男受被污染河流河床中卵石上面生长的生物膜的净化作用启发,研究并创立了蜂窝填料生物接触氧化法处理污染原水的概念和技术,首开有意识地利用生物作用处理微污染原水的先河。图 2-42 为小岛贞男在同济大学讲学,介绍利用生物作用预处理微污染原水。

1. 生物接触氧化

接触氧化生物滤池,又称浸没曝气式生物滤池,是一种具有浸没在水中的滤床加上人工曝气的生物滤池,是曝气池和生物滤床的结合。这种生物处理工艺是 1971 年在日本创立的,20 世纪 70 年代在日本污染原水预处理中就得到了应用。最早产生的蜂窝填料生物接触氧化池见图 2-43。这种蜂窝填料生物接触氧化池强调上升气流的搅拌冲刷作用。运行的气水比较高。日本霞浦水厂(16 万 m³/d)就采用的是多级串联的蜂窝填料接触氧化池。

国内以同济大学许建华教授等为代表,他们经过多年的研究实践,对上述蜂窝填料生物接触氧化池进行了有效改进。以弹性立体填料替代蜂窝填料,以橡胶膜片式微孔曝气器取代穿孔管曝气等。将纤维束绞接在拴接绳上形成的纤维填料是中国人的发明。弹性填料的丝条(纤维)是刚性的,在水中能始终保持伸展,与软性填料相比的优

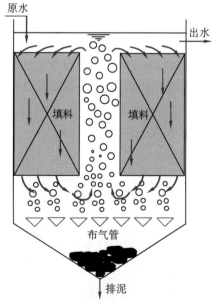

图 2-43　蜂窝填料生物接触氧化池

势是不会结团。这种填料的比表面积较高,每根填料(直径 140 mm)的比表面积为 0.927 m²/m,单位池容的装填比表面积约为 28 m²/m³。伸展的填料丝条对上升气泡有切割作用,氧的利用率高,价格也比较合理,是蜂窝填料的 1/2,半软性填料的 2/3。由于填料在水中能始终保持伸展,丝条在池中分布均匀,对生化反应池的均匀布水也比较有利。同其他纤维填料一样,弹性填料也是通过支撑架张拉固定,为提高装填密度,通常采用梅花型布置。膜片式曝气器孔径小,氧利用率高,不易堵塞;停用时膜孔会自然封闭,较常用的穿孔管和刚性材料的微孔曝气器有明显的优越性。

弹性立体填料生物接触氧化池如图 2-44 所示,它的设计运行参数大致确定为:填料高度 3~4 m,池子有效水深 4~5 m。水力停留时间 1.2~2.0 h。反应池中气水逆向流动,采用鼓风机曝气,气水比在 0.7:1 左右。在此条件下,氨氮的去除率可达 80%~90%(冬季 40%~50%)。COD_{Mn} 的去除率随季节水温变化,在 15%~30%。填料下方有曝气器,曝气器以下设有排泥装置。

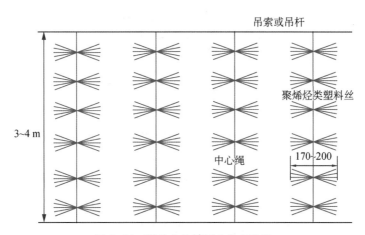

图 2-44　弹性立体填料生物氧化池

2. 浸没式颗粒填料生物接触氧化池

陶粒是由黏土烧结成的颗粒,其表面粗糙,生物附着力强;陶粒内富含微孔,比重较轻,堆密度干重约 800 kg/m³,湿重约 1 200 kg/m³。堆置空隙率 50%~60%。以陶粒作载体,在反冲洗耗水量和对生物膜的附着强度等方面,都比普通石英砂优越。陶粒的化学和生物稳定性良好,价格不高。以陶粒为生物膜载体,同时进行人工曝气充氧的接触氧化池,称为浸没式颗粒填料生物接触氧化池,简称生物陶粒滤池。

生物陶粒滤池如图 2-45 所示。生物陶粒滤池有上向流和下向流两种运行方式。常用的下向流陶粒滤池,陶粒粒径在 2~4 mm,其结构与气水反冲洗滤池相近:大阻力配水系统既收集滤后水,也提供反冲洗水。由埋设在承托层中的穿孔曝气管与鼓风机曝气供氧。上向流运行时气水同向。陶粒滤池的总深度 4~5 m,其中滤层厚度 1.5~

2.0 m,砾石承托层高度0.4～0.6 m。下向流陶粒滤池由滤层上的水位高度提供过滤水头,滤层上水深通常在1.5 m左右。

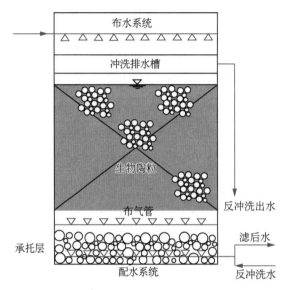

图 2-45　生物陶粒滤池

生物陶粒滤池的主要运行参数是空床接触时间及气水比。空床接触时间最短的可降至20～30 min(滤速4～5 m/h);气水比不小于1:1。在此条件下,氨氮的去除率70%～90%,COD_{Mn}的平均去除率20%～30%。生物陶粒滤池的重要特点,一是它有较其他处理装置大得多的比表面积和生物量,二是它对水中悬浮状污染物的吸附拦截作用优于其他生物预处理。生物陶粒滤池的巨大生物量,使得它在供氧充足时有较其他工艺更强的处理能力,有可能实现较短的水力停留时间。

3. 悬浮填料生物接触氧化池

悬浮填料通常采用聚乙烯和聚丙烯等塑料或树脂制成,比重为0.95～0.98 g/cm³,略小于水。填料一般采用圆柱形或球形的规则形状,内部为空心网架结构,直径为10～100 mm,如图2-46所示。悬浮填料生物处理装置的工作原理及现场图如图2-47所示。

悬浮填料的主要特点一是比表面积大,通常悬浮填料的比表面积大于400 m²/m³,最大可达800～1 000 m²/m³;二是反应形态好,悬浮填料在反应器内处于流化状态,反应形态类似完全混合反应器,填料与水气接触充分,提高了填料上的生物膜与水中营养物质的传质作用;三是氧利用率高,通过填料层分割作用以及填料与水流的接触,氧的利用率大为提高。

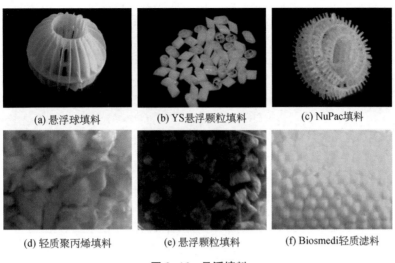

(a) 悬浮球填料　　　　(b) YS悬浮颗粒填料　　　　(c) NuPac填料

(d) 轻质聚丙烯填料　　　(e) 悬浮颗粒填料　　　　(f) Biosmedi轻质滤料

图 2-46　悬浮填料

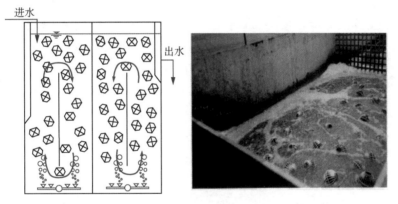

图 2-47　悬浮填料生物处理装置工作原理和现场图

2.5.5　生物预处理工艺的应用

生物预处理工艺在实际中的应用有两种形式,第一种是用于原水的预处理,第二种是与水厂工艺组合,通常被置于水厂工艺的最前端。生物接触氧化技术的应用工程如表 2-8 所示。

表 2-8　　　　　　　　　　　生物接触氧化技术应用的工程

相关的水厂或工程	工程(1)	工程(2)	水厂甲	水厂乙	水厂丙	工程(3)
规模/(万吨·天$^{-1}$)	400	85	4	15	15	15
填料类型	固定填料	悬浮填料	固定填料	悬浮填料	悬浮填料	悬浮填料

续表

相关的水厂 或工程	工程(1)	工程(2)	水厂甲	水厂乙	水厂丙	工程(3)
水力停留时间 /min	55.4	53	85.8	50	45	60
气水比	1:1	0.5:1~ 1.3:1	0.7:1	0.5:1~ 1:1	0.5:1~ 1.2:1	0.6:1~ 1.3:1
进水氨氮 /(mg·L^{-1})	3.3	>1.0	1.4~7.0	0.4~0.8	0.25~0.6	0.8~1.3
出水氨氮 /(mg·L^{-1})	0.5	<0.5	—	0.06~0.33	0.23~0.4	0.33~0.5

工程(1)设计负荷 400 万 m^3/d,如图 2-48 所示,去除效果如表 2-9 所示。1994—1995 年由同济大学会同当地供水工程管理局共同完成了"水库原水深度处理研究"的可

图 2-48 原水预处理工程(1)

行性论证。1997—1998 年由同济大学与当地科学研究所、供水工程管理局进行了工艺优化试验。在参考水厂甲和其他水厂工程的经验和教训的基础上,完成了初步设计。1998 年 1 月 5 日工程开工,于 1998 年 12 月底建成投产。工程采用生物接触氧化工艺,生物处理池每日 24 h 连续运行,小时流量 16.67 万 m^3/h。

表 2-9　　　　　　　　去除效果

	平均去除率/%	去除率范围/%
COD$_{Mn}$	20	15~25
BOD$_5$	25	15~35
NH$_4^+$-N	75	50~90

该工程处理量 400 万 m^3/d。在此之前的实际原水预处理工程中,规模最大的处理水量仅 15 万 m^3/d。工程总占地面积约 90×10^4 m^2。其中主体工程生物接触氧化池长 300 m,宽 200 m,由 6 条独立的并行廊道组成,占地约 6.5×10^4 m^2。工程使用了弹性立体填料共 10.8×10^4 m^3。弹性填料用不锈钢支架张拉固定后安装,消耗不锈钢材料 1 400 t。曝气系统采用 ABS 穿孔管环路曝气系统,共耗用 ABS 管道 7×10^4 m。

第3章 饮用水处理工艺

3.1 饮用水处理工艺概述

饮用水处理工艺是将几种技术组合,从而实现去除污染物的要求,满足饮用水水质标准的工艺流程。工艺流程达到的目的是提供安全和感官良好的饮用水,并且处理过程不会产生新的污染物。

常规的饮用水处理工艺是指混凝反应—沉淀—过滤—消毒的流程,它的主要去除对象是悬浮颗粒、胶体、微生物和细菌。混凝沉淀去除悬浮颗粒,胶体和部分有机物,砂滤进一步去除尺寸更小的悬浮颗粒、胶体,氯消毒灭活细菌,保证饮水的生物安全。

随着社会发展,大量的生活和工业废水被排入天然水体,造成天然水体中有机物的种类和浓度的大量增加。污染的水质被称为"微污染水"。微污染水是个模糊的说法,如果从 COD_{Mn} 含量来界定,COD_{Mn} 含量应在 $4\sim6$ mg/L 范围。微污染水可通过深度工艺处理,达到饮用水标准。

微污染水对水处理工艺的影响是造成混凝剂和氯投加量的增加,继而导致消毒副产物的增加。如图 3-1 所示。有机物的增加使氯投加量的增加,同时导致消毒副产物的增加。

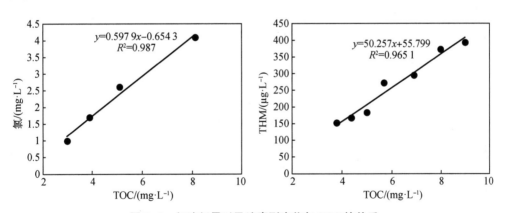

图 3-1 氯消耗量以及消毒副产物与 TOC 的关系

在混凝之前投加氧化剂如臭氧、氯和高锰酸钾,被称为"预氧化"。预氧化的作用主要是助凝,其次是去除部分的有机物。在混凝前去除有机物的方法是投加粉末炭,粉末炭也是应对水质突发有机污染的有效技术手段。水体受污染的一个标志是氨氮的增加,氨氮造成氯投加的大量增加,因而必须去除。氨氮的去除技术有限,通过生物方法、接触氧化法和生物活性炭均可有效去除氨氮。在常规工艺(图 3-2)前预氧化,生物预处理以及投加粉末炭,被称为"强化常规处理",如图 3-3 所示。

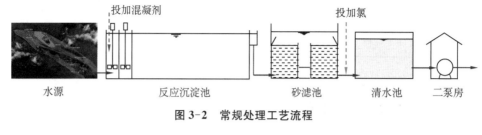

图 3-2 常规处理工艺流程

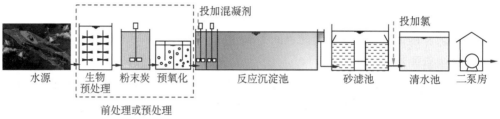

图 3-3 强化常规处理工艺

深度处理工艺区别于常规工艺,它是以去除有机物和微量有机物为目的的工艺。目前国内主流的深度工艺是在常规工艺的砂滤后,增加臭氧活性炭,以强化有机物的去除效果。目前处理微污染水的工艺由三部分构成,预处理(前处理)、常规处理和后处理,如图 3-4 所示。预处理的主要技术手段是氧化、粉末炭和生物预处理,预处理的目的是强化常规处理,兼有去除部分有机物;常规处理去除悬浮颗粒和部分有机物;后处理主要由臭氧和活性炭组成,目的是进一步去除有机物。最后的氯消毒灭活细菌,保证饮用水的生物安全。为了防止生物活性炭的微生物泄漏,近年来还出现了在活性炭后设置超滤膜的工艺。

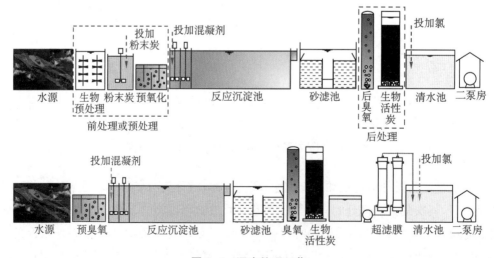

图 3-4 深度处理工艺

膜是近年来出现的新的饮用水处理技术。膜的技术特点是对悬浮颗粒、胶体和细菌有绝对的截留作用，因而膜处理可保证饮用水的微生物安全。以压力为驱动力的膜分为低压膜和高压膜，低压膜为微滤膜和超滤膜，高压膜为纳滤膜和反渗透膜。低压膜的主要作用是固液分离，可称为"过滤"，而高压膜可从水中分离某些溶解性组分，例如有机物、无机物等，因而称为"分离"。微滤和超滤的主要作用是去除悬浮颗粒、细菌和部分有机物，因而可替代常规处理。由于纳滤膜有优异去除有机物的效果，同时又能保持一定的含盐量，符合健康饮用水的理念。膜在水厂工艺中的应用大多是替代砂滤，如图 3-5 所示。将砂滤用微滤或超滤替代，可提高水质和水量。纳滤的主要作用是去除有机物，因而相当于臭氧活性炭的作用。现在通常的说法是膜深度处理，从深度处理的概念角度来说，这种说法并不严谨。只有采用了纳滤膜，才可称为深度处理。

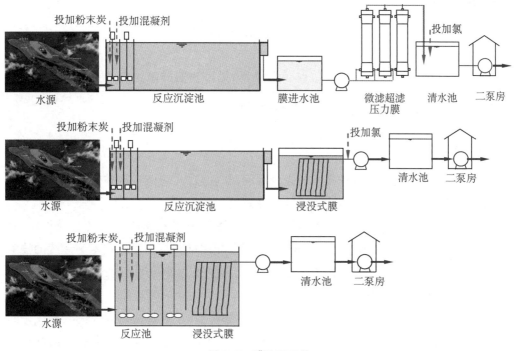

图 3-5　膜处理工艺

膜在现在的工艺流程的位置有越来越往后的趋势。有些工艺将超滤膜置于砂滤后面，这种做法导致功能上的重叠，值得商榷。这种现象的产生源于一些膜抗污染能力较差，需要多种预处理来保证膜的稳定运行。但是，过多的预处理大幅减弱了膜的作用。

从最大限度发挥膜技术的优势角度，膜在处理工艺上应置于最前端，如图 3-6 所示。膜的作用是代替原先的常规处理，去除悬浮颗粒和胶体，有机物可由后置的臭氧生物活性炭或纳滤膜来去除。这样的工艺可称为"膜深度处理工艺"。另外，超滤、微滤与纳滤也可组成所谓的"双膜"系统，如图 3-7 所示。

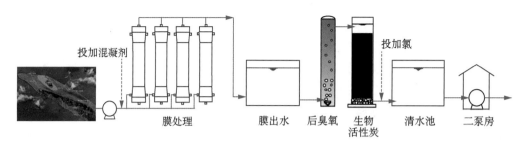

图 3-6 膜深度处理工艺

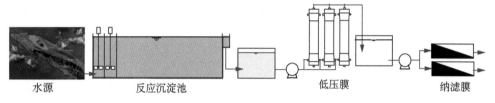

图 3-7 双膜处理工艺

3.2 饮用水处理工艺的协同性和多级屏障

3.2.1 协同性

饮用水处理工艺并非各种技术的杂乱堆砌。它们之间应该有某种规律和原则起作用,使之成为相互联系的整体,达到最佳处理效果。

协同作用,过去指的是 1+1>2,即两种技术所达到的效果应大于各自效果之和。在水处理工艺中,不同技术单元之间的协同作用,更多的是指前面的技术为后续的技术发挥更好的效果。在饮用水处理工艺中,预氧化与混凝、臭氧与活性炭以及混凝与砂滤之间都存在着协同的关系。

预氧化的协同作用分为预氧化去除浊度与颗粒的作用和优化协同作用。预氧化的作用首先是为了强化后续的混凝去除浊度的效果。图 3-8 表明,随着臭氧投加量的增加,沉淀池出水的浊度下降,说明预臭氧有助于提高混凝效果;由图 3-8 还可知,预臭氧有助于混凝去除颗粒粒径为 2 μm。

图 3-9 表明,预臭氧不仅有助于提高混凝去除浊度的效果,还可助于砂滤去除浊度。投加臭氧后,砂滤池出水的浊度低于不投加的。另外,投加臭氧后,砂滤池出水的 2 μm 颗粒明显降低,而且随着投加量的增加而持续下降。这个实际水厂测得的数据告诉我们一个事实,协同作用不仅存在于相邻的两个技术单元之间,它还会延续到后续的技术单元。

预臭氧在臭氧生物活性炭深度处理工艺中还有优化和协同作用。预臭氧通常位于深度处理工艺的最前端,它的作用通常被认为是氧化有机物,具有助凝、除藻作用。但是,预臭氧的作用可能并不仅限于此,它可能会影响后续工艺如砂滤,甚至活性炭。预

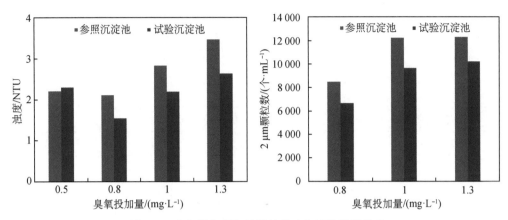

图 3-8　臭氧投加量与沉淀池浊度和颗粒数的关系

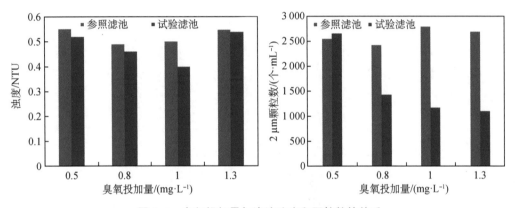

图 3-9　臭氧投加量与滤池浊度和颗粒数的关系

臭氧的这种效果可以"协同作用"来表述。饮用水处理工艺是许多技术单元的组合,这些技术单元之间应存在紧密联系,即所谓的协同作用。协同作用可使处理工艺发挥最佳的处理效果。从全流程的协同作用来看,优化预臭氧投加量的效果非常值得研究。

试验工艺流程为预臭氧-混凝沉淀-砂滤-主臭氧-活性炭,试验规模为 3 m³/h,如图 3-10 所示。试验的原水采用太湖水,试验期间的主要水质指标如表 3-1 所示。

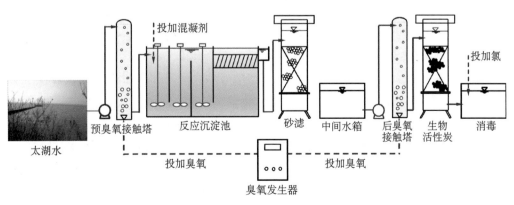

图 3-10　试验的工艺流程

109

表 3-1　　　　　　　　　　太湖主要水质指标

水质指标	变化范围	平均值
水温/℃	5～32	18
pH 值	7.2～8.4	7.7
浊度/NTU	1.7～99	12
$COD_{Mn}/(mg \cdot L^{-1})$	2.74～7.09	4.03
UV_{254}/cm^{-1}	0.056～0.094	0.070
氨氮/$(mg \cdot L^{-1})$	0.01～1.11	0.108

1. 预臭氧对常规工艺的影响

预臭氧对浊度的去除效果如图 3-11 所示。预臭氧有明显的助凝作用,当臭氧投加 0.5 mg/L 时,混凝去除浊度的效果从没有预臭氧的 69%提高至 84%,随着投加量的增加,去除率缓慢下降,但高于没有预臭氧的。可见预臭氧似乎对砂滤去除浊度没有帮助。

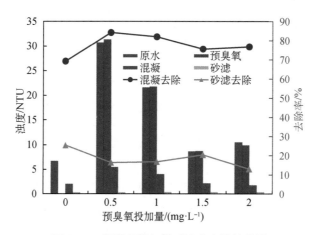

图 3-11　预臭氧投加量对浊度去除的效果

预臭氧投加量的变化与后续的混凝以及砂滤去除有机物如图 3-12 所示。臭氧投加量的增加对混凝去除有机物似乎影响不大,有机物去除率虽有波动,但没有看到明显的增加趋势。但是,砂滤去除有机物的效果却随着预臭氧投加量的增加而增加,只是投加量为 2 mg/L 时,出现了下降。

考察预臭氧投加量变化对可生化有机碳 BDOC 的影响。当没有预臭氧时,混凝和砂滤反而导致 BDOC 的增加。实施了预臭氧,预臭氧出水的 BDOC 增加,在投加量为 1 mg/L 时,BDOC 达到了最高值,随着投加量的继续增加,预臭氧出水的 BDOC 不出现增加,反而有所下降。预臭氧明显有助于混凝去除 BDOC。没有预臭氧时,混凝沉淀不

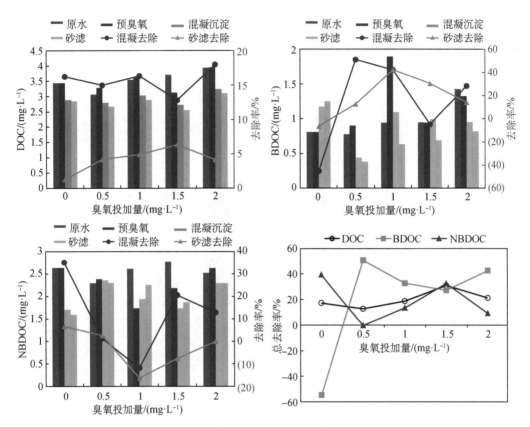

图 3-12 预臭氧投加量对有机物去除的影响

仅无法去除 BDOC,反而出现了负值。当投加量为 0.5 mg/L 时,混凝去除 BDOC 的效果高达 51%,随着投加量增加到 1 mg/L,去除效果下降到 42%,随后出现波动。

没有预臭氧时,砂滤对 BDOC 没有任何的去除效果,一旦实施了预臭氧,砂滤便表现出了去除能力,并随着预臭氧投加量的增加而增加。在投加量为 1 mg/L 时,去除率高达 42%,随后下降。对于不可生化有机碳 NBDOC,混凝去除出现了较为剧烈的波动,但砂滤对 NBDOC 没有表现出任何去除作用,甚至出现增加的现象,无论是否投加臭氧或臭氧投加量的变化。

如果综合考虑预臭氧-混凝沉淀-砂滤去除有机物的效果,可以发现对于不同的有机物,最佳去除效果随着预臭氧投加量的变化而变化。对于 BDOC,预臭氧投加量为 0.5 mg/L 时,去除效果最好,去除率高达 50%;对于 DOC 和 NBDOC,预臭氧投加量为 1.5 mg/L 时,去除效果最好,去除率分别为 31% 和 32%。DOC 的最佳去除的预臭氧投加量与砂滤去除的相一致,换言之,砂滤对有机物的去除对常规处理去除起到了关键作用。

由此可见,预臭氧有明显促进混凝去除 BDOC,不仅如此,这种作用会继续延伸到砂滤,使砂滤表现出良好的去除效果。

预臭氧投加量对常规工艺去除 COD_{Mn} 的作用和影响如图 3-13 所示。随着臭氧投加量的增加,混凝和砂滤去除效果增加,但砂滤的增加幅度明显高于混凝的,说明预臭氧可有效提升砂滤去除 COD_{Mn}。

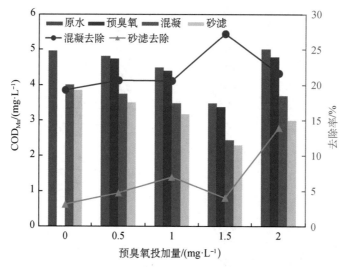

图 3-13　预臭氧投加对常规处理去除 COD_{Mn} 的作用和影响

2. 预臭氧对深度工艺的影响

预臭氧不仅影响常规工艺,对深度工艺也会产生作用。由图 3-14 可见,随着预臭氧投加量的增加,主臭氧的 DOC 呈增加趋势,但这没有影响到活性炭对 DOC 的去除。没有预臭氧时,生物活性炭去除 DOC 效果为 55%,一旦有预臭氧,处理效果提高到了 61%,在 0.5~1.5 mg/L 范围内,去除效果基本保持不变,但当投加量增加至 2 mg/L 时,去除率出现了下降。图 3-15 为不同的预臭氧投加量下的主臭氧和生物活性炭去除有机物效果,主臭氧投加量为 0.5 mg/L。

对于 BDOC,没有预臭氧时,主臭氧后的 BDOC 最大,但有预臭氧后,BDOC 随之大幅下降,然后随着投加量的增加而增加。在没有预臭氧的情况下,前面的混凝和砂滤不仅没有去除 BDOC,反而使其增加,加之主臭氧的氧化作用,导致进入活性炭的 BDOC 大大增加,加重了活性炭的负担。由图 3-15 可见,在无预臭氧的情况下,活性炭去除 BDOC 的效果较差,一旦实施了预臭氧,活性炭几乎全部去除 BDOC,随着预臭氧投加量的增加,主臭氧后的 BDOC 逐渐增加,活性炭仍然保持全部去除的效果,但预臭氧投加量增至 2 mg/L 时,活性炭的去除率下降。这说明活性炭去除效果与进入 BDOC 的量有密切关系,而进入活性炭的 BDOC 又与预臭氧的投加量有关。

图 3-15 表明,预臭氧投加导致主臭氧的 COD_{Mn} 降低,尽管主臭氧投加量不变。由此可见,预臭氧导致活性炭去除效果的下降是主臭氧的 COD_{Mn} 降低的缘故。而其中的

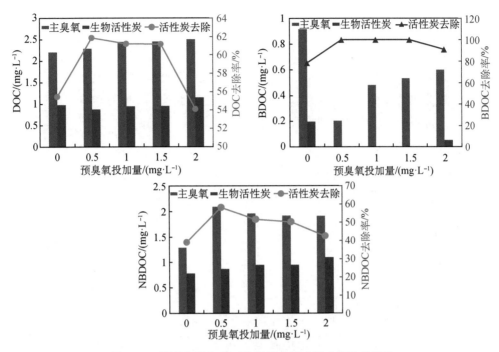

图 3-14 预臭氧投加量对生物活性炭去除有机物的影响

部分本应该为活性炭所承担,预臭氧导致活性炭去除效果下降也有一些积极效果,本应为活性炭所承担去除的部分为常规处理去除,而这部分有机物多为非生物降解的,因而会有效延长活性炭的服务年限。

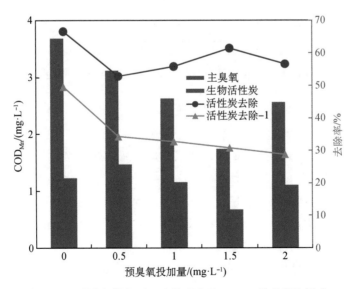

图 3-15 预臭氧投加对深度处理去除 COD_Mn 的作用和影响

3. 预臭氧提升常规和深度处理效果的比较

预臭氧投加量对深度处理工艺去除有机物效果的影响如图 3-16 所示。预臭氧对常规处理和深度处理的影响是不同的。常规去除 DOC 的最佳投加量为 1.5 mg/L,而深度处理的最佳投加量为 0.5 mg/L。对于整个工艺而言,预臭氧的最佳投加量为 1.5 mg/L。常规工艺反而起了决定性作用。

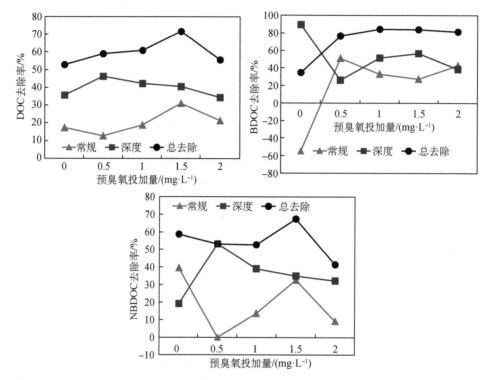

图 3-16　预臭氧投加量对深度处理工艺去除有机物效果的影响

由图 3-16 可见,预臭氧明显有利于去除 BDOC,预臭氧投加量在 1~1.5 mg/L 时,去除效果最好,可达 84%。

图 3-16 可明显看出对于 NBDOC,常规处理与深度处理之间的互补关系。当常规去除 NBDOC 的效果下降时,深度处理去除效果提高。生物活性炭去除 NBDOC 是依靠吸附去除的,因此,深度处理去除 NBDOC 的效果好,对于活性炭的运行年限来说是不利的。由此可见,提高常规处理去除 NBDOC 会减少生物活性炭去除,这有利于延长活性炭的运行年限。总去除和深度去除的最佳预臭氧投加量为 1.5 mg/L,去除率分别为 67% 和 32%。深度处理去除的最佳预臭氧投加量为 0.5 mg/L,去除率为 53%。

图 3-17 表明,预臭氧提升了常规处理去除 COD_{Mn} 的效果,但降低了深度处理去除 COD_{Mn} 的效果。就整体而言,预臭氧提高了 COD_{Mn} 的去除效果。

综上所述,预臭氧不仅影响了混凝,而且有效提升了砂滤的去除有机物效果。这可能是由于预臭氧大大增加了水中的溶解氧，使砂滤变为生物砂滤池的缘故。这可使砂滤仅可去除 BDOC 而不可去除 NBDOC 的事实得到佐证。不仅如此，预臭氧还对主臭氧生物活性炭产生很大的影响，它降低了活性炭去除有机物的效果，从积极意义上讲，它减轻了活性炭的负担，这可能延长了活性炭的运行年限。从深度工艺的整体效果而言，预臭氧提高了有机物的去除效果，并存在最佳的投加量。由此可见，预臭氧对后续的各个技术环节以及深度工艺的去除效果都产生了很大的影响，它们之间存在协同作用，此外，它还可

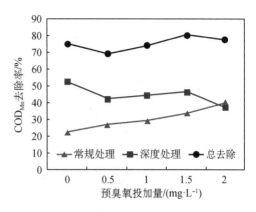

图 3-17　预臭氧投加量对深度工艺去除 COD_{Mn} 的影响

优化深度工艺去除有机物。预臭氧的协同作用必须从整个工艺上进行审视，它启发我们从一个新的角度来重新认识预臭氧的作用，并对进一步优化深度工艺提供有益的帮助。

3.2.2　多级屏障

为了保证饮用水的安全，在水处理的过程中，应设置多级屏障，去除水中的污染物，达到饮用水水质指标的要求。多级屏障的提出是为了防止水处理中的某个技术单元出现问题，整个工艺仍然保证水质安全。因此，多级屏障的核心是不能将污染物的去除完全依赖于某个技术单元，而是各个技术单元都能发挥去除功能。如果将处理过程扩大，即考虑从水源到龙头的水质保障，多级屏障也可扩展到水源、水厂处理和二次供水处理的三个屏障。

3.3　绿色工艺

最初的饮用水处理工艺是所谓的常规工艺，即混凝沉淀-砂滤-氯消毒，该工艺主要去除浊度和细菌微生物，保障饮水的卫生健康。随着工业的发展，大量废水排入水体，造成水体的有机物浓度和种类的大量增加，为了去除有机物，需要对常规工艺增加技术措施，如强化混凝、预氧化、投加粉末活性炭以及生物预处理来强化常规工艺对有机物的去除。为了进一步去除有机物，深度处理工艺得以迅速发展，目前主流的深度处理工艺是臭氧生物活性炭。我们可以看到，处理工艺发展的一个特征是不断往水里投加各种化学药剂，如混凝剂、各种氧化剂以及粉末炭等，这种做法在去除污染物的同时，可能又生成新的污染物。

仔细梳理现有的水处理工艺过程中各种污染物的去除和生成，如图 3-18 所示。生

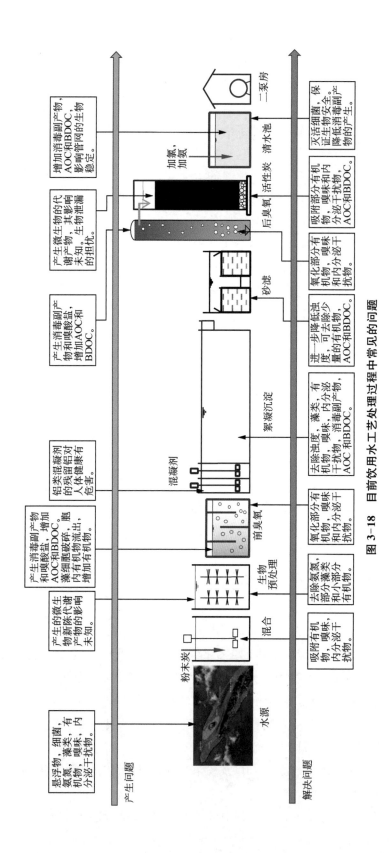

图 3-18 目前饮用水工艺处理过程中常见的问题

物处理用于接触氧化和生物活性炭,可有效去除氨氮,可生化有机物和一些微量有机物,但微生物的新陈代谢产物会进入水体,增加了新的污染物,此外,生物活性炭的微生物泄漏也令人担忧。投加粉末活性炭可吸附有机物,现在已成为应对突发水质污染事故的必备技术措施,但吸附了有机物的部分粉末炭可能无法为砂滤所截留,出现在出水中,影响水质。氧化包括预氧化和后臭氧,氧化可有助于降解部分有机物以及改善混凝效果,但氧化会带来很多问题。给水处理投加的臭氧量很少,远不足以达到矿化的效果,氧化仅仅是将有机物转化为另一种有机物,而这些有机物对水质的影响知之甚少。此外,氧化会增加消毒副产物以及 AOC 和 BDOC,影响水质以及生物稳定性。由此可见,往水中投加化学药剂,虽然去除了某些污染物,但必然也会产生另一些污染物。其中产生问题最多的是氧化,其次是生物处理,即使是混凝剂,铝的残留也令人担忧。

饮用水处理过程不应产生新的污染物,即对于污染物,只能做减法而没有加法。在所知的水处理技术中,只有做减法而不做加法的工艺是物理过滤。简言之,理想的处理工艺应该全部由过滤技术组成。对于饮用水处理工艺,绿色的含义是指处理过程中尽量不增加新的污染物,而只减少污染物。

太湖水的一个重要特征是藻类较多,藻类会给水质带来各种负面影响,特别是在氧化的影响下。臭氧具有较强的氧化能力,它会破坏藻类的细胞膜,使胞内物质释放到水体。为了解臭氧氧化对水质的影响,进行了如图 3-19 所示的试验。

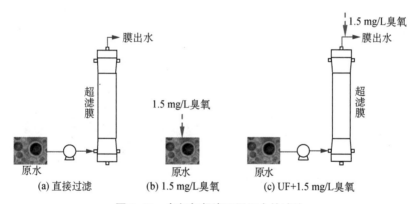

图 3-19　臭氧与超滤不同组合的试验

试验结果如图 3-20 所示。图 3-20 表明,在直接过滤情况下,膜去除 BIO-polymer,cTEP 和 LMW Neutrals 分别为 78%,89% 和 4%;1.5 mg/L 的臭氧氧化去除 BIO-polymer,cTEP 和 LMW Neutrals 分别为 −5%,−29% 和 22%;如果先经过膜滤再投加 1.5 mg/L 臭氧,BIO-polymer,cTEP 和 LMW Neutrals 的去除率分别为 79%,95% 和 −4%。BIO-polymer 被称为"生物聚合物",是大分子的主要构成,主要由藻类生长所产生的。试验结果表明,臭氧氧化会导致 BIO-polymer 和 cTEP 的增加,而超滤膜出水的臭氧氧化不会有此现象的出现。这结果说明预臭氧会导致藻类细胞膜的破裂,使胞内有机物释放到水体,但如果用超滤膜先将藻类去除,则会避免这种现象的产生。

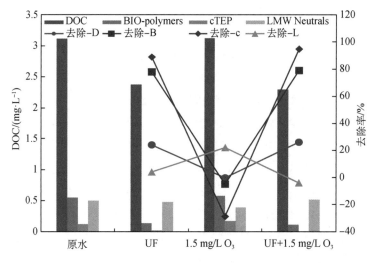

图 3-20　臭氧与超滤不同组合去除有机物的效果

目前,处理太湖水的工艺是臭氧生物活性炭处理工艺,这也是国内的主流深度处理工艺。根据图 3-21 的试验结果,预臭氧导致藻类细胞膜的破碎,胞内有机物释放,这些有机物会对后续的处理造成负面影响。因此,应将超滤膜置于工艺流程的最前端,用超滤膜替代原来的常规工艺,变成超滤-臭氧-生物活性炭工艺。

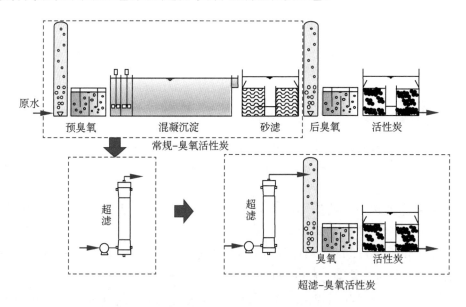

图 3-21　超滤-臭氧生物活性炭工艺

根据图 3-22 建立常规-臭氧生物活性炭和超滤-臭氧生物活性炭的工艺流程,开展比较试验。图 3-22 为常规-臭氧生物活性炭和超滤-臭氧生物活性炭去除各种污染物的效果比较。对于藻密度和叶绿素 a 的去除,超滤明显优于常规;对于有机物 TOC 和 COD_{Mn} 的去除,超滤劣于常规,但超滤前置的臭氧生物活性炭却优于常规前置的,因而超滤-臭氧生物活性炭的去除优于常规-臭氧生物活性炭。这说明超滤的前置去除悬浮固体,藻类有助于后续的活性炭吸附有机物。

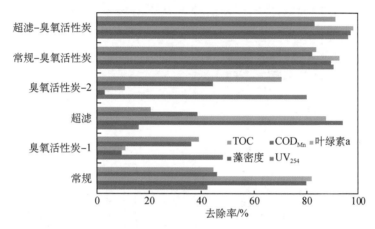

图 3-22 常规-臭氧生物活性炭和超滤-臭氧生物活性炭去除污染物效果的比较

两种工艺去除双酚 A 的效果比较如图 3-23 所示。对于常规-臭氧生物活性炭工艺,预臭氧、砂滤、后臭氧工艺对双酚 A 都有一定的去除效果,但混凝沉淀工艺反而造成双酚 A 的增加。去除双酚 A 效果最好的是生物活性炭吸附,可达 62%,工艺的总去除率为 75%。对于超滤-臭氧生物活性炭工艺,超滤和臭氧都有一定的去除效果,主要的去除效果为生物活性炭所贡献,可达 66%,优于常规-臭氧生物活性炭工艺。超滤-臭氧生物活性炭工艺的总去除率高达 95%,明显优于常规-臭氧生物活性炭工艺。

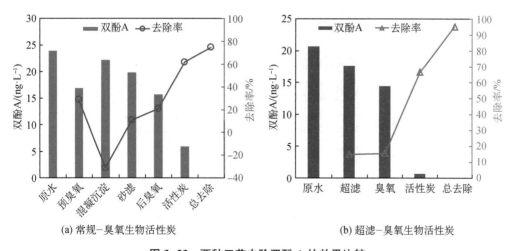

(a) 常规-臭氧生物活性炭 (b) 超滤-臭氧生物活性炭

图 3-23 两种工艺去除双酚 A 的效果比较

虽然超滤-臭氧生物活性炭工艺有效提升了各种污染物的去除效果,但仍然会在处理过程中增加污染物。理想的绿色工艺应全部由物理过滤技术组成。用超滤替代常规工艺,纳滤替代臭氧生物活性炭工艺。超滤去除浊度、藻类等,并为纳滤的稳定运行提供保证,纳滤去除有机物,形成超滤-纳滤绿色处理工艺,如图 3-24 所示。

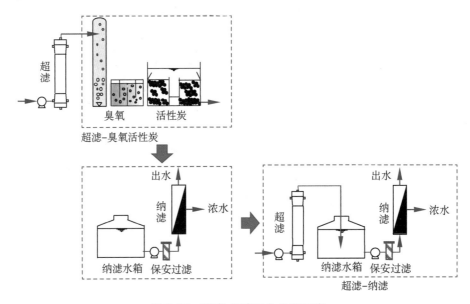

图 3-24 超滤-纳滤绿色处理工艺

图 3-25 表明,超滤对叶绿素 a 和藻类有非常好的去除效果,去除率均在 90％左右,但对有机物的去除效果有限,COD_{Mn}、TOC 和 UV_{254} 的去除率分别为 36％、15％和 11％。纳滤膜对有机物有非常好的去除效果,COD_{Mn}、TOC 和 UV_{254} 的去除率分别为 57％、71％和 80％。因此,超滤和纳滤工艺对各种污染物的去除效果均在 90％以上。

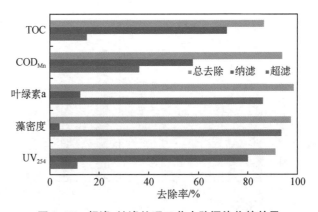

图 3-25 超滤-纳滤处理工艺去除污染物的效果

超滤-纳滤处理工艺去除双酚 A 的效果如图 3-26 所示。超滤去除率为 22％,纳滤去除率为 42％,超滤-纳滤处理工艺去除率为 64％。效果均较常规-臭氧生物活性炭和超滤-臭氧生物活性炭处理工艺的差。

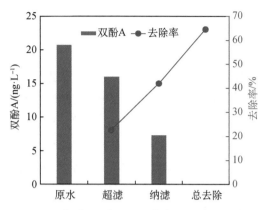

图 3-26 超滤-纳滤处理工艺去除双酚 A 的效果

3.4 处理工艺的比较和选择

3.4.1 处理工艺的比较

不同技术和工艺去除各种污染物的效果比较如图 3-27 所示。

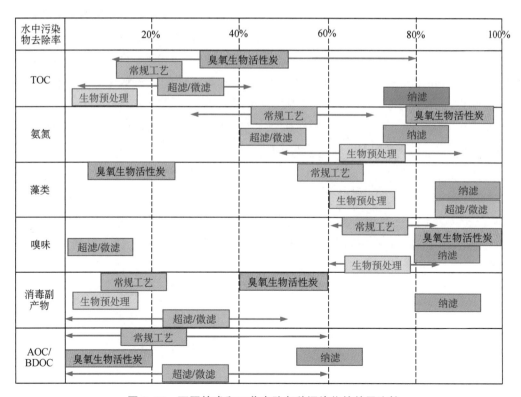

图 3-27 不同技术和工艺去除各种污染物的效果比较

对于有机物 TOC 的去除,效果最差的是生物预处理技术,最佳的是纳滤;超滤的去除效果由于不同的厂家以及膜在工艺中所处的位置不同,变化很大。例如,如果超滤置于活性炭的后面,则去除效果很低;如果将超滤置于工艺的最前端,则去除效果较高。臭氧生物活性炭的去除效果与其运行的年限密切相关,新炭的去除效果最好,随着运行时间而逐渐下降。对于藻类的去除,虽然臭氧生物活性炭的去除效果最差,但这是置于常规工艺后面的去除效果。超滤去除藻类的效果优异,这是超滤置于工艺最前端的去除效果,纳滤应该比超滤的去除更好,但不可能将纳滤置于工艺的最前端。对于嗅味的去除,由于有各种嗅味有机物,选择最常见以及浓度较高的嗅味 2-MIB 作为比较的对象。由于嗅味有机物属于小分子,因而超滤去除的效果很差。臭氧生物活性炭去除嗅味的效果优于纳滤。对于消毒副产物的去除,消毒副产物其实为其前体物的比较,生物预处理去除效果最差,纳滤最好。对于 AOC 的去除,常规工艺和臭氧生物活性炭工艺没有考虑后续的消毒。如果考虑消毒的因素,则会发生 AOC 浓度增加的情况。虽然生物活性炭对 AOC 有较好的去除效果,但臭氧氧化使其浓度大幅增加,综合研究成果发现臭氧生物活性炭工艺去除 AOC 的效果并不佳。

3.4.2 处理工艺的选择

处理工艺的选择是由许多影响因素决定的,如原水水质、当地的技术和管理水平、投资和运行成本及当地的经济条件、水处理规模等。但是,选择处理工艺起决定性的因素是原水水质及要求的出水水质标准。原水水质与当地的水源情况、水中污染物的种类以及浓度有着很大的关系。针对几类典型的污染物,有机物 TOC、氨氮、藻类、嗅味、消毒副产物以及 AOC,考虑典型的处理工艺对其不同的处理效果,结果比较如图 3-28 所示。

由图 3-28 可见,在所有的工艺中,有纳滤的去除各种污染物的效果均最佳,最差的是常规工艺。各种污染物中,不同工艺去除效果最好的是嗅味,最差的是 AOC。尽管纳滤去除各种污染物的效果最好,但去除效果并非工艺选择的唯一指标,还需综合考虑其他的因素来决定。

表 3-2 为不同技术和工艺的特点比较,由此可见,虽然纳滤在水质、生物和化学安全性方面明显占优,但投资和运行成本较高,且浓水的排放和处理也是难以解决的问题。

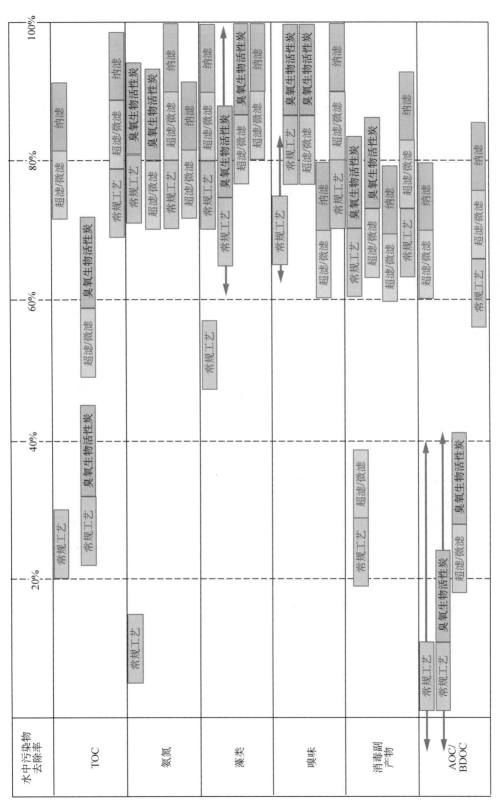

图 3-28　不同工艺去除各种污染物的效果比较

表 3-2   不同技术和工艺的特点比较

	生物预处理	常规工艺	臭氧生物活性炭	超滤/微滤	纳滤
水质特点	去除氨氮效果较好,但去除有机物的效果非常有限	浊度和微生物指标满足要求,但去除有机物的效果有限	出水的 TOC 随运行时间逐渐增加,耗氧指数满足国家水质标准	去除浊度和细菌微生物的效果好,但去除有机物的效果有限	去除各种污染物的效果优异,TOC 可保持在 0.5 mg/L 以下
化学安全性	消毒副产物去除的效果非常有限	有一定的去除消毒副产物的效果	有较好的去除氯代消毒副产物的效果,但无法去除溴代消毒副产物,反而有增加的现象	去除消毒副产物的效果有限	消毒副产物非常低,对溴代消毒副产物也有很好的去除效果
生物安全性	会向水中释放微生物的新陈代谢产物,因而生物安全性较差	安全	出水的细菌有增加的趋势,抗性基因也有相似的情况,生物安全较差	可有效去除细菌和微生物	非常好
投资和运行费用	投资 100～150 元/吨水,运行费用 0.04～0.05 元/吨水	投资 1 200 元/吨水,运行成本 0.6 元/吨水	投资 350～400 元/吨水,运行费用 0.2～0.3 元/吨水	投资 400～500 元/吨水,运行成本 0.15～0.2 元/吨水	投资 1 240 元/吨水(包括土建和设备),运行费用 0.45 元/吨水
运行的稳定性	长期稳定运行,积累了非常多的运行经验	长期稳定运行,积累了非常多的运行经验	长期稳定运行,积累了非常多的运行经验	运行稳定,积累了较多的运行经验	存在膜污染的问题,运行经验较少
其他的问题	去除效果与温度密切相关,适用于南方地区	—	溴酸盐,溴代消毒副产物的去除	—	浓水的处理

3.5 处理工艺去除污染物的效果

3.5.1 嗅味

水体中的嗅味是由水中的某些致嗅化合物引起的。根据造成饮用水异嗅异味的来源大致可分为两类:一类属于自然原因造成的异嗅,主要由湖泊底泥、岩石析出的矿物质,以及水中生物如藻类、放线菌等引起的;另一类则是人为原因造成的异嗅,主要由直接排入水体的能够产生嗅味的工业废水和生活污水造成。

目前,得到人们公认的嗅味分类为 Suffet 等绘制的嗅味轮所表示的分类方法,如图 3-29 所示。其中最普遍的有两类,一类是一些具有土霉味的化合物,主要包括

GSM、2-MIB、2,4,6-三氯茴香醚(2,4,6-trichloroanisole，TCA)、2-异丙基-3-甲氧基吡嗪（2-isopropyl-3-methoxy-pyrazine，IPMP）和 2-异丁基-3-甲氧基吡嗪（2-isobutyl-3-methoxy-pyrazine，IBMP）。GSM 和 2-MIB 被认为是地表水产生土霉味的主要物质。另一类常见嗅味物质一般伴随藻类暴发而产生，主要有 β-Cyclocitral、β-Ionone 等。几种常见的嗅味有机物结构式如图 3-30 所示。

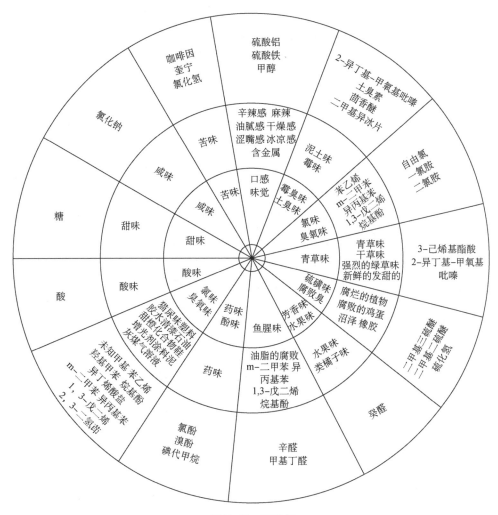

图 3-29　嗅味轮

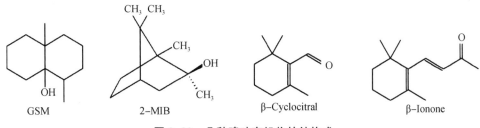

图 3-30　几种嗅味有机物的结构式

β-Cyclocitral 是微囊藻类代谢产物之一，它产生的嗅味从低浓度到高浓度表现为具有青草味、木头味和烟草味。由 β-Cyclocitral 产生的嗅味问题很早就有报道，近年来随着水体富营养化的加剧，β-Cyclocitral 也成为饮用水嗅味问题的研究热点。β-Ionone 是胡萝卜素氧化的产物，具有紫罗兰味，其嗅阈值极低，为 7 ng/L，所以极易被人们察觉。

目前，水厂多采用常规处理工艺，包括混凝、沉淀、砂滤等，对嗅味物质有一定的去除效果，但是去除率很低。嗅味控制技术主要为物理法、化学法、生物法和综合控制法等。物理法主要采用物理吸附，首先通过投加吸附剂吸附嗅味物质，再将吸附剂与原水分离，实现嗅味物质的去除，采用的主要吸附剂有活性炭和沸石。化学法主要采用化学氧化，利用氧化剂的氧化性能改变或破坏致嗅物质的结构，使之转化为无嗅味物质，从而达到除嗅目的。常用的氧化剂有高锰酸钾、氯气、臭氧、二氧化氯等。生物法主要采用生物降解原理，通过强化滤池的生物作用，利用微生物对有机物的降解机制将致嗅物质降解甚至矿化，实现对嗅味的控制。生物法关键在于培养驯化出具有降解致嗅物质能力的微生物群落。综合控制法主要是将物理、化学和生物法联用，强化对致嗅物质的去除，例如臭氧+生物活性炭工艺、预氧化+粉末活性炭吸附工艺等。

嗅味严重影响饮用水水质，虽然嗅味本身不会对人体健康产生危害，但嗅味的产生往往标志水质受到有机污染，而且其感官性特点会引起居民对饮用水水质的担心。藻类是主要的致嗅浮游植物，它主要生长在富营养化严重的封闭性水体如湖泊和水库等。因此，湖泊和水库往往有不同程度的嗅味问题。主要的嗅味物质有 GSM、2-MIB 等。

1. 常规和深度工艺去除嗅味

太湖是嗅味问题较为严重的水体，太湖水的嗅味浓度变化如图 3-31 所示。太湖水嗅味的产生通常发生在夏季，该季节也是藻类生长最茂盛的时候；其次是 2-MIB，其浓度远高于 GSM。

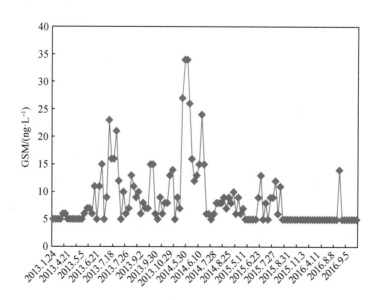

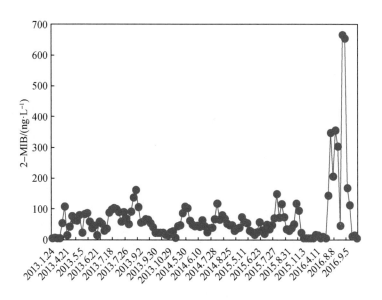

图 3-31　太湖水的嗅味浓度变化

图 3-32—图 3-34 为常规工艺和深度工艺去除嗅味的效果以及比较,由此可见,深度工艺的去除效果明显优于常规工艺,常规工艺去除效果仅为 33%,而深度工艺去除 2-MIB 高达 70%。深度工艺可以保证出水的嗅味浓度低于 10 ng/L,而常规工艺达不到。

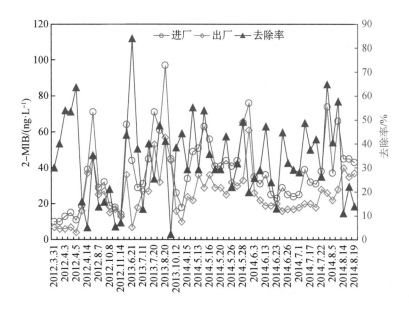

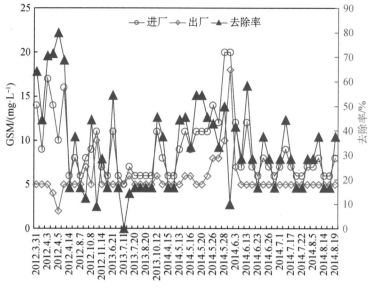

图 3-32 常规工艺去除嗅味效果比较

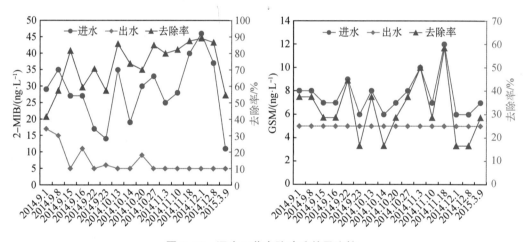

图 3-33 深度工艺去除嗅味效果比较

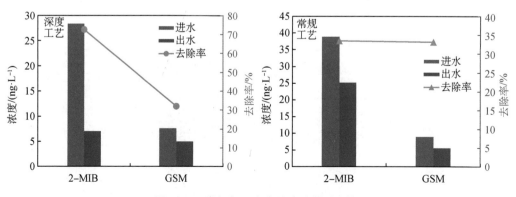

图 3-34 常规与深度去除嗅味效果比较

2. 深度处理工艺去除嗅味的试验研究

目前,对嗅味去除研究虽然较多,但集中于单项的技术处理,如活性炭吸附以及氧化等,对于工艺处理的研究非常少。其原因在于嗅味在水中的出现具有不确定性,难以预料,而且浓度变化很大,这给中试规模的试验研究带来困难。此外,当原水的嗅味含量增加,如突发水质污染,工艺能否应对,是否需要采取另外的技术措施,这对水厂应付嗅味至关重要。但是,我们至今不清楚饮用水处理工艺处理嗅味的能力以及规律,水厂制定技术措施应付嗅味缺乏依据。了解嗅味在工艺流程中去除的最佳方法是投加嗅味物质。

研究团队设计了处理规模为 100 L/h 的深度工艺试验,通过投加一定量的嗅味物质,考察深度工艺的各个技术单元去除嗅味的效果以及它们之间的协同关系。试验的原水为东太湖水,试验期间的主要水质:水温为 31.6℃,pH 值为 7.3,浊度为 15.23 NTU,TOC 为 3.59 mg/L,UV_{254} 为 0.05 cm^{-1}。试验流程如图 3-35 所示,由预臭氧、混凝沉淀、砂滤、后臭氧和活性炭构成。混凝剂采用聚合氯化铝,投加量为 40 mg/L,后臭氧投加量为 1 mg/L。试验装置如图 3-36 所示。

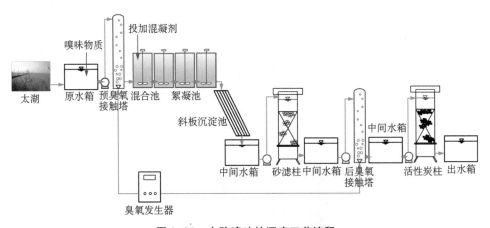

图 3-35　去除嗅味的深度工艺流程

1) 原水嗅味浓度的变化对深度工艺的影响

在混凝剂投加量 40 mg/L、前臭氧 0.5 mg/L 和后臭氧 1 mg/L 的运行参数下,通过向原水中投加嗅味的方法,使原水的 2-MIB 和 GSM 分别为 50 ng/L、100 ng/L 和 250 ng/L,但实测的两种嗅味浓度分别是:2-MIB 为 60 ng/L、76 ng/L 和 199 ng/L,GSM 为 52 ng/L、65 ng/L 和 235 ng/L。试验结果如图 3-37 所示,在试验的嗅味浓度变化范围内,活性炭出水的嗅味基本检测不出,除了原水的 2-MIB

图 3-36　试验装置

为 100 ng/L 时,活性炭出水为 3.85 ng/L,但这也远低于国家水质标准的 10 ng/L。结果表明,深度工艺对嗅味有很好的去除效果。

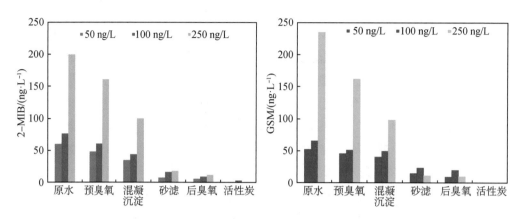

图 3-37 嗅味浓度变化深度工艺去除效果的影响

进一步考察各个技术处理环节对嗅味去除的贡献时,可以发现,砂滤去除嗅味的效果最好,远高于生物活性炭。考察各个技术单元的平均去除率,如图 3-38 所示。砂滤对嗅味的去除占总去除量的 40% 左右,活性炭去除明显低于砂滤。

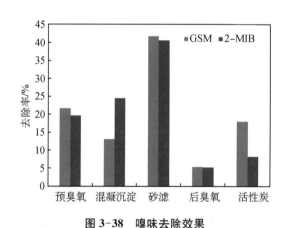

图 3-38 嗅味去除效果

2) 有无预臭氧对深度工艺去除嗅味的影响

砂滤可有效去除嗅味,可能是由于预臭氧导致砂滤变成生物滤池的缘故。为此,进一步的试验考察了有无预臭氧下的嗅味去除效果,嗅味的投加量为 250 ng/L,结果如图 3-39 所示。图 3-39 表明,当没有预臭氧时,活性炭无法全部去除嗅味,而且出水的嗅味超过水质标准。但是,在混凝前采用曝气措施,尽管活性炭还无法全部去除嗅味,但出水的嗅味浓度均低于水质标准。随着臭氧的投加,活性炭出水的嗅味浓度进一步下降,当预臭氧投加量达 1 mg/L 时,活性炭出水的嗅味已经完全检测不出。由此可见,深度工艺去除嗅味效果与有无预臭氧以及它们的投加量有密切的关系。

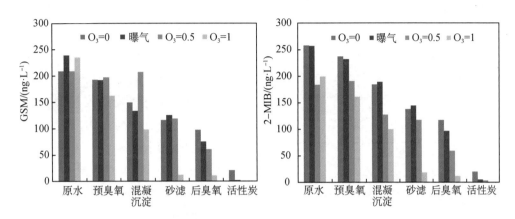

图 3-39　预氧化对深度工艺去除嗅味的效果和影响（1）

有否预氧化对嗅味去除的效果如图 3-40 所示。对于 2-MIB,当没有预臭氧或只有空气曝气时,砂滤仍有 17％的去除效果,投加 0.5 mg/L 的预臭氧时,砂滤的去除效果反而下降,但投加量增加至 1 mg/L 时,砂滤的去除效果增至 40％。同时发现,虽然后臭氧的投加量没有变化,但去除嗅味的效果却与预氧化以及后续的活性炭密切相关。如果砂滤去除效果较差,后臭氧的去除效果明显提高,同时活性炭的去除效果较佳;如果砂滤的去除效果较佳,后臭氧的去除效果下降,同时活性炭的效果也下降。简言之,砂滤、后臭氧和活性炭之间形成某种互补关系。考察 GSM 的去除效果,预氧化对嗅味去除的影响更加明显。没有预臭氧时,砂滤去除嗅味效果较差,当施以预臭氧时,砂滤的去除效果明显增加。同时我们看到,当砂滤去除嗅味较差时,活性炭有较好的去除效果,但当砂滤去除效果较好时,活性炭的去除效果反而下降,这在投加量为 1 mg/L 时尤为明显。

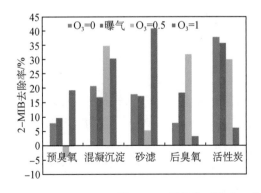
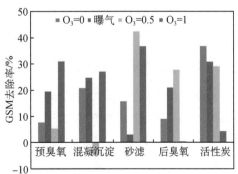

图 3-40　预氧化对深度工艺去除嗅味的效果和影响（2）

预氧化对深度工艺去除有机物嗅味的影响如图 3-41 所示。由图 3-41 可见,有否

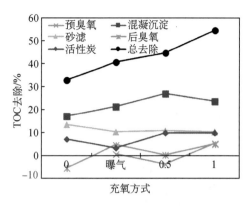

图 3-41 预氧化对深度工艺去除有机物的效果和影响(3)

预臭氧对深度工艺去除有机物的影响较为明显。当施以预臭氧以及增加投加量时,深度工艺去除有机物的效果明显增加,从没有预臭氧的 32% 增加至投加 1 mg/L 臭氧的 54%。预臭氧有助于混凝去除有机物,它还有助于活性炭去除有机物的提升。这说明,预臭氧不仅与混凝有协同作用,而且还会与活性炭产生协同作用。

3)深度工艺去除嗅味的效果

以太湖为水源的某水厂的深度工艺去除嗅味的效果如图 3-42 所示。由图 3-42 可见,太湖水的 2-MIB 的浓度变化很大,并且经常出现较高的浓度。深度工艺去除 2-MIB 的效果甚佳,出水基本检测不出。图 3-42 表明,砂滤后的 2-MIB 大为降低,常规工艺的平均去除率为 83%,而深度工艺去除率仅为 17%,说明去除嗅味主要由常规工艺完成。这与中试的结果是一致的。

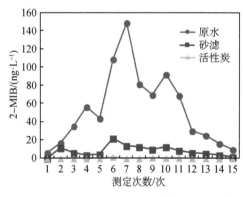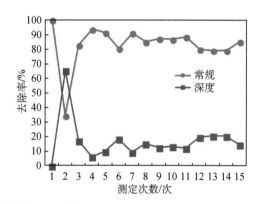

图 3-42 深度工艺去除嗅味的效果

3. 膜组合工艺去除嗅味的效果

如图 3-43 所示,太湖水中检测到多种嗅味有机物,包括 β-环柠檬醛、β-紫罗兰酮、2-MIB、GSM、IBMP、IPMP 和 TS。2-MIB 和 GSM 会产生土霉味,IBMP 和 IPMP 也会产生类似的异味;β-环柠檬醛被认为是仅由蓝藻产生的嗅味,具有专属性,其嗅味类似于木头味;β-紫罗兰酮会产生紫罗兰或薄荷味。从图 3-43 可见,β-环柠檬醛的浓度最高,甚至高达 15 000 ng/L,这说明太湖水中的嗅味很大程度上是由蓝藻产生的。此外,β-紫罗兰酮、2-MIB 和 GSM 也在太湖水中存在。IPMP 和 IBMP 是藻类腐败后的厌氧过程产生的嗅味有机物。

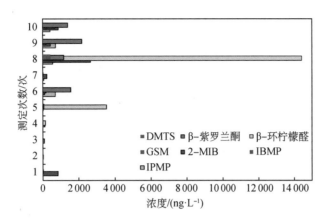

图 3-43　太湖水中的嗅味

图 3-44 表明,嗅味物质的不同,组合工艺去除效果也不同。膜工艺对 β-环柠檬醛和 2-MIB 有较好的去除效果,但对 β-紫罗兰酮和 IPMP 的效果较差。但值得注意的是,由于嗅味物质在水中的浓度较高,即使去除率较高,残留在水中的嗅味浓度仍然超过了其嗅阈值,说明膜组合工艺很难消除出水的嗅味。

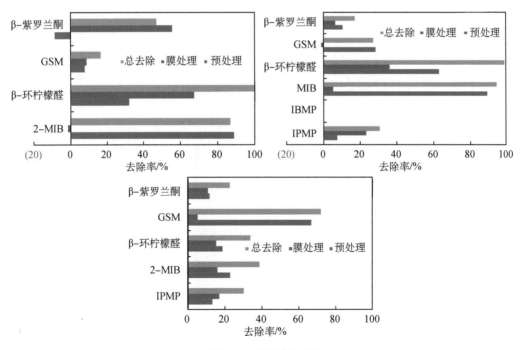

图 3-44　嗅味去除效果

4. 纳滤膜去除嗅味的效果

如图 3-45 所示,低脱盐的纳滤膜去除嗅味的效果为 60%～80%,随着进水嗅味浓度的增加,出水也随之增加,超过了国家水质标准(10 ng/L)。高脱盐的纳滤膜去除效果大于 95%,如图 3-46 所示,进水浓度越高,纳滤膜表现出的去除率越高;进水嗅味浓度下降,去除率也略微降低,但出水的浓度均低于 5 ng/L。

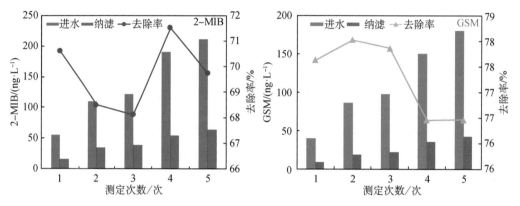

图 3-45　低脱盐纳滤膜去除嗅味的效果

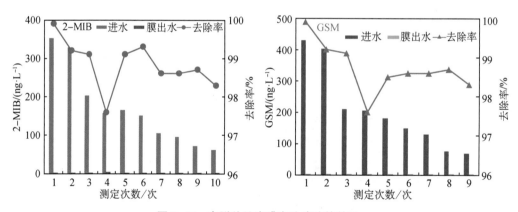

图 3-46　高脱盐纳滤膜去除嗅味的效果

3.5.2　藻类

淡水藻中常见的水华藻以蓝藻的微囊藻属(Microcystis)、鱼腥藻属(Anabaena)及颤藻属(Oscillatoria)与绿藻中的小球藻属(Chlorella)、栅藻属(Scenedesmus)、水绵属(Spirogyra)和刚毛藻属(Cladophora)等最常见。硅藻中的小环藻等在春季低温环境中也易形成水华。由于藻类生长受不同环境因子的影响,如光照,营养盐、pH 值、风浪扰动等条件,其形成水华时对净水工艺会产生严重危害。藻类聚集及其藻类有机物的增加会导致絮凝剂投入量增加,絮体形成减少,沉淀效果降低,膜污染加重。藻类的大量繁殖还会造成滤池的堵塞,严重影响水厂的产水。

藻类有机物是藻类在生长过程中代谢产生的。其组分可分为细胞外代谢形成的胞外有机物(EOM)以及细胞内自身分解形成的胞内有机物(IOM)。藻类有机物(AOM)是由羧基乙酸、碳水化合物、多聚糖、氨基酸、缩氨酸、有机磷、维生素、抑制剂、毒素、酶等一系列物质组成的。研究认为藻类有机物的成分主要有蛋白质、中性和带电的多糖、核酸、脂类及一些小分子,其中,多糖的含量约占总量的80%～90%。

1. 混凝去除藻类的效果

3 种混凝剂去除藻类的效果如图 3-47 所示。由图可见,随着混凝剂投加量的增加,藻类的去除效果明显增加。其中的聚合氯化铝的效果最好,其次为三氯化铁,最差的是硫酸铝。由于藻类的表面带负电荷,因而混凝去除藻类的机理与去除一般浊度相同。

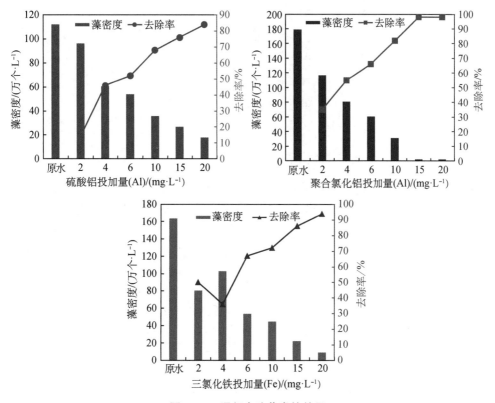

图 3-47　混凝去除藻类的效果

混凝去除叶绿素 a 的效果与藻类密度的相似,如图 3-48 所示。

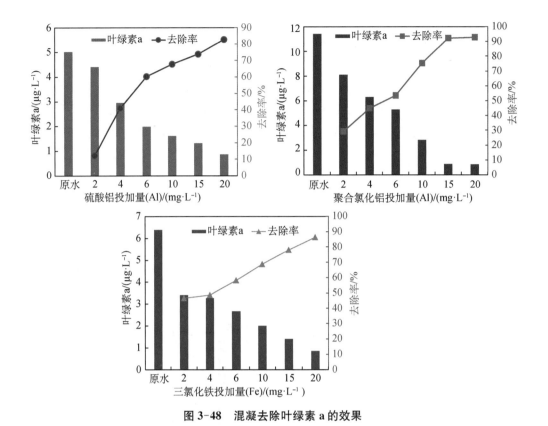

图 3-48　混凝去除叶绿素 a 的效果

2. 常规和深度工艺去除藻类的效果

常规和臭氧活性炭深度工艺的藻密度和叶绿素 a 变化如图 3-49 所示。图 3-49 表明,常规工艺可大幅降低藻密度和叶绿素 a,后续的臭氧生物活性炭深度工艺可进一步降低,但无法完全去除,仍有部分的藻类出现在处理水中。常规工艺出水的藻密度和叶绿素 a 分别为 64 万个/L 和 1.83 μg/L,深度工艺分别为 36.2 万个/L 和 1.05 μg/L。常

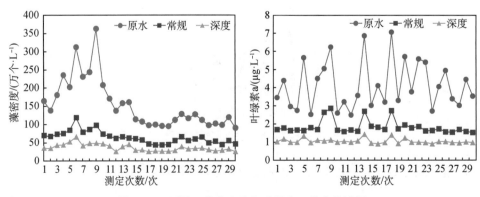

图 3-49　不同工艺藻密度和叶绿素 a 的变化过程

规工艺去除藻密度和叶绿素 a 分别为 55.78％和 52.9％,深度工艺分别为 74.95％和 72.62％,如图 3-50 所示。

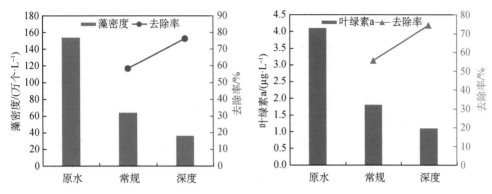

图 3-50 不同工艺去除藻类和叶绿素 a 的效果

3. 超滤和纳滤去除藻类的效果

超滤和纳滤去除藻类和叶绿素 a 的效果如图 3-51、图 3-52 所示。原水中的藻类和

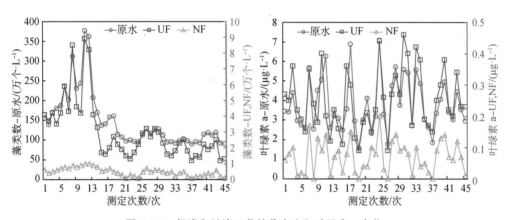

图 3-51 超滤和纳滤工艺的藻密度和叶绿素 a 变化

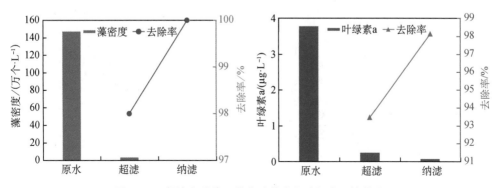

图 3-52 超滤和纳滤工艺去除藻类和叶绿素 a 的效果

叶绿素 a 分别为 147 万个/L 和 3.78 μg/L,经超滤和纳滤处理后,藻类分别降为 3 万个/L 和 0 万个/L,叶绿素 a 分别为 0.25 μg/L 和 0.07 μg/L。超滤去除效果分别为 98% 和 93%,纳滤的去除效果分别为 100% 和 98%。

4. 膜组合工艺处理太湖高藻水的中试研究

1) 太湖水的水质特征

太湖为浅水湖,平均水深不足 2 m。天气的变化对水质产生很大的影响。当刮起大风时,湖底的淤泥被风搅动泛起。这些淤泥多为藻类的沉积物,因此,不仅导致浊度的上升,COD_{Mn} 也大幅增加。在秋、冬季,太湖地区经常刮大风,经常发生浊度和有机物的剧烈变动现象。此外,太湖水的藻类大量增长也对水质产生影响。藻类大量增加时,COD_{Mn} 也迅速增加,最高时可高达 33 mg/L。因此,太湖水经常出现 IV 类甚至 V 类水。

图 3-53 为浊度与 COD_{Mn} 的关系,由此可知,在 7~10 月间,太湖水的浊度表现平稳,平均浊度为 44 NTU;仅在 8 月中旬有增加的现象,COD_{Mn} 也相应地增加至 7 mg/L 以上,其原因为藻类暴发的缘故。进入 11 月后,浊度呈剧烈变化的趋势,多次出现超过 100 NTU 的情况,甚至出现超过 300 NTU 的现象。这期间的平均浊度为 77 NTU,明显高于 7~10 月。与此同时,COD_{Mn} 也表现明显增加的趋势,经常保持在 7~8 mg/L,极端天气时接近 12 mg/L。因此,太湖的浊度与 COD_{Mn} 有一定的相关关系。

从图 3-53 还可以看出,藻类数的变化与 COD_{Mn} 的关系非常密切,藻类的暴发伴随着 COD_{Mn} 的剧增。一般情况下,太湖水的 COD_{Mn} 在 5~6 mg/L 范围内变动,相应的藻类数在数千个/mL;当藻类暴发,其数量接近或超过 10 000 个/mL 时,COD_{Mn} 超过 7 mg/L;而当数量接近或超过 20 000 个/mL 时,COD_{Mn} 超过 8 mg/L。藻类本身为有机质,并在新陈代谢过程中,释放出藻类有机物,因此,太湖水中的 COD_{Mn} 构成多为藻类或其新陈代谢产物。图 3-54 表明,藻类与 COD_{Mn} 也有一定的相关关系,但相关性不如藻类与浊度。

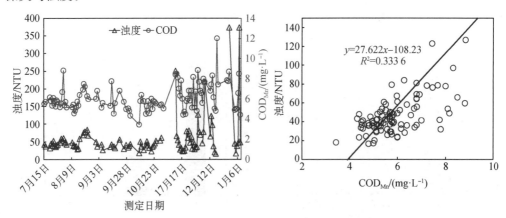

图 3-53 浊度与 COD_{Mn} 的变化以及相关关系

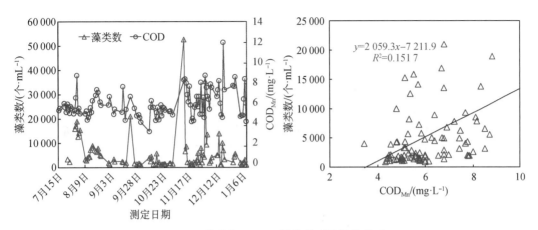

图 3-54 藻类与 COD_Mn 的变化以及相关关系

从图 3-55 可见,水温与藻类数量存在某种关联。当水温较高时,如夏季水温在 30℃ 时,藻类数量明显较大,通常在 5 000～7 000 个/mL,而冬季水温较低时,如低于 20℃ 时,藻类数量仅为 1 000～3 000 个/mL。藻类的暴发与水温似乎没有必然的关联。图 3-55 表明几次藻类暴发多数发生在秋季和冬季,即水温较低时。这说明藻类的繁殖与其他因素的联系更加紧密,如水中的氮磷比等。

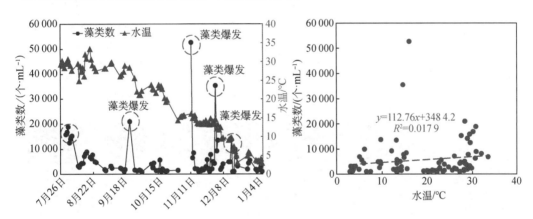

图 3-55 水温与藻类数的关系

图 3-56 表明,当太湖水中的颗粒数超过 100 000 个时,绝大部分颗粒的尺寸分布在 2～5 μm 范围内。

有机物可分为溶解性和颗粒性两种。由于绝大部分的悬浮颗粒为无机物构成,少数的有机物会黏附在颗粒表面,构成颗粒性有机物,但它们所占比例很少。但是,太湖水的一定量的浊度物质由藻类构成,

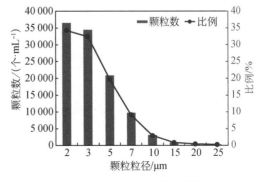

图 3-56 太湖水中的颗粒数

如图 3-57 所示，在总 COD_{Mn} 中，悬浮性占了一定的比例，平均为 30% 左右。这意味着如果有效去除浊度，COD_{Mn} 下降 30%。

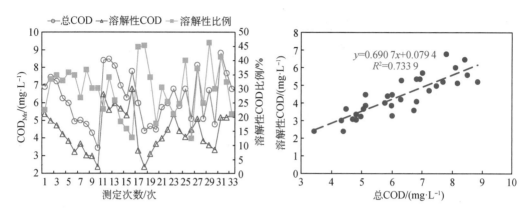

图 3-57　总 COD 与溶解性 COD 的关系

2）膜组合工艺处理太湖水

试验原水为太湖水。试验共有四个流程，平行同时运行。中试现场见图 3-58，太湖原水经原水泵取水后，分为两路。一路机械搅拌反应后，通过斜板沉淀后分别进入浸没式微滤膜和压力式超滤膜。浸没式微滤膜的膜面积为 20 m²，孔径为 0.1 μm，试验膜通量为 50 L/(m²·h)；压力式超滤膜的膜面积为 30 m²，孔径为 0.03 μm，试验膜通量为 60 L/(m²·h)。另一路不经任何预处理，直接进入压力式超滤膜。大陶 1 的膜面积为 77 m²，大陶 2 的膜面积为 74 m²。它们的初始运行通量分别为 110 L/(m²·h) 和 90 L/(m²·h)，后调节为 75 L/(m²·h)，中试流程如图 3-59 所示，太湖主要水质见表 3-3。

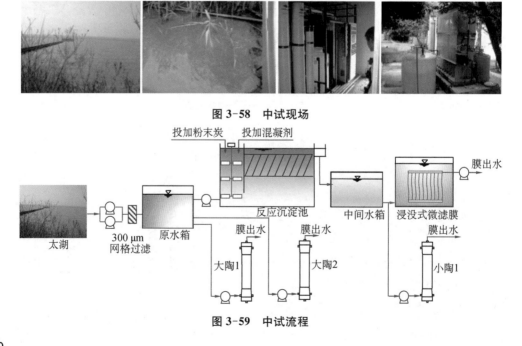

图 3-58　中试现场

图 3-59　中试流程

压力式超滤膜均采用化学强化反洗（Chemical Enhanced Backwash，CEB）措施。具体为每运行 24 h，500 mg/L 的次氯酸钠浸泡 20 min。该措施设定在运行程序中，自动进行。预处理药剂采用聚合氯化铝、粉末活性炭和高锰酸钾，其投加量根据水质情况进行相应的调整。

表 3-3　　　　　　　　　　　　　　太湖主要水质

序号	水质指标	变化范围	平均值
1	水温/℃	12.1～33.4	22
2	浊度/NTU	29.3～84.2	48.7
3	COD_{Mn}/(mg·L^{-1})	4.56～8.82	5.86
4	UV_{254}/cm^{-1}	0.074～0.089	0.082
5	藻类/(个·mL^{-1})	922～52 713	5 631
6	氨氮/(mg·L^{-1})	0.18～0.68	0.42
7	颗粒数/(个·mL^{-1})	106 186～145 300	120 060

（1）处理浊度的效果。太湖水的浊度变化较大，最低为 29 NTU，最高可达 251 NTU，平均为 49 NTU。经混凝沉淀后，平均浊度降至 19 NTU。从图 3-60 可以看出，试验期间的原水浊度经历了 2 次突然增加，浊度增加是由藻类的增加引起的。原水浊度的增加导致沉淀后水的浊度相应增加，经膜过滤后，出水的浊度均在 0.1 NTU 左右。

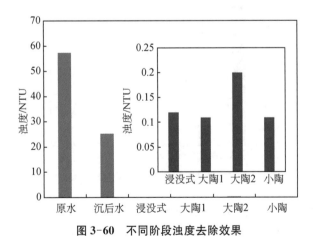

图 3-60　不同阶段浊度去除效果

（2）处理藻类的效果。太湖水的藻类以蓝绿藻为主，有少量的硅藻和隐藻。试验期间，太湖的平均藻类数量为 5 600 个/mL，最低时不足 1 000 个/mL，最高时可达 50 000 个/mL，说明太湖藻类数量的变动范围很大。到目前为止，试验经历了 3 次的藻类剧烈增加，或可称为"暴发"。藻类的暴发不一定是发生在夏季，虽然夏季时的藻类平均数量明显高于秋季和冬季。这些事实说明太湖藻类的暴发可能发生在任何季节。

图 3-61 表明,原水的藻类数大约在 9 000 个/mL,预处理后可降至 2 000 个/mL,但膜滤后仅为 100 个/mL。从图 3-62 可知,预处理对藻类的去除率为 77.4%,后续的膜去除率为 21.5%,组合工艺的总去除率可达 98.9%。但无需任何预处理,在膜直接过滤的情况下,藻类的去除率高达 98.7%。因此,就去除藻类而言,有无预处理,藻类的去除率相差无几。

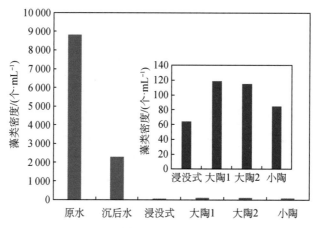

图 3-61　不同阶段处理前后的藻类密度

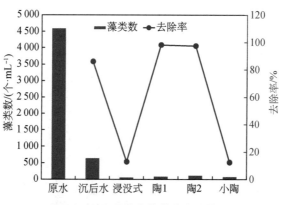

图 3-62　不同阶段的藻类去除效果

（3）去除颗粒的效果。由图 3-63 可见,预处理后的颗粒数随着颗粒尺寸的变小而增多,对于 2 μm 的颗粒,预处理后每毫升还有 3 万多个,膜过滤后每毫升仅有 100 多个。膜直接过滤的颗粒数如图 3-64 所示。膜滤水的颗粒数与有预处理的相似,说明颗粒的去除主要依靠膜过滤。

（4）去除有机物的效果。图 3-65 表明预处理对有机物的平均去除效果为 27.2%,膜的去除效果分别为 31.4%(浸没式)和 28%(压力式),因此,膜组合工艺去除有机物的效果为 57%。在试验期间,在有机物的变化范围内,组合工艺出水的 COD_{Mn} 均低于

3 mg/L。即使是膜直接过滤，去除率也高达 45%，出水的 COD_{Mn} 接近 3 mg/L。膜对有机物如此高的去除率是与太湖水的有机物特点密切相关的。太湖水占总有机物的 30% 为悬浮性，简言之，将浊度物质全部去除意味着去除 30% 的有机物。太湖水的有机物的绝大多数来自藻类有机物。藻类有机物的特点是亲水性，大分子有机物较多，因而膜截留的效果也会更好。

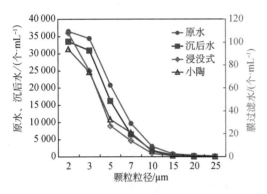

图 3-63　膜组合工艺去除颗粒效果　　　　图 3-64　膜直接过滤去除颗粒的效果

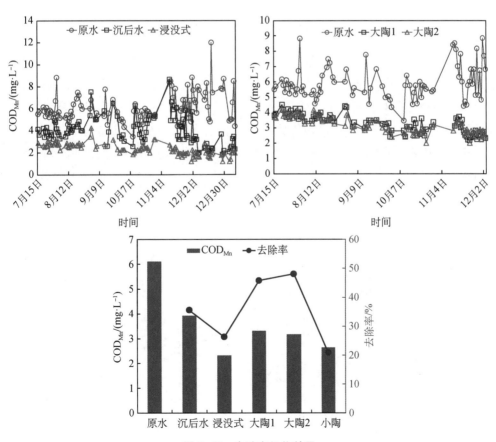

图 3-65　去除有机物效果

143

图 3-66 表明,随着试验的进行,膜出水的 COD_{Mn} 呈下降趋势,特别是在膜直接过滤原水的情况下,膜出水的 COD_{Mn} 从 4 mg/L 降至 2 mg/L。随着试验的推进,在膜直接过滤的情况下,COD_{Mn} 的去除效果呈明显增加趋势,从开始的近 30% 增加至近 70%,增加的幅度高达 40%。随着过滤的进行,膜受到污染的程度日益严重,虽然这导致了膜压差的上升,但也提高了膜截留有机物的效果。这可能是由两个因素造成的,一是膜受污染后,膜表面日益趋向的疏水性,它增强了膜表面与有机物之间的吸附;二是随着污染物在膜表面和膜孔内部的积累,膜孔逐渐缩小。

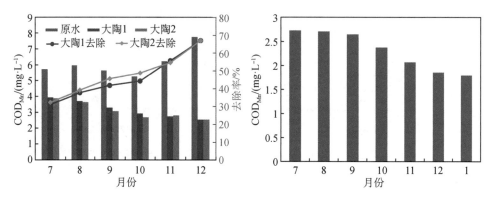

图 3-66　随着过滤时间有机物去除效果的变化

图 3-67 表明预处理去除溶解性 COD_{Mn} 效果为 40%,膜去除效果分别为 14%(浸没式)和 5%(压力式),膜组合工艺去除溶解性有机物的效果为 49.5%。由此可见,以混凝为主的预处理对有机物的去除率较高,这可能是由于原水中的大分子有机物较多。经过预处理后,膜对溶解性有机物的截留效果明显下降。这显然是由于混凝去除了较多大分子有机物。在膜直接过滤情况下,溶解性 COD_{Mn} 的去除率也高达 35% 左右,考虑到藻类有机物的分子量大于 30 000 Da 的比例为 40%,这与实际的去除效果基本吻合。

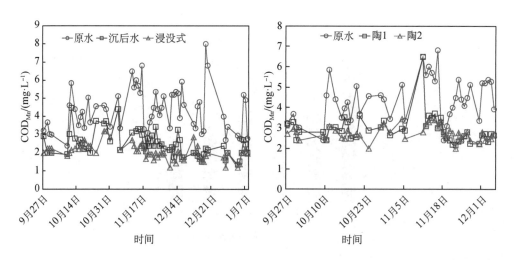

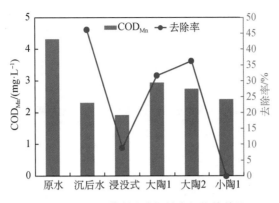

图 3-67 不同膜去除溶解性有机物的效果

不同预处理对有机物的去除效果如图 3-68 所示。由此可以看出,去除有机物最有效的是混凝剂,例如,在粉末炭和高锰酸钾投加量不变的情况下,将聚合氯化铝的投加量从 20 mg/L 提高到 40 mg/L,COD_{Mn} 去除率从 65% 提高到 81%;在保持粉末炭投加 20 mg/L 时,聚合氯化铝的投加量从 20 mg/L 提高到 30 mg/L,COD_{Mn} 去除率从 50% 提高到 76%。高锰酸钾对有机物的去除也有较好的表现,在聚合氯化铝和粉末炭投加量不变的情况下,投加 1 mg/L 的高锰酸钾,COD_{Mn} 去除率从 50% 提高到 65%。粉末炭的投加似乎没有表现出它对去除有机物的贡献或贡献极为有限。

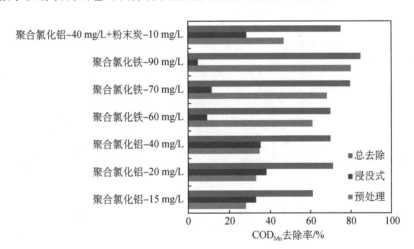

图 3-68 不同预处理去除有机物的效果

5. 膜组合工艺应对藻类暴发的能力

藻类暴发是指藻类的数量短时间内突然急剧增加。藻类暴发具有突发性以及难以预测性,因而对饮用水的供给的危害特别巨大。虽然没有明确藻类暴发的具体标准,但有关研究认为,当藻类数大于 1.0×10^7 个/L 时,会影响水厂的处理工艺运行,水质易超标。在试验的太湖取水地,藻类数每毫升一般为数千个,最低时仅为数百个。因此,藻类数大于 10 000 个/mL,即大于 1.0×10^7 个/L 可视为藻类暴发。藻类暴发的时间以及藻类数见图 3-69。由图 3-69 可知,在中试试验期间,共检测到 12 次藻类暴发。藻类的暴发多发生在 8、9 月,但在 11 月也有数次的藻类暴发。图 3-70 为藻类暴发时的藻类数与 COD_{Mn} 浓度的关系。由图 3-70 可知,藻类暴发时,COD_{Mn} 的浓度也随之增加。本试验观察到藻类数最大为 90 000 个/mL,其 COD_{Mn} 也达到了 33 mg/L。藻类数并非与 COD_{Mn} 浓度成线性关系。

膜组合工艺对藻类有优异的去除效果,如图 3-71 所示,大部分的藻类为预处理所

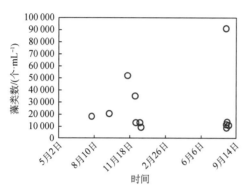

图 3-69　藻类暴发的时间以及藻类数　　　图 3-70　藻类暴发时的藻类与有机物的关系

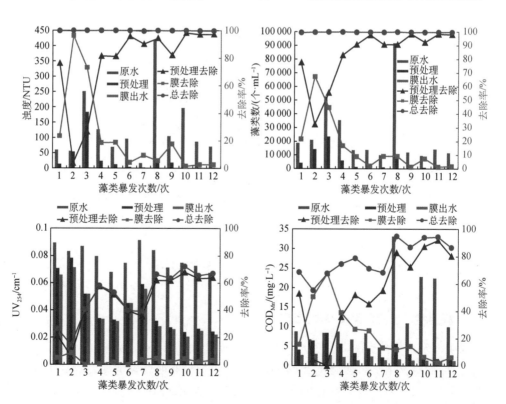

图 3-71　各种污染物的去除效果

去除,去除率高达 90％以上。膜处理将余下的藻类进一步截留,使出水的藻类数达到很低的水平。试验表明,膜组合工艺对藻类的去除率均超过了 99％,膜出水的藻类数一般低于 50 个/mL。从图 3-71 还可以看出,当预处理对藻类的去除不佳时,膜处理效果显著提高,表明它们对藻类的去除起到了互补的作用。

藻类暴发时,COD_{Mn} 浓度明显上升,平均为 12.71 mg/L,最高为 33 mg/L,最低为 4.8 mg/L。预处理出水的平均 COD_{Mn} 浓度为 4 mg/L,膜出水为 1.95 mg/L(图 3-72)。这些研究结果表明,在藻类暴发时,即使在最严重的情况下(在本试验的范围内),COD_{Mn} 仍可以满足国家饮用水标准。就 COD_{Mn} 去除率而言,预处理为 57％,膜处理高达 21.37％。由此可见,在藻类暴发的情况下,膜去除在保证出水达到国家饮用水水质标准上起到了很大的作用。

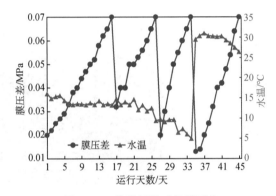

图 3-72 藻类暴发时的膜压差

不同预处理去除有机物与膜运行时间的关系如图 3-73 所示,增加预处理可有效提高有机物的去除效果,从而使膜的运行周期延长。

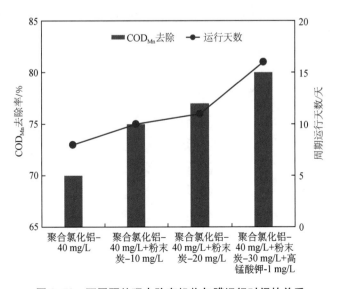

图 3-73 不同预处理去除有机物与膜运行时间的关系

6. 不同工艺去除藻类的比较

比较三种深度处理工艺:常规-臭氧生物活性炭、超滤-臭氧生物活性炭和超滤-纳滤去除藻类以及其他污染的效果,其工艺流程及现场装置如图 3-74 所示。

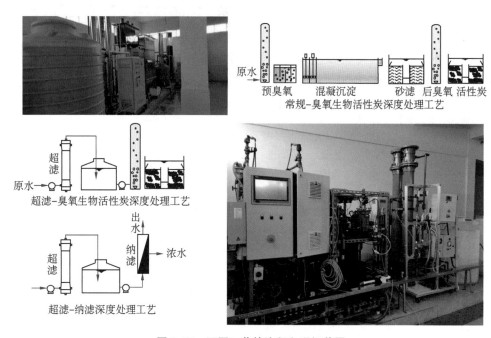

图 3-74 不同工艺的流程和现场装置

图 3-75 为常规-臭氧生物活性炭和超滤-臭氧生物活性炭去除的比较。可看出,超滤去除藻密度和叶绿素 a 的效果优于常规工艺,常规后的臭氧生物活性炭去除藻密度的效果优于超滤后的臭氧生物活性炭,但是,对于叶绿素 a,常规和超滤后的臭氧生物活性炭的去除效果相似。这说明常规工艺由于去除藻类的效果不如超滤,其后置的臭氧生物活性炭承担了较多的藻类去除。由于活性炭主要去除有机物,因而藻类的去除必

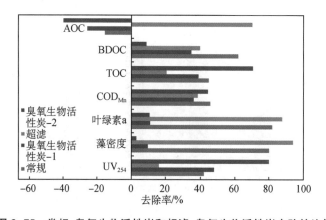

图 3-75 常规-臭氧生物活性炭和超滤-臭氧生物活性炭去除的比较

然影响有机物的去除。由图 3-75 可以看出,超滤后置的臭氧生物活性炭去除 TOC 和
UV_{254} 的效果明显优于常规后置。

图 3-76 为三种深度处理工艺去除效果的比较,超滤-臭氧生物活性炭和超滤-纳滤
去除藻类与叶绿素 a 的效果相似,且优于常规-臭氧生物活性炭。超滤-臭氧生物活性炭
去除 TOC 和 UV_{254} 的效果最佳,其次是超滤-纳滤去除效果,常规-臭氧生物活性炭去
除效果最差。超滤-纳滤去除 COD_{Mn} 的效果最佳,其次是超滤-臭氧生物活性炭去除效
果,常规-臭氧生物活性炭去除效果最差。

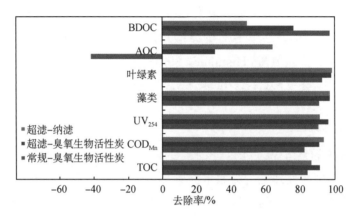

图 3-76　三种深度处理工艺去除效果的比较

3.5.3　氨基酸的去除

氨基酸(Amino Acid,AA)是 DON 的典型代表,在地表水中占总 DON 的 75%。
氨基酸结合较大的天然有机物(Natural Organic Matter,NOM)分子(即合并或水解氨
基酸)、杂环氮、多胺肽与生物分子物质(即 RNA 和 DNA),形成了大部分的较大分子质
量的有机氮,其中的溶解性结合态氨基酸(DCAA)占 DON 的比例(约为 4%)明显高于
溶解性游离态氨基酸(DFAA)(约为 3%)。

氨基酸作为消毒副产物中前体物的一种,在消毒过程中产生的副产物更复杂,毒性
更强,诸如卤乙腈、卤代硝基甲烷、亚硝胺、卤代乙酰胺等。研究表明氨基酸在氯化过程
中可生成氯化氰,该物质具有极强的致畸和致突变性,其中最大的生成潜能来自甘氨
酸,转化率可达到 72%。氨基酸也会产生嗅味。

1. 氨基酸的种类

氨基酸大部分的蛋白质都由 α-氨基酸组成(氨基与羧基连接在同一个碳原子上)。
氨基酸的 α 碳原子上都含有侧链取代的基团。氨基酸分子中同时含有酸性基团和碱性
基团,因此,氨基酸既能和较强的酸反应,也能与较强的碱反应而生成稳定的盐,具有两
性化合物的特征。氨基酸由于结合了氨基和羧基的特性,同时也因为其侧链上连接的不

同结构的官能团,使其本身具有一些特别性质和独有反应。20 种氨基酸在结构上的差别取决于侧链基团 R 的化学性质,根据 R 基团的极性可将 20 种氨基酸分类为以下几种:

(1) 非极性氨基酸(疏水氨基酸)有 8 种,分别为丙氨酸(Alanine, Ala)、缬氨酸(Valine, Val)、亮氨酸(Leucine, Leu)、异亮氨酸(Isoleucine, Ile)、脯氨酸(Proline, Pro)、苯丙氨酸(Phenylalanine, Phe)、色氨酸(Tryptophane, Trp)和蛋氨酸(Methionine, Met)。

(2) 极性氨基酸(亲水氨基酸)分为以下三种:①不带电荷有 7 种,分别为甘氨酸(Glycine, Gly)、丝氨酸(Serine, Ser)、苏氨酸(Threonine, Thr)、半胱氨酸(Cysteine, Cys)、酪氨酸(Tyrosine, Tyr)、天冬酰胺(Asparagine,Asn)和谷氨酰胺(Glutamine, Gln);②极性带正电荷的氨基酸(碱性氨基酸)有 3 种,分别为赖氨酸(Lysine, Lys)、精氨酸(Argnine, Arg)和组氨酸(Histidine, His);③极性带负电荷的氨基酸(酸性氨基酸)有 2 种,分别为天冬氨酸(Aspartic acid, Asp)和谷氨酸(Glutamic acid, Glu)。

2. 试验的工艺流程

以太湖为原水的某市 WJ1 水厂,该水厂的处理工艺为原水→混凝沉淀→砂滤→氯消毒,WJ2 水厂的深度处理工艺为原水→预臭氧→混凝沉淀→砂滤→后臭氧→活性炭→氯消毒。在 WJ2 水厂开展超滤→臭氧→生物活性炭和超滤→纳滤的中试试验[①]。氨基酸取样于这些工艺的过程水,并进行比较。

3. 氨基酸的分子量分布和三维荧光

将 19 种氨基酸的储备液用超纯水稀释并配制成 20 mg/L 的 19 种氨基酸标准溶液,通过凝胶色谱仪进行检测,结果如图 3-77 所示。图 3-77 表明,19 种氨基酸均为小分子有机物,分子量分布在 200~400 Da,酪氨酸分子量最小,峰值在 220 Da 左右。

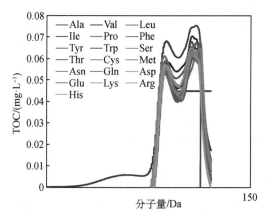

图 3-77 氨基酸的分子量分布

---

① 中试试验主要为工艺或技术应用提供运行参数,通常在现场进行。

由图 3-78 可知,在检测的 19 种氨基酸中,只有苯丙氨酸、酪氨酸和色氨酸能产生显著的荧光响应,因为这三种氨基酸的 R 基都含有未饱和共轭环状结构,能够发出天然荧光,其余的氨基酸的荧光响应普遍很弱。

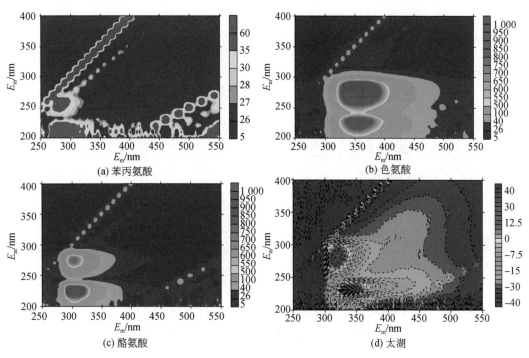

图 3-78　氨基酸的三维荧光光谱

4. 太湖水的氨基酸的组成和浓度变化

试验期间的太湖各种氨基酸的浓度变化如图 3-79 和图 3-80 所示。由图 3-79 可知,太湖原水中氨基酸总浓度在 997.97～1 743.69 ng/L,氨基酸总浓度的变化幅度较大,整体呈上升趋势。1 月初氨基酸总浓度最低(997.97 ng/L),进入夏季后逐渐升高,6 月底达到最高值(1 743.69 ng/L)。水体中氨基酸含量与藻类含量相关性较强,从图 3-80 可知,观测期间太湖原水中的氨基酸可能呈现一定程度的季节性变化规律,春、夏季的氨基酸总量明显高于冬季。

5. 不同工艺对氨基酸的去除

1) 常规工艺

图 3-81 为常规工艺氨基酸总浓度变化与去除率变化规律。从氨基酸总量来看,常规工艺对氨基酸的去除率为 39.38%,其中混凝沉淀对氨基酸总浓度去除率最高,为 36.34%,砂滤和氯氧化对氨基酸总量的去除极为有限,总去除率分别为 4.20% 和 0.59%。

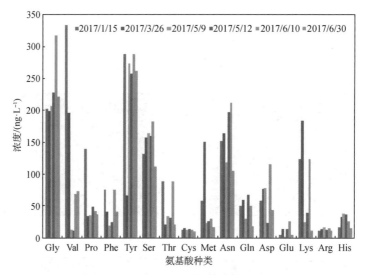

图 3-79　太湖氨基酸浓度变化

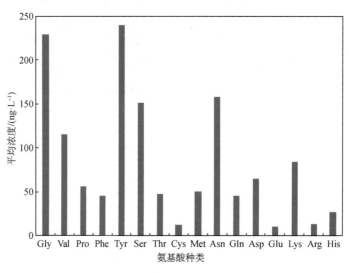

图 3-80　太湖氨基酸的平均浓度变化

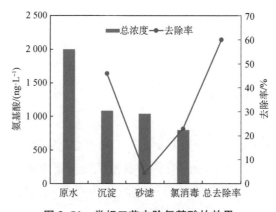

图 3-81　常规工艺去除氨基酸的效果

不同氨基酸在常规工艺流程中的浓度变化如图 3-82 所示,进水浓度较高的氨基酸有甘氨酸、亮/异亮氨酸、酪氨酸、天冬酰胺和丝氨酸。常规工艺对色氨酸和赖氨酸的去除率最高,分别为 98.97% 和 93.52%,去除率最低的为半胱氨酸,出水比进水中的浓度高出 51.97%。混凝沉淀对各种氨基酸的平均去除率达到了 47.13%,去除率最高的是天冬氨酸、苯丙氨酸和缬氨酸,分别为 77.85%、75.04% 和 71.26%;砂滤去除色氨酸和苏氨酸的效果较好,分别为 96.83% 和 55.45%,但天冬氨酸和蛋氨酸非但没有去除,反而较砂滤进水增加 184.2% 和 126.5%。氯消毒工艺后各种氨基酸浓度平均增长 3.74%,其中浓度增长率最高的为酪氨酸和天冬酰胺,分别为 93.07% 和 168.40%;加氯后部分氨基酸也得到了去除,其中去除率最高的是赖氨酸(90.93%)。氯氧化后部分氨基酸浓度升高可能是由于氯的氧化作用使水中部分有机物被氧化成氨基酸。尽管各个技术处理环节的各个氨基酸去除效果各异,但从累积去除来看,所有的氨基酸均得到了不同程度的去除,其中的精氨酸、赖氨酸、谷氨酸、色氨酸、酪氨酸和苯丙氨酸去除效果较好,色氨酸的去除率甚至接近 100%,去除效果较差的为甘氨酸。

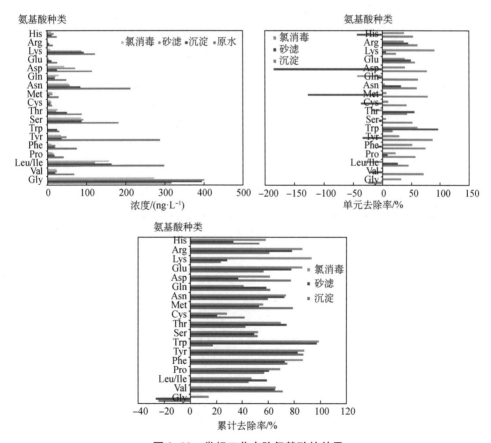

图 3-82　常规工艺去除氨基酸的效果

2) 常规-臭氧生物活性炭工艺

图 3-83 为常规-臭氧生物活性炭工艺中氨基酸总浓度变化规律,原水经预臭氧后,

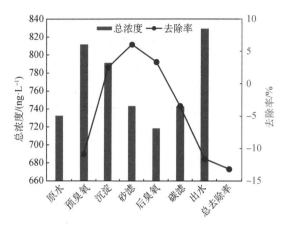

图 3-83 氨基酸总浓度在工艺流程中的变化

氨基酸的总浓度大幅上升,这是由于臭氧氧化导致藻细胞破裂,胞内有机物以及氨基酸被释放。随后的沉淀、砂滤和后臭氧对氨基酸有一定的去除作用,但去除率非常有限,分别为 2.52%、3.37%和6.08%。活性炭吸附和氯消毒反而导致氨基酸浓度增加,因此,深度处理工艺后的氨基酸总浓度非但没有降低,反而增加了13.21%。

不同氨基酸在深度处理工艺流程中的浓度变化和去除率如图 3-84 所示。进水浓度较高的氨基酸有甘氨酸、丝氨酸和天冬酰胺。深度工艺对缬氨酸、天冬酰胺和苯丙氨酸的去除率最高,分别为 88.22%、79.85%和 79.57%,去除率最低的为赖氨酸和谷氨酰胺,分别为-207.51%和-116.43%。

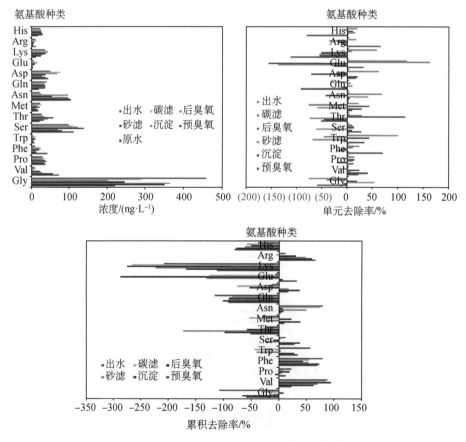

图 3-84 不同氨基酸在深度处理工艺流程的浓度变化和去除

预氧化后部分氨基酸浓度出现大幅度增加,增幅在 52.16%～112.56%,浓度增加最多的是赖氨酸,去除率最高的是苯丙氨酸,为 70.24%。混凝沉淀对各氨基酸去除率普遍不高,去除率最高的是缬氨酸,去除率为 52.78%,混凝沉淀后浓度增加程度较大的是苏氨酸和谷氨酸,增长率分别为 30.37% 和 37.68%;砂滤后大部分氨基酸的浓度都出现了不同程度的增长,平均增幅达到 34.02%,这些氨基酸的浓度都较低,所以对氨基酸总量的去除率影响不大,其中谷氨酸(增加 147.10%)和丝氨酸(增加 99.30%)增加最多。后臭氧对各氨基酸的去除率不一致,最高的去除率可达到 82.30%(缬氨酸),最低的为天冬氨酸和天冬酰胺,去除率分别为 -86.84% 和 -84.67%。活性炭滤池后部分氨基酸浓度也出现了大幅度增加,平均增幅为 58.09%,其中缬氨酸和蛋氨酸增幅最多,分别为 190.04% 和 98.80%。去除率最高的是天冬酰胺,平均去除率达到了 73.73%。滤后加氯工艺对低浓度的氨基酸去除效果较好,其中去除率最高的为色氨酸和谷氨酸,去除率分别为 69.92% 和 52.40%,而水中含量较高的甘氨酸在活性炭滤池后浓度增长 57.91%,因此加氯消毒对氨基酸总量去除率较低。

3)超滤-臭氧生物活性炭工艺去除氨基酸

(1)超滤去除。直接过滤和在线混凝去除氨基酸的效果如图 3-85 所示。由图 3-85 可知,不同的氨基酸,膜过滤去除的效果有较大的差别。对于蛋氨酸、谷氨酰胺、天冬氨酸和谷氨酸等,超滤膜几乎没有去除效果,但对于脯氨酸、苯丙氨酸等,有一定的去除效果;对于苏氨酸和组氨酸,超滤膜有较好的去除效果。在线混凝的去除效果总体优于直接过滤,对于蛋氨酸、天冬酰胺和天冬氨酸,显示出很好的去除效果。

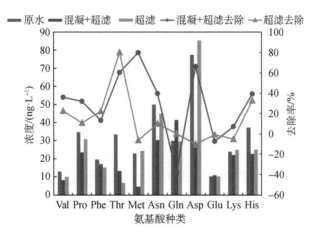

图 3-85　超滤膜和在线混凝去除氨基酸的效果

(2)超滤-臭氧生物活性炭。超滤-臭氧生物活性炭工艺去除氨基酸如图 3-86 所示。超滤-臭氧生物活性炭对氨基酸的平均去除率达到 66.11%,其中天冬氨酸、精氨酸和酪氨酸的去除率最高,分别达到 95.21%、82.35% 和 81.58%,这三种氨基酸均为亲水性氨基酸。

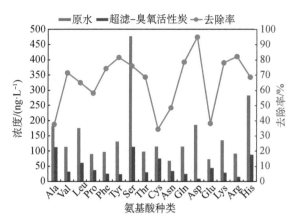

图 3-86　超滤-臭氧生物活性炭去除氨基酸的效果

图 3-87 为常规-臭氧生物活性炭与超滤-臭氧生物活性炭去除氨基酸的比较。超滤-臭氧生物活性炭去除氨基酸的效果远优于前者。预臭氧在氨基酸去除起到了非常负面的作用,预臭氧导致氨基酸的增加,其原因是臭氧氧化藻类,使其细胞破裂,释放出胞内有机物。对于超滤-臭氧生物活性炭工艺,由于超滤将大部分的藻类去除,进入后臭氧的藻类很少,因而活性炭去除氨基酸的效果较好。

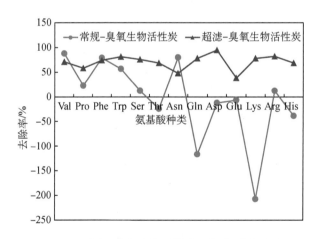

图 3-87　常规-臭氧生物活性炭和超滤-臭氧生物
活性炭去除氨基酸的效果比较

（3）超滤-纳滤工艺。超滤-纳滤工艺去除氨基酸的效果如图 3-88 所示。除了丙氨酸的浓度增加 53.58% 外,其余的氨基酸平均去除率为 50.85%,去除率最高的是天冬氨酸、酪氨酸和谷氨酰胺,分别为 89.04%、75.09% 和 70.85%。两种工艺的亲水性氨基酸去除率均优于疏水性氨基酸,亲水性氨基酸在超滤-纳滤中的平均去除率为58.51%,比疏水性氨基酸的去除率高 24.51%。

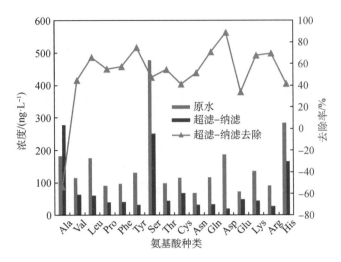

图 3-88　超滤-臭氧生物活性炭和超滤-纳滤的
氨基酸浓度变化以及去除率

3.5.4　抗生素的去除

抗生素(Antibiotics)是由微生物(包括细菌、真菌、放线菌属)或高等动植物在生活过程中所产生的具有抗病原体或其他活性的一类次级代谢产物,能干扰其他生活细胞发育功能的化学物质。这是抗生素原先的定义,但现如今抗生素的概念不断扩大,现在抗生素是能以低浓度抑制或影响活的机体生命过程的次级代谢产物及其衍生物。最初只包括对微生物的作用,而今已经有抗肿瘤、抗真菌、抗病毒、抗原虫、抗寄生虫以及杀虫、除草的抗生素。近年来把源于微生物的酶抑制剂也包含在抗生素中,总数已多于9 000 种。

抗生素的种类繁多,主要分为以下五类:

(1) β-内酰胺类(Beta-lactams):β-内酰胺类抗生素是指化学结构中具有 β-内酰胺环的一大类抗生素,是使用量最大的一类抗生素,主要包括头孢菌素和青霉素两大类。β-内酰胺类抗生素在环境中不稳定,很容易发生水解,在弱酸性至碱性条件下的降解速度都相当快。

(2) 大环内酯类(Macrolides):以大环内酯为母体、通过羟基以苷键和 1~3 个糖分子相连的抗生素,通常按内酯环的组成分为 14 元环和 16 元环等。临床上常用的大环内酯类抗生素主要包括红霉素、罗红霉素、乙酰螺旋霉素和麦迪霉素等,在中国的用量仅次于内酰胺类物质。

(3) 喹诺酮类(Quinolones):喹诺酮类药物是人工合成的含有 4-喹酮母核的一类抗菌药物,已被广泛应用于我国人医和兽医临床,是目前应用较广泛、效果良好的广谱抗菌药之一,对多种细菌具有抑制杀灭作用,且使用中不良作用少,与其他药物不产生交叉感染,被认为是理想的抗菌药物。

(4)磺胺类(Sulfonamides):为氨苯磺胺(简称"磺胺")的衍生物。磺胺分子中有一个苯环,一个对位氨基和一个磺酰胺基,不同的化学基团取代磺酰胺基上的氢原子,即产生了大量有效的衍生品种。常用的磺胺类药物有磺胺嘧啶、磺胺甲恶唑和甲氧苄啶等,此类抗生素亲水性强,曾广泛用于养殖业中,容易通过排水和雨水冲刷进入水体,而且性质较稳定。

(5)四环素类(Tetracyclines):具有共同的基本母核氢化骈四苯,仅取代基有所不同的一类化合物。此类抗生素为两性物质,通常来说,其在碱性水溶液中容易发生降解,而在酸性水溶液中较为稳定,故临床一般用其盐酸盐。常用的有四环素、土霉素、金霉素和强力霉素等。

1. 抗生素在水体中的分布

图 3-89 为我国重要水体的抗生素的某次检测情况。由图 3-89 可以看出,十几种包括了五大类的抗生素均存在于天然水体中,其中的磺胺类如磺胺甲恶唑和磺胺嘧啶的浓度最高,磺胺嘧啶在黄浦江中的浓度可达 140 ng/L,而太湖可超过 200 ng/L。大环内酯类如罗红霉素和克拉霉素等也有较高的浓度,如黄浦江水可达 120 ng/L。喹诺酮类的环丙沙星等也广泛存在,浓度在黄浦江为最高。四环素类在三个水体中存在,如金霉素和四环素等,黄浦江的浓度为最,如金霉素可超过 80 ng/L。不同季节的抗生素浓度也不相同,黄浦江的夏季浓度均超过冬季,长江和太湖没有相似的规律。由此可见,抗生素的浓度和种类与地域以及季节有很强的相关性。

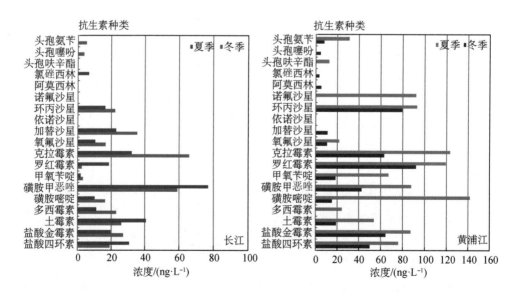

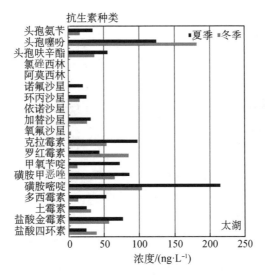

图 3-89 不同水体的抗生素浓度分布

2. 工艺去除抗生素效果

图 3-90 和图 3-91 为两个常规工艺水厂 A 和 B 的不同抗生素的浓度在常规工艺的流程变化。对于有预加氯的常规工艺,对磺胺类以及头孢噻吩显示出了较好的去除效果,对大环内酯类也有一定的去除,其余的去除效果很差。对于没有预加氯的常规工艺,对头孢噻吩仍然有显著的去除,混凝沉淀的效果最好。对磺胺类和克拉霉素有一定的去除。

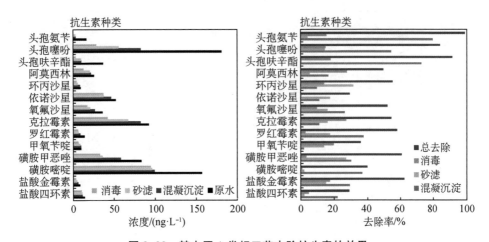

图 3-90 某水厂 A 常规工艺去除抗生素的效果

表 3-4 表明,选取的 12 种抗生素有 10 种被检出。选取的四种磺胺类中,磺胺二甲嘧啶检出率较低且浓度不高,磺胺嘧啶和甲氧苄啶的检出率较高,分别为 55.56% 和

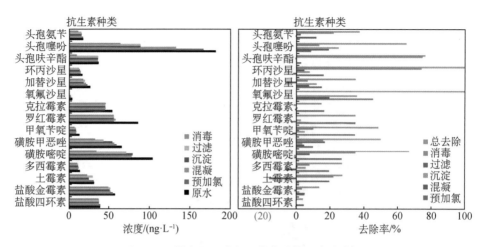

图 3-91　某水厂 B 常规工艺去除抗生素的效果

88.89%,但浓度不高,检测到的最高浓度为 10.49 ng/L,磺胺甲恶唑的检出率为 100%,
且有一次检出值高达 165.08 ng/L。喹诺酮类中的诺氟沙星和环丙沙星的检出率分别
为 55.56% 和 66.67%,每次的检出浓度也不低,氧氟沙星的检出率为 100%,平均检出
浓度为 31.56 ng/L。四环素类检出率相对较低,四环素检出率为 11.11% 且检出浓度较
低,土霉素和金霉素的检出率分别为 44.45% 和 22.22%,但二者检出时残留浓度较高,
土霉素一次检出浓度为 93.14 ng/L,金霉素检出浓度均高于 100 ng/L。大环内酯类中,
克拉霉素和罗红霉素均未检出。从以上结果看,太湖水受到了一定程度的抗生素污染,
并且磺胺甲恶唑和氧氟沙星是在太湖水中有残留的相对典型抗生素。

表 3-4　　　　　　　　　　　　　东太湖的抗生素种类和浓度　　　　　　　　　　　　　(ng/L)

取样地点	取样次数	抗生素种类											
		磺胺类				喹诺酮类			四环素类			大环内酯类	
		磺胺嘧啶	磺胺甲恶唑	磺胺二甲嘧啶	甲氧苄啶	诺氟沙星	环丙沙星	氧氟沙星	土霉素	四环素	金霉素	克拉霉素	罗红霉素
BYW水厂	1	ND	12.79	ND	0.44	ND	50.78	40.90	ND	ND	105.38	ND	ND
	2	ND	34	ND	ND	ND	ND	35.21	ND	ND	ND	ND	ND
	3	ND	165	ND	0.85	ND	ND	36.90	ND	ND	ND	ND	ND
	4	ND	12.42	12.23	5.06	57.42	54.15	47.04	93.14	ND	ND	ND	ND
	5	4.53	6.94	ND	10.49	ND	82.89	38.81	ND	ND	127.59	ND	ND
	6	4.64	9.57	ND	4.85	34.93	37.66	31.09	46.52	ND	ND	ND	ND
XC水厂	1	5.74	9.26	ND	4.81	53.31	ND	19.41	61.89	ND	ND	ND	ND
	2	5.65	8.04	ND	4.21	49.77	34.41	17.12	ND	9.65	ND	ND	ND
XJ水厂	1	5.68	11.56	ND	3.80	40	27.29	17.56	24.05	ND	ND	ND	ND

从图 3-92 可以看到,臭氧-生物活性炭工艺对磺胺嘧啶基本没有去除效果,平均去除率为 0.29%,对甲氧苄啶和磺胺甲恶唑的去除率分别为 18.23% 和 47.55%。深度工艺去除诺氟沙星、环丙沙星和氧氟沙星的效果分别为 26.01%、30.91% 和 9.03%,对土霉素和金霉素的去除率为 77.95% 和 62.50%。与喹诺酮类和四环素类抗生素相比,该工艺对四环素类的去除效率较好。

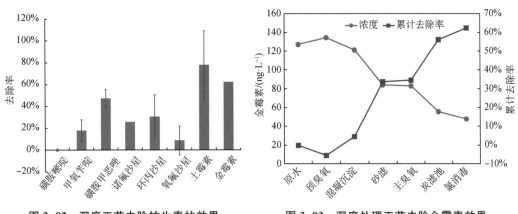

图 3-92　深度工艺去除抗生素的效果　　　　图 3-93　深度处理工艺去除金霉素效果

深度处理工艺过程的金霉素浓度变化如图 3-93 所示。由图 3-93 可知,金霉素随工艺流程逐步降低,且砂滤和生物活性炭工艺去除金霉素的效果最好,去除金霉素的效果分别为 30.68% 和 32.98%。有研究表明砂滤对吸附常数较高的抗生素有较好的去除,如去除泰乐霉素大于 99.9%。砂滤对多种药物和个人护理产品 PPCPs 也有较好的去除效果。砂滤去除 PPCPs 主要有两个方面,一是滤料对有机物的吸附作用,二是滤料的微生物对其生物降解作用。

我国的水质标准还未规定抗生素限值,因而对其去除没有标准的依据。此外,抗生素的种类较多,不同的技术工艺去除的效果差别很大。

第4章 臭氧-生物活性炭工艺

4.1 臭氧-生物活性炭工艺的产生

臭氧-生物活性炭法(O$_3$-BAC)联用技术是20世纪六七十年代首先从欧洲发展起来的一种饮用水深度处理技术,在应用臭氧和活性炭去除饮用水中有机物时,发现活性炭滤料上有大量微生物,出水水质很好并且活性炭再生周期明显延长,于是发展成为一种有效的给水深度处理方法,称之为臭氧-生物活性炭法,这样可以使活性炭的吸附作用和生物降解作用发挥得更充分。

这种工艺的成功引起了德国以及西欧水处理工程界的重视。从20世纪70年代初开始,进行了臭氧-生物活性炭水处理工艺的大规模研究和应用,其中较重要的是西德Bremen市Aufdemwerde的半生产性和Mulheim市Dohne水厂的中试及生产性规模的应用。德国的成功经验逐步在邻国传播和发展起来,并得到不断完善。自从德国杜尔塞多水厂首先使用至今,已有近30年的历史。20世纪70年代后期,该工艺在德国已普遍推广采用。O$_3$-BAC目前在美国、日本、荷兰、瑞士等发达国家已成为给水净化处理技术的主要工艺。

4.2 臭氧-生物活性炭工艺的原理

臭氧-生物活性炭降解有机物的机理如图4-1所示。生物活性炭的生物降解是一个多步骤的过程,包括吸附、解吸以及有机物扩散。最初,部分有机物吸附在活性炭表面,为生物膜所降解,降解产物进入活性炭的微孔。未被生物降解的有机物扩散进入活性炭的微孔。随着生物降解的进行,生物膜内的有机物减少,微孔内的有机物解吸进入生物膜,并被生物降解,这种作用也被称为"生物再生",并被视为生物活性炭延长去除效果的主要原因。活性炭的微孔逐渐为不可生物降解有机物和生物降解产物所占据,活性炭的吸附作用最终丧失。微生物的胞外物质会进入微孔,将部分不可生物降解的有机物改变为可生物降解的有机物。但生物活性炭的机理仅仅停留在上述的构想中,并没有得到试验证实。因此,从根本上说,生物活性炭降解有机物的机理还是未知的。

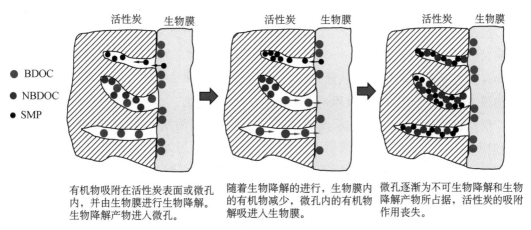

有机物吸附在活性炭表面或微孔内，并由生物膜进行生物降解。生物降解产物进入微孔。	随着生物降解的进行，生物膜内的有机物减少，微孔内的有机物解吸进入生物膜。	微孔逐渐为不可生物降解和生物降解产物所占据，活性炭的吸附作用丧失。

图 4-1　臭氧-生物活性炭工艺去除有机物原理

4.3　影响臭氧-生物活性炭工艺的因素

1. 空塔接触时间和水力负荷

一定的水力负荷和炭床深度下，水流过炭床所需时间称为空床接触时间（Empty Bed Contact Time，EBCT）。一定炭床深度下单位面积和时间内流经炭床的水的体积称为"水力负荷"。

空床接触时间应大于最小的 EBCT（相应于图 4-2 吸附区的 EBCT）。处理天然水应采用较大的 EBCT 和床深，这是由于为了去除亲和力较小的有机物，需要有足够深度的炭床，但是，炭床深度的增加会导致水头损失的增加，因此，最佳的 EBCT 和炭床深度应是这些因素的综合考虑，通常通过试验确定。空床接触时间通常在 10～15 min，炭床深度在 2 m 左右。

2. 臭氧投加量

投加臭氧（后臭氧）的目的是将部分有机物转化为可生物降解以及增加水中的溶解氧，为后续的好氧微生物提供溶解氧。氧化剂会改变活性炭表面的性能，从而影响吸附，此外，氧化产物的吸附性反而变差，因此，过量的臭氧投加量反而导致后续活性炭吸附效果下降，并且造成费用的增加。一般后臭氧的投加量控制在 0.5～1.0 mg/L。

3. 活性炭

水处理用的活性炭应满足吸附容量大、吸附速度快和机械强度高的要求。描述活性炭吸附能力的参数有碘值、亚甲蓝和糖蜜值。碘值描述活性炭吸附小分子的能力，糖蜜值描述吸附大分子的能力。影响活性炭吸附能力的更重要指标是比表面积和孔径分布。比表面积反映单位重量的活性炭孔隙面积,孔径分布反映活性炭的不同孔径所占比例。研究发现,中孔($2 \sim 60$ nm)由于其孔径大小与大部分的天然有机物的尺寸相仿,因而有机物更容易进入中孔,从而被吸附去除。腐殖酸和单宁酸由于分子量与天然有机物相仿,相比于碘值,更适合用于评价活性炭的吸附能力。

颗粒活性炭的尺寸大小与吸附效果和运行有密切的关系。颗粒粒径小,吸附速度快,但水头损失大;粒径大,则吸附速度慢,水头损失小。另外,活性炭的反冲洗对粒径的级配也有要求。常见的颗粒活性炭颗粒尺寸的范围分别为 $0.42 \sim 1.68$ mm 和 $0.59 \sim 2.38$ mm。

4. 温度

水温对生物活性炭处理效果影响显著,当水温为 20℃时对 DOC 的去除率稳定在 55%左右;当水温降至 $0 \sim 10$℃时对 DOC 的去除率基本稳定在 20%左右。研究表明,在 $8 \sim 21$℃时,随着水温的升高,生物过滤对高锰酸盐指数的去除率增加。高锰酸盐指数的去除率由 56.7%增至 66.9%。水温对生物过滤去除 UV_{254} 无明显影响,生物过滤在低温下对 UV_{254} 的去除率也较高。温度对生物活性炭影响较大,主要原因可认为温度低时有机物与溶解氧的传质速率下降,微生物的酶活性降低,微生物活性受到抑制,生物降解效果受到明显影响。

5. 反冲洗

反冲洗是通过去除沉积在炭床中的悬浮物质以及老化的生物膜,以保障活性炭的吸附性以及生物膜活性的工艺。反冲洗会使炭层产生混合,上层吸附较为饱和的炭粒进入下层,有可能产生的解吸使已吸附的有机物出现在出水中,从而影响出水水质。

4.4 穿透曲线

活性炭柱运行过程可分为 3 个区域,饱和区、吸附区和未吸附区,如图 4-2 所示。吸附区随时间推移逐渐往下移动,当吸附线到达柱的底端时,此时为泄漏点,继续运行将导致出水的浓度超过要求,该浓度称为"穿透浓度",出水浓度达到此值时,必须更换活性炭。穿透浓度为水质标准所规定的,如 COD_{Mn} 小于 3 mg/L。

图 4-2 所示的适合于活性炭吸附单一化合物。当活性炭处理天然水时,天然水中含有几百甚至上千种的有机物,由于它们之间存在竞争吸附的关系,上层的活性炭吸附亲和力较大的有机物,而亲和力较小的则在下层被吸附。由此可以想象,几乎不存在图 4-2 所表示的 3 个区域的现象。

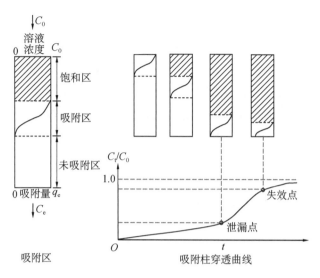

图 4-2　穿透曲线

4.5　臭氧与生物活性炭的协同作用

在活性炭前面投加臭氧,一是为了增加水中的溶解氧,给活性炭上的好氧微生物提供 O_2;二是将水中的部分有机物氧化成可生物降解的有机物,提高后续的生物活性炭去除效果。因此,臭氧与生物活性炭之间存在协同作用。

臭氧与活性炭的协同作用还有一个非常流行并且被广泛接受的说法,即臭氧可将大分子转化成小分子,小分子继而为活性炭所吸附,如此提高了活性炭去除有机物的效果。臭氧确实能将大分子氧化成小分子,但这样的协同作用在臭氧-生物活性炭中几乎不存在。天然水中的大分子本身很少,仅占有机物的 10% 左右,甚至更低,而且大部分有机物在混凝沉淀环节已被去除,进入后臭氧时已经非常低了;其次是臭氧要将大分子氧化为小分子,需要较高的投加量,但实际应用的投加量较低,无法将大分子氧化成小分子,最后是天然水中的小分子占多数,即使有一些大分子氧化成小分子,也无助于提高活性炭的吸附性。

1. 臭氧对 BDOC 的影响

臭氧的作用是将部分不可生物降解有机物转变为可生物降解的有机物。图 4-3 表明,随着臭氧投加量的增加,BDOC 的增加量随之增加,当投加量大于 2 mg/L 时,BDOC 的增加明显变缓。可见 BDOC 的最大增值在 0.6 mg/L。

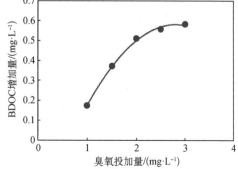

图 4-3　臭氧投加量与 BDOC 的关系

不同臭氧投加量下的活性炭去除 BDOC 的效果如图 4-4 所示。对于 Y 炭和 K 炭两种新炭,随着臭氧投加量的增加,活性炭去除 BDOC 的效果明显增加,而且超过了对 TOC 的去除率,并在投加量 2 mg/L 时达到最大效果;继续增加投加量,去除效果没有相应的增加。TOC 的去除率随臭氧投加量缓慢增加,当投加量大于 2 mg/L 时呈减小趋势。对于 NBDOC,随着臭氧投加量的增加,反而呈下降趋势。对于新旧混合的活性炭,投加量的增加对 BDOC 的去除趋势与新炭基本相似。

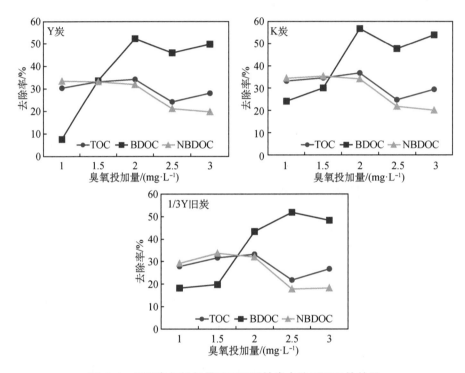

图 4-4　不同臭氧投加量下不同活性炭去除 BDOC 的效果

不同臭氧投加量对活性炭去除污染物的效果如图 4-5 所示。图 4-5 表明,COD_{Mn}、UV_{254} 和 THMFP 的去除随臭氧投加量增加的变化与 BDOC 的相似。同时还表明,溶解氧的消耗与 BDOC 的去除非常相似。BDOC 的去除是微生物参与的结果,好氧微生物对有机物的降解需要消耗溶解氧。

上述的研究结果表明,臭氧投加量的增加导致 BDOC 的增加,并在投加量 3 mg/L 时达到最大值,臭氧投加量的增加提高了后续的活性炭对 BDOC 以及其他各种污染物的去除,并在投加量 2 mg/L 时达到最佳。过量投加臭氧不但不增加去除效果,反而会降低。这是由于过量的臭氧会改变活性炭的物理、化学性能,反而影响吸附,此外,臭氧产生的某些氧化产物的吸附性下降。

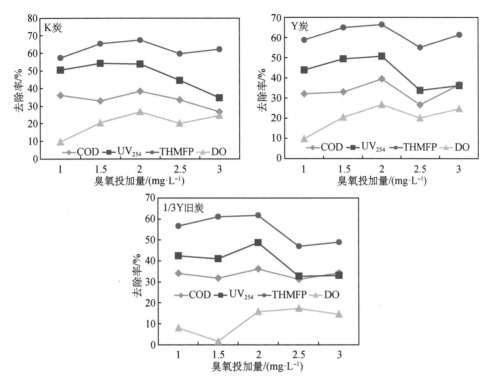

图 4-5　不同臭氧投加量下活性炭去除污染物的效果

2. 臭氧对有机物分子量的影响

图 4-6 为不同的臭氧投加量在氧化海藻酸钠时的分子量变化。海藻酸钠是典型的亲水性大分子，它的分子量响应峰值为 100 000 Da。图 4-6 表明，臭氧投加量为 1.5 mg/L 时，原先的 100 000 Da 响应峰值消失，出现了分子量为 36 000 Da 的响应峰值，当投加量增加至 3 mg/L 时，36 000 Da 的响应峰值消失，出现了分子量为 5 500 Da 的响应峰值。图 4-6 非常典型地表现大分子有机物在臭氧氧化下的分子量变化趋势。图 4-7 为不同臭氧投加量氧

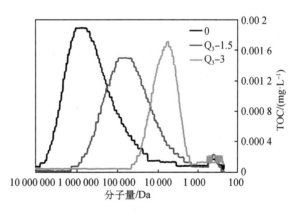

图 4-6　不同的臭氧投加量对海藻酸钠
分子量分布的影响

化腐殖酸的分子量变化。腐殖酸在 600 kDa、10 kDa 和 400 Da 时有强烈的响应峰，投加臭氧 1.5 mg/L 后，600 kDa 的有机物大分子消失，但 10 kDa 的中分子响应峰值明显增

强,而 400 Da 的小分子响应峰值基本保持不变;当臭氧投加量增加至 3 mg/L 时,中分子的响应峰值右移至分子量 5 000 Da,400 Da 的小分子有机物响应峰消失。对腐殖酸投加臭氧的试验同样没有发现臭氧将大分子氧化成小分子的现象。通过海藻酸钠和腐殖酸的例子,我们可以知道,臭氧可将大分子氧化成分子量更低的有机物,除非臭氧投加高于 3 mg/L,否则不会氧化成小分子。

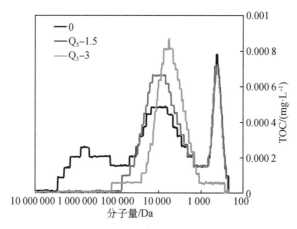

图 4-7　不同臭氧投加量对腐殖酸分子量分布的影响

实际后臭氧的投加量在 0.5~1.0 mg/L,如果要将大分子氧化成小分子,投加量应大于 3 mg/L。但即使臭氧按照这样的投加量,也不会提高活性炭的吸附效果。因此,臭氧将大分子氧化成小分子,从而提高活性炭的吸附说法也是不成立的。

图 4-8 表明,随着臭氧投加量的增加,中分子的去除率增加,同时小分子的去除率呈下降趋势。这说明,臭氧投加量的增加优先氧化中分子有机物,导致小分子有机物的氧化率下降。从图 4-9 还可以看出,仅在投加量 2 mg/L 时,小分子的去除率出现负值,表明在较高的臭氧投加量下,小分子确实出现了增加,即臭氧将中分子有机物氧化成小分子。从图 4-9 可见,小分子的增加并没有使活性炭去除小分子的效果明显增加。

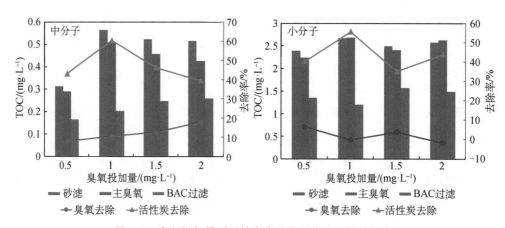

图 4-8　臭氧投加量对活性炭去除有机物分子量的影响

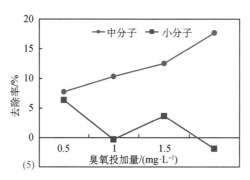

(5)

图 4-9　臭氧投加量对去除中分子有机物和小分子有机物的影响

图 4-10 是某水厂实测的数据,臭氧去除中分子有机物的效果增加,去除小分子有机物的效果下降。在某些月份,如 3 月、4 月和 10 月,确实出现小分子有机物增加的情况,这说明臭氧可将中分子有机物氧化成小分子有机物,使小分子有机物增加。但同时可以看到,活性炭去除小分子有机物的效果反而呈下降趋势。换言之,增加的小分子有机物并没有促进活性炭去除效果的增加。显然,活性炭去除小分子有机物效果是随着运行月份而下降的,这反映了活性炭吸附容量随着运行月份而减少。

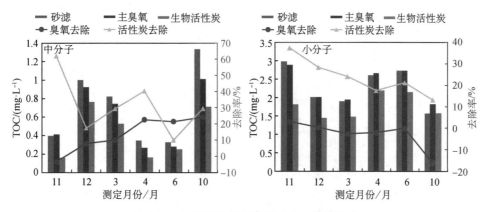

图 4-10　不同月份投加臭氧对分子量的影响

综上所述,臭氧与活性炭的协同作用主要是臭氧将部分的有机物氧化成可生物降解的有机物,从而提高了生物活性炭的去除率,而非所谓的臭氧将大分子有机物氧化成小分子有机物,小分子有机物为活性炭所吸附的说法。

4.6　活性炭各影响因素的作用

1. 臭氧投加量

臭氧投加量对水质的影响如图 4-11 所示。所有试验的水质指标与臭氧投加量的关系基本相似,开始随着投加量的增加而增加,在投加量为 1.5～2.0 mg/L 时,去除率均达到了最大,而后下降。图 4-12 为臭氧投加量各指标去除率的比较,藻密度的去除率最高,其次为 UV_{254} 以及 TOC 和 COD_{Mn},氨氮的去除率最低。

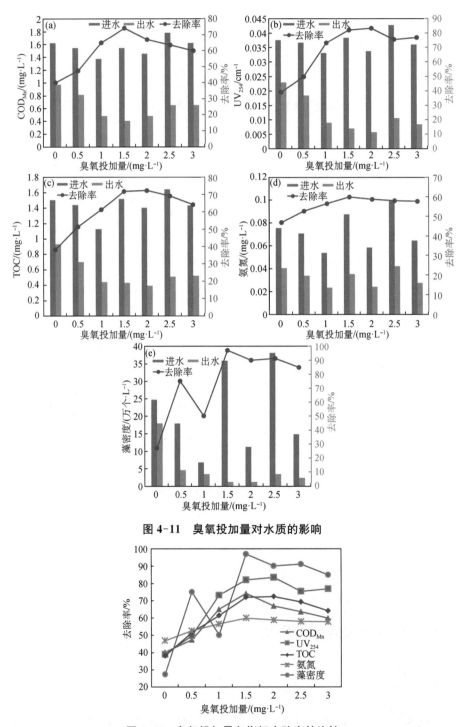

图 4-11 臭氧投加量对水质的影响

图 4-12 臭氧投加量各指标去除率的比较

由此可见,最佳臭氧投加量在 1.5~2.0 mg/L,过量的投加反而使去除效果下降。

2. 空塔接触时间

空塔接触时间与水质指标去除的关系如图 4-13 所示。各水质指标的去除均随着空塔接触时间的增加而增加,当空塔接触时间超过 12 min,去除效果明显变缓。不同水质指标的去除率比较如图 4-14 所示。UV_{254} 的去除最佳,其次为 COD_{Mn},TOC 和氨氮的去除较差。

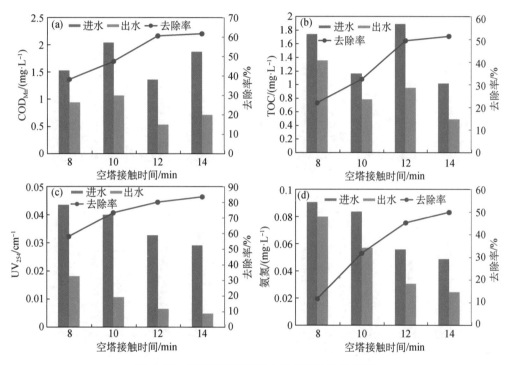

图 4-13　空塔接触时间与水质指标去除的影响

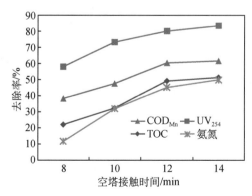

图 4-14　空塔接触时间不同水质指标的去除率比较

3. 炭层深度

水质指标在炭层深度的变化以及去除率如图 4-15 所示。各水质指标的浓度随着炭层的深度降低,去除率提高。去除率随深度变化的比较如图 4-16 所示,去除主要发生在深度 0.5 m 处,随后去除率明显下降,并随着深度逐渐降低,在 1.2 m 后,去除基本停止。由此可见,炭床深度的很大范围均发生去除。图 4-16 还表明,UV_{254} 的去除效果最好,其次为 COD_{Mn},最差的是 TOC 和氨氮。

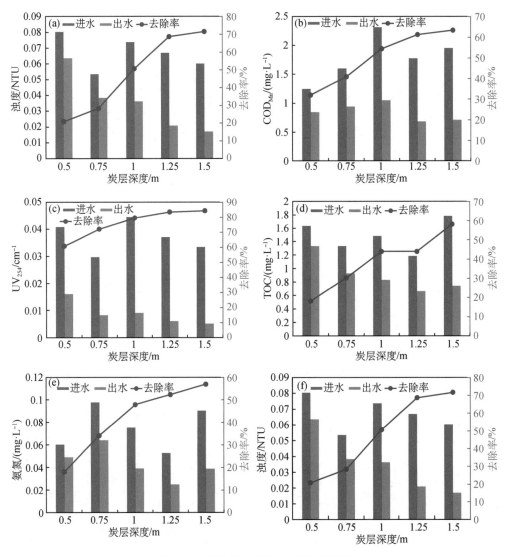

图 4-15　炭床深度的变化以及去除率

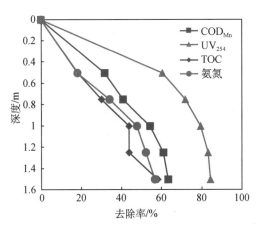

图 4-16　去除率随深度变化的比较

4. 臭氧接触时间

图 4-17 表明,各水质指标的去除效果随着臭氧接触时间的延长而提高。图 4-18 为臭氧接触时间变化对各水质指标去除效果的比较,UV_{254} 的去除效果最好,COD_{Mn} 和氨氮在较低的接触时间下去除效果较差,但随着接触时间的延长而增长迅速。TOC 的去除效果较差。臭氧接触时间的延长也有助于活性炭对浊度的去除。臭氧氧化浊度物质表面的有机物,使得浊度物质表面的 zeta 电位的负电性下降,活性炭吸附浊度的效果提高。

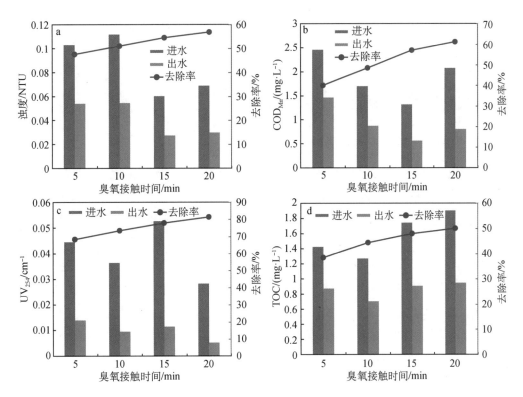

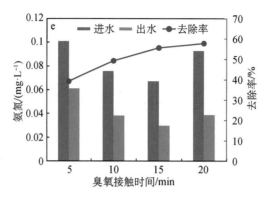

图 4-17 臭氧接触时间对有机物去除效果的影响

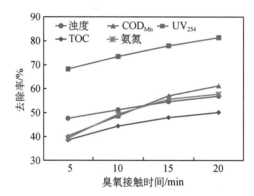

图 4-18 臭氧接触时间变化对各水质去除效果的比较

4.7 生物活性炭的运行

4.7.1 生物活性炭的生物膜形成

挂膜成功是指活性炭上形成固定化的生物膜。载体上固定化微生物形成生物膜的过程是一个动态的过程,微生物受吸附、生长、脱落的影响。悬浮于液相中的微生物吸附在载体上,逐渐在载体周围区域形成薄的生物膜,最后形成将载体完全包裹的成熟的生物膜。

从图 4-19 可知,更换新炭出水的 BDOC 未检出,在 15～30 天,BDOC 逐渐上升,BDOC 占 DOC 的 16%～18%;继而在 30～48 天,BDOC 下降,在第 48 天时的 BDOC 占 DOC 的 12%;而后的 BDOC 又缓慢上升。由此可见,在 0～30 天,活性炭主要以吸附为主,30～48 天是生物膜逐渐形成的阶段,48 天后 BDOC 又开始逐渐升高,可认为生物膜完全形成并进入稳定阶段。

考察 BDOC/BDOC₀ 的变化,可见其数值经过了上升、下降、又上升的变化过程,并在第 48 天达到最小,说明此时活性炭的生物作用降解的 BDOC 达到最大。

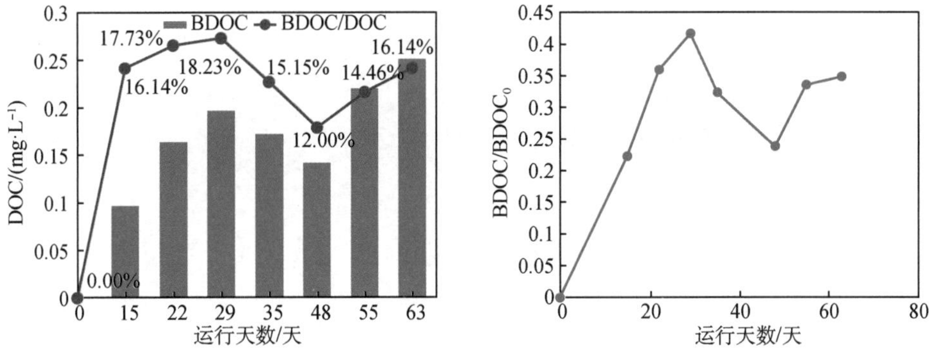

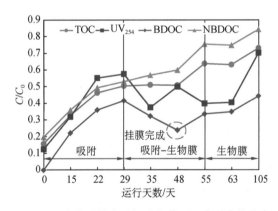

图 4-19　新旧炭池的 BDOC 变化比较

4.7.2　生物活性炭运行的不同阶段

图 4-20 为以太湖为原水的水厂的生物活性炭出水水质变化,可将生物活性炭运行分为 3 个阶段,吸附阶段、吸附-生物膜阶段和生物膜阶段。

图 4-20　生物活性炭运行阶段的不同水质变化特点

(1) 吸附阶段的时间持续大约 1 个月。在该阶段,有机物的去除以活性炭的吸附作用为主。随着活性炭吸附的有机物的累积量不断增加,吸附容量逐渐减少,因而表现为有机物去除效果的下降。DOC 的去除率由 84% 下降为 50%,UV_{254} 的去除率由 87.5% 下降为 42%,BDOC 的去除率由 100% 下降为 58%,NBDOC 的去除率由 80% 下降为 46%。

(2) 吸附-生物膜阶段,该阶段的有机物去除由吸附和生物降解共同承担。随着生物膜的形成,它也参与了有机物的降解,因而表现为某些有机物的去除呈现增加的趋势。DOC 的去除率由 48% 增加为 49%,UV_{254} 的去除率由 62% 下降为 50%,BDOC 的去除率反而由 67% 增加至 76%,NBDOC 的去除率由 43% 下降为 40%。由此可见,BDOC 的去除率停止了下降趋势,转变为增加,这可视为生物膜开始形成。

（3）生物膜阶段，该阶段的有机物去除以生物降解作用为主。DOC的去除率由48％下降至10％，UV_{254}的去除率由60％下降为27％，BDOC的去除率由66％下降至30％，NBDOC的去除率由24％下降为4％。生物活性炭的运行主要在该阶段，持续时间可长达5～6年，甚至更长。在该阶段，NBDOC的去除效果下降迅速，最后几乎没有了去除能力，这说明活性炭的吸附位已经饱和。

4.8 生物活性炭长期运行的水质变化

4.8.1 水质的变化

图4-21为以太湖为原水的生物活性炭长期运行的水质变化。在生物活性炭运行的后期，即运行5年后，NBDOC、UV_{254}和荧光强度的去除出现负值，表明这些出水的水质指标反而大于进水的水质指标。但BDOC仍保持30％的去除率。对此现象的合理解释是，原先被吸附在活性炭的不可生物降解的有机物解吸，重回溶液主体。这种现象的产生是吸附在活性炭微孔的NBDOC数量大于进水，浓度扩散所致。随后的NBDOC、UV_{254}和荧光强度又恢复了一定程度的去除效果。这种现象也符合生物活性炭的机理，即生物活性炭是由吸附、解吸以及生物膜降解的组合。

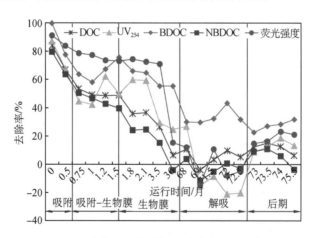

图4-21 长期运行的生物活性炭出水水质变化

由此可见，我们可将生物活性炭的长期运行分为5个阶段，除了上述提到的吸附、吸附-生物膜和生物膜阶段外，增加了解吸和后期两个阶段，如图4-22所示。解吸阶段是活性炭吸附饱和，BDOC会将原先吸附在活性炭内的NBDOC置换，使这些有机物从活性炭中解吸出来。这阶段的水质表现特征是，活性炭出水的UV_{254}、NBDOC和荧光强度反而较进水有所增加，但BDOC还保持一定的去除效果，发生时间再运行5～6年。后期阶段，活性炭的吸附位有了一定程度的恢复，UV_{254}、NBDOC和荧光强度又恢复了一定程度的去除，发生时间在活性炭运行6年以上。

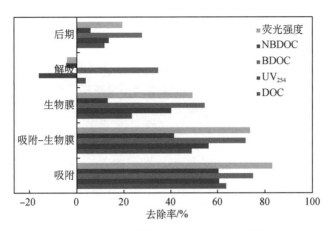

图 4-22 生物活性炭长期的各阶段水质特点

4.8.2 有机物参数的数学拟合

对生物活性炭运行 6 年的有机物 DOC、BDOC 和 NBDOC 的数据进行数学拟合,结果如图 4-23 所示。由此可得到数学拟合式(4-1),式中的参数如表 4-1 所示。根据该数学拟合式,可以预测臭氧生物活性炭任何时候的出水 DOC、BDOC 和 NBDOC,从而用于指导生产。

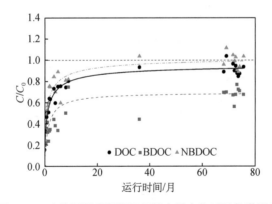

图 4-23 生物活性炭长期运行的水质变化以及数学拟合

$$y = y_0 + A_1(1 - e^{-x/t_1}) + A_2(1 - e^{-x/t_2}) \tag{4-1}$$

表 4-1   数学拟合参数

参数	y_0	A_1	t_1	A_2	t_2	R^2
DOC	0.149 38	0.440 53	0.839 07	0.330 89	9.800 27	0.946 24
BDOC	1.185 1E-10	0.420 88	6.991 08	0.249 34	0.010 07	0.790 58
NBDOC	0.172 07	0.281 49	18.105 3	0.546 05	0.906 94	0.880 07

177

4.8.3 生物活性炭的不同有机物

在生物活性炭运行过程中,同时发生吸附和生物降解两种作用,从而产生了有机物的不同分类,可将有机物分为 4 类,既不可吸附又不可生物降解、可吸附不可生物降解、既可吸附又可生物降解,以及可生物降解但不可吸附。

运行时间与 C/C_0 的关系如图 4-24 所示。根据图 4-24,可以得到运行不同时间内的有机物去除率,如表 4-2 所示。

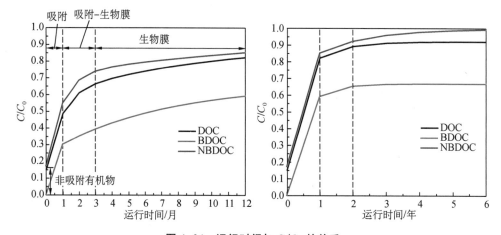

图 4-24 运行时间与 C/C_0 的关系

表 4-2 运行时间与去除率

时间	DOC	BDOC	NBDOC
0~1 个月	85%~50%	100%~70%	85%~45%
1~3 个月	50%~35%	70%~60%	45%~25%
3~12 个月	35%~18%	60%~40%	25%~15%
1~2 年	18%~10%	40%~35%	15%~8%
2~3 年	10%~8%	35%~34%	8%~4%
3~6 年	8%	34%	4%~0%

活性炭进水的 BDOC 占比为 25%,NBDOC 占比为 75%。由图 4-24 可知,在活性炭吸附运行的第 1 天,有 15% 的 DOC 未被去除,而 BDOC 完全被去除。这 15% 的 DOC 可认为是既不可吸附又不可生物降解的有机物,因此,可吸附而不可生物降解的有机物占比为 60%,既可吸附又可生物降解的为 25%。从图 4-24 可以看出,活性炭运行至 3 年时,NBDOC 的吸附率接近于零,此时的活性炭去除几乎完全依靠生物膜的降解作用,此时的 BDOC 的去除率约为 35%,此时的 BDOC 可认为是可生物降解但不可被吸附。所试验的 4 类有机物的比例如图 4-25 所示。显然,比例随着水质以及活性炭

的不同而变化。通过这样的分类,我们可以了解生物活性炭去除有机物的最大限度和最小限度。

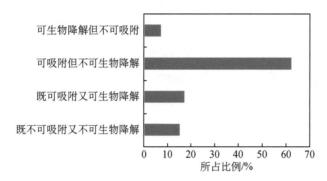

图 4-25　不同有机物所占比例

4.8.4　不同运行年限的生物活性炭的分子量分布

炭池出水的有机物分子量主要分布在 500~1 000 Da 区间范围内,主要为中分子和小分子有机物。由图 4-26 可以看出,TOC 的峰值约在 1 500 Da 处。虽然新炭的出水

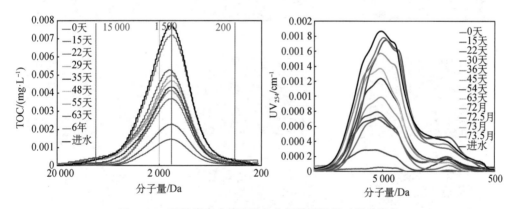

图 4-26　活性炭出水的有机物分子量随运行时间的变化

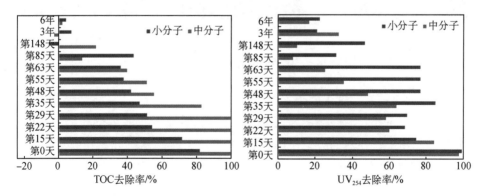

图 4-27　有机物分子量随活性炭运行时间的变化

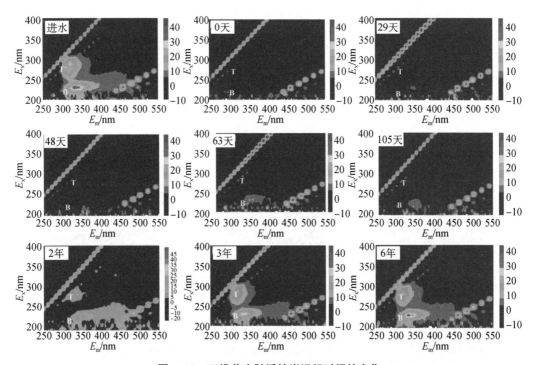

的有机物接近 0,但仍有小分子响应峰出现。随着活性炭滤池运行时间逐渐增加,其小分子有机物的含量逐渐增加。活性炭出水 TOC 响应峰在运行 2 个月时已明显增加,运行 6 年时已经非常接近进水,表明活性炭吸附小分子有机物的能力接近丧失(图 4-27)。

4.8.5 不同运行年限的生物活性炭出水的三维荧光

活性炭滤池中不同运行时间出水的三维荧光光谱如图 4-28 所示。进水为生物活性炭滤池的进水,即为水厂主臭氧出水。B 区和 T 区的荧光响应为蛋白类,响应较强。经过新炭处理后,响应峰全部消失,说明活性炭的吸附可有效去除荧光响应的有机物。运行 2 个月后的 B 区出现响应,并随着活性炭的运行时间而逐渐增强,但 T 区的荧光响应仍未出现。3 年后荧光响应与进水相似,6 年后 B 区响应明显增强。

图 4-28　三维荧光随活性炭运行时间的变化

图 4-29 为总荧光强度去除率随活性炭运行时间的变化。由以上分析可知,三维荧光光谱的响应主要与活性炭的吸附作用有关,在活性炭滤池运行 3 个月以内活性炭对荧光响应物质有强烈的吸附作用,总荧光强度去除率从刚开始换新炭的 91.5% 逐渐下降至 70% 左右保持稳定,并一直保持至运行 4 个月,运行 5 个月后下降至 50% 左右。而运行 3 年后,其去除率降低至 15%;运行 5~6 年的活性炭滤池的去除

率在−14%～23%之间上下浮动。连续运行 3 年和 6 年的活性炭已经几乎失去吸附作用。

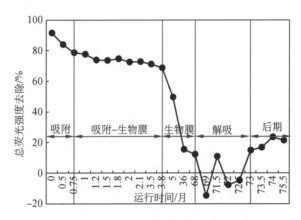

图 4-29　总荧光强度去除率随活性炭运行时间的变化

4.8.6　不同运行年限的活性炭表面特点

新旧活性炭的显微镜照片如图 4-30 所示。刚换上新炭没有微生物的存在;挂膜后的活性炭周围有菌群的存在。运行 2 个月的菌胶团透明且呈黑色,而运行 6 年后的菌胶团透明但呈棕黄色。

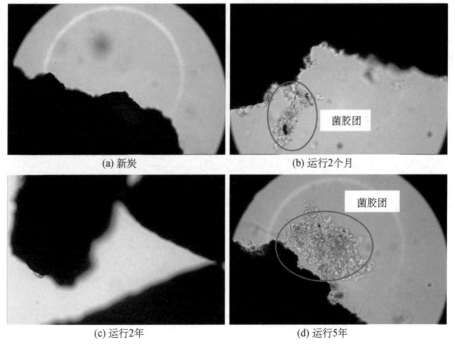

图 4-30　不同运行年限的活性炭电镜照片

根据电镜扫描对比图（图 4-31）可以看出，活性炭滤池中颗粒活性炭 GAC 在吸附有机物之前表面平整，有一部分孔状结构存在；运行两个月后，原本平整的表面逐渐黏附上一些有机污染物以及无机颗粒物质，但仅限在表面黏附；运行 6 年后，表面黏附的有机物越来越多，一些孔隙被覆盖的污染物质堵住，以及看不到平整的 GAC 表面。运行 3 年的活性炭和运行 6 年的活性炭表面相仿，均黏附了大量的有机物。

图 4-31　不同运行年限的活性炭表面电镜扫描对比图

根据 GAC 表面元素分析如图 4-32 和表 4-3 所示。新炭的碳元素所占比例很高，随着运行时间，炭表面的 N、O 元素含量比例增加，这说明有机污染物在炭表面黏附；Al、Si、Ca、Fe 等无机元素比例增加，可能是由于在混凝沉淀阶段采用硫酸铝为混凝剂使 Al 元素到活性炭滤池阶段有一定的吸附去除效果，也说明 GAC 可以吸附大量的无机离子。

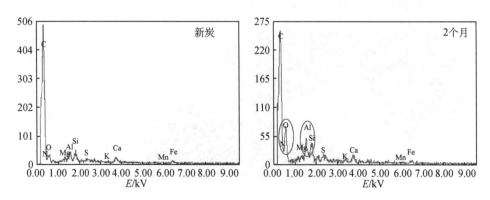

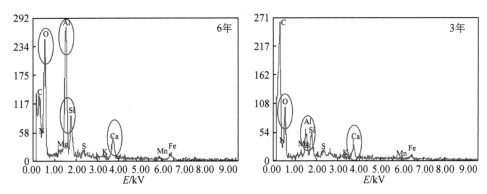

图 4-32　不同运行年限的活性炭表面无机元素

表 4-3　　　　　　　　　　活性炭表面无机元素分析

时间	C	N	O	Mg	Al	Si	S	K	Ca	Mn	Fe
新炭(W_t%)	81.58	3.23	6.53	0.7	1.6	1.53	0.65	0.25	1.88	0.45	1.61
2 月(W_t%)	60.24	13.67	17.99	0.34	2.47	1.74	0.75	0.27	1.06	0.36	1.11
3 年(W_t%)	59.38	9.87	18.88	0.61	2.99	2.15	0.93	0.32	2.16	0.85	1.86
6 年(W_t%)	29.96	17.14	34.44	0.16	9.92	2.74	0.52	0.32	2.27	0.7	1.85

4.8.7　不同运行年限生物活性炭的有机物组分变化

不同运行时间的活性炭滤池出水的总有机碳亲疏水比例变化如图 4-33 所示。进水各组分比例分别为中亲（34.43%）＞强疏（26.91%）＞弱疏（21.58%）＞极亲（17.07%）。在最初运行的 1 个月内，亲水组分的比例下降，而疏水组分的比例上升，随后的组分变化不甚明显，但仍可见它们持续着先前的变化趋势，运行到 1 年左右时，这种趋势又开始变得更加明显。这种有机物组分变化表明，生物活性炭倾向于去除亲水性组分。

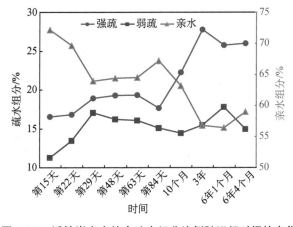

图 4-33　活性炭出水的亲疏水组分比例随运行时间的变化

183

4.8.8 臭氧生物活性炭深度处理工艺流程的亲疏水组分变化

图 4-34 为某水厂臭氧生物活性炭深度处理工艺的亲疏水组分的变化情况,强疏组分和弱疏组分在整个工艺流程中呈下降的趋势,亲水组分除了预臭氧和后臭氧增加外,也呈下降趋势。预臭氧对疏水组分去除有限,但亲水组分增加颇多,这说明预臭氧将疏水有机物氧化成亲水有机物;混凝沉淀去除有机物效果最好,去除强疏组分最好,其次为弱疏组分,亲水组分的最差;砂滤去除亲水组分较疏水组分更有效;后臭氧去除弱疏组分最好,其次为强疏组分,亲水组分仍然与预臭氧的相似,为增加。生物活性炭去除亲水组分效果最好,其次为强疏组分,弱疏组分反而增加。图 4-34 表明,疏水组分占比在整个流程中呈下降趋势,亲水组分占比呈上升趋势。

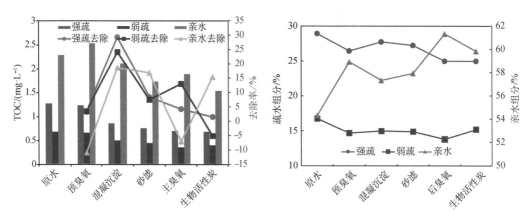

图 4-34　某水厂臭氧生物活性炭深度处理工艺的　　图 4-35　某水厂臭氧生物活性炭深度处理工艺的
　　　　　亲疏水组分的变化情况　　　　　　　　　　　　　　亲疏水组分比例变化

图 4-36 为某水厂臭氧生物活性炭深度处理工艺的亲疏水组分比例变化的情况,变化趋势与图 4-34 相似。图 4-35 为某水厂臭氧生物活性炭深度处理工艺的亲疏水组分比例变化,与图 4-37 的相似,疏水组分占比随着深度处理工艺流程下降,而亲水组分占比上升。图 4-38 为亲疏组分的分子量随着流程变化的情况。强疏组分的大分子和中分子占比随着流程的进行下降,但小分子的增加;弱疏的中小分子占比均随着流程进行下降,但在后臭氧时,小分子占比有明显的上升;亲水组分的中分子占比下降,小分子比上升,在预臭氧和后臭氧,亲水小分子占比均有明显的上升,预臭氧尤甚。这个结果与图 4-37 的趋势相一致,进一步表明增加的亲水有机物多为小分子。亲水大分子占比在砂滤后上升,这可能是沙粒表面的生物膜新陈代谢产物释放所致。

有机物组分的分子量分布在各工艺环节的变化如图 4-38 所示。亲水在分子量百万处有响应,且在分子量 5 000 Da 和 1 000 Da 处有强烈的响应,且在 5 000 Da 处的响应明显超过了疏水组分。预氧化使 1 000 Da 处的响应明显下降,但导致 5 000 Da 处的大幅增加。活性炭后的响应大幅增加,工艺对亲水大分子的去除非常有限。强疏组分在分子量百万处也有响应,但主要集中在 5 000 Da 和 1 000 Da。混凝沉淀后的大分子响应基本消失,说明可有效去除强疏大分子,混凝沉淀和砂滤可去除分子量 1 000 Da 处的强疏,但后臭氧造成分子量 1 000 Da 处的强疏大幅增加,后续的活性炭可使其显著降低。工艺对分子量 5 000 Da 处的强疏基本没有去除作用。弱疏组分没有大分子响应,分子量 1 000 Da 处的响应强烈,5 000 Da 处的响应也较为明显,说明弱疏主要由小分子构成。除了后臭氧,其余工艺均可有效去除分子量 1 000 Da 处的弱疏,但对 5 000 Da 处的去除极为有限。

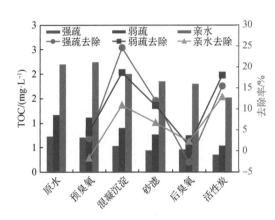

图 4-36　臭氧生物活性炭深度处理工艺的
亲疏水组分比例变化

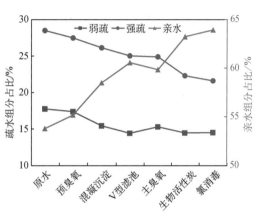

图 4-37　臭氧生物活性炭深度处理工艺的
亲疏水组分比例变化

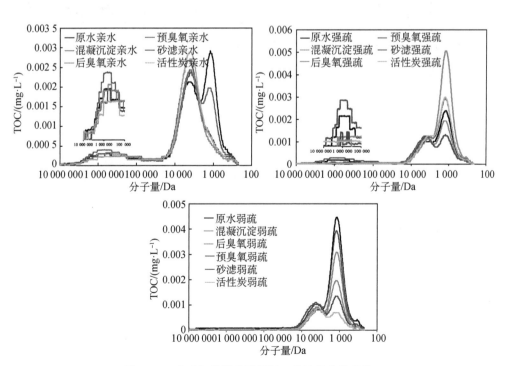

图 4-38　亲疏组分的分子量随工艺流程变化的情况

4.9 新旧生物活性炭对去除效果的影响

在深度处理工艺中,颗粒活性炭经过一段时间的运行,从以吸附为主变为以微生物为主来去除有机物。生物活性炭主要依靠生长在活性炭表面的生物膜来去除有机物,因而在去除效果以及有机物的种类上,生物活性炭与新炭有很大的不同。

将长期运行的旧炭和新炭按照比例混合,了解和比较活性炭运行、去除有机物以及反冲洗的情况。

4.9.1 试验装置

新旧活性炭试验工艺流程如图 4-39 所示。试验采用的生物活性炭柱高 3.5 m,溢流口和进水口均位于 3 m 的高度,活性炭层高 1.8 m,炭柱直径为 100 mm,炭柱下层铺设 200 mm 厚的绿豆砂承托层,起到承托和反冲洗时均匀布水的作用,与生产的活性炭池相当。活性炭柱的流量控制在 60 L/h,流速为 7.7 m/h,空床接触时间为 14 min。反冲洗水箱尺寸:长 50 cm,宽 30 cm,高 40 cm,容积为 60 L。

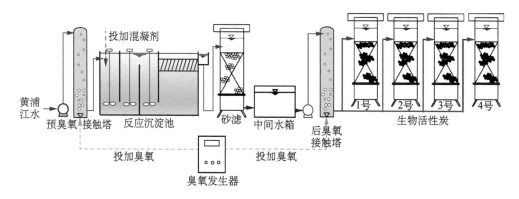

图 4-39 新旧活性炭试验工艺流程

1 号炭柱为 2/3 旧 Y 炭和 1/3 新 Y 炭,2 号炭柱为 1/3 旧 Y 炭和 2/3 新 Y 炭,3 号炭柱为新 Y 炭以及 4 号炭柱为新 K 炭。

4.9.2 试验原水和活性炭

试验用水为黄浦江水,试验期间的主要水质如表 4-4 所示。试验采用 Y 炭和 K 颗粒活性炭,性能参数见表 4-5。

表 4-4　　　　　　　　　　试验期间的黄浦江主要水质

水质指标	最大值	最小值	平均值
浊度/NTU	130	17.5	50.8

续表

水质指标	最大值	最小值	平均值
水温/℃	32	6	20.3
pH 值	7.3	7.3	7.3
氨氮/(mg·L^{-1})	2.5	0.02	0.53
铁/(mg·L^{-1})	3	0	1.22
锰/(mg·L^{-1})	0.36	0.05	0.245
DO/(mg·L^{-1})	11.4	1.4	6.2
COD$_{Mn}$/(mg·L^{-1})	8.6	4.8	6.47
UV$_{254}$/(cm^{-1})	0.192	0.099	0.134
DOC/(mg·L^{-1})	7.661	5.226	6.284
BDOC/(mg·L^{-1})	2.783	0.755	1.549
THMFP/(μg·L^{-1})	601.35	317.99	432.86

表 4-5 试验活性炭的主要性能

活性炭	碘值/(mg·g^{-1})	亚甲基蓝值/(mg·g^{-1})	堆密度/(g·mL^{-1})	水分/%	灰分/%	颗粒度/目	炭种类型
Y 炭	1 000	266	0.45~0.50	<3	<12	12×40	煤质,不定型
K 炭	1 000	250	0.44	<2	<10	12×40	煤质,不定型

4.9.3 新旧生物活性炭对有机物去除

COD$_{Mn}$ 的去除率曲线如图 4-40 所示。生物活性炭运行主要分为 3 个阶段:吸附、吸附-生物降解共同作用和生物降解。在吸附阶段,活性炭主要依靠吸附去除 COD$_{Mn}$。去除率随着吸附时间迅速下降。此阶段可清晰看出活性炭的性能对去除的影响。4 号炭去除效果最好,其次是 3 号炭,1 号炭最差,这反映了吸附容量对去除效果的影响。运行约 30 天时,各个炭柱的 COD$_{Mn}$ 去除率突然上升,表明活性炭上的生物膜逐渐形成并进入了对数增长期,活性炭在吸附和生物降解两方面共同作用。在该阶段,有机物的去除仍是 1 号炭柱最差,其次为 2 号炭柱,而 3 号与 4 号炭柱的 COD$_{Mn}$ 去除率已经不相上下了。这说明,当生物膜逐渐生长时,吸附作用逐渐减弱,活性炭的吸附性能对去除效果的影响和作用也逐渐衰退。运行大约 70 天时,各个炭柱的 COD$_{Mn}$ 去除率又出现下降,表明生物降解作用占绝对的主导地位。在生物膜阶段,新旧不同的炭柱 COD$_{Mn}$ 去除率仍然是 1 号炭柱最低,其次为 2 号炭柱和 3 号炭柱,4 号炭柱的去除效果最高。

图 4-41 为生物活性炭在不同运行阶段的 COD$_{Mn}$ 去除效果,由图可以看出,无论在

哪个阶段,新炭的去除效果均优于旧炭,但在吸附-生物膜阶段,两种新炭的去除效果相似。图 4-42 和图 4-43 为新旧炭不同运行阶段的 BDOC 和 NBDOC 的去除效果。图 4-43 表明,BDOC 的去除在吸附阶段的效果最差,吸附-生物膜阶段的效果最好,这是由于不仅生物膜可去除 BDOC,吸附也参与了 BDOC 去除的缘故,生物膜阶段的去除反而有所下降,这是吸附作用减弱的缘故。NBDOC 的去除随着不同运行阶段呈下降趋势。

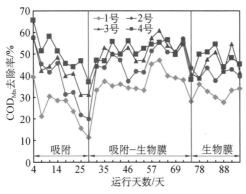

图 4-40　生物活性炭不同运行阶段的
COD_{Mn} 去除效果

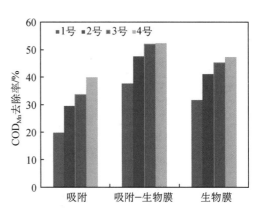

图 4-41　生物活性炭不同运行阶段的
COD_{Mn} 去除率

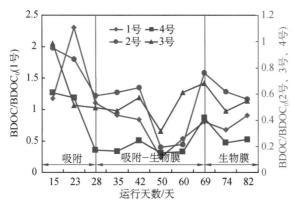

图 4-42　生物活性炭不同运行阶段的 BDOC 的去除

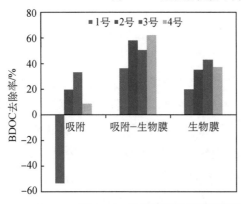

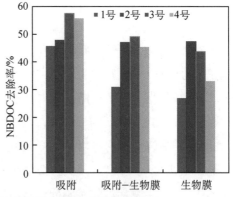

图 4-43　生物活性炭不同运行阶段 BDOC 和 NBDOC 的去除效果

生物活性炭基本上是生物降解作用与活性炭吸附作用的组合。在正常运行中,除非发生解吸现象,通常微生物不能降解活性炭微孔吸附区内已吸附的物质,以使原吸附能力得到再生。即便大孔可作为微生物的繁殖、栖息之地,也可能将附着在大孔上的有机物的生物降解,可使得活性炭的一部分吸附作用得到再生,但是,由于活性炭的大孔占总比表面积的比例不到 1%,吸附作用甚微,几乎可以忽略不计。

4.9.4 溶解氧与氨氮、BDOC 的关系

溶解氧通常被用来判断活性炭柱上是否存在生物的重要依据。给水处理中,生物膜上的微生物主要是一些好氧贫营养性微生物。因此出现生物的同时,也会消耗水中的氧气,所以溶解氧的下降就意味着炭柱上存在了生物。

对于生物活性炭,氨氮的去除完全依靠生物降解作用,而与吸附作用无关。因而,活性炭出水的氨氮明显下降说明活性炭表面开始形成生物膜。

由图 4-44 可知,活性炭运行 22 天,氨氮大幅下降,溶解氧同时呈现下降趋势,所有的活性炭柱都呈现相同的趋势,这说明氨氮的去除完全依赖于微生物的作用。对于 BDOC,新旧炭混合不同程度地出现不同的规律。1 号炭柱在溶解氧没有大幅下降之前,BDOC 反而出现增加的现象,随着溶解氧的下降,BDOC 开始显著下降,并随着溶解氧的上升而增加,这说明 1 号炭柱对 BDOC 的去除很大程度上依赖于微生物的降解,这是由于 1 号炭柱的旧炭占了大部分,其吸附作用非常有限,主要依靠活性炭上的生物膜

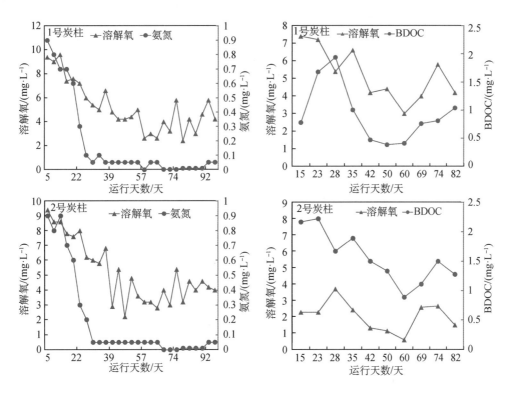

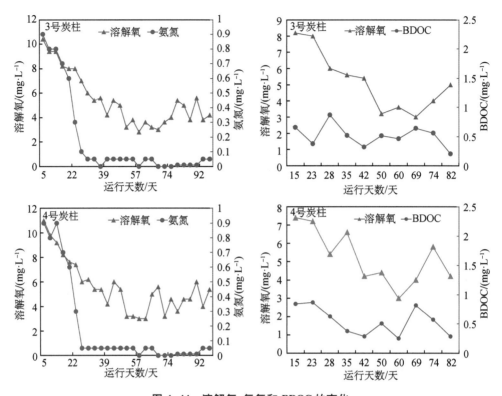

图 4-44 溶解氧、氨氮和 BDOC 的变化

降解有机物。随着新炭的比例增加,BDOC 的变化幅度大为减少,去除效果明显增加。这是由于 BDOC 的去除不仅有微生物降解的作用,还有吸附作用的参与,而且吸附起到了主要作用,因而 BDOC 的去除很大程度上不依赖于溶解氧。

4.9.5 消毒副产物的去除效果

消毒副产物的去除效果如图 4-45 所示。4 号炭柱出水的浓度最低,其次为 2 号炭柱和 3 号炭柱,1 号炭柱的最高。

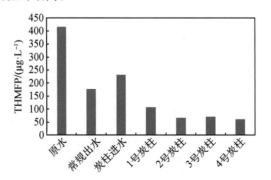

图 4-45 消毒副产物的去除效果

4.9.6 新旧生物活性炭的反冲洗

生物活性炭滤柱以膨胀率间接指示反冲洗强度,四根活性炭柱的膨胀率均为 25％,旨在考查不同的换炭方式对单独水反冲洗的适应情况。

反冲洗前测定的指标在过滤周期结束反冲洗前 30 min 取样,反冲洗后测定的指标则在反冲洗后运行 20 min 取样。反冲洗周期以旧炭比例最高的 1 号活性炭柱为准,每周反冲洗两次。反冲洗水样均采用滤后水。

研究认为,反冲洗时,20％～30％为滤层最佳膨胀度,因此本试验采用了大部分水厂常用的反冲洗膨胀率。反冲洗参数选择如下:滤层膨胀度 $e=25\%$,冲洗时间为 10 min,对应的反冲洗强度约为 25 m³/(m² · h)。试验阶段的水温为 28℃。活性炭载体生物量的测定,所取炭样均为相距炭层 50 cm 处取样口附近的炭。

反冲洗时间取 10 min 是为了使滤层内积聚较多的悬浮固体和老化的生物膜能够充分剥离滤料,可提高反冲洗效果;反冲洗时间不宜过长,以防造成大量生物膜的损失。

1. 反冲洗对各种污染物的去除效果的影响

反冲洗前后对各种污染物的去除效果变化如图 4-46 所示。

图 4-46(a)表明,反冲洗后四根活性炭柱的氨氮值均有大幅度上升,其中尤以含有旧炭的 1 号和 2 号炭柱变化明显。活性炭对于氨氮的去除主要依靠活性炭载体上的亚硝化菌的生物降解作用。在挂膜阶段,硝化自养细菌会降解氨氮。少量的亚硝化菌就能将氨氮降解,而反冲洗后的出水恰恰证明了水力反冲洗对亚硝化菌的冲刷力很强,已经将很大一部分的硝化自养菌冲刷剥落。而旧炭的出水氨氮较新炭的出水氨氮要高出许多,这说明亚硝化菌与旧炭的结合力不及新炭,不足以抵抗外来的水力冲刷。

图 4-46(b)表明,反冲洗后的溶解氧消耗率均有不同程度的下降,这表明在反冲洗后,有相当的生物量被水流冲走,载体上好氧微生物数量减少,消耗的氧气量也明显减少。

图 4-46(c)表明,反冲洗后的 COD_{Mn} 去除效果差异不大,四根炭柱在反冲洗前后的去除率波动较小。反冲洗后活性炭有效的吸附部位得到恢复,吸附能力增强,同时生物的活性也得到加强,使 COD_{Mn} 的去除率维持在一个较高的水平上。

图 4-46(d)表明,反冲洗后的 UV_{254} 去除率较反冲洗前均有一定上升,这是由于冲洗将老化的生物膜剥落之后,原有活性炭上有效的吸附部位被空出来,可再次发挥吸附作用,加上降解有机物的生物数量并未明显减少,所以 UV_{254} 体现出了更高的去除率。

图 4-46(e)表明,反冲洗后的 DOC 去除率均有不同程度的增加,4 号炭柱为四根炭柱中最高。对反冲洗前后的生物量分析也表明,4 号炭柱的生物量在反冲洗前后的损失率最高。由此可见,虽然反冲洗减少了生物量,但生物膜的脱落腾出了更多的吸附位置。因此,4 号炭柱老化的易剥落的生物数量最多,在反冲洗后,吸附作用恢复到最大。

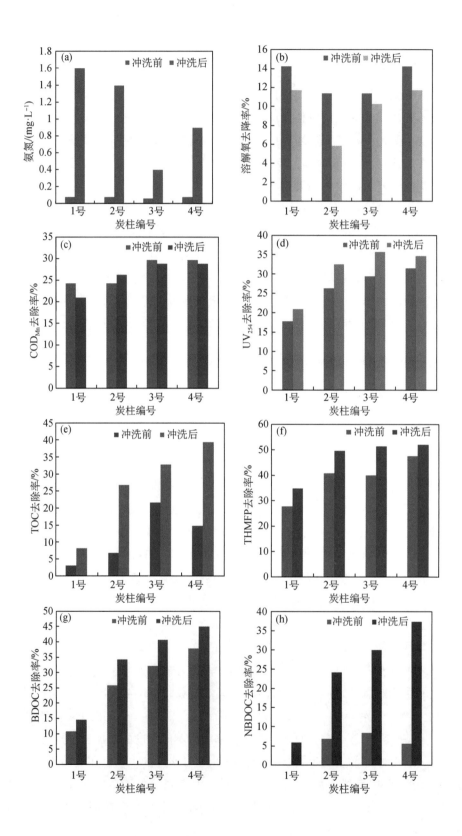

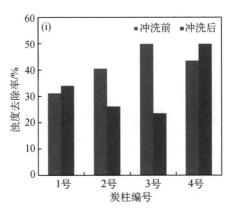

图 4-46 反冲洗对生物活性炭去除各种污染物的影响

图 4-46(f)表明,反冲洗后的 THMFP 去除率也有一定程度的提高,随着活性炭有效吸附位的增加,THMFP 的去除效果也随之提高。

图 4-45(g)表明,反冲洗后的 BDOC 去除率均提高了,说明总生物量虽然减少,但是生物活性反而加强了,生物降解作用更为明显。这再次表明反冲洗能使老化的生物膜脱落,提高了微生物获得营养物质的传质效率,增强其去除效果。

图 4-46(h)表明,NBDOC 在反冲洗前后变化明显。反冲洗前,1 号、2 号和 3 号炭柱分别按照旧炭比例的多少呈现相同的趋势。1 号炭柱的旧炭比例最高,所以有效的吸附位最低,反冲洗前已基本上没有吸附作用。2 号和 3 号炭柱在反冲洗前虽然还具有吸附作用,但是也比较微弱,这是因为生物活性炭柱都已进入以生物降解作用为主的运行后期。但是反冲洗后,四根炭柱的 NBDOC 的去除率均大幅度提升,活性炭柱的吸附作用均有很大程度的恢复,这再次证明反冲洗会将老化脆弱的生物膜冲刷下来,使得有效的吸附位被空出,使得活性炭的吸附作用得到恢复。

由此可见,反冲洗既能冲刷掉部分附着在活性炭上的生物膜,导致去除效果降低,但同时又能恢复活性炭的吸附能力,老化生物膜的去除也提高了微生物获得营养物质的传质效率,增强去除效果。

2. 生物量的变化

采用脂磷分析法测定生物量。脂磷分析法测定的是样品的生物总量。硝化细菌在滤池生物量中所占数量比例很小,所以测定结果并不能反映出硝化自养细菌的数量。

磷脂是所有细胞中生物膜的主要组分,在细胞死亡后很快分解,它在细胞中的含量约为 50 μmol/g 干重,不同生理-化学压力下的波动不超过 30%~50%。90%~98%的生物膜脂类是以磷脂的形式存在的,磷脂中的磷(脂磷,Lipid-P)含量很容易用比色法测定,可用它表示生物量。其生物量结果以 nmol Lipid-P/g 填料(或 nmol Lipid-P/mL 填料)表示,1 nmol P 约相当于大肠杆菌(E. Coli)大小的细胞 108 个。

从反冲洗前后的生物量变化来看,四根炭柱均有不同程度的损失。根据生物活性滤池中微生物的存在形式,可以将其分为附着微生物和悬浮微生物。有试验证明,附着微生物的量较大(占 80% 左右)且与滤料之间的结合力比较强;悬浮微生物约占总生物量的 20%,游离于滤料之间。

异养菌的主要作用是降解有机物(可用 COD_{Mn} 表示),它们的活性大小以及数量关系到水中有机物的去除效果。从图 4-47 可知,反冲洗前后有效降解有机物的异养细菌损失量并不大,其降解有机物的作用并未因水力冲刷而减弱,而生物量的降低主要是悬浮态的微生物受水力冲刷脱落所致,并且这些损失的悬浮态微生物对降解有机物的贡献不大,真正对有机物降解的异养菌大多为附着态,比较稳定的生态系统中的生物才是降解有机物的关键。

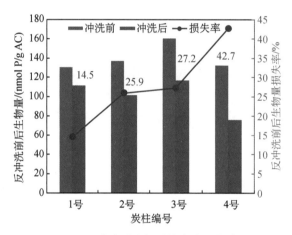

图 4-47　反冲洗对生物活性炭生物量的影响

一般而言,微生物活性是由基质浓度和微生物含量两个方面共同决定的。在进水基质浓度基本稳定的情况下,上层的微生物量损失大,那么总降解能力就会下降,这恰恰为下层微生物创造了相对较大的基质浓度,此时微生物活性将会有所提高。这就是 BDOC 在反冲洗后,对生物系统进行了水力冲刷后,去除率仍然上升的原因。

试验对炭柱的总生物量进行了测定,1 号炭柱生物的损失率低,2 号炭柱损失的生物量略低于 3 号炭柱的,但是反冲洗前后生物的损失率和 3 号炭柱接近。同时,旧炭比例的高低对生物量的大小略有影响,全新炭柱上的生物量比另外两根炭柱多。4 号炭柱不仅生物量不高,而且生物量的损失也较明显,相对于 3 号炭柱,4 号炭柱上的生物系统更无法抵抗水力冲刷。这再次说明前期吸附阶段表现优异的炭未必适应 O_3-BAF 的长期运行。以生物载体作用为主的活性炭,不仅要有好的吸附效果,更重要的是要为异养菌和硝化自养菌提供合适的生长环境。

4.10　新旧活性炭去除嗅味有机物

4.10.1　活性炭以及过滤装置

试验研究两种不同运行年限的生物活性炭对去除有机物和嗅味的影响,试验所用炭柱装置如图 4-48 所示,活性炭滤柱高 1.4 m,直径为 0.08 m,活性炭有效高度为 1.15 m,炭的体积为 5 L 左右。炭柱底端加入一定量的玻璃珠,作为炭柱的承托层。活性炭滤柱的水流流速为 300 mL/min,空塔接触时间为 18.5 min。

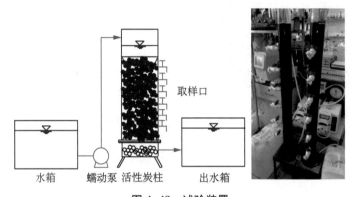

取样口

水箱　蠕动泵　活性炭柱　　出水箱

图 4-48　试验装置

试验中所用两种活性炭取自水厂的炭池,分别为运行 3 个月的新炭以及运行 6 年零 4 个月的旧炭,以下简称为新炭和旧炭,两种活性炭的基本参数如表 4-6 所示。

表 4-6　　　　　　　　　　　　两种活性炭的基本参数

基本参数指标	新炭	旧炭
运行时间	3 个半月	6 年零 4 个月
平均粒径/μm	800	800
堆积密度/(g·cm^{-3})	0.86	0.87
含水率/%	4.90	15.78

试验用水为水厂深度工艺的主臭氧出水,添加 GSM、2-MIB 各 25 μL 浓度为 100 mg/L 的母液(以甲醇配置)于 25 L 水样中,分别添加 β-环柠檬醛和 β-紫罗兰酮混合液 2.5 mL,1 mg/L 并储备液于 25 L 水样中,添加 4 种嗅味物质各 100 ng/L 的水溶液,摇匀,作为试验的进水水样。运行 30 min 后,取过滤高度分别为 15 cm、30 cm、45 cm、60 cm、75 cm、90 cm、115 cm 的水样,分析水样中嗅味、TOC、UV_{254}、BDOC、分子量分布和荧光光谱。

4.10.2 新旧炭柱去除有机物和嗅味的效果

新旧炭去除有机物的效果如图 4-49 所示。新炭去除 UV_{254} 的效果明显优于旧炭，但 TOC 的去除效果新炭略优，二者的差别很小。图 4-50 表明新旧炭去除 BDOC 的效果明显优于 NBDOC 的，且新炭的去除优于旧炭，但旧炭去除 NBDOC 的效果却略优于新炭。

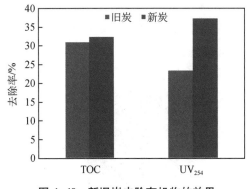

图 4-49 新旧炭去除有机物的效果

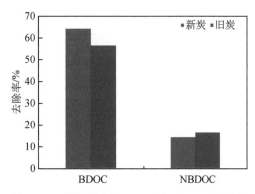

图 4-50 新旧炭去除 BDOC 和 NBDOC 的效果

新旧炭去除嗅味有机物的效果如图 4-51 所示。图 4-51 表明，新旧炭去除 β-环柠檬醛和 GSM 的效果很好，且它们的去除率相近；新炭可去除 90% 的 β-紫罗兰酮，明显优于旧炭的 60%；新旧炭去除 2-MIB 的效果均较差，但新炭的去除效果远优于旧炭的。

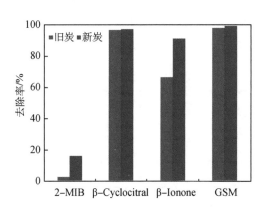

图 4-51 新旧炭去除嗅味有机物的效果

4.10.3 嗅味有机物随炭柱深度的去除效果

4 种嗅味物质随炭层深度变化及去除效果如图 4-52 所示。对于 β-环柠檬醛，新旧炭柱均对其有良好的去除效果。进水中 β-环柠檬醛的浓度为 145.72 ng/L，在过滤高度 15 cm 处旧炭的去除率达 61.55%，而新炭的去除率高达 96.07%。过滤高度 30 cm 处的 β-环柠檬醛可降至 5 ng/L 左右。对于 GSM，新炭表现出良好的吸附效果，在

15 cm 处,新炭就吸附了大部分 GSM,去除率高达 96%,随着过滤高度的增加,去除率接近 100%。旧炭吸附 GSM 的效果,随着过滤高度的增加而增加,去除效果与炭柱的高度有密切的关系,在 115 cm 处,去除效果与新炭无异。

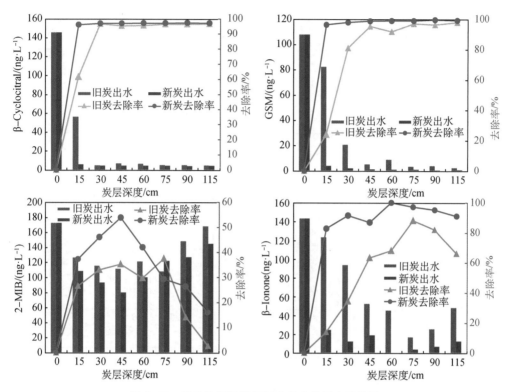

图 4-52　嗅味物质随炭层深度的变化及去除效果

2-MIB 的去除与 β-环柠檬醛和 GSM 表现出很大不同,如图 4-52 所示。不论是新炭柱还是旧炭柱,它们的去除效果随炭柱高度的变化规律相似,均为先上升后下降。新炭在 0~45 cm 高度,去除效果表现为逐渐增加,并在 45 cm 时达到最高,为 53%,随后迅速下降,在 115 cm 处降为 16%。旧炭在 75 cm 处增加到最高,为 35%,随后迅即下降,在 115 cm 处下降至 2.6%。

活性炭对 β-紫罗兰酮的去除效果不同于其他 3 种嗅味,它的去除效果随着炭柱高度的增加而增加。新炭在 15 cm 处的去除率达到 82%,随后缓慢增加,在 60 cm 处达到最高值,接近 100%,随后下降。旧炭的去除效果随着炭柱的高度缓慢增加,在 75 cm 处达到最高,为 88%。随后下降。

以上的结果表明,活性炭对不同的嗅味物质,去除效果差别较大,更重要的是,与活性炭的运行年限有密切的关系。活性炭去除 β-环柠檬醛的效果最好,而且运行年限对其去除基本没有影响,其次是 GSM,新炭的去除效果与 β-环柠檬醛的相似,但旧炭的去除效果与炭柱的高度有关。活性炭对 2-MIB 的去除效果最差,而且旧炭几乎没有去除效果。

图 4-53 表明,无论是新炭还是旧炭,β-环柠檬醛在炭层 30 cm 处就完成了去除,去除率接近 100%;GSM 的去除与 β-环柠檬醛的相似,去除在深度 50 cm 处完成,去除率也接近 100%。在去除完成之前,新炭的去除效果优于旧炭。当深度小于 60 cm,β-紫罗兰酮的去除效果随深度增加而增加,新炭的去除效果明显优于旧炭。当深度大于 60 cm,去除率反而下降。β-紫罗兰酮的去除率低于 β-环柠檬醛和 GSM。活性炭去除 2-MIB 的效果最差,去除随深度的变化趋势与 β-紫罗兰酮的相似,但去除效果明显劣于 β-紫罗兰酮,且深度超过 40 cm 后,去除率明显下降,旧炭最后出水的去除甚至接近零。

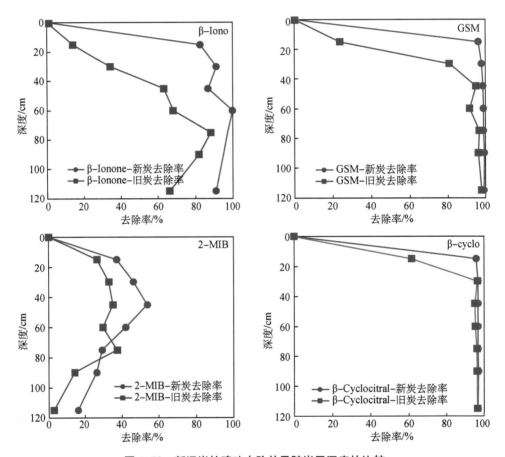

图 4-53 新旧炭柱嗅味去除效果随炭层深度的比较

4.10.4 新旧炭柱去除 DOC 和 UV$_{254}$ 的效果

新旧炭柱去除有机物的效果如图 4-54 所示。在炭柱高度 15～60 cm 段,新炭去除 DOC 的效果优于旧炭;而在 60～90 cm 段,旧炭去除 DOC 的效果优于新炭,在 115 cm 处,新旧炭去除 DOC 的效果几乎相同,均在 30% 左右。

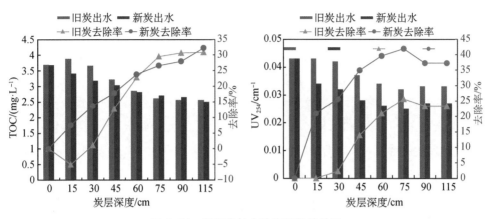

图 4-54 新旧炭柱去除有机物的效果

UV$_{254}$ 的去除随炭柱深度的变化明显不同于 TOC。新炭的去除率始终高于旧炭。随着炭柱深度(15～75 cm)的增加,去除率逐渐增加,新旧炭在 75 cm 处的去除率分别为 41.86%和 25.58%。随着高度的继续增加,去除率略微降低,新旧炭的去除率分别降为 37.21%和 23.26%。

4.10.5 新旧炭柱去除 BDOC 和 NBDOC 的效果

如图 4-55 所示,新炭柱和旧炭柱去除 BDOC 的效果均随着炭柱深度的增加而增加,而且旧炭柱的去除还略优于新炭。至 75 cm 处,新炭柱和旧炭柱的 BDOC 的去除率分别为 53.56%、61.22%。随后的旧炭柱的去除率下降,而新炭柱仍然保持增加的趋势,至 115 cm 处的新炭柱和旧炭柱对 BDOC 的去除率分别为 64.10%和 56.42%。

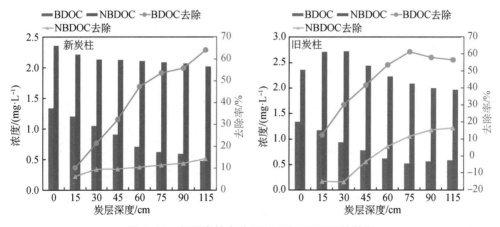

图 4-55 新旧炭柱去除 BDOC 和 NBDOC 的效果

新炭柱去除 NBDOC 的效果,随着炭柱的高度增加而缓慢增加,115 cm 处的去除率仅为 15%,远低于 BDOC 的 64%。旧炭柱的去除率在 15～30 cm 为负值,表明水中的

NBDOC 没有降低,反而增加;继而去除率大幅上升,其负值减少,并在 60 cm 处出现了正值并逐渐增加,在 115 cm 处甚至超过了新炭柱。旧炭柱对 NBDOC 去除随炭柱高度的变化可解释为:最上层的活性炭吸附饱和,当进水先接触上层的活性炭时,一些已被吸附的有机物浓度高于进水中的有机物浓度,因而产生了解吸,导致出水的 NBDOC 的增加。进入炭柱的下层,活性炭尚未饱和,使得 NBDOC 的去除率增加(图 4-56)。

新旧炭柱去除 TOC 和 UV_{254} 的效果随深度变化的比较如图 4-57 所示。在整个炭层的深度,新炭去除 TOC 和 UV_{254} 的效果均优于旧炭。图 4-57 还表明,当炭层深度超过 80 cm 时,去除 TOC 和 UV_{254} 的效果将不再增加。

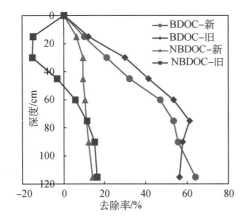

图 4-56　新旧炭柱去除 BDOC 和
　　　　 NBDOC 的比较

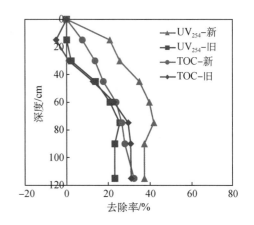

图 4-57　新旧炭柱去除 TOC 和 UV_{254}
　　　　 的效果随深度变化的比较

将旧炭柱的 NBDOC 和 2-MIB 的去除率随炭柱高度的变化合并进行比较,如图 4-58 所示,我们观察到其变化规律类似于 BDOC 与 NBDOC 的去除率的关系,由此可以解释 2-MIB 的去除随炭柱高度变化。在炭柱的最上层,活性炭优先吸附 2-MIB,大多数 NBDOC 的吸附在炭柱的下层完成,并与 2-MIB 产生竞争吸附,导致 2-MIB 的去除率大幅下降。

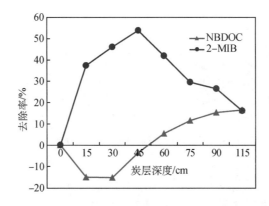

图 4-58　旧炭柱的 NBDOC 和 2-MIB 的去除率比较

4.10.6　荧光光谱

新旧炭柱去除荧光响应总强度的效果如图 4-59 所示。由图可知,新炭柱的去除效果明显优于旧炭柱,此外,在炭柱高度 45 cm 后的去除率基本保持不变。

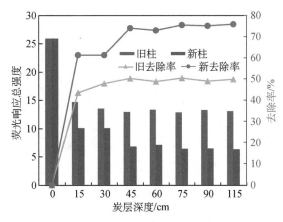

图 4-59　新旧炭柱去除荧光响应总强度的效果

新旧炭柱去除各区域荧光响应强度的效果如图 4-60 所示。由此可见,新炭柱去除 B 区的效果最佳,其次为 T 区,A 区和 C 区的效果基本相同且最差。旧炭柱去除各区荧光响应强度效果的排序与新炭柱的一致,但效果明显劣于新炭柱。新炭柱去除 B 区的荧光强度,在炭柱高度 45 cm 时就基本完成,随后炭柱高度的增加,但去除效果基本保持不变,而 T 区的去除率仍有缓慢的增加。A 区和 C 区的去除率在炭柱高度 15 cm 时即达到 40%,随后缓慢增加至 115 cm 时的 60%。旧炭柱去除与炭柱高度的变化,T 区,A 区和 C 区的基本与新炭柱的相似,但 B 区却与新炭柱有所不同。45 cm 后的去除率呈略微下降的趋势。B 区域反映蛋白质,T 区域反映微生物降解物质,A 区域和 C 区域反映了富里酸和腐殖酸。因此,生物活性炭去除蛋白质的效果最好,其次为微生物降解物质,富里酸和腐殖酸的去除效果较差。

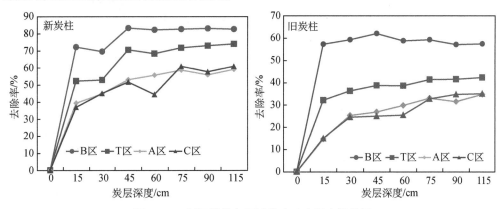

图 4-60　新旧炭柱各区域荧光响应强度的效果

图 4-61 为各区域荧光强度所占比例随新旧炭柱高度的变化。新炭柱的 B 区比例下降，T 区基本不变，A 区增加而 C 区略有增加。旧炭柱的 B 区比例在 15 cm 处明显下降，但在 45 cm 后缓慢增加。

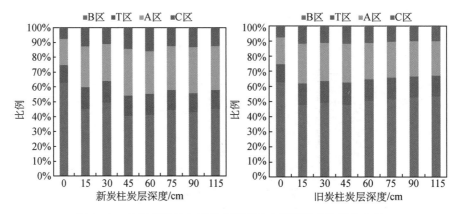

图 4-61　新旧炭柱的三维荧光不同响应区域强度比例的变化

4.10.7　分子量分布

活性炭层不同深度的分子量分布变化如图 4-62 所示。图 4-62 表明，随着炭层深度的增加，分子量的 UV 响应呈逐渐下降的趋势；新炭较之旧炭，下降的幅度更大。

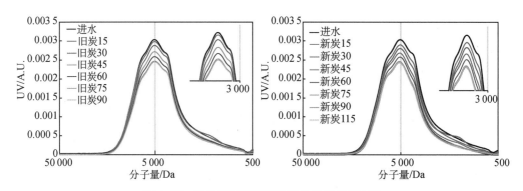

图 4-62　活性炭层不同深度的分子量分布变化

4.10.8　实际水厂新旧活性炭去除嗅味物质

新炭池运行 0～3 个月，旧炭池已经运行 6 年，新旧炭去除嗅味的效果如图 4-63 所示。新炭可将嗅味全部去除，2-MIB 和 β-紫罗兰酮均未检出。随着运行时间，去除率逐渐下降，出水的嗅味逐渐增加。新炭对 2-MIB 和 β-紫罗兰酮，去除效果也表现出了不同。2-MIB 的去除率随着运行时间明显下降，从刚换新炭的 100% 迅速下降，到 106 天时为负值；β-紫罗兰酮始终保持很高的去除率，除了运行 55 天跌到 60% 外，其余均保持在 100%。对于运行 6 年的旧炭,嗅味的去除远低于新炭。2-MIB 的去除,除了 55 天的 20% 左右的去除率,其余均表现为负值,β-紫罗兰酮的去除明显优于 2-MIB。由此可见,无论是新炭还是旧炭,β-紫罗兰酮的去除明显优于 2-MIB。

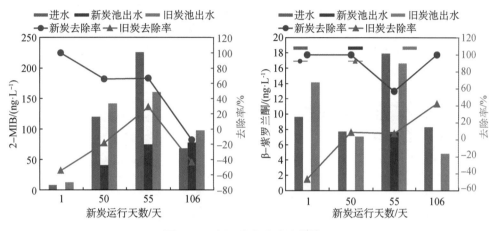

图 4-63　新旧炭去除嗅味的效果

4.11　臭氧生物活性炭的预处理

4.11.1　预处理的目的

臭氧生物活性炭必须采用预处理,首要目的是去除浊度。浊度物质会沉积在活性炭表面并包裹住活性炭,堵塞孔隙,从而极大地影响活性炭的吸附性能,因而必须被去除;其次是去除有机物,在进入活性炭之前尽量降低有机物负荷,从而延长活性炭的运行周期。臭氧生物活性炭通常前置混凝-沉淀-砂滤,形成常规-臭氧生物活性炭的深度处理工艺。前置混凝、沉淀和砂滤去除了部分有机物,从而减轻活性炭的负担,延长了更换周期,降低制水成本。因此,当预处理去除有机物的量增多时,活性炭吸附的量也减少了。活性炭前面通常设置砂滤,来保障活性炭去除有机物的效果。

由于炭床出水中有细菌和微生物,为了保障饮用水的生物安全,将炭床前面的砂滤置于炭床的后面,此时的炭床通常采用上流式,以避免炭床过滤阻力的大幅增加。

4.11.2　预处理去除有机物对后续活性炭的影响

混凝剂投加量 50 mg/L,前后臭氧投加量 0.5~2.5 mg/L,对于 5 种前后臭氧投加量的组合,去除有机物的效果在 82%~85% 范围内(图 4-64);去除 UV_{254} 的效果在 89%~96% 范围内(图 4-65)。前后臭氧投加量的变化对于各个处理环节的去除效果的影响似乎没有规律可循,但是,如果将工艺流程分为常规(前臭氧-混凝沉淀-砂滤)和深度(后臭氧-生物活性炭)两部分,则呈现出了某种规律性。由图 4-64 和图 4-65 可见,随着前后臭氧投加量的变化,当常规工艺去除效果降低时,则深度工艺提高,COD_{Mn} 和 UV_{254} 均呈现出这种规律性。这种规律性表明,当常规工艺去除效果下降时,深度工艺的去除效果提高,反之亦然。这样的变化结果使得整个工艺流程的去除效果保持在一定的范围内。这说明活性炭去除的有机物也能为常规的混凝沉淀去除,因此,应该尽量提高常规工艺去除有机物,这样可以降低进入活性炭的有机物负荷,从而延长活性炭的运行周期。

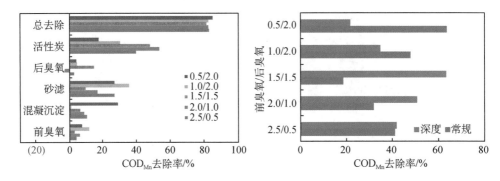

图 4-64 工艺参数变化对 COD_{Mn} 的影响

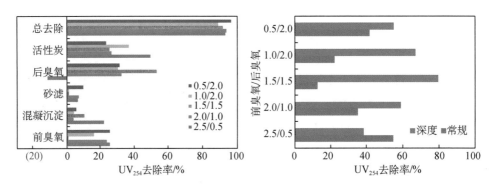

图 4-65 工艺参数变化对 UV_{254} 的影响

4.11.3 超滤作为预处理的臭氧生物活性炭工艺

目前,臭氧生物活性炭的预处理全部采用常规工艺,这样的预处理的不足在于工艺流程太长,占地面积太大,其次是常规工艺虽然可以去除大部分的浊度物质,但仍有少量的浊度无法去除,从而对后续的活性炭吸附产生影响。超滤作为预处理的优点是可以极大降低浊度,从而保证了活性炭的吸附性能,其次是大大缩短了工艺流程,占地面积大为减少。这样的工艺可称为"短流程的臭氧生物活性炭工艺"。

1. 试验工艺流程

常规-臭氧生物活性炭工艺流程如图 4-66 所示。处理水量 0.88 m³/h,混凝采用三段式机械搅拌,搅拌浆线速度分别为 0.5 m/s、0.2 m/s、0.1 m/s。混凝剂采用聚合氯化铝,投加量为 50 mg/L。沉淀采用斜管沉淀,沉淀负荷 7 m³/(m² · h),沉淀时间为 1.5 h。砂滤柱高为 1.5 m,直径为 0.4 m,滤速为 7 m/h。臭氧投加量为 1 mg/L,臭氧接触时间为 15 min。活性炭柱高 2 m,直径为 0.4 m,炭层高为 1.8 m,滤速为 7 m/h,空塔接触时间为 12 min。

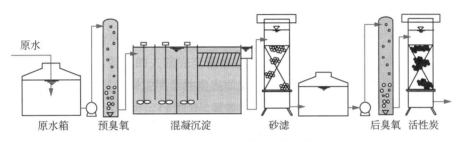

图 4-66　常规-臭氧生物活性炭工艺流程

超滤-臭氧生物活性炭的工艺流程如图 4-67 所示。臭氧接触柱和活性炭柱高均为 1.8 m,直径为 0.2 m,材质为 PE。超滤膜材质为聚醚砜,内压式,膜面积为 6.5 m²。膜的运行采用直接过滤和在线混凝。混凝剂投加量为 4 mg/L(以 Al^{3+} 计)。

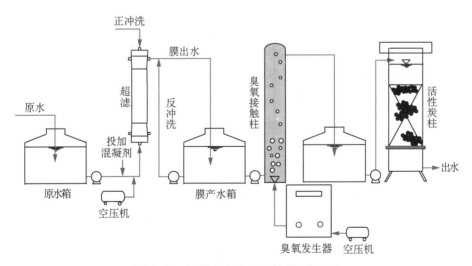

图 4-67　超滤-臭氧生物活性炭工艺流程

活性炭采用煤质颗粒活性炭,其性能如表 4-7 所示。

表 4-7 活性炭参数

项目	特性	项目	特性
强度	≥95	均匀系数(K60)	≤1.9
碘值	≥1 050	比表面积/$(m^2 \cdot g^{-1})$	≥1 050
粒度/mm	0.6—2.5	亚甲蓝值	≥200
孔容积/$(cm^2 \cdot g^{-1})$	≥0.65	苯酚吸附量	≥140

2. 原水水质

试验的原水为东太湖水,试验期间的主要水质如表 4-8 所示。

表 4-8 原水水质

项目	最小值	最大值	平均值
pH 值	7.4	8.7	7.98
浊度/NUT	20	178	56.2
氨氮/$(mg \cdot L^{-1})$	0.07	0.31	0.15
COD_{Mn}/$(mg \cdot L^{-1})$	3.11	5.36	3.89
UV_{254}/cm^{-1}	0.041	0.064	0.051
TOC/$(mg \cdot L^{-1})$	2.13	3.44	2.89
藻类/$(万个 \cdot L^{-1})$	76	292	110

3. 各种污染物的去除效果

两种工艺去除各种污染物的效果如图 4-68 所示。由图可见,采用超滤-臭氧生物活性炭处理工艺去除叶绿素 a,去除率接近 90%;常规-臭氧生物活性炭主要由混凝沉淀完成,去除率不足 80%。对于藻类的去除,两种工艺也呈现出相似的趋势。对于有机物 TOC、COD_{Mn} 以及 UV_{254} 的去除,常规均优于超滤,但后续的活性炭(超滤)的去除效果却优于活性炭(常规),表明超滤的前置有利于活性炭对有机物的去除。两种工艺对于各种污染物的总去除效果比较如图 4-69 所示,超滤-臭氧生物活性炭对各种污染物的去除效果均优于常规-臭氧生物活性炭。

4. AOC 和 BDOC 的去除

两种工艺去除 AOC 的效果如图 4-70 所示。对于常规-臭氧生物活性炭处理工艺,预臭氧和后臭氧均造成了 AOC 的大幅增加,尽管活性炭可有效去除 AOC,但仍导致出水的 AOC 增加,甚至超过了原水中的量。对于超滤-臭氧生物活性炭,超滤可有效去除

AOC,去除率高达 80%。太湖原水的 AOC 与其浊度高度相关,这是由于浊度物质有许多的藻类,而藻类是 AOC 的前体物。尽管后续臭氧大幅提高了 AOC,但由于超滤大幅降低了 AOC,活性炭出水仍远低于常规-臭氧生物活性炭。

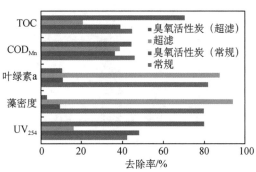

图 4-68 去除各种污染物的效果

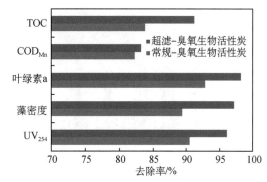

图 4-69 各种污染物的总去除效果比较

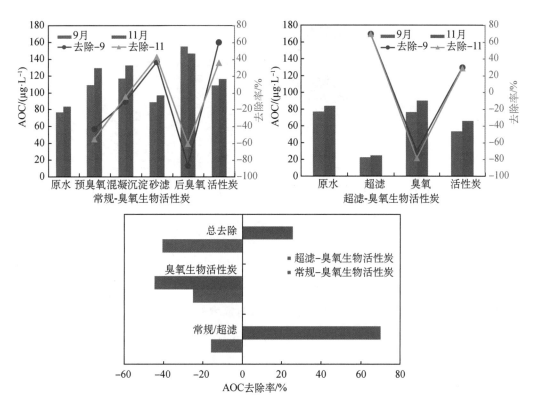

图 4-70 去除 AOC 的效果

两种工艺去除 BDOC 的效果如图 4-71 所示。对于常规-臭氧生物活性炭,预臭氧和后臭氧均造成 BDOC 的大幅增加,但混凝沉淀和活性炭,甚至砂滤均可有效去除 BDOC,因而工艺的去除效果高达 90%。对于超滤-臭氧生物活性炭,超滤也可有效去除,但相比于常规的略低些;臭氧生物活性炭的去除效果与常规-臭氧生物活性炭的相似。就总去除效果而言,常规-臭氧生物活性炭较超滤-臭氧生物活性炭的略高。

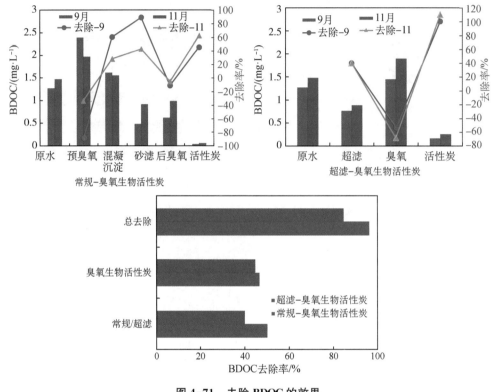

图 4-71 去除 BDOC 的效果

由此可见,超滤-臭氧生物活性炭工艺有利于 AOC 和 BDOC 的控制,其原因在于超滤有效去除了 AOC 和 BDOC 的前体物。

5. 消毒副产物

两种工艺去除三卤甲烷的效果如图 4-72 所示。由图 4-72 可知,三氯甲烷的生成潜能最多,其次为一溴二氯甲烷和二溴一氯甲烷,最少的为三溴甲烷。图 4-72 表明,在常规-臭氧生物活性炭的流程中,三溴甲烷逐渐增加。对于常规-臭氧生物活性炭工艺的三溴甲烷增加,许多研究进行了这方面的探讨,这种增加的现象与流程中的 Br/DOC 的变化有关。由于 DOC 逐渐降低而 Br 的浓度不变,因而 Br/DOC 逐渐增加。当水中有溴离子时,氯首先与溴反应生成次溴酸,次溴酸继而与有机物反应生成三溴甲烷。在超滤-臭氧生物活性炭工艺中,经活性炭后的三溴甲烷浓度大幅下降,这使得出水的浓度远低于常规-臭氧生物活性炭工艺效果。

图 4-73 表明,超滤-臭氧生物活性炭去除三氯甲烷,一溴二氯甲烷以及二溴一氯甲烷的效果均明显优于常规-臭氧生物活性炭;对于三溴甲烷,常规-臭氧生物活性炭出水

的浓度非但没有降低,反而大幅度增加;虽然超滤-臭氧生物活性炭也出现了增加,但其幅度远小于常规-臭氧生物活性炭。

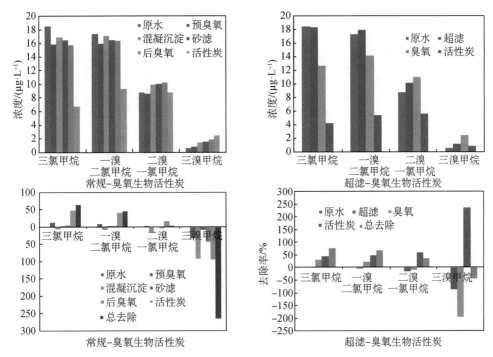

图 4-72 两种工艺的三卤甲烷浓度变化以及去除效果

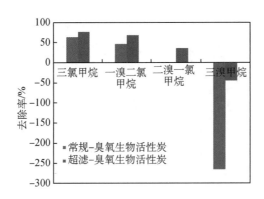

图 4-73 两种工艺三卤甲烷总去除效果的比较

两种工艺流程的卤乙酸变化以及去除效果如图 4-74 所示。对于常规-臭氧生物活性炭工艺,预臭氧均造成卤乙酸的增加,其中的二氯乙酸尤为明显,其次为三氯乙酸。混凝沉淀后的卤乙酸不但没去除,反而造成它们的增加,后臭氧和活性炭有去除效果,特别对于二氯乙酸,去除效果显著。对于超滤-臭氧生物活性炭工艺,超滤和臭氧会造成卤乙酸的增加,但活性炭的去除效果显著。图 4-75 表明,超滤-臭氧生物活性炭去除卤乙酸的效果优于常规-臭氧生物活性炭,特别对于一溴乙酸和二溴乙酸,效果尤为显著。

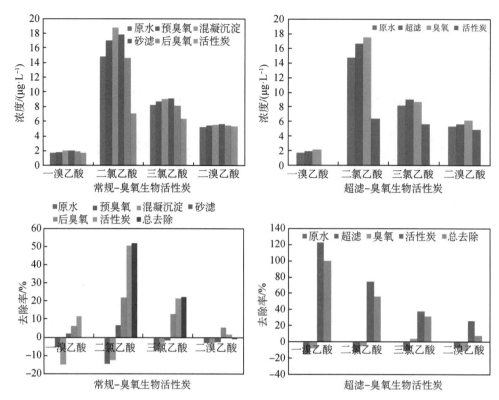

图 4-74　两种工艺流程卤乙酸的变化以及去除效果

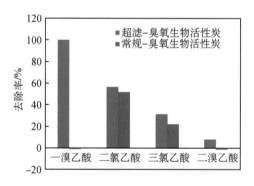

图 4-75　两种工艺卤乙酸去除效果的比较

6. 三维荧光

两种工艺处理过程的三维荧光变化如图 4-76 和图 4-77 所示。太湖原水的荧光响应主要在区域 B 和区域 T, 分别反映蛋白质类和微生物代谢产物。图 4-76 表明, 预臭氧、混凝沉淀和砂滤均不对荧光响应强度有影响, 但经后臭氧后, 荧光强度明显下降, 活性炭不仅进一步降低了强度, 而且荧光响应的范围也大为缩小, 区域 T 的响应甚至消失。图 4-77 表明,超滤和臭氧对荧光响应的范围和强度非常有限,活性炭大为降低和缩小荧光响应的强度和范围。

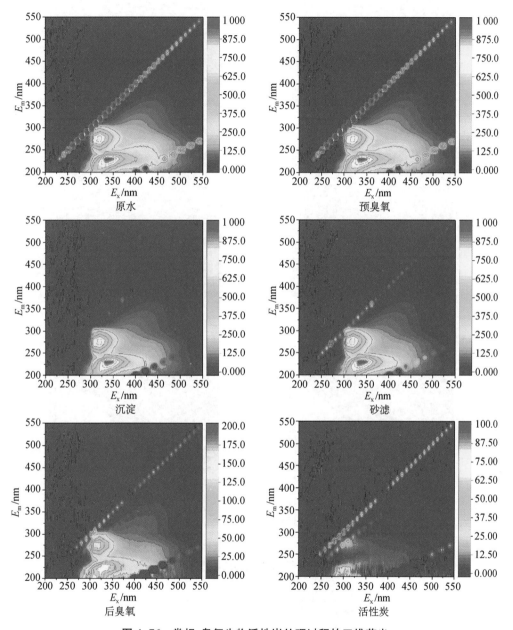

原水　　　预臭氧

沉淀　　　砂滤

后臭氧　　　活性炭

图 4-76　常规-臭氧生物活性炭处理过程的三维荧光

通过平行因子的分析,试验的太湖水有 3 个荧光因子组分,如图 4-78 所示。组分 1 有 2 个荧光响应,分别为 E_x226/E_m336 和 E_x276/E_m320,分别反映芳香族蛋白质和溶解性微生物产物;组分 2 的荧光响应在 E_x238/E_m348,反映生物相关的蛋白质;组分 3 的荧光响应在 E_x250/E_m410,反映富里酸和陆源腐殖类。

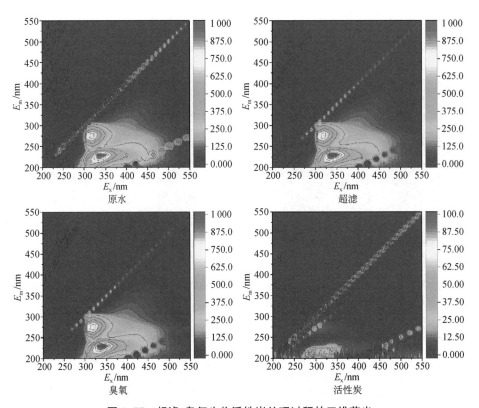

图 4-77　超滤-臭氧生物活性炭处理过程的三维荧光

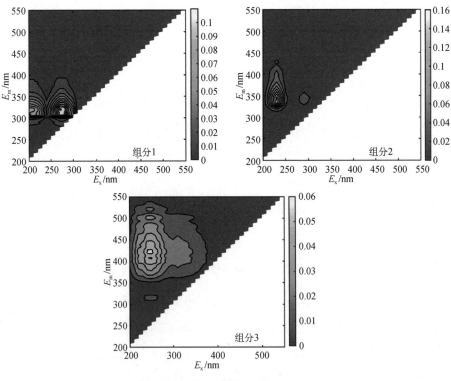

图 4-78　荧光因子组分

　　两种工艺对 3 个荧光因子组分的去除如图 4-79 所示。由图 4-79 可见,组分 1 和组分 2 的荧光响应强烈,而组分 3 的响应微弱,表明太湖水的有机物主要由蛋白质和微生物代谢产物所构成。超滤-臭氧生物活性炭去除的效果均达到 95%,明显优于常规-臭氧生物活性炭的 85%。常规-臭氧生物活性炭的常规工艺去除组分 1 和组分 2 几乎没有效果,但对组分 3 有较为显著的去除。该工艺的后臭氧对 3 个组分均表现出很好的去除效果,后续的活性炭工艺进一步提升了去除效果。超滤-臭氧生物活性炭的超滤工艺和臭氧工艺对于 3 个组分均没有去除作用,几乎所有的去除均由活性炭完成。

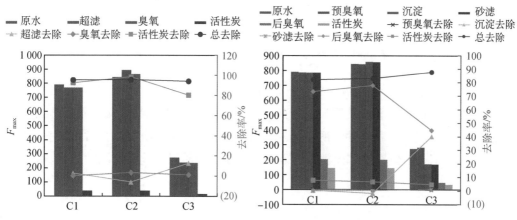

图 4-79　两种工艺的各组分 F_{max} 响应值以及去除

7. 分子量分布

　　两种工艺处理过程的分子量分布变化如图 4-80 和图 4-81 所示。图 4-80 表明,常规处理对小分子有一定程度的去除,后臭氧进一步去除小分子,但活性炭去除小分子的效果较差。超滤-臭氧生物活性炭工艺的分子量分布变化有所不同,如图 4-81 所示。超滤去除小分子的效果非常有限,但臭氧去除效果明显,活性炭进一步有效地去除了小分子。

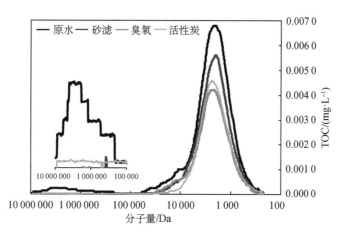

图 4-80　常规-臭氧生物活性炭的分子量分布变化

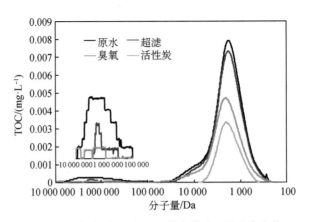

图 4-81　超滤-臭氧生物活性炭的分子量分布变化

综上所述,通过常规-臭氧生物活性炭和超滤-臭氧生物活性炭的深度处理工艺比较,可知后者去除藻类和浊度明显优于前者,虽然超滤去除有机物方面略逊于常规处理工艺,但后续的臭氧生物活性炭的去除提升,这可能是由于超滤的绝对截留作用去除了绝大部分的悬浮固体(浊度和藻类),有效避免了浊度物质对后续活性炭的干扰,从而有效提升了活性炭的吸附作用。

第5章 饮用水的生物稳定性

饮用水的生物稳定性是指饮用水中有机营养基质能支持异养菌生长的潜力,即当营养物质成为异养菌生长的限制因素时,水中的营养基质支持异养菌生长的最大可能性,可以用限制微生物生长的营养物质浓度表示,主要体现为水中的营养基质同其他多种因素一起导致管网中微生物大量生长繁殖,对水质造成不利影响,对人体健康和输水安全构成威胁。

5.1 管网中微生物再生长的影响因素

管网中微生物的再生长会引起下列问题:

(1)营养基质促进细菌等微生物繁殖,在输配水管道管壁易形成以细菌为主体的生物膜,膜的老化和脱落将引起用户水的嗅、味、色度的问题。

(2)管网中再生长的细菌对消毒剂的抵抗能力往往有所增强,不易被消毒剂杀灭,并有可能检出病原菌,为维持对管网细菌的杀灭作用,往往需增加加氯量,由此导致氯化消毒副产物的增加。

(3)由于细菌在管网壁形成生物膜,会促进电化学腐蚀,增加动力消耗,减小输水能力,缩短管网服务年限。

管网微生物再生长的影响因素,主要包括温度、营养、消毒剂浓度、腐蚀和水力条件等。

1. 温度

温度是影响微生物生长最重要的因素。水温能够直接或间接影响所有其他的对细菌生长有影响的因素,例如微生物的生长速率。研究发现,水温在15℃以上时微生物活动显著加快。水温升高不但会加快细菌生长速率,还会延长对数生长期和提高产率系数,大肠埃希氏菌和其他肠道菌尽管能在5~45℃范围生长,但水温低于20℃时其生长很缓慢。

2. 营养

微生物生长必须靠营养基质的支持,以合成细胞物质和满足生长能量。对异养菌来说,这些营养包括氮、磷、碳以及其他微量元素。异养菌对碳、氮、磷的利用比例为100:10:1,故普遍认为有机碳是细菌限制性生长因子。因此,减少水中有机碳的含量对控制异养菌的生长至关重要。

3. 余氯

出厂水通过加氯或氯胺消毒并保持管网内有一定的余氯以控制细菌生长是目前普遍采用的方法。氯或氯胺消毒的原理是破坏细胞膜、酶系统、蛋白质。在氯消毒过程中部分细菌或大肠杆菌在管网中能修复,重新生长。自由氯在水中容易分解,而且即使保持较高的自由氯(3~5 mg/L)仍难以完全抑制生物膜的形成;氯胺在 3~4 mg/L 时也难以控制铁管中生物膜的生长。此外,加氯量过高会引起氯化消毒副产物的生成,使饮用水中"三致"物质增加,对人体健康造成威胁。因此仅靠增加余氯来控制管网细菌生长显然是不可取的。

4. 颗粒物、腐蚀和沉淀

由于饮用水的贫营养环境,微生物在管壁或胶体颗粒物上的附着生长比在水溶液中的悬浮生长更占优势,这是因为:

(1)大分子物质容易在固液表面沉积,构造出一个营养相对丰富的微环境。

(2)即使管网中有机物浓度较低但高速度水流能输送较多的营养到固定生长的生物膜表面。

(3)胞外分泌物能为细菌生长摄取营养物质。

(4)固定生长的细菌能有效躲过管网余氯的杀伤。

(5)边界层效应使管壁处水流冲刷作用减小。

研究发现,铁管表面能保护附着细菌不受自由氯的干扰,管壁腐蚀能降低消毒剂的消毒效率。出厂水中残留的铁或铝能形成含水絮状物并沉积在管壁处,为微生物生长提供场所,保护细菌免受消毒剂的伤害。

5. 水力因素

管网中水流速度对微生物再生长有以下几个方面的影响:增加流速可以将更多的营养基质从管壁带出,传递更多余氯,并利用水力剪切力去除更多的管壁生物膜;水流停滞的死水区由于余氯消失,往往导致微生物的生长、水质恶化;水流骤开骤停能使管壁生物膜冲刷下来,水流中细菌量急剧上升。

5.2 饮用水生物稳定性评价指标的研究进展

可生物降解有机物(Biodegradable Organic Matter,BOM)是管网中微生物再生长

的主要原因。饮用水生物稳定性评价指标主要有三类：

（1）有机碳控制因子：包括可生物降解溶解性有机碳（Biodegradable Dissolved Organic Carbon，BDOC）和可同化有机碳（Assimilable Organic Carbon，AOC）。

（2）磷控制因子：可生物利用磷（Microbially Available Phosphorus，MAP）。

（3）综合控制因子：包括杆菌生长响应（Coliform Growth Response，CGR）和细菌生长潜力（Bacterial Regrowth Potential，BRP）等。

仅以单独指标来评价饮用水的生物稳定性是不全面的，研究各因子对饮用水生物稳定性的共同影响和相互限制，对提高饮用水安全性有重要意义。

1. 可生物降解溶解性有机碳（BDOC）

BDOC 表示水中被异养菌利用（包括无机化和合成细胞体）的溶解性有机物，是水中细菌及其他微生物新陈代谢的物质和能量来源，构成 BDOC 的有机物中 75％为腐殖质，30％为碳水化合物，4％为氨基酸，就相对分子量而言，BDOC 中有 30％的部分超过 100 kDa。BDOC 的测定方法有悬浮培养法和动态循环法两种。悬浮培养法是先将待测水样经 2 μm 的滤膜过滤去除微生物，然后接种一定量的同源细菌，在恒温条件下培养 20 d，培养前后水样中溶解性有机碳（Dissolved Organic Carbon，DOC）的差值即为 BDOC，其优点是测试技术比较成熟、操作简单，缺点是当 DBOC 浓度较低时，分析灵敏度不高。动态循环法则是让待测水样不断循环并通过具有生物活性的颗粒载体，使水中可被生物降解的有机物充分分解，在此过程中隔一定时间测水样 DOC 值，直至反应器出水的 DOC 值保持恒定或达到最低值，最初与最低的 DOC 值之差即为 BDOC。

2. 可同化有机碳（AOC）

AOC 是指水中能直接被细菌利用、同化成细胞体的那部分有机物，其含量通常仅占总有机碳含量的 0.1％～9.0％，相对分子量大多在 10 kDa 以下。AOC 的生物测定方法由荷兰教授 van der Kooij 首创，在待测水样中接种纯种细菌，通过平板计数，测定其生长稳定期的细菌数，再经产率系数换算求得水样中 AOC 的浓度。AOC 生物测定法是一种间接测定方法，并没有直接测定水中有机物的浓度，而是以生物法测定细菌的菌落数作为试验参数。研究发现，出厂水中 AOC 浓度与管网水中异养菌的几何平均值存在显著的相关性。出厂水的 AOC 浓度和水源水质相关，原水 AOC 浓度较低的出厂水和管网水中 AOC 也相对较低；管网水中的 AOC 浓度受到余氯和微生物活性双重影响，其浓度一般随管网延伸先增加而后减小，AOC 下降最多时细菌数量也最多。

3. 磷控制因子

1996 年，Miettinen 等发现芬兰的饮用水中微生物生长与 AOC 的相关性非常差，而磷对水中某些微生物具有限制作用。Lehtola 等在 AOC 测定方法的基础上，利用

P17 菌株与水中磷含量的相关性,发明了水中可生物利用磷的测定方法,其特点是采用正磷酸盐溶液作为标准溶液,并向标准溶液和待测水样中添加乙酸钠和除磷以外的无机盐以保证磷成为细菌生长的唯一限制因子。研究表明,当管网水中 MAP 的浓度在 $1\sim3$ $\mu gPO_4^{3-}/L$ 时,磷成为配水系统中细菌再生长的限制因子;实际管网不加氯条件下,MAP 含量低于 0.7 $\mu gPO_4^{3-}/L$ 时,饮用水有可能实现生物稳定。

4. 综合控制因子

(1) 杆菌生长响应(CGR)。1990 年,Rice 等提出了一个表示水中营养基质对杆菌生长促进能力大小的指标,称作杆菌生长响应,用杆菌的对数生长速率来表示。他们分别研究了水源水、各工艺单元出水和出厂水的 CGR,选用 *Enterobacter Cloacae* 系列的 3 个菌种在 20℃黑暗条件下培养 5 d,然后测定细菌浓度并与初始细菌浓度比较,结果发现 CGR 和 AOC 之间具有明显的正相关性。

(2) 细菌生长潜能(BRP)。1999 年,Sathasiva 等首次提出了细菌生长潜能这一指标,其测定方法是以水样中的同源微生物为接种,经过适当的培养来进行计数,以细菌浓度(CFU/mL)来表示水样中有机物在不同的无机限制因子条件下支持细菌再生长的潜力。该方法操作简单,无需使用纯种菌,且只要常规仪器就可完成操作。叶林等对 BRP 测定方法进行了优化,以原水作为接种液来源,接种液 20℃培养 5 d,以 R₂A 培养基平板计数;并以 BDOC 为参考进行了对照试验,发现 BGP 与 BDOC 具有较好的相关性,在我国一般给水厂的试验条件下可以作为评价生物稳定性的参考指标。

5.3 AOC 检测方法的研究进展

1. 传统的 AOC 测定方法及其改进

AOC 的生物测定方法由 van der Kooij 于 1982 年首先提出,经过不断改进和完善,已成为国际上认可的标准测定方法,也称为经典测定法。经典测定法采用巴氏灭菌法灭活待测水样中的土著微生物,然后将测试纯种细菌荧光假单胞菌(*Pseudomonads fluorescent* P17)和螺旋菌(*Spirillum* NOX)接入水样中并在 15℃下培养,使其生长达到稳定期,即最大浓度,并采用平板涂布法对菌落计数。根据两种试验菌株 P17 和 NOX 各自在标准浓度的乙酸碳溶液中的产率,即 $Y(P17) = 4.1 \times 10^6$ CFU/μgC,$Y(NOX) = 1.2 \times 10^7$ CFU/μgC(亦称为经典产率),将待测水样的最大菌落数换算为 AOC 浓度。该方法假定微生物在生长稳定期时的数量是最大生长量,微生物依靠水样中营养物质进行生长,并且假定乙酸碳必然等价于水中的 AOC 浓度。AOC 单位为 μg 乙酸碳/L,简化为 μg C/L。

由于经典测定法操作步骤复杂,培养时间较长,不利于推广应用,因此美国学者 Kaplan 等对其进行了改进,通过详细研究 AOC 测定过程中影响测定结果的诸多因素,如培养瓶的体积和比表面积、培养基种类、细菌计数方式、水样预处理方式、培养温度和时间等,并经不断完善,最终建立了美国《水和废水检验标准方法》(第 20 版)中的 AOC 生物修订法。该法采用 40 mL 容积的硼硅玻璃瓶代替经典测定法中具塞锥形瓶,并将培养时间由 15 d 缩短到 7 d,简化了测定步骤,提高了可推广性。该方法在美国和欧洲一些国家应用普遍。

经典测定法和生物修订法采用将 P17 和 NOX 两种菌同时接入水样中进行培养的方式,可称为同时接种法。考虑到同时接种法中可能存在生长竞争等影响结果准确性的因素,Paode 等提出先于水样中接种 P17,当 P17 达到生长稳定期后采用尼龙膜过滤除去 P17,再接种 NOX。我国学者刘文君在此基础上提出用巴氏灭菌代替膜滤法,建立了先后接种的快速测定方法,可称为先后接种法,该法在我国被广泛使用。白晓慧等从接种浓度、培养温度和培养时间等方面对先后接种法进行了优化,使测定时间缩短了 1 d,并提出修正公式消除了缺氧和差值两个误差影响因素,使试验结果更加准确。方华等提出了改进的产率系数计算方法,将先后接种法的适用范围拓宽至 $10\sim300\ \mu g\ C/L$。此外,还有方法将待测水样分为两份,分别接种 P17 和 NOX,将两份测定结果相加作为总 AOC,称为分别接种法。

以上测定方法均采用接种纯种细菌培养、活菌平板计数的方法测定水样 AOC 浓度,虽然在接种步骤上存在差异,但基本原理和测定程序基本一致。分别接种法、同时接种法和先后接种法的比较如表 5-1 所示。

表 5-1　　　　　　　　　　　各种接种法的比较

方法名称	接种步骤	培养温度与时间	原理与结果
分别接种法	将待测水样分成两份,分别接种 P17 和 NOX,单独培养	15℃(<25℃) 7~15 d	重复计算了 P17 和 NOX 的共同营养基质,如乙酸等物质,使结果明显偏高;且不同水样中两种菌的共同基质含量不一样,使结果可比性较差
同时接种法	在水样中同时接种 P17 和 NOX,混合培养	15℃(<25℃) 7~15 d	两种细菌生长速度不同,菌落大小不一,在同一培养皿上计数时有 NOX 被 P17 掩盖的现象,影响读数准确性;此外,两种细菌在对基质利用方面相互影响关系目前尚不清楚,可能存在单向协同生长作用使 P17 在竞争中处于优势
先后接种法	先接种 P17 于水样中,培养至稳定期后滤除或巴氏灭菌杀死 P17,再接种 NOX	22~25℃ 3 d+4 d	符合 NOX 是对 P17 不能利用的基质作补充的原理,因为稳定期的到来是由于营养物质尤其是生长限制因子耗尽;但 P17 在第二次巴氏灭菌过程中可能分解出可被 NOX 利用的有机物,尼龙膜过滤亦可能引入新的 AOC,导致 NOX 结果偏高

2. 三磷酸腺苷(ATP)测定法

在 van der Kooij 经典测定法的基础上,LeChevallier 等提出升高培养温度至 25℃,提高接种浓度至 10^4 CFU/mL,在 P17 和 NOX 生长到稳定期后,通过测定培养液的三磷酸腺苷(Adenosine Triphosphate,ATP)含量来代替活菌平板计数,将试验周期缩短至 2～4 d,且避免了稀释过程可能出现的误差及污染。ATP 是活细胞的基本能量单位,仅存在于活细胞内,细胞死亡后,其活性随之消失。研究表明 ATP 值与活细胞数量呈正相关关系,因此测定 ATP 含量,可间接反映活细胞数量,对于 P17 和 NOX 细胞也不例外。

3. 生物荧光测定法

当发光细菌的细胞生长达到最大(即将进入生长稳定期)时,其发出的可见荧光响应也达到峰值。基于该原理,Haddix 等通过添加诱导物对 P17 和 NOX 菌株进行基因诱变处理,从培养基上分离出具有强荧光活性的 P17 I5 和 NOX I3 菌株,建立了 AOC 的生物荧光测定法。两种诱变菌株的荧光峰值分别与其平板计数的结果具有良好的线性相关性,且测得的 AOC 值和未经诱变处理的菌株测试值相比差别很小。生物荧光测定法的试验周期仅需 2～3 d,且可以实现自动编程操作。Weinrich 等将 P17 和 NOX 诱变菌株应用于测定再生水的 AOC 浓度。随后,Weinrich 和 Jeong 分别采用发光海洋细菌 *Vibrio harveyi* 和 *Vibrio fischeri* MJ-1,各自建立了适用于海水的 AOC 测定方法,将生物稳定性的研究扩展到了海水淡化领域。

4. 基于流式细胞仪(Flow cytometer)的快速测定法

流式细胞术(Flow cytometery,FCM)可以对流动态中的细菌、病毒、藻类以及微生物群落进行计数并表征多项物理及生物学特性,具有快速、简单和灵敏等优点,越来越广泛地被应用于水处理工艺的各个环节中。瑞士联邦水研究所(Swiss Federal Institute for Aquatic Science and Technology,Eawag)的 Hammes 和 Egli 于 2005 年开发了一种基于流式细胞仪、荧光染色法和天然土著细菌的 AOC 快速测定法。该方法采用生物活性炭滤池出水中的混合土著细菌替代纯种的 P17 和 NOX 菌制备接种液,水样接种后在 30℃下培养 52 h 到达稳定期,随后使用 SYBR Green 染剂对水样中细菌进行核酸染色,最后通过流式细胞仪荧光计数并换算为 AOC 浓度(产率系数为 1.0×10^6 细菌个数/μg AOC)。采用天然土著细菌可以规避传统方法中纯种菌无法全面准确地反映天然水中复杂的 AOC 物质组成这一缺陷,而流式细胞术的应用还可以更加直观地观察细菌生长的动力学,该方法明显提高了 AOC 的测定效率,操作简单、重现性高,具有明显的优势。

5. AOC 控制标准的研究进展

van der Kooij 等在调查荷兰等地的多家水厂后认为,当 AOC<10 μgC/L 时,异养菌几乎不生长,饮用水的生物稳定性很好。LeChevallier 等在对北美地区的水厂进行较大规模的调查后,发现水中 AOC 浓度>100 μgC/L 时,给水管网中大肠杆菌暴发的可能性显著增加;当 AOC<100 μgC/L 时,管网中大肠杆菌数量大为减少;当 AOC<54 μgC/L 时,大肠杆菌无法生长。因此,他提出 AOC 浓度应限制在 50 μgC/L 以下才能保证饮用水的生物稳定性;在有氯条件下,AOC 浓度保持 50~100 μgC/L 时能达到生物稳定。Yeh 等对我国台湾地区的水厂和管网调查后,发现当管网水中 AOC 在 30~70 μgC/L 之间,游离氯维持在 1.0 mg/L 时,异养菌浓度低于 20 CFU/mL,可以维持水质的生物稳定性。因此,目前国际上普遍采用的标准是:在不加氯时,AOC<10 μgC/L 的饮用水可以保证生物稳定性;在加氯时,维持 AOC 在 50~100 μg C/L,饮用水的生物稳定性良好。

刘文君等提出了我国近期出厂水 AOC 控制目标为 200 μgC/L,远期控制目标为 100 μgC/L 的建议;当水中 AOC 浓度小于 100 μgC/L,饮用水生物稳定性较好;当水中 AOC 浓度>100 μgC/L 时,饮用水生物稳定性较差;当水中 AOC 浓度在 100~200 μgC/L 时,饮用水处于生物稳定性临界区间。

5.4　BDOC 的测定方法

水样中 BDOC 的测定一般来说有两种方法:静态接种培养测定和动态连续培养测定。

悬浮培养测定方法是直接向 200 mL 水样中接种 2 mL 原水,该原水接种前要经 2 μm 滤膜过滤以除去水中的浮游生物和其他固体物,在 20℃下悬浮培养 28 d。张朝晖将水样利用生物活性炭剥落的菌悬液为接种液在 20℃下培养 28 d,利用菌悬液中的菌胶团对水中生物可降解有机物进行降解,效果较普通的悬浮培养测定法显著。J. C. Joret 等的生物砂培养法是将 100 g 洗干净(无可检测的 DOC 释放)的生物砂接种到 300 mL 水样中,一般情况下生物砂表面生物膜上丰富的土著菌在 20℃下 3~5 d 内对有机物降解有快速的响应;方华等试验中选择培养 10 d 使细菌降解发挥完全。以原水中土著菌为接种液的悬浮培养法、生物活性炭剥落的菌悬液为接种液的悬浮培养法(将活性炭上方菌悬液取 2 mL 加入并过 0.45 μm 膜的 200 mL 水样中)、生物砂培养法等针对太湖原水和水厂出厂水为对象做了对比。不同检验方法的测试结果如表 5-2 所示。

表 5-2 三种不同检验 BDOC 方法的测试结果

样品号	DOC/ $(mg \cdot L^{-1})$	DOC-培养后			BDOC			BDOC 平均值	BDOC 标准偏差
		平行 1	平行 2	平行 3	平行 1	平行 2	平行 3		
原-1	3.53	3.91	4.13	3.88	−0.38	−0.60	−0.35	−0.44	—
原-2	3.53	3.05	3.24	2.95	0.49	0.29	0.58	0.45	0.15
原-3	3.53	2.96	2.81	2.99	0.57	0.72	0.54	0.61	0.10
出-1	2.33	3.11	2.67	2.73	−0.79	−0.35	−0.41	−0.51	—
出-2	2.33	2.17	2.05	2.25	0.15	0.28	0.07	0.17	0.10
出-3	2.33	2.09	2.04	2.17	0.23	0.29	0.16	0.23	0.06

表 5-2 中表明方法 1 接种效果很差,培养一个月后水中 DOC 的含量不仅没有下降,反而有上升的趋势,说明原水经 2 μm 膜过滤后再进行接种,截留后细菌死亡,活细菌数较少,细胞裂解使 DOC 上升所致。方法 2 和方法 3 中水样经生物降解后,DOC 均有下降的趋势,悬浮培养法需 28 d 培养,而生物砂法由于其生物膜作用缩短培养时间至 10 d,经生物砂法比以生物活性炭剥落的菌悬液为接种液的悬浮培养法降解 BDOC 多,标准偏差较小。故选择生物砂作为接种细菌进行接种。

BDOC 的测试方法不灵敏,适用条件为初始 TOC 为 4~15 mg/L。于是针对 TOC 浓度较低且被深度处理后的水与中和余氯后的出厂自来水进行浓缩前和浓缩后的 BDOC 对比研究,步骤如下,结果如表 5-3 所示。

(1) 浓缩。先将待测水样在旋转蒸发仪中蒸发浓缩,若水样中有余氯,则先用过量的过硫酸钠溶液(10%)将余氯去除,防止培养过程中其对微生物的影响。应用 IKA-RV10 control 旋转蒸发仪,浓缩参数真空度为 32 mbar,转速为 150 r/min,恒温水浴锅温度为 40℃,冷却水温度为 5℃,冷却水流速为 50~90 m^3/h。浓缩至 TOC 为 5 mg/L 以上。

(2) 过膜。将浓缩后水样通过 0.45 μm 滤膜,去除悬浮物质,取 40 mL 于 TOC 瓶中,取 150 mL 于 250 mL 锥形瓶中。

(3) 曝气。将锥形瓶中 150 mL 浓缩水进行曝气 30 min,使水样中溶解氧充足。

(4) 洗砂。准备生物活性砂(滤池中取来)约 55 g,用待测未浓缩水样在 250 mL 烧杯中冲洗 3 遍,再用超纯水冲洗 3~5 遍,使冲洗后的超纯水 UV_{254} 不大于 0.003,表明生物活性砂已被洗净。

(5) 培养。将洗干净的生物活性砂称取湿重 50 g,置于锥形瓶中。并于 20℃±0.5℃ 的恒温培养箱中避光培养 10 d,并隔 3 天曝气 10 min。

(6) 测定。浓缩水样的初始 DOC 与培养 10 d 后 DOC 之差为浓缩后水样的 BDOC。根据浓缩倍数计算水样的 BDOC。

表 5-3(a)　　　未浓缩-生物砂法和浓缩后-生物砂法测 BDOC 结果对比

未浓缩-生物砂法	TOC_0 /(mg·L^{-1})	BDOC			BDOC 平均值	BDOC 标准偏差
		平行 1	平行 2	平行 3		
深度处理出水	2.00	−0.27	−0.64	0.16	−0.25	—
消毒后出水	2.11	0.10	0.32	0.23	0.22	0.11

表 5-3(b)　　　未浓缩-生物砂法和浓缩后-生物砂法测 BDOC 结果对比

浓缩-生物砂法		TOC_0/ (mg·L^{-1})	浓缩后 TOC_0	浓缩倍数	TOC_{10}/ (mg·L^{-1})	BDOC /DOC	BDOC/ (mg·L^{-1})	BDOC 标准偏差
深度处理出水	平行 1	2.00	6.18	3.08	4.90	0.21	0.41	
	平行 2	2.00	6.25	3.12	4.94	0.21	0.42	0.02
	平行 3	2.00	6.53	3.26	5.05	0.23	0.45	
消毒后出水	平行 1	2.11	5.92	2.80	4.02	0.32	0.68	
	平行 2	2.11	5.48	2.59	3.71	0.32	0.68	0.01
	平行 3	2.11	6.23	2.95	4.20	0.33	0.69	

对表 5-3(a)和表 5-3(b)对比可知,经过浓缩法大大减少了误差,标准偏差大大减小,均在 0.05 以内,同时克服了 TOC 仪在浓度低时仪器误差较大的限制。有部分水样 BDOC 较低,导致经生物降解后,生物细胞内有机物释放,水样中溶解性有机物浓度略微升高,使 BDOC 无法测出。由表 5-3(a)和表 5-3(b)的实际 BDOC 对比可以得出,浓缩后经生物降解得更加完全。

5.5　AOC 和 BDOC 随生物降解时间的变化规律

为探究生物可降解有机碳的组成及随生物降解时间的变化规律,以太湖微污染水为研究对象,对溶解性有机碳在生物降解过程中的变化曲线进行探究,并测定在生物降解过程中 UV_{254}、三维荧光光谱、分子量分布的变化规律以及生物降解前后亲疏水的变化情况,分析生物降解不同阶段的有机物组分的变化,研究 BDOC 的有机物分子量组成和亲疏水性,并对 BDOC 的影响因素(如电导和 pH 值)进行试验分析。

以太湖微污染原水为研究对象,原水水质如表 5-4 所示。利用浓缩-活性生物砂静态培养法探究生物降解随着时间的变化对溶解性有机物的影响。将洗干净的 150 g 生物砂(湿重)加入装有 450 mL 待测水样中,曝气 30 min 达到溶解氧饱和,之后每 2 d 曝气一次,取第 0、2、4、6、8、10、12、15、20、30、40 d 的水样变化情况。测定 TOC、UV_{254}、三维荧光等指标随时间的变化情况。

表 5-4 原水水质

水质	pH 值	水样 DOC/ (mg·L^{-1})	水样 UV$_{254}$/cm^{-1}	浓缩后 DOC/ (mg·L^{-1})	浓缩后 UV$_{254}$/cm^{-1}
检测值	7.2	2.891	0.048	6.810	0.119

1. 生物降解过程中 DOC、UV$_{254}$ 随时间的变化情况

利用生物活性砂法进行 BDOC 的测试过程中,第 0 天至第 6 天 DOC 浓度下降较快,而第 6 天之后 DOC 浓度下降变慢,第 10 天以后 DOC 浓度下降缓慢。初始 DOC 和生物降解后最小的 DOC 之差为 BDOC。第 10 天 DOC 降低值约占第 40 天 DOC 降低值的 80%,本研究按第 10 天所得的 DOC 降低值计算 BDOC。UV$_{254}$ 反映天然水中腐殖质的含量,因为这部分含芳香环、苯环、羧基、酚羟基或共轭双键的不饱和有机物对 UV$_{254}$ 响应最好。随着生物降解进行,UV$_{254}$ 呈现先略微下降后略微上升至平稳的趋势,总体变化不大,说明细菌在生物降解水中有机物的过程中,将天然水中的腐殖质及小分子有机物降解,同时细菌释放部分对紫外响应较高的溶解性有机物(图 5-1)。

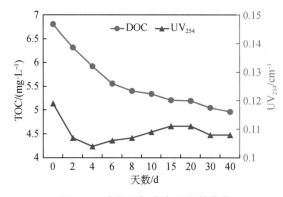

图 5-1 生物降解中有机物的变化

2. 生物降解过程中有机物分子量分布随时间变化规律

经过不同时间的生物降解后其不同分子量的 DOC 变化及去除率如图 5-2 和图 5-3 所示。通过原水在不同时间的生物降解,小分子有机物有明显的去除效果,随着生物降解时间的增长,去除率越高,最终去除率为 32.35%,占全部 BDOC 的 81.35%。而中分子有机物的最终去除率为 41.61%,其在生物降解过程中随着降解时间的延伸,在 10 天以前其去除率呈不规律变化,当较易降解的大分子物质被降解 80% 左右时,中分子的降解呈明显的去除率增加。大分子有机物虽占的比例极低,其 DOC 浓度十分低,但是经过生物降解过程后,几乎所有的溶解性大分子有机物全部被降解,去除率达到 94.15%。故溶解性小分子有机物是生物降解中最重要的组成部分;绝大多数溶解性

大分子有机物均能被生物降解,可能先降解为溶解性中分子有机物,再进行逐步降解;生物降解过程对大分子、中分子以及小分子有机物均有降解作用,但降解能力不同。

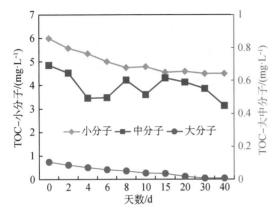

图 5-2　生物降解过程的分子量变化

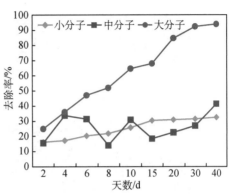

图 5-3　生物降解去除分子量的效果

如图 5-4 所示,通过比较 DOC 和 BDOC 的不同分子量组成可知,与 DOC 相比,大分子生物聚合物和中分子有机物在 BDOC 中所占比例有所提高,溶解性小分子有机物有略微降低,但仍为 BDOC 的绝大组成成分,占 81.35%。这说明微生物对大分子生物聚合物、中分子有机物和小分子有机物均有降解,并稍微改变了溶解性有机物的组成。太湖原水中溶解性有机物中小分子有机物占 88.24%,中分子有机物占 10.19%,大分子生物聚合物占 1.57%。太湖原水中生物可降解

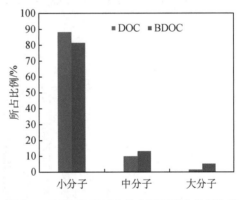

图 5-4　DOC 与 BDOC 的分子量所占比例比较

的有机物中小分子有机物占 81.35%,中分子有机物占 13.25%,大分子生物聚合物占 5.4%。结合对 UV_{254} 的分析可知,在生物降解 15 d 之后随着降解时间的增长,中分子的紫外吸收有机物略微增加,而中分子有机物 DOC 浓度呈现下降趋势,生物降解的过程中对 UV_{254} 响应较高的有机物有所增加,说明生物降解的过程中产生含有苯环、羧基、芳香类或共轭双键的不饱和有机物。

经过生物降解不同时间后的三维荧光光谱的变化如图 5-5 所示。由原水的三维荧光光谱图可以得出原水中 B 峰和 T 峰占溶解性有机物的主要成分,故原水中蛋白类有机物占主要部分,受生物污染和人类排放污水的影响较大。且原水中 $f_{450/500}$ 为 1.42,说明原水中腐殖类物质受生物污染较严重,主要受水生生物、藻类、浮游生物的影响。随着生物降解时间的增加,B 区和 T 区的峰值均有所下降;而 A 区和 C 区虽占有比例较小,但其荧光响应强度增加。

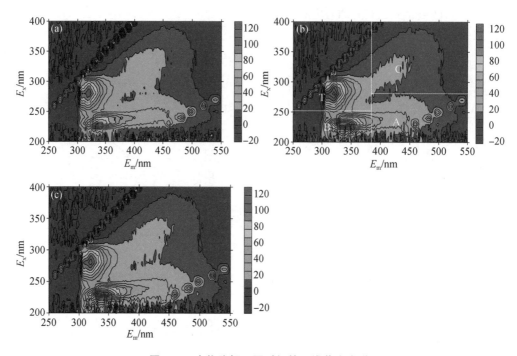

图 5-5　生物降解不同时间的三维荧光光谱

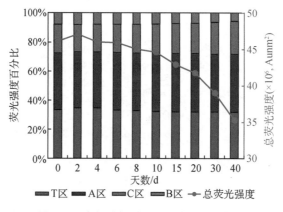

图 5-6　生物降解时间对三维荧光的影响

随着生物降解时间的增加,总荧光强度在第 0 天至第 10 天呈现先上升后下降但总体不变,而在 10～40 d 总荧光强度明显下降;可能是因为在 0～4 d 生物所能降解的有机物充足,生物降解产生荧光响应比降解前较强的有机物,使总荧光强度增加;在 4～10 d,荧光响应的有机物和未产生荧光响应的有机物均得以降解;在 10 d 之后,随着生物可降解有机物的逐渐耗尽(DOC 降解曲线表明,第 10 天生物已经降解 80% 左右 BDOC),微生物将生物降解后的有机物进一步分解,使总荧光强度明显降低(图 5-6)。

原水中荧光区域 B 区、T 区、A 区、C 区所占比例分别为 46.15%、19.55%、22.85%、11.45%,B 区荧光强度将近占总荧光强度的一半,A 区、T 区相当,C 区响应最低。随着生物降解的进行,生物降解 10 d 后荧光区域 B 区、T 区、A 区、C 区所占比例分别为 44.65%、19.27%、24.10%、11.98%,生物降解 30 天后荧光区域 B 区、T 区、A 区、C 区所占比例分别为 39.02%、20.77%、25.97%、14.23%。在生物降解过程中,B 区域的荧光强度百分比呈下降趋势,而 C 区、A 区荧光比例增加,T 区荧光比例基本保持不变。各区域荧光强度变化不大。上述结果说明生物可降解有机物主要集中在 B 区,使 B 区荧光强度下降;而生物的部分降解产物在 A 区和 C 区,使 A 区、C 区域荧光强度比例上升。

5.6 各类水质参数对 BDOC 的影响

5.6.1 有机物亲疏水性对 BDOC 的影响

为了探究生物可降解有机物中不同亲疏水的组成,用太湖原水以两种方式进行试验。一种为分析太湖原水生物降解前后的亲疏水组分,另一种为在生物降解之前将太湖原水进行亲疏水组分分离后再进行生物静态培养。

1. 原水的亲疏水性

原水的 DOC = 2.676 mg/L,UV_{254} = 0.06 cm^{-1}。进行原水亲疏水分离前,将原水浓缩进行研究。试验中原水中四种组分的 DOC 所占百分比按大小分别为强疏(34.92%)>中亲(30.07%)>弱疏(19.29%)>极亲(16.23%),总回收率达到 100.5%(图 5-7)。

原水的大分子有机物中有 24.69% 来自强疏组分,42.07% 来自弱疏组分,33.23% 来自中亲组分,极亲中大分子有机物极少;原水中分子有机物中有 30.85% 来自强疏组分,

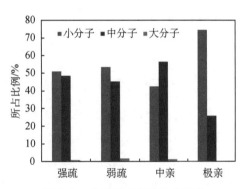

图 5-7 太湖原水的亲疏水组成

25.35% 来自弱疏组分,29.70% 来自中亲组分,14.10% 来自极亲组分。原水中的小分子有机物中,25.90% 来自强疏组分,23.84% 来自弱疏组分,17.79% 来自中亲组分,32.46% 来自极亲组分。

2. 分析生物降解前后亲疏水组分

浓缩原水的 DOC 为 12.48 mg/L,经生物降解 10 d 后的 DOC 为 8.935 mg/L。为探究生物可降解有机物中亲疏水的比例情况,将生物降解前后的水样进行亲疏水组分分离后,比较其组分的变化。由图 5-8 可见,经 10 d 的生物降解,强疏、弱疏和中亲组分减少,极亲组分大幅增加。

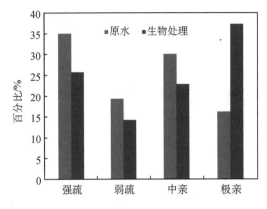

图 5-8　生物降解前后的亲疏水变化

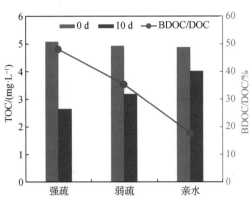

图 5-9　各组分的生物降解前后 DOC 的变化与相应 BDOC/DOC

3. 各亲疏水组分的 BDOC 水平

在生物降解之前将太湖原水进行亲疏水组分分离后再进行生物静态培养,比较各组分 10 d 生物降解前后的 DOC 水平,所得差值即 BDOC 浓度。如图 5-9 所示,在强疏、弱疏与亲水组分中,BDOC 所占 DOC 的比例分别为 47.97%、35.42%、17.68%,可生物降解有机物含量随着亲水性的增强而降低。

5.6.2　pH 值和电导率对 BDOC 的影响

取太湖原水浓缩至 DOC 为 7.62 mg/L,原水的 pH 值为 8.21,分别将水样 pH 值调节至 4、6、7、8、10 五个梯度,利用 10 d 生物砂静态培养法进行生物降解,其开始的 DOC 与 10 d 后的 DOC 之差即为 BDOC。

图 5-10 可见,随着 pH 值的增加,经过生物降解后的残留 DOC 逐渐升高,可生物降解溶解性有机碳随之下降,而且 pH 值变化的过程中对 BDOC 的影响较大,试验水样其 BDOC 所占比例在 pH=4 时降解了 40.9%,而 pH=10 时降解了 21.6%;但是在 pH 值中性偏碱性的范围内(7~8),BDOC 的降解呈一定的稳定性。由于生物砂上负载着生物膜,其活性在不同 pH 值下不同,也可能是因为在一定的酸性范围内有利于生物的降解,也可能在酸性条件下将一些不易降解的有机物转化为易降解有机物。由于在实际情况中,湖泊中水质为中性偏

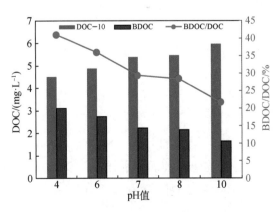

图 5-10　pH 值对 BDOC/DOC 的影响

碱性,所以测量 BDOC 时应和实际水质 pH 值接近,即将 pH 值调节为 7~8。

在 TOC＝7.62 mg/L 的浓缩后太湖水中,保持 pH 值在中性偏碱性不变,分别加入不同质量的氯化钠(国药,分析纯),使水样的电导率不同,加入的氯化钠浓度分别为 0、0.02 mol/L、0.05 mol/L、0.10 mol/L、0.20 mol/L、0.40 mol/L、0.60 mol/L、1.00 mol/L、2.00 mol/L,之后水样的电导率依次为 0.92 ms/cm、3.07 ms/cm、6.02 ms/cm、10.33 ms/cm、19.01 ms/cm、36.0 ms/cm、51.0 ms/cm、77.9 ms/cm、134.3 ms/cm,利用 10 d 生物砂静态培养法进行生物降解,其开始于 10 d 后的 DOC 之差即为 BDOC。

从图 5-11 中可以看出,随着电导率的增加,经生物降解后测定 DOC-10 的浓度不断升高,经静态培养法测定的 BDOC 的含量以及 BDOC 占 DOC 的比例不断降低,电导率大于 51.0 ms/cm 时,DOC-10 的浓度大于初始 DOC 的浓度,此时计算的 BDOC 已经没有意义。故测定 BDOC 时,应保证按原水的电导率进行测定,电导率不得超过 5.0 ms/cm。据此猜测,盐度越高,越不利于土著菌的生长。盐度越高,只有少部分耐盐菌存活了下来;盐度再次增加时细胞裂解,释放细胞内有机物。

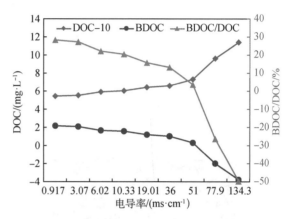

图 5-11　电导率对 BDOC/DOC 的影响

5.6.3　有机物分子量对 BDOC 的影响

为进一步量化不同分子量对 BDOC 的影响,将水样进行不同分子量的区间分离。超滤膜采用美国 Milipore 公司生产的 Amicon 超滤膜的 YM 系列的改性醋酸纤维素膜,截留分子量为 100 kDa、10 kDa、3 kDa。超滤膜使用前用超纯水过滤,直至出水的 UV_{254} 和超纯水一致,置于 4℃ 的冰箱保存待用。膜过滤采用平行法,即水样用 0.45 μm 微滤膜过滤后,分别通过截留分子量为 100 kDa、30 kDa、10 kDa 和 3 kDa 的超滤膜。测定过滤液的 DOC 和 UV_{254},各个分子量区间的有机物浓度用差减法得到。

应用凝胶色谱测定太湖原水中大分子有机物远远少于中小分子有机物的比例,为了提高数据的准确性,将太湖原水进行浓缩至 16.28 mg/L,分离的有机物分子量的范围分别为 ＜0.45 μm、＜100 kDa、＜10 kDa 和 ＜3 kDa。

如图 5-12 所示,大于 100 kDa 的有机物中,BDOC 占 DOC 的 2.51%,10 k~100 kDa 的占 5.47%,3 k~10 kDa 的占 12.78%,小于 3 kDa 的占 79.24%。通过对各分子量区间分离后的 BDOC 比较得知,大于 100 kDa 的 BDOC 占总 BDOC 的 5.08%,10 k~100 kDa 的占 2.63%,3 k~10 kDa 的占 10.53%,小于 3 kDa 的占 81.76%。

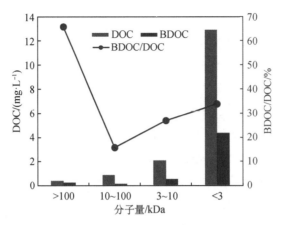

图 5-12 BDOC 的分子量分布

根据差减法得到各分子量区间的荧光光谱如图 5-13 所示。不同分子量之间的荧光光谱有很大区别。原水为过 0.45 μm 膜的水样,其在 B 区、T 区、A 区、C 区四个区域

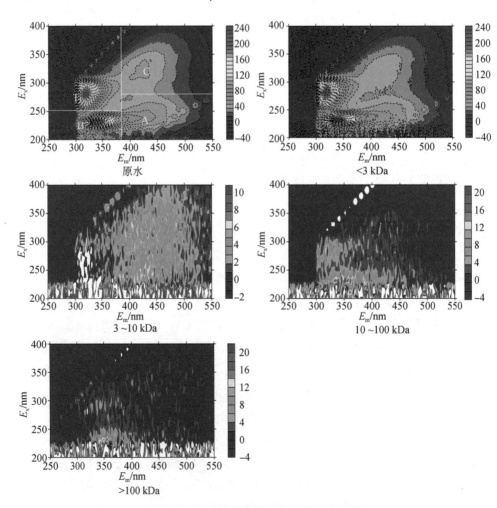

图 5-13 不同分子量区间的三维荧光光谱

内均有响应,以 B 区和 T 区响应最强烈。小于 3 kDa 的有机物占原水有机物的 80％以上,与原水的荧光光谱比较分析,B 区和 T 区响应与原水相当,但 A 区和 C 区响应明显低于原水。故据此猜测,B 区和 T 区的芳香族蛋白质、溶解性微生物产物大部分分子量在 3 kDa 以内,而 A 区和 C 区的腐殖酸类有机物有一部分分子量大于 3 kDa。根据 3 k～10 kDa、10 k～100 kDa、＞100 kDa 的差减法荧光分析,其有机物占有量较少,3～10 kDa 的有机物主要以 A 区和 C 区的腐殖酸类有机物为主,10 k～100 kDa 和＞100 kDa 的有机物主要以 B 区和 T 区的蛋白类有机物为主,并且均表现为 B 区的响应大于 T 区。

如图 5-14 所示,从总荧光强度讲,原水和小于 3 kDa 的总荧光强度大致相同,大于 3 k～10 kDa、10 k～100 kDa、＞100 kDa 的 40 倍左右,同样证明了原水中小于 3 kDa 的有机物占极大的比例。小于 3 kDa 的有机物中各区域荧光比例大小依次为:B＞A＞T＞C,和原水相比较,B 区比例增加(从原水 43.15％增加至 45.19％),T 区比例基本不变,A 区和 C 区比例略微下降;3 k～10 kDa 的有机物各荧光区域比例大小依次为:A＞C＞B＞T,其中 A 区占 50.52％,C 区占 38.46％;10 k～100 kDa 有机物各荧光区域比例大小依次为:B＞A＞T＞C,其中 B 区占 58.79％;＞100 kDa 的有机物各荧光区域比例大小依次为:B＞A＞T＞C。

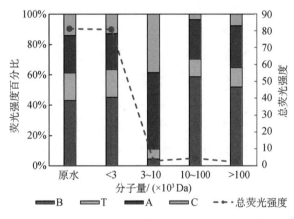

图 5-14　不同分子量区间的荧光强度百分比

5.7　常用水处理工艺对饮用水生物稳定性控制效果的研究现状

5.7.1　常规处理工艺对饮用水生物稳定性的控制效果

饮用水常规处理工艺包括混凝、沉淀、澄清、过滤和消毒等,主要去除原水中的悬浮物、胶体物和病原微生物等。常规处理工艺在 20 世纪初期形成雏形,并在饮用水处理的实践中不断得以完善,直到目前仍为世界上大多数水厂所采用,我国目前 95％以上的自来水厂都是采用常规处理工艺。

针对常规处理工艺对饮用水生物稳定性的控制效果,国内外学者开展了广泛的研究。Kaplan 等对美国水厂的研究表明,常规工艺对 DOC 有一定的去除率,而对 BDOC 和 AOC 的去除率不稳定。刘文君等认为常规工艺对 AOC 的去除率低于 30%。王丽花等发现常规工艺对 DOC 去除率在 30% 以下;而对 AOC 和 BDOC 的去除率波动较大,主要与原水水质特性有关,其中对 AOC-P17 的去除率为 43.8%~82.3%,对 AOC-NOX 的去除率在 19.3%~34.7%。周鸿等发现常规处理工艺对 AOC 的去除率在 40%~80% 变化。从分子量分布来看,常规处理主要去除分子量大于 10 kDa 的有机物,而 AOC 主要与分子量 10 kDa 以下的有机物有关,因此常规工艺处理对 AOC 的去除能力有限,难以确保出厂水达到生物稳定性。

Kasauara 等研究了混凝工艺对于某河水 AOC 的去除效果,结果表明,混凝对 AOC 的去除率在 40%~50%。Volk 等研究表明,采用强化混凝可以使 BDOC 的去除率由 30% 提高到 38%,在低 pH 值条件下三氯化铁作为混凝剂去除 AOC 比硫酸铝更具优势。混凝对 AOC 的去除效果不佳,因为 AOC 主要由小分子有机物组成,而混凝主要去除大分子有机物。

一般认为,过滤工艺对水中 AOC 的去除比较良好,除了吸附作用,还因为在长期运行的情况下,滤料表面会附着一些微生物,能够很好地利用水中的 AOC。LeChevallier 等研究表明,强化过滤能够有效降低 AOC 浓度至 100 $\mu g/L$ 以下,去除率可达 86.4%。Miltner 等发现,强化过滤对 BDOC 和 AOC 的去除率可达 90% 以上。但也有研究表明,过滤对 AOC 的去除率和进水水质有关:当进水 AOC 浓度较高时,砂滤池能够通过吸附过滤作用有效去除 AOC;当进水 AOC 浓度较低时,砂滤池不仅无法吸附滤除 AOC,反而会释放部分已吸附的 AOC,致使出水 AOC 浓度升高。

消毒工艺能够杀灭水中的微生物,维持水中有一定浓度的消毒剂可以抑制微生物再生长,但同时也会导致水中 AOC 含量的增加。刘文君研究了氯和氯胺对原水中 AOC 浓度的影响,发现当氯浓度与原水中 TOC 浓度比为 1:4 时,原水 AOC 将会升高 3 倍,进一步增加氯的投量会使 AOC 先增加后降低,氯胺导致 AOC 的增加比较微弱。Ramseier 等比较了多种氧化剂作用下 AOC 的生成情况,结果表明二氧化氯和氯氧化后 AOC 的增加不明显,远低于臭氧和高铁酸盐。

5.7.2 预处理工艺对饮用水生物稳定性的控制效果

1. 生物氧化预处理工艺

生物氧化对有机物的去除机理包括微生物对小分子有机物的降解、微生物胞外酶对大分子有机物的分解、生物吸附絮凝等作用,因此自然水体中溶解性的有机物可通过水中的细菌和其他微生物的作用逐步降解。

Hu 等研究了生物预处理对水中有机物的去除特性,结果表明,生物预处理对烷烃类有机物有较好的去除效果,而对芳烃和羧基化合物较低,对 AOC 的去除率为 45% 左右。吴红伟等研究表明生物陶粒预处理对 BDOC 的去除率为 60%,对 AOC 的去除率为 45% 左右。采用生物氧化预处理技术可有效地去除溶解性有机物,提高出厂水的生物稳定性。

2. 臭氧预氧化工艺

臭氧预氧化工艺主要用于脱色除臭、去除藻类和藻毒素、控制氯化消毒副产物、初步去除或转化污染物、助凝等,对水质的改善程度取决于原水水质和臭氧氧化条件。臭氧的氧化能力极强,可将一部分有机物彻底分解,同时可将部分难降解的大分子有机物分解为容易被微生物利用的小分子有机物,降低有机物的分子量。大量研究表明,臭氧预氧化可改善水的可生物利用性,增加水中有机营养基质的含量,具体表现为 BDOC 和 AOC 浓度升高,故必须通过后续处理手段保证饮用水的生物稳定性。

5.7.3　深度处理工艺对饮用水生物稳定性的控制效果

饮用水常规处理工艺主要去除水中的悬浮物、浊度、色度,对溶解性有机物去除能力相对不足,加氯消毒还会使出水安全性难以保证,因此饮用水深度处理技术日益受到人们的重视。深度处理工艺主要包括高级氧化、吸附、膜技术及其联用,旨在去除常规工艺无法有效去除的微量有机污染物或消毒副产物前体物等,提高和保证饮用水水质。

1. 高级氧化工艺

高级氧化过程能产生大量非常活泼的羟基自由基(·OH),诱发链反应,反应速率常数大,无选择直接与水中有机污染物反应,将其降解为二氧化碳、水和无机盐,在水处理中具有广泛的应用前景。除臭氧之外,比较典型的高级氧化系统还包括臭氧/紫外、臭氧/双氧水(O_3/H_2O_2)和紫外/双氧水(UV/H_2O_2)等。

Hammes 等研究了臭氧氧化过程中 AOC 的生成动力学,发现臭氧能迅速增加水中 AOC 的含量,其中臭氧直接氧化对 AOC 的生成起主要作用,而·OH 的贡献很小,新生成的 AOC 中有机酸占 60%~80%,醛、酮的含量较少。Hammes 等还比较了含有藻类细胞的原水与不含藻原水(二者 TOC 浓度相同)在臭氧氧化下生成 AOC 的情况,发现含藻原水的 AOC 生成量明显高于不含藻原水,因此水厂应重点考虑预臭氧工艺之前对原水中藻类的去除。Bazri 等研究了 UV/H_2O_2 处理过程对不同原水的分子量分布和生物稳定性的影响,发现处理后 AOC 和 BDOC 升高 3~4 倍,且两项指标相关性很好,其中小分子有机物对 AOC 的贡献更多。危有达采用 O_3 及 O_3/H_2O_2 氧化处理含蓝藻水,发现 AOC 的增加一是来自氧化剂破坏藻细胞结构诱导胞内有机物(IOM)释放,二是来自藻类有机物(AOM)的氧化分解;O_3/H_2O_2 工艺比单独 O_3 氧化能够形成更多的 AOC,这是因为 H_2O_2 能够加快 O_3 分解形成更多的 $\cdot$OH。综上所述,高级氧化工艺会导致水中 AOC 浓度显著升高,必须在后续添加生物处理或膜过滤等工艺才能有效控制饮用水的生物稳定性。

2. 颗粒活性炭(GAC)工艺

颗粒活性炭对有机物的去除机理主要有物理吸附和微生物降解作用。活性炭易于吸附水中苯类化合物和小分子量腐殖酸,对分子量在 0.5 k~1 kDa 的腐殖酸可吸附面积达 GAC 吸附面积的 25%。吴红伟的研究表明,GAC 对 AOC 的去除率在 30%~60%,对 BDOC 的去除率达到 33.8%。龙小庆等研究发现 GAC 对 TOC 的去除率为 55%左右,对不同原水的 AOC 去除率分别为 28.6%和 64.3%,活性炭吸附受有机物特性影响较大,对 0.5 k~3 kDa 的有机物去除效果较好。

3. 臭氧-生物活性炭(O_3-BAC)联用工艺

臭氧氧化能使水中难以生物降解的大分子有机物分解成小分子的易被微生物利用的有机物,随后的生物活性炭对有机物同时发挥物理吸附和微生物降解作用,二者联用可提高有机物去除率。张淑琪等研究表示 O_3-BAC 工艺对 AOC 的去除率可达 37.7%。Hu 等研究表示,臭氧使 AOC 升高 2.19 倍,但 O_3-BAC 工艺对 AOC 去除率达 80%。李灵芝等研究表示,在有臭氧-生物陶粒预处理工艺的条件下,O_3-BAC 工艺对 AOC 的去除率为 94.7%,使出水 AOC 浓度降至 13.5 μgC/L,完全符合饮用水生物稳定性标准。

不少研究者通过试验得出不同结果。Owen 等发现 O_3-BAC 工艺对 MW<1 kDa 部分的去除率约为 18%,但对 AOC 的去除效果并不明显,去除的大部分是 MW<1 kDa 中非 AOC 那部分的有机物。舒诗湖等也认为,能去除大部分溶解性有机物的 O_3-BAC 工艺并不能有效去除 AOC,O_3-BAC 工艺能有效去除 NOM 中 MW>10 kDa 的有机物,对 1 k~10 kDa 的有机物去除率小于 45%,对 MW<1 kDa 的部分去除率为 18%,其中大部分有机物并不属于 AOC。蔡云龙对我国长三角地区四座水厂的 O_3-BAC 深度处理工艺进行了研究,发现其对 AOC 的去除效果一般,出水均属生物稳定性临界区间,其中两座水厂出水 AOC 浓度分别增长了 83.5%和 70.9%,另两座的中试工艺出水 AOC 浓度略有下降,降幅分别为 8.6%和 10.2%。综上所述,O_3-BAC 深度处理工艺对水中 DOC 的去除效果显著,但对 AOC 的去除效果受众多因素影响而存在差异。

4. 膜过滤工艺

微滤(MF)和超滤(UF)都是物理筛分过程,对悬浮物、胶体和细菌有很好的去除效果,是去除浊度和消毒的可靠工艺,但对水中有机物去除率有限,因此在饮用水处理的应用中有一定的局限性。LeChevallier 的研究表明,超滤对 DOC 的去除率为 62.5%～67.5%。Siddiqui 等认为,超滤对 DOC 去除率仅为 27.3%,对 AOC 的去除效果不明显。

相比之下,纳滤(NF)和反渗透(RO)技术对有机物有更好的去除效果。纳滤对有机物的去除效果主要由分子量大小来决定,大于截留分子量(200～400 Da)的有机物基本能全部去除,而小于截留分子量的去除率与它们的尺寸、离子电荷和膜的亲和力有关,故可去除水中的大部分天然有机物(0.1 k～10 kDa)。龙小庆等发现纳滤对 TOC 的去除率为 90.4% 和 79.2%,对 AOC 的去除率为 79.5% 和 95.7%。但也有研究者持不同意见,Meylan 等研究了纳滤对于小分子有机物的去除情况,发现纳滤对于带电的小分子有机物去除效果很好,去除率大于 97%,对于中性的小分子物质以及疏水性有机物的去除效果较差;纳滤虽然对水中 AOC 有所截留,但是效果并不理想,出水并没有达到生物稳定的标准。反渗透是以压力为推动力,利用反渗透膜的选择透过性,从含有各种无机物、有机物和微生物的水体中提取纯水的物质分离过程,可去除 0.3～1.2 nm 大小的有机物与无机离子。李灵芝研究发现,反渗透能有效地去除水中的有机污染物,对 TOC 和 AOC 的去除率分别达到 93% 和 76%～87%,处理后的出水生物稳定性较好。

5.8　臭氧、高锰酸钾和次氯酸钠投加对 BDOC 的影响比较

如图 5-15 所示,不同的臭氧投加量对 BDOC 的生成量有较大影响,DOC 和 NBDOC 随着投加量的增加先升高后持续降低,但 BDOC 的浓度呈逐渐上升的趋势。这说明随着臭氧投加量的增加,部分 DOC 逐渐转化为 BDOC,还有约 60% 的 DOC 始终未能转化成生物可降解有机碳,此部分成为生物不可降解有机碳,用 NBDOC 表示。

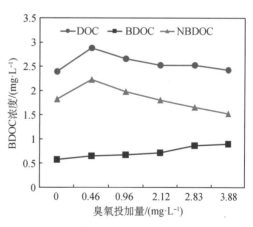

图 5-15　臭氧投加量对 BDOC 的影响

不同的臭氧接触时间对 BDOC 的生成量改变不大,随着臭氧停留时间的增加,DOC 呈现先上升后下降的趋势,以停留时间为 20 min 时 DOC 的浓度最高(2.718 mg/L),5 min 时 DOC 的浓度最低(2.279 mg/L);但其 BDOC 呈现先升高后降低的趋势,以停留时间为 15 min 时 BDOC 的浓度最高(0.80 mg/L),但变化不大。对于 BDOC/DOC,

通入臭氧 150 s 后进行不同的停留时间,其比值差距不大,均在 28.15%～30.70%,以停留时间为 15 min 所占比例稍高,并没有明显的上升和下降趋势,变化不大。说明臭氧对于 BDOC 的转化是在短时间内完成的,其氧化效率很高,随着停留时间的增加,反应器中不断发生复杂的化学变化,使 BDOC 和 DOC 均略有波动,但变化不大,均呈现略微升高后降低的状态,可能随着停留时间的增加,又有部分 DOC 转化为二氧化碳,其中也包括一部分 BDOC。

臭氧接触时间对 BDOC 的影响如图 5-16 所示,BDOC 与 BDOC/DOC 均随接触时间增加而升高。臭氧投加量对 BDOC 的影响如图 5-17、图 5-18 所示。随着臭氧投加量的增加,BDOC 逐渐升高至稳定,而 UV_{254} 和 SUVA 逐渐下降(SUVA 代表单位 DOC 内 UV_{254} 的量),且 BDOC 和 SUVA 呈一定的反比关系;BDOC/DOC 增长率与臭氧投加量之间存在较好的线性正相关性。

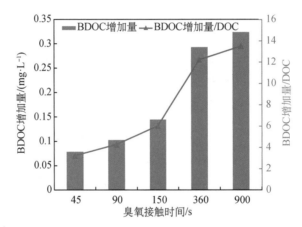

图 5-16 臭氧接触时间对 BDOC 的影响(臭氧投加量 2 mg/L)

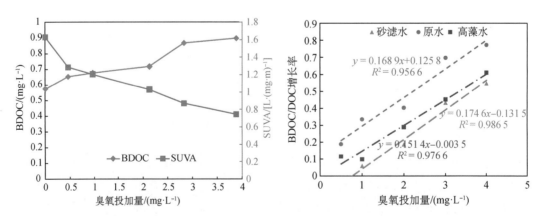

图 5-17 臭氧投加量对 BDOC 和 SUVA 的影响　图 5-18 BDOC/DOC 增长率与臭氧投加量的关系

比较高锰酸钾、次氯酸钠与臭氧对太湖原水的处理效果发现(图 5-19),高锰酸钾和次氯酸钠氧化后的 BDOC 略有波动,而臭氧氧化后的 BDOC 浓度呈逐渐上升趋势。臭氧氧化能使 BDOC 大幅度增加,但是其增加的幅度与水质组成有关;臭氧氧化使带有苯环的芳香类有机物及含双键的有机物转化为饱和有机物,而饱和态的有机物更易被生物降解,使得 BDOC 含量大幅度升高。

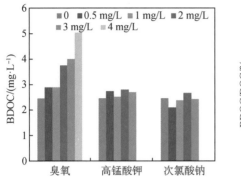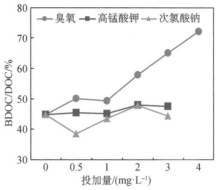

图 5-19　臭氧、高锰酸钾和次氯酸钠对 BDOC 的影响比较

5.9　AOC 的前体物及生成影响因素

5.9.1　臭氧生成 AOC 的前体物及影响因素

本试验所用原水为苏州东太湖水,试验期间的主要水质见表 5-5,试验装置如图 5-20 所示。

表 5-5　　　　　　　　　　　试验的主要水质指标

pH 值	浊度/NTU	DOC/(mg · L^{-1})	UV$_{254}$/cm^{-1}
8.25	20.3	3.159	0.06

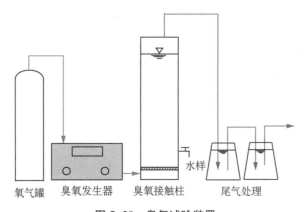

图 5-20　臭氧试验装置

1. 臭氧投加量对 AOC 生成量的影响

（1）臭氧投加量对 DOC 和 UV_{254} 降解效果的影响。臭氧投加量去除 DOC 和 UV_{254} 的效果见图 5-21。由图 5-21 可知，随着臭氧投加量，DOC 去除率在 13.9%~17.7% 之间波动，而 UV_{254} 的去除率随着臭氧投加量的增加而提高。

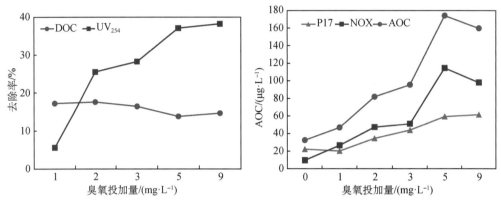

图 5-21　臭氧投加量对 DOC 和 UV_{254} 降解的影响　图 5-22　臭氧投加量对 AOC 生成量的影响

（2）臭氧投加量对 AOC 生成量的影响。臭氧投加量对 AOC 生成量的影响如图 5-22 所示。原水中的 AOC 为 33 μgC/L，随着臭氧投加量的增加（1~5 mg/L），AOC 也呈升高趋势。图 5-22 表明，原水中的 P17 多于 NOX，但投加臭氧后，NOX 高于 P17。Maaike K. Ramseier 等的研究表明，臭氧氧化会产生大量的草酸，而草酸很容易为 NOX 利用。由此可见，臭氧氧化提高了 NOX 的比例，使之更容易被细菌利用，从而提高了 AOC 生成量。

（3）臭氧投加量对有机物相对分子质量分布的影响。臭氧投加量对分子量分布的影响如图 5-23 所示。当臭氧投加量为 1~2 mg/L 时，大分子所占比例下降，而中分子比例略有增加，小分子比例基本保持不变；当投加量为 3 mg/L 时，中分子比例下降，而小分子比例增加。继续增加臭氧投加量时，这样的模式保持不变。当臭氧投加量在 1~2 mg/L 时，所有的相对分子质量区间均呈下降趋势，但臭氧投加量为 3 mg/L 以上时，中分子有机物明显下降，而小分子略有增加。这表明仅当臭氧投加量较高时，部分的中分子有机物会氧化成小分子。通常的认识是臭氧起到将大分子氧化成小分子的作用。但从本研究的结果来看，大分子有机物的含

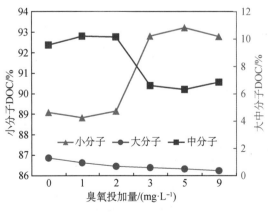

图 5-23　臭氧投加量对分子量分布的影响

量很低,臭氧不太可能将大分子直接氧化成小分子,而中分子应该是氧化过程中的小分子提供来源,而且仅在投加量较高时才发生这样的转化。

2. pH 值对 AOC 生成量的影响

将原水(pH=8.25)调至不同的 pH 值,分别为 5、6、7、9,再分别通入 2 mg/L 的臭氧。不同 pH 值的水样经臭氧氧化后,再将 pH 值调至 7 左右,考察 pH 值对臭氧氧化后 AOC 生成量的影响。图 5-24(a)表明,AOC 的生成量受 pH 值影响很大,随着 pH 值的升高,AOC 生成量明显提高;随着 pH 值的降低,AOC 生成量迅速下降。在臭氧氧化过程中,AOC 生成量的变化与未投加臭氧的相似,但 AOC 生成量明显高于未投加量,如图 5-24(b)所示。

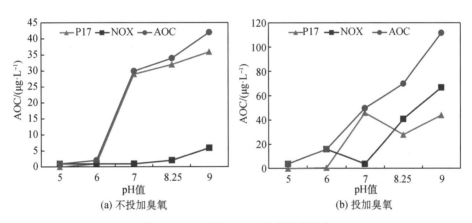

(a) 不投加臭氧　　　　(b) 投加臭氧

图 5-24　pH 值对 AOC 生成量的影响

pH 值变化时的有机物以及相对分子质量有机物的变化如图 5-25 所示。当 pH 值变化时,虽然总有机物没有变化,但不同相对分子质量的有机物产生了很大的变化。当 pH 值低于 7 时,中等分子有机物增加而小分子有机物减少;当 pH 值大于 7 时,中等分子有机物减少而小分子有机物增加。许多天然有机物带有羧基官能团,即—COO⁻ H⁺。当水呈碱性时,官能团呈负电性,亲水性增强,分子尺寸变小;而水呈酸性时,官能团呈中性,有机物的疏水性增强,分子量变大。因

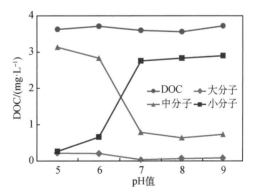

图 5-25　pH 值变化对不同相对分子质量分布的影响

此,当 pH 值为中性或碱性范围值时,小分子有机物占多数,导致 AOC 增加;而当 pH 值为酸性范围值时,中等分子有机物占多数,导致 AOC 减少。

3. 离子强度对 AOC 生成量的影响

为考察离子强度对臭氧氧化过程的影响,经 0.45 μm 膜滤后的原水中加入不同质量的 NaCl,配制成原水、0.01 mol/L、0.02 mol/L、0.1 mol/L、0.2 mol/L、0.4 mol/L、0.6 mol/L 的 NaCl 试验水样,再向水样中通入 2 mg/L 的 O_3,以研究不同离子强度下臭氧氧化过程中 AOC 的生成情况。

不同离子强度的水样在经臭氧氧化前后的 AOC 见图 5-26。由图 5-26(a)可以看出,当向原水中加入了 0.01 mol/L、0.02 mol/L、0.1 mol/L、0.2 mol/L NaCl 后,AOC 值在 38~41 μgC/L 之间波动,与原水的 37 μgC/L 非常接近;但若加入 0.4 和 0.6 mol/L 的 NaCl 后,AOC 值为 0(数据未给出)。这说明当离子强度较低(不超过 0.2 mol/L 的 NaCl)时,此浓度下的离子浓度不会影响 P17 和 NOX 菌的正常生长。

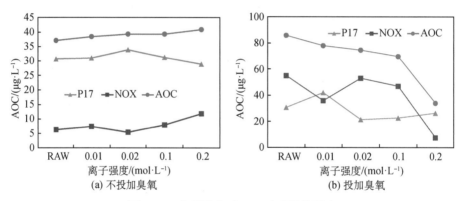

图 5-26 离子强度对 AOC 生成量的影响

将浓缩后的原水经组分分离得到强疏、弱疏、极亲、中亲四种组分后,再分别对其通入 2 mg/L 和 5 mg/L 臭氧,氧化后 AOC 的生成量如图 5-27 所示。每种组分经臭氧氧化后,AOC 均随着臭氧投加量的增加而升高。强疏组分原水中 AOC 为 46 μgC/L,经 2 mg/L 和 5 mg/L 臭氧氧化后,分别增至 49 μgC/L 和 100 μgC/L,增加了 7.0% 和 117.9%;弱疏组分的 AOC 增加同样明显,从 71 μgC/L 分别增至 81 μgC/L、127 μgC/L,增加了 14.2% 和 78.6%;而亲水组分 AOC 增加并不明显,当臭氧投加量为 5 mg/L 时,极亲的 AOC 增加了 51.4%,而中亲组分仅增加了 3.8%。

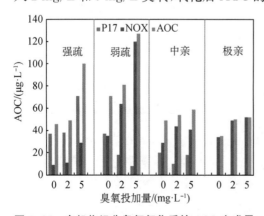

图 5-27 有机物组分臭氧氧化后的 AOC 生成量

在不同的有机物组分下,AOC 中的 P17 和 NOX 发生了变化。在强疏组分中,

P17 占多数,与原水的一致,在臭氧作用下,P17 和 NOX 增加。在弱疏组分中,P17 和 NOX 的含量几乎相同,通过臭氧的氧化,NOX 的含量明显增加而 P17 下降。对于中亲组分,NOX 多于 P17,并随着臭氧投加量的增加,产生先略下降后略增加的现象。在极亲组分中,AOC 几乎完全由 NOX 组成,并在臭氧作用下,其含量略有增加。臭氧导致 AOC 含量的增加,是由于臭氧将疏水有机物氧化成亲水有机物,而这些有机物可为 AOC 菌所利用,从而造成 AOC 的增加。J. Swietlik 等人发现,臭氧氧化疏水性组分会产生大量的羧酸,包括草酸,而草酸正是为 NOX 所利用。这就解释了为何弱疏组分被臭氧氧化后,生成大量 NOX,从而 AOC 生成量最多。Pengdang Jin 等人的研究表明,强疏组分首先被臭氧氧化成弱疏,然后再转化成亲水。这说明臭氧更容易将弱疏组分氧化转化成亲水组分,因而 AOC 的生成量更多,这解释了为何弱疏组分经臭氧氧化后的 AOC 生成量高于强疏的。

臭氧氧化对不同有机物组分的分子量分布情况如图 5-28 所示。对于强疏组分,臭氧氧化将中等分子氧化成小分子,对于弱疏组分和中亲组分,也有相似的趋势,这说明臭氧氧化过程中各组分 AOC 的增加是由于中等分子氧化成小分子,造成小分子有机物的增加。

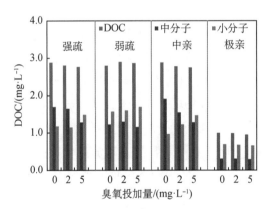

图 5-28　臭氧氧化对相对分子质量的
有机物组分的影响

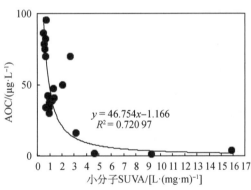

图 5-29　AOC 与小分子有机物 SUVA 的关系

由图 5-29 可知,经臭氧处理后水样的小分子 SUVA 与其 AOC 水平有较好的负相关关系(非线性)。当小分子 SUVA 大于 3 时,AOC 水平很低,但当小分子 SUVA 低于 1 时,AOC 水平升高。当 SUVA 大于 4 时,有机物主要为疏水性特别是芳香族类,而当 SUVA 小于 3 时,有机物主要由亲水性组分构成。换言之,亲水性小分子有机物的 AOC 水平更高。

5.9.2　臭氧氧化生成 AOC 的动力学

原水取自太湖,DOC 为 3.872 mg/L,UV_{254} 为 0.062 cm^{-1}。试验装置如图 5-20 所示。

1. 臭氧浓度-时间吸收曲线

从开始向反应器通臭氧即开始计时,在 $t=0$, 10 s, 20 s, 30 s, 45 s, 60 s, 90 s, 120 s, 150 s, 180 s, 240 s, 360 s, 480 s, 600 s 时,从反应器取样口接取水样,并测定该时刻的臭氧浓度,得到臭氧浓度-时间吸收曲线,如图 5-30 所示。由吸收曲线可以看出,原水的臭氧浓度在 45 s 左右即达到 (1.60 ± 0.01) mg/L 并保持稳定,远小于整个反应进行的时间。因此可认为水中臭氧浓度为一常量,故而时间是反应过程中唯一的变化参数。这种连续向反应器中通入臭氧,使得在反应过程中臭氧浓度恒定并保证过量,而反应底物被持续降解的方法称为"溶质消耗法"。

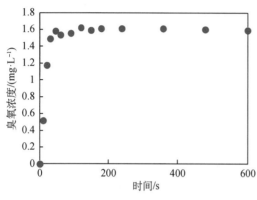

图 5-30　臭氧浓度-时间吸收曲线

2. 臭氧氧化对有机物分子量分布的影响

氧化对有机物的降解如图 5-31 所示。氧化前期的后臭氧氧化 DOC 和前臭氧接近,但氧化 2 min 后,DOC 的降解速率明显变慢,氧化 5 min 后的 DOC 浓度反而上升。用于前臭氧反应的原水未经 0.45 μm 膜过滤,其中含有大量的颗粒态有机物(POM)。据此推测:臭氧氧化在降解水中溶解性有机物的同时,还会作用于水中的颗粒态有机物,不断将其转化为溶解性有机物,导致 DOC 暂时回升;但随着反应持续进行,这部分 DOC 最终得以氧化分解。到达反应终点($t=600$ s)时,前后臭氧的 DOC 分别由 2.761 mg/L 下降至 2.615 mg/L 和 2.659 mg/L,去除率分别为 5.27% 和 3.69%。

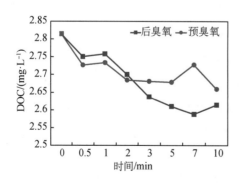 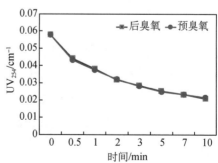

图 5-31　臭氧氧化过程中有机物的降解曲线

3. 臭氧氧化对有机物分子量分布的影响

如图 5-32 所示,原水分子量分布的 UV_{254} 响应主要集中在中分子区间,且有峰 I(4 200 Da)、峰 II(3 300 Da)和峰 III(2 500 Da)共三个较为明显的峰形;另外,在小分子区间也有微弱响应。在反应初始阶段($t<0.5$ min),各峰的峰高均迅速下降(超过 25%),同时峰宽也明显变窄;随着反应持续进行,峰面积继续减小,但下降速率变慢,这和 UV_{254} 的降解情况一致。

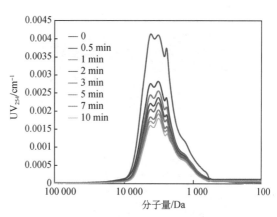

图 5-32 臭氧氧化对有机物分子量分布的影响

4. 臭氧氧化对三维荧光的影响

如图 5-33 所示,在臭氧氧化作用下,4 个荧光峰的响应强度均大幅度降低,响应范围也随之缩小;至 $t=2$ min 时,B 区、T 区的蛋白类荧光峰已经消失,A 区、C 区的腐殖类荧光峰也大为减弱;至 $t=5$ min 时,4 个荧光峰均已完全消失。由此可见,臭氧氧化对于微污染地表水中具有荧光响应的物质去除效果非常显著。

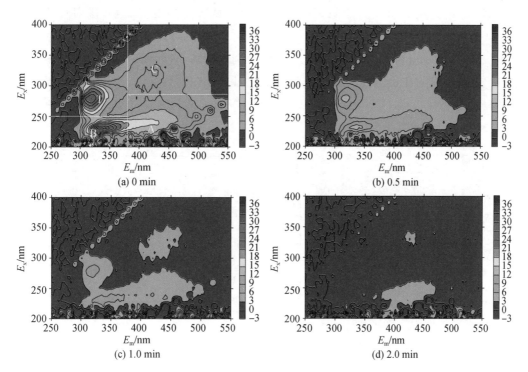

(a) 0 min

(b) 0.5 min

(c) 1.0 min

(d) 2.0 min

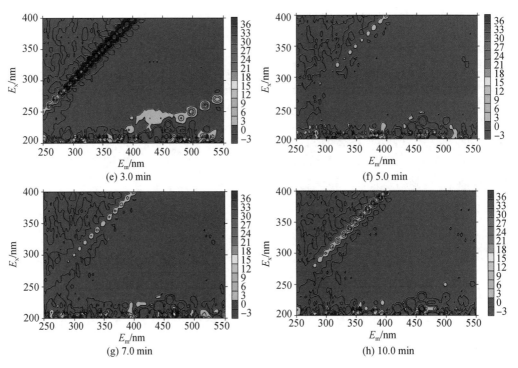

图 5-33　臭氧氧化对原水三维荧光光谱的影响

图 5-34 为臭氧氧化对总荧光强度以及各区域荧光强度的影响,随着反应的进行,原水的总荧光强度和各区域荧光强度均持续下降,其降解曲线和 UV_{254} 具有相似趋势。在 $t \leqslant 3\ min$ 阶段,蛋白类荧光区域的比例逐渐减小,而腐殖类荧光区域的比例相应增大,这说明在蛋白类和腐殖类荧光物质同时存在的情况下,臭氧优先降解前者(图 5-35)。

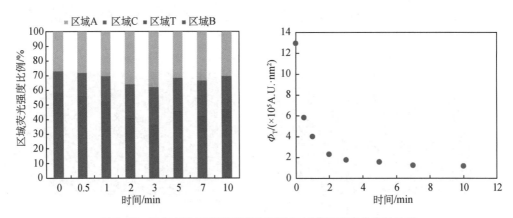

图 5-34　臭氧氧化对总荧光强度以及区域荧光强度分布的影响

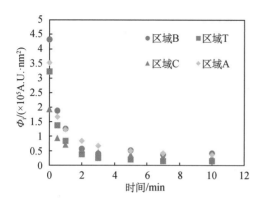

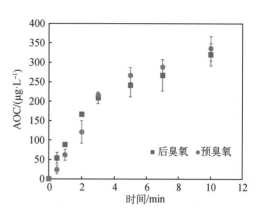

图 5-35　臭氧氧化对区域荧光强度的影响　　　　图 5-36　前后臭氧的 AOC 生成

5. 臭氧氧化生成 AOC 的动力学

前后臭氧 AOC 的生成情况如图 5-36 所示,为方便比较,图中数据均减去原水的初始值。当后臭氧(过滤后的原水,不含颗粒态有机物)反应到达终点($t=10$ min)时,AOC 浓度由原水的 54 μg/L 增加至 373 μg/L,增加了大约 6 倍。当臭氧投加量(Ozone exposure)达到 1.6 min·mg/L(即 $t=1$ min 时),单位 DOC 浓度的 AOC 产量(即产率)为 31.88 μg/mg DOC。前臭氧(未过滤的原水,不含有颗粒态有机物)结果与后臭氧高度相似,在反应后期(≥5 min)没有显著差异。Hammes 等采用两种不同的湖泊原水进行臭氧氧化试验,发现 Zurich 湖原水的 AOC 产率为 31.25 μg/mg DOC(投加量 1.5 min·mg/L),Greifensee 湖原水的 AOC 产率为 32.86 μg/mg DOC(投加量 1.6 min·mg/L)。Ramseier 等也采用 Greifensee 湖原水,测得其 AOC 产率为 16.96 μg/mg DOC(投加量 1.0 min·mg/L)。比较可知,本研究的结果和上述文献报道的数据非常接近。这说明臭氧氧化过程中,原水的 DOC 浓度和类型对 AOC 的产率影响很小。

6. 臭氧氧化 AOC 生成速率与 UV₂₅₄ 的关系

在臭氧氧化作用下,如图 5-37 所示,原水的 UV_{254} 浓度与反应时间 t 存在如下关系:

$$\frac{1}{UV'_t} - \frac{1}{UV'_0} = 17.189\,t \qquad (5\text{-}1)$$

式中,$UV'_t = UV_t - 0.016$,$UV'_0 = UV_0 - 0.016$;UV'_t 代表原水初始的 UV_{254} 浓度,UV_0 代表 t 时刻的 UV_{254} 浓度,而 0.016 cm^{-1} 代表原水中无法被臭氧完全降解的那部分 UV_{254}。上式表明,臭氧对 UV_{254} 的氧化符合准二级动力学,即

$$\frac{1}{UV'_t} - \frac{1}{UV'_0} = -k_{O_3,UV}[O_3]t \tag{5-2}$$

式中，$k_{O_3,UV}$ 为准二级动力学反应常数；$[O_3]$ 为臭氧浓度；令 $k' = k_{O_3,UV}[O_3]$，k' 即为表观反应常数，其值为 17.189。故有，

$$dUV' = -17.189UV'^2_t dt \tag{5-3}$$

而由图 5-38 可知，AOC 的生成速率与 $\ln(UV'_0/UV'_t)$ 存在线性关系，即

$$AOC = 156.09\ln(UV'_0/UV'_t) \tag{5-4}$$

根据式(5-3)、式(5-4)可以推导出，

$$dAOC/dt = -156.09 \frac{1}{UV'_t} \cdot \frac{dUV'_t}{dt} = 2\,683.03UV'_t \tag{5-5}$$

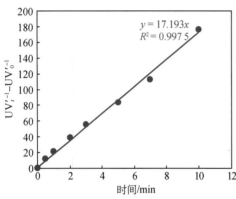

图 5-37 臭氧氧化 UV_{254} 准二阶动力学曲线

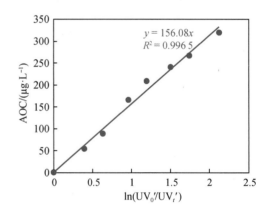

图 5-38 臭氧氧化 AOC 生成量与 UV_{254} 的关系

式(5-5)表明，臭氧氧化反应中，原水生成 AOC 的速率和水中 UV_{254} 的浓度成正比关系。因此，天然水样的 UV_{254} 浓度可在一定程度上反映其 AOC 生成速率和生成潜能。

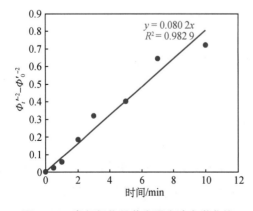

图 5-39 臭氧氧化总荧光强度动力学曲线

7. 臭氧氧化 AOC 生成速率与三维荧光的关系

图 5-39、图 5-40 以及表 5-6 表明，臭氧氧化对原水总荧光强度的降解符合准三级动力学；而对各区域荧光强度的降解则不尽相同，其中的蛋白类荧光区域 B、区域 T 符合准二级动力学，腐殖类荧光区域 A、区域 C 符合准三级动力学。不同区域荧光强度的降解遵循不同的动力学规律，且动力学反应

常数也不相同,这反映了不同区域的特征有机物在种类、结构和反应机理上存在差异。

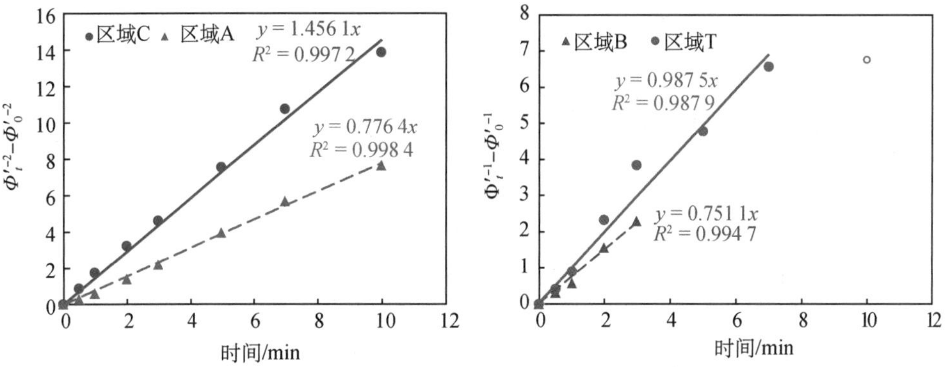

图 5-40　臭氧氧化各区域荧光强度动力学曲线

表 5-6　　　　　　　臭氧氧化总荧光强度和各区域荧光强度的动力学公式

区域	拟合公式	R^2	动力学公式
区域 B	$\dfrac{1}{\Phi_{Bt}} - \dfrac{1}{\Phi_{B0}} = 0.751\,1t$	0.988 2	$\mathrm{d}\Phi_B = -0.751\,1\Phi_B^2\mathrm{d}t$
区域 T	$\dfrac{1}{\Phi_{Tt}} - \dfrac{1}{\Phi_{T0}} = 0.987\,5\,t$	0.970 9	$\mathrm{d}\Phi_T = -0.987\,5\Phi_T^2\mathrm{d}t$
区域 C	$\dfrac{1}{\Phi_{Ct}^2} - \dfrac{1}{\Phi_{C0}^2} = 1.456\,t$	0.993 6	$\mathrm{d}\Phi_C = -0.728\,1\Phi_C^3\mathrm{d}t$
区域 A	$\dfrac{1}{\Phi_{At}^2} - \dfrac{1}{\Phi_{A0}^2} = 0.776\,4t$	0.996 6	$\mathrm{d}\Phi_A = -0.388\,2\Phi_A^3\mathrm{d}t$
总荧光强度	$\dfrac{1}{\Phi_t^2} - \dfrac{1}{\Phi_0^2} = 0.080\,2\,t$	0.961 3	$\mathrm{d}\Phi = -0.040\,1\Phi^3\mathrm{d}t$

图 5-41、图 5-42 以及表 5-7 表明,臭氧氧化反应中,原水生成 AOC 的速率和其总荧光强度成正比,同时与各区域的荧光强度也成正比例关系。因此如同 UV_{254},天然原水的荧光强度也可作为评估其 AOC 生成速率和生成潜能的指标。但值得思考的是,上述研究仅建立了臭氧氧化下 AOC 生成速率和某一区域荧光强度的关系模型,并不能反映各荧光区域对 AOC 生成速率的贡献大小,也无法解释各区域之间是否存在竞争关系。

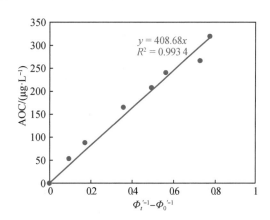

图 5-41　臭氧氧化 AOC 生成量与总荧光强度的相关关系

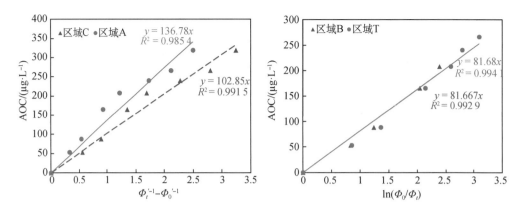

图 5-42　臭氧氧化 AOC 生成量与各区域荧光强度的相关关系

表 5-7　臭氧氧化 AOC 生成量与总荧光强度以及各区域荧光强度的关系

区域	AOC 生成量与荧光强度的关系	R^2	AOC 生成速率与荧光强度的关系
区域 B	$AOC = 81.67\ln(\Phi_{B0}/\Phi_{Bt})$	0.979 6	$dAOC/dt = -81.67 \dfrac{1}{\Phi_B} \cdot \dfrac{d\Phi_B}{dt} = 61.34\Phi_B$
区域 T	$AOC = 81.68\ln(\Phi_{T0}/\Phi_{Tt})$	0.979 8	$dAOC/dt = -81.68 \dfrac{1}{\Phi_T} \cdot \dfrac{d\Phi_T}{dt} = 80.66\Phi_T$
区域 C	$AOC = 102.8\left(\dfrac{1}{\Phi_{Ct}} - \dfrac{1}{\Phi_{C0}}\right)$	0.969 6	$dAOC/dt = -102.8 \dfrac{1}{\Phi_C^2} \cdot \dfrac{d\Phi_C}{dt} = 74.88\Phi_C$
区域 A	$AOC = 136.8\left(\dfrac{1}{\Phi_{At}} - \dfrac{1}{\Phi_{A0}}\right)$	0.947 8	$dAOC/dt = -136.8 \dfrac{1}{\Phi_A^2} \cdot \dfrac{d\Phi_A}{dt} = 53.10\Phi_A$
总荧光强度	$AOC = 408.7\left(\dfrac{1}{\Phi_t} - \dfrac{1}{\Phi_0}\right)$	0.976 3	$dAOC/dt = -408.7 \dfrac{1}{\Phi^2} \cdot \dfrac{d\Phi}{dt} = 16.39\Phi$

5.9.3　氯化处理生成 AOC 的前体物及影响因素

以东太湖原水作为研究对象,考察氯与有机物反应的动力学原理、不同工况(反应时间和投加量)对 AOC 变化的影响以及 AOC 的前体物。

试验水样的 DOC 为 3.065 mg/L,UV_{254} 为 0.059 cm^{-1},SUVA 为 1.91 L/(mg·m)。水样经 0.45 μm 膜过滤,固相萃取的水样经反渗透浓缩至 DOC 浓度约为 10 mg/L,放入 4 ℃冰箱保存。

1. 余氯随反应时间的变化

如图 5-43 所示,氯的反应分为两个阶段,初始阶段(0~30 min),余氯浓度下降明显;第二阶段(30~60 min),余氯下降变缓。Yunho Lee 根据二级速率常数 k 值大小判断,初始阶段主要消耗的有机物官能团是苯胺基团和甘氨酸、二甲胺基团;第二阶段主要消耗的是苯酚和三甲胺基团。亲疏水组分的消耗曲线能更清晰反映这个过程。在

DOC 相同的条件下,氯对疏水组分的降解速率明显要高于亲水组分。强疏和弱疏组分在 30 min 后才逐渐趋于平缓,60 min 后分别消耗余氯 0.73 mg Cl_2/L 和 0.71 mg Cl_2/L;中亲组分在 0~10 min 能迅速与氯反应,但 10 min 以后,很难进一步被分解氧化,最终消耗余氯 0.39 mg Cl_2/L,说明中亲组分中苯环结构的芳香族蛋白类物质含量较低;氯对极亲组分的降解能力较弱,2 min 后反应基本停止,整个反应只

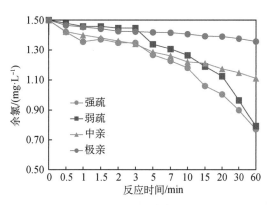

图 5-43　有机物组分的余氯消耗曲线

消耗 0.14 mg Cl_2/L。由此可见,氯更倾向于与疏水性有机物反应,生成不含苯酚的低芳香度有机物。

2. 反应时间对 AOC 生成和分子量分布的影响

图 5-44 为氯反应时间对 AOC 生成的影响。水样的初始 AOC 浓度为 51 μgC/L,其中 AOC-P17 为 45 μgC/L,占 88.7%,AOC-NOX 为 6 μgC/L,占 11.3%。由图可见,加氯后的 AOC 生成量随时间逐渐增加,2 min 时达到 67 μg/L,随后下降到 52 μg/L,在 5 min 时又迅速上升至最高值,随后缓慢下降。AOC-P17 生成量随时间变化与 AOC 总量几乎完全一致,而 AOC-NOX 生成量随时间缓慢增加,在 5 min 时达到最高值,而后缓慢下降。

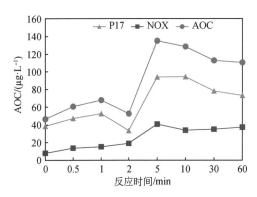

图 5-44　反应时间对 AOC 生成量的影响

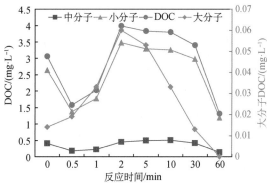

图 5-45　反应时间对分子量分布的影响

氯与原水反应时的有机物分子量变化如图 5-45 所示。反应初始,大分子有机物增加,表明氯将悬浮性有机物转化成溶解性有机物。氯同时氧化小分子,导致小分子减少,由于溶解性大分子逐渐增加,而中小分子也逐渐增加,这反映了大分子有机物转化成小分子的过程,小分子的增加导致 AOC 的增加。当大分子达到最大时,小分子也达到了最大值,但不清楚为何此时的 AOC 会出现小幅下降。随后的小分子和大分子浓度均出现下降,而 AOC 却达到了最大值,表明大量小分子有机物为 AOC 的生成提供了充

足的来源。而后的大分子浓度均下降,小分子有机物浓度逐渐下降,AOC 浓度也逐渐下降。由此可见,小分子有机物是 AOC 的主要氯化前体物。由于观察到 30 min 时的 AOC 生成以趋稳定,故后续试验均采用 30 min 为反应时间。

3. 投加量对 AOC 生成的影响

图 5-46 为氯投加量对 AOC 生成量的影响。水样的初始 AOC 浓度为 55 $\mu g/L$,其中 AOC - P17 为 45 $\mu g/L$,占 81.9%;AOC - NOX 为 10 $\mu gC/L$,占 18.1%。由图 5-46 可知,投加氯 1.5 mg Cl_2/L,反应 30 min,AOC 大幅增加,但投加量的继续增加对 AOC 的增加影响甚微。氯投加量与小分子有机物的变化如图 5-47 所示。投加氯 1.5 mg Cl_2/L 导致小分子有机物下降,但继续增加氯的投加量,小分子有机物变化很小,说明 AOC 生成与小分子有机物密切相关。

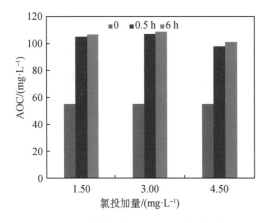

图 5-46 氯投加量对 AOC 生成量的影响

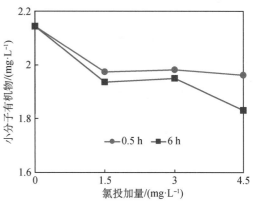

图 5-47 氯投加量对小分子有机物的影响

4. AOC 的前体物

图 5-48 是单位 DOC 的各组分加氯后 AOC 生成量的变化。加氯后的生成量增加最多的为弱疏,其次为强疏,中亲和极亲的最少。这说明疏水性组分更易与氯反应生成亲水性更强的有机物。由此可见,疏水性组分为 AOC 的主要前体物。图 5-49 为氯与有机物各组分反应 30 min 时的分子量去除情况,图 5-49 表明,氯反应 30 min 后,对强疏和弱疏有一定的去除,主要去除的是小分子有机物;对于中亲和极亲组分,反应前后的 DOC 没有变化,但中分子减少而小分子增加,说明氯将中亲和极亲组分的

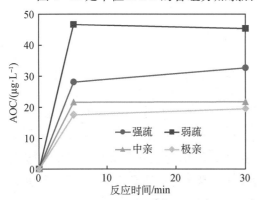

图 5-48 氯反应时间对亲疏水组分 AOC
生成量的影响

部分中分子氧化为小分子。

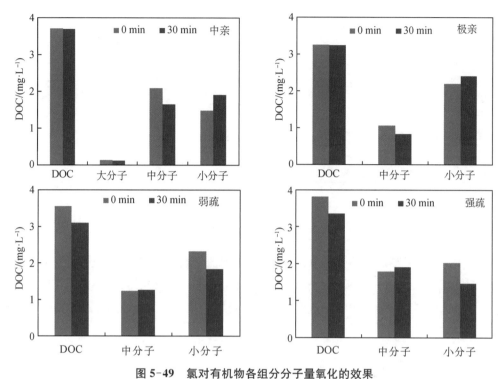

图 5-49　氯对有机物各组分分子量氧化的效果

5.10　常规与深度处理工艺控制生物稳定性的探索

5.10.1　活性炭去除 AOC

试验的两种粉末炭为木质炭 L 炭和煤质炭 S 炭。L 炭在 5～22 nm 孔径内占优势，而 S 炭在各个孔径范围内的孔容积都比 L 炭小。S 炭的平均粒径大于 L 炭。L 炭的比表面积为 1 632 m²/g，S 炭的比表面积为 620.6 m²/g。

1. 吸附时间对 AOC 去除的影响

粉末炭去除有机物的效果如图 5-50 所示。由图 5-50 可知，DOC 随着时间持续下降，L 炭去除有机物效果明显优于 S 炭。

图 5-51 为粉末炭去除 AOC 的效果。由图 5-51 可见，AOC 随粉末炭吸

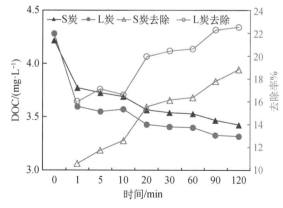

图 5-50　粉末炭吸附时间对有机物去除效果的影响

附时间而下降,L 炭去除 AOC 的效果明显优于 S 炭。

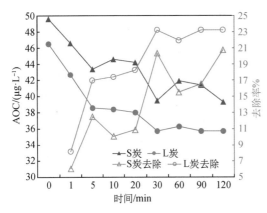 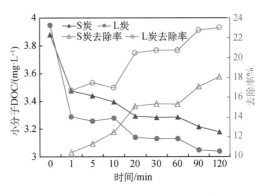

图 5-51　粉末炭吸附时间对去除 AOC 的影响　　　图 5-52　粉末炭去除小分子有机物的效果

由于 AOC 主要是由小分子有机物产生的,因而考察了两种粉末炭去除小分子有机物的效果,结果如图 5-52 所示。吸附时间 1 min 内时,L 炭和 S 炭对小分子 DOC 的去除率分别达到了 17% 和 10%,并随着吸附时间持续增加。L 炭的去除效果明显优于 S 炭。

2. pH 值对 AOC 去除的影响

图 5-53 为改变原水 pH 值时,L 炭和 S 炭去除 DOC 与 UV_{254} 的情况。原水 pH 值为 7.8,此时的 L 炭和 S 炭去除 DOC 的效果分别为 22.2% 和 18.7%,L 炭去除效果较好。从图 5-53(a)可以看出,当原水偏碱性时,L 炭去除率略高于 S 炭去除率;当原水呈酸性,L 炭去除率增大,为 40.7%,此时 S 炭对 DOC 去除率没有明显变化。图 5-53(b)表明,粉末炭去除 UV_{254} 的情况与去除 DOC 的相似。

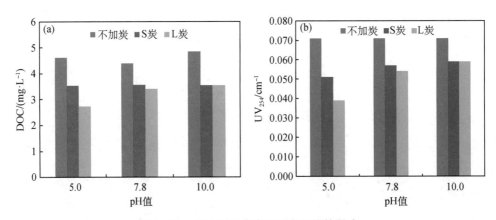

图 5-53　pH 值对粉末炭吸附有机物的影响

图 5-54 为 pH 值变化对 AOC 生成的影响。图 5-54 表明,pH 值为 5 时,AOC 的

生成最少,当 pH 值为中性和碱性时,AOC 的生成量大幅增加,虽然二者的生成量大致相同。但 pH 值中性时的 AOC-P17 的量高于 AOC-NOX,而当 pH 值为碱性时,AOC-NOX 的生成量远高于 AOC-P17 的量。

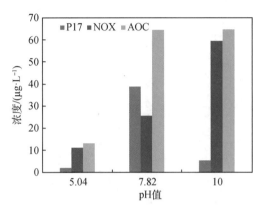

图 5-54 pH 值对 AOC 生成的影响

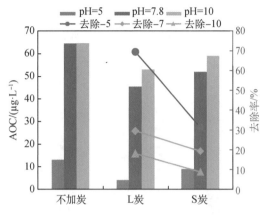

图 5-55 pH 值对粉末炭吸附 AOC 的影响

在不同 pH 值条件下,粉末炭去除 AOC 的效果如图 5-55 所示。图 5-55 表明,L 炭的去除效果优于 S 炭。酸性的去除效果最好,其次为中性,碱性的最差。当 pH 值为酸性时,有机物由亲水变为疏水,由于活性炭的表面为疏水,因而强化了吸附作用。

当 pH 值为碱性时,有机物的亲水性增强,活性炭的吸附效果下降。

pH 值对分子量分布的影响如图 5-56 所示。由图可见,在中性和碱性条件下分子量分布大致相似,碱性条件下小分子略多些;但酸性条件下,分子量分布有了很大变化,小分子有机物几乎消失,基本上完全由中分子构成。AOC 主要为小分子有机物所生成,因而当 pH 值为中性或碱性时,有机物主要由小分子组成,因而 AOC 生成量大为增加;当 pH 值为酸性时,有机物主要由中分子组成,因而 AOC 生成量减少。

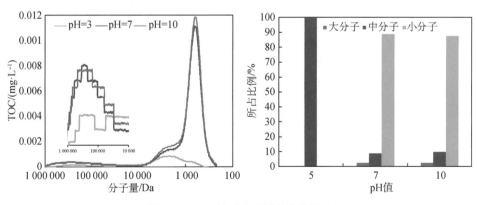

图 5-56 pH 值对分子量分布的影响

3. 粉末炭投加量对 AOC 去除的影响

粉末炭投加量去除有机物的效果如图 5-57 所示。随着投加量的增加，L 炭去除 DOC 的效果直线上升，S 炭增加至 30 mg/L，当继续增加 50 mg/L 时，去除率没有进一步增加。L 炭的去除率明显优于 S 炭。

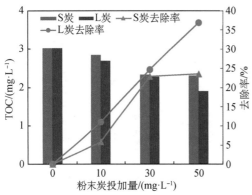 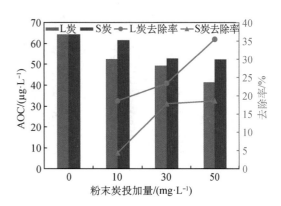

图 5-57　粉末炭投加量去除有机物的效果　　图 5-58　粉末炭投加量去除 AOC 的效果

粉末炭投加量去除 AOC 的效果如图 5-58 所示。改变投加量去除 AOC 的趋势与去除 DOC 的非常相似，L 炭的去除效果明显优于 S 炭。

粉末炭投加量对分子量分布的影响如图 5-59 所示。随着投加量的增加，小分子有机物的响应峰逐渐下降。粉末炭去除不同分子量的效果如图 5-60 所示。图 5-60 表明，随着投加量的增加，L 炭去除中分子和小分子的效果持续提高，而去除大分子在投加量 10 mg/L 出现下降外，均呈上升趋势；S 炭去除大分子呈上升趋势，去除中分子在 10 mg/L 达到最高去除率后，继续增加投加量反而导致去除率下降；对于小分子，在 30 mg/L 达到最大去除率后，在 50 mg/L 时的去除率没有继续增加。小分子有机物的去除与有机物和 AOC 的去除趋势非常相似，这是由于 AOC 主要是由小分子有机物产生的，因而粉末炭对 AOC 的去除必然与小分子有机物密切相关，如图 5-61 所示。

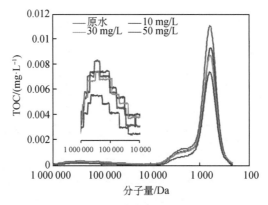

图 5-59　粉末炭投加量对分子量分布的影响

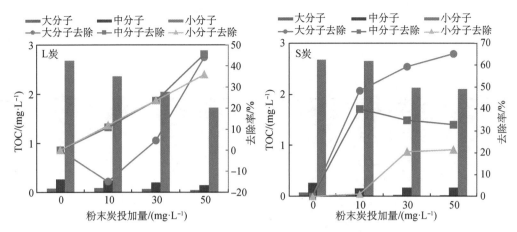

图 5-60　粉末炭投加量去除不同分子量的效果

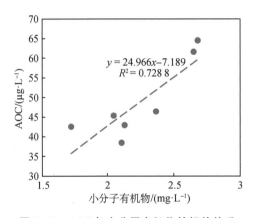

图 5-61　AOC 与小分子有机物的相关关系

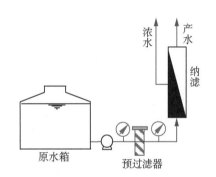

图 5-62　纳滤试验装置

5.10.2　膜去除 AOC

1. 试验装置

试验装置如图 5-62 所示。采用芳香族聚酰胺卷式纳滤膜,膜面积约为 $1.0\ m^2$。在纳滤膜前设置滤芯式过滤器作为预处理装置,滤芯式过滤器由活性炭柱和孔径为 $1\ \mu m$ 的微滤膜组成,去除进水中的悬浮固体和余氯。反渗透膜为 2 寸 30 cm 卷式膜,膜面积约为 $0.5\ m^2$。

2. 原水水质

试验的原水为市政自来水,试验期间的水温与 AOC 的关系如表 5-8 所示。AOC 浓度以春夏季为最高,冬季次之,秋季为最低。其中,AOC-P17 的变化较为显著,而

AOC-NOX 的变化较为平缓,可见季节因素对 AOC-P17 的影响作用更大一些。在不同时节,原水的 AOC 浓度变化主要是由配水管网中余氯的含量、水温等多种因素共同作用引起的。

表 5-8　　　　　　　　　　　水温与 AOC 的关系

季节	水温 /℃	AOC-P17 /(μg·L⁻¹)	AOC-NOX /(μg·L⁻¹)	AOC-T /(μg·L⁻¹)	P17/AOC /%	NOX/AOC /%
秋	21.4	47.75	28.92	76.67	61.68	38.32
冬	17.2	63.53	24.91	88.44	70.31	29.68
春	24.4	69.94	27.10	97.04	72.09	27.91
夏	29.7	66.65	31.53	98.18	67.89	32.11

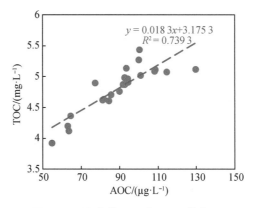

图 5-63　原水的 TOC 与 AOC 的关系

图 5-64(a)表明,84%的 AOC 是由分子量小于 1 000 Da 的有机物产生的,其次为中分子,所占比例为 12%,大分子仅占 3%。纳滤膜在各个分子量段的去除 AOC 如图 5-64(b)所示,由此可见,大分子可去除 96%,中分子可去除 65%,小分子可去除 53%。

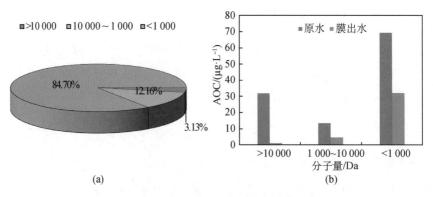

图 5-64　AOC 的分子量分布以及膜去除

由图 5-65 可见,随着分子量的增加,P17 增加而 AOC-NOX 减少,反之亦然,这说明 AOC-P17 多为较大分子量的有机物构成,而 AOC-NOX 多为小分子量的组成。

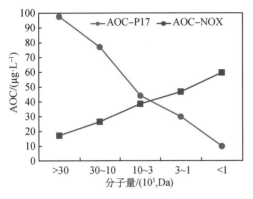 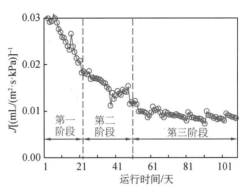

图 5-65　AOC-P17 和 AOC-NOX 的分子量分布　　　图 5-66　纳滤膜的通量变化

3. 纳滤膜的通量变化

由图 5-66 可见,纳滤膜透过水通量呈逐渐下降的趋势,其过程分为三个阶段:在运行初期,通量迅速下降;接下来的一段时期内,下降速度有所减缓;在第三阶段,由于有机物在膜面上的进一步沉积或污染层的凝胶化或固化,使通量的减小趋于稳定,一直维持在 $10\ \text{L}/(\text{m}^2 \cdot \text{s} \cdot \text{kPa})$ 左右。在整个运行过程中,平均每隔 $10 \sim 14$ 日需要更换滤芯,更换滤芯后会使通量有短暂的上升。

4. 去除效果

由表 5-9 可知,膜工艺对原水常规水质指标有显著的去除效果。纳滤/反渗透对色度的去除效果佳,形成色度的物质主要是分子量大于 $1\ 000\ \text{Da}$ 的有机物,膜脱色机理一般被认为是利用膜孔大小机械筛除水中有机物质。因此,对色度的去除率高是由于膜工艺去除了水中显色的大分子物质。纳滤/反渗透对浊度、TDS、COD_{Mn} 和总硬度的去除率均可达到 85% 以上。

表 5-9　　　　　　　　　　　　　水样水质

水样	原水	纳滤膜出水	反渗透出水
色度	8	0	0
浊度/NTU	0.829	0.123	0.008
pH 值	7.13	6.38	6.14
TOC/$(\text{mg} \cdot \text{L}^{-1})$	4.603	—	—
UV_{254}/cm^{-1}	0.112	0.002	0.001

续表

水样	原水	纳滤膜出水	反渗透出水
余氯/(mg·L^{-1})	0.07	0.02	0.01
总氯/(mg·L^{-1})	0.72	0.02	0.02
TDS/(mg·L^{-1})	447.62	59.41	24.13
COD$_{Mn}$/(mg·L^{-1})	3.75	0.30	0.24
总硬度/(mg·L^{-1})	141.71	3.02	0.24
亚硝酸氮/(mg·L^{-1})	0.189	0.059	—

BDOC 是判断饮用水生物稳定性的重要指标,在试验初期,分别对原水和纳滤膜出水的 BDOC 值进行了测定。采用的是悬浮生长 28 日培养法,由于原水和纳滤膜出水中 TOC 浓度较小,故先对所取水样进行蒸发浓缩,水样中所接种的土著细菌取自预处理阶段采用的滤芯中活性炭柱上所附着的微生物。测定结果见表 5-10。

表 5-10　　　　　　　　　　　　　　水样中 BDOC 浓度

项目	TOC$_0$ /(mg·L^{-1})	TOC$_{28}$ /(mg·L^{-1})	BDOC /(mg·L^{-1})	AOC /(μg·L^{-1})	AOC/BDOC /%
原水	10.35	9.975	0.187 5	84.47	45.05
膜出水	1.391	0.736 8	0.163 6	33.70	20.60

由图 5-67 可知,纳滤去除 AOC 的效果为 50.57%～68.01%,平均去除率约为 60%。膜出水的 AOC 浓度为 21.93～45.80 μg/L,平均浓度为 33.18 μg/L。

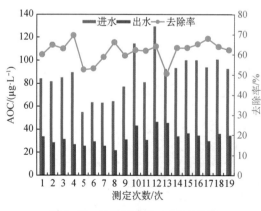

图 5-67　纳滤膜去除 AOC 的效果

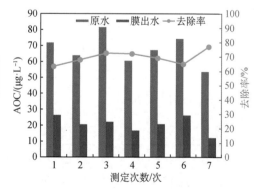

图 5-68　反渗透膜去除 AOC 的效果

图 5-68 表明,反渗透去除 AOC 的效果为 68.88%～79.88%,平均去除率约为 75%。反渗透水的 AOC 平均浓度为 24.17 μg/L。反渗透处理水的最低 AOC 浓度仅为 20.16 μg/L。与纳滤膜相比,反渗透使生物稳定性有了进一步的提高。

5. TDS、硬度和 pH 值对纳滤/反渗透去除 AOC 的影响

1）TDS

投加 NaCl 来改变 TDS,从而考察 TDS 对纳滤和反渗透膜去除 AOC 的影响。图 5-69 表明,随着 TDS 的增加,无论是纳滤还是反渗透膜,去除 AOC 的效果均随之下降。

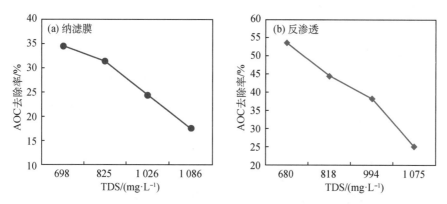

图 5-69　TDS 对纳滤/反渗透去除 AOC 的影响

产生这一现象是由于离子浓度升高,膜表面电荷和组成 AOC 的有机物间被更多的离子所阻隔,导致它们之间的电荷作用力减弱,因而导致 AOC 去除率下降,且随着原水中 TDS 的升高,AOC 去除率下降更显著。

2）硬度

由图 5-70 可见,在原水中投加 $CaCl_2$,提高原水的离子强度,均会使纳滤/反渗透对原水中的 AOC 去除率下降。

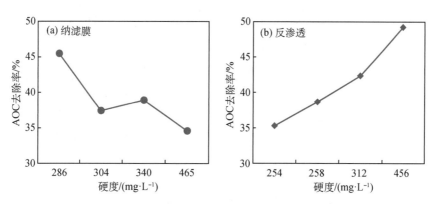

图 5-70　硬度对纳滤/反渗透去除 AOC 的影响

研究表明,在溶液中投加钙离子会显著地减少膜表面的负电荷,膜表面电位会变得接近于零甚至略带正电。这是由于膜表面本身所带的负电荷被钙离子有效掩盖了;另外,膜表面官能团对钙离子的吸附中和了膜表面的负电荷。

3）pH 值

由图 5-71(a)可知，在投加 HCl 后，膜工艺对原水中 AOC 的去除率有明显的下降，纳滤膜对 AOC 的平均去除率为 19.79%，反渗透对 AOC 的平均去除率为 20.45%。纳滤膜出水的 AOC 浓度为 72.66～85.28 μg/L，平均浓度为 79.24 μg/L；反渗透出水的 AOC 浓度为 69.44～82.08 μg/L，平均浓度为 76.34 μg/L。可见，投加 HCl 后，膜出水的生物稳定性差。

由图 5-71(b)可知，在投加 NaOH 后，纳滤膜对 AOC 的去除率稍有上升。投加前，纳滤膜对 AOC 的去除率为 50.57%～69.23%，平均去除率为 61.83%，膜出水的 AOC 浓度为 33.90～45.80 μg/L，平均浓度为 39.46 μg/L；投加后，纳滤膜对 AOC 的去除率为 57.03%～70.48%，平均去除率为 64.81%，膜出水的 AOC 浓度为 36.41～42.63 μg/L，平均浓度为 39.67 μg/L。可见，投加 NaOH 前后，纳滤膜对原水中 AOC 的去除率略有升高。

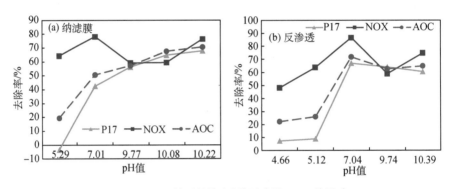

图 5-71　pH 值对纳滤/反渗透去除 AOC 的影响

由图 5-71 可知，在投加 NaOH 前后，反渗透对原水中 AOC 的去除效果无较大差异。投加前，反渗透对原水中 AOC 的去除率为 64.84%～71.66%，平均去除率为 68.40%，膜出水的 AOC 浓度为 27.95～37.98 μg/L，平均浓度为 32.17 μg/L。投加后，反渗透对 AOC 的去除率为 61.67%～64.86%，平均去除率为 63.31%，膜出水的 AOC 浓度为 33.11～43.38 μg/L，平均浓度为 38.66 μg/L。可见，在原水中投加 NaOH 后，反渗透对 AOC 的去除效果并无改善，甚至去除率还略有下降。

pH 值的变化，对膜去除原水中 AOC 的影响原因，可从以下两方面来讨论。

一方面，从溶液本身来说，组成 AOC 的物质中的氨基酸、羧酸等，均属于两性化合物。当两性溶质的分子量大于膜的截留分子量时，膜的截留分离性能主要取决于筛分效应，而当两性溶质分子量远小于膜的截留分子量时，膜的截留分离性能则主要取决于电荷效应，溶液的 pH 值成为影响膜分离性能的最重要因素。氨基酸、羧酸等分子中带有离子官能团如羧基或氨基，这些离子官能团既可以起到酸又可以起到碱的作用。改变溶液的 pH 值，可以使两性溶质带上正电荷或负电荷，可以使得两性溶质与膜的带电性质相同或相反,从而改变两性溶质与膜的相互作用方式,影响膜的截留分离性能。

另一方面,从膜本身的性质来说,改变原水的 pH 值,会对膜表面电位产生影响。纳滤膜/反渗透膜表面均带有负电荷,且当溶液的 pH 值越高,膜表面将会带有更多的负电荷。这是由于在高 pH 值条件下,会使膜表面官能团发生严重的质子分离。而所带负电荷的多少受到膜材质的影响,若膜表面所能提供的可电离的官能团多,则 pH 值升高,膜表面所带的负电荷也多。

5.10.3　混凝和砂滤去除 AOC 和 BDOC

1. 原水水质和试验装置

试验采用固体粉末聚合氯化铝作为混凝剂,其 Al_2O_3 含量≥28%。

凝聚阶段,快搅 2 min,转数 200 r/min;絮凝阶段,慢搅 15 min,转数 50 r/min;沉降阶段,停止搅拌,静止沉淀 30 min。试验用砂滤柱总高 105 cm,直径 d 为 6.4 cm,其中石英砂高 52 cm,粗砂高 8 cm,碎石高 5 cm,砂滤柱超高 40 cm。砂滤柱为上部敞口进水,底部管道出水。水样在砂滤柱中的停留时间可忽略不计。每次过滤时前 200 mL 的水样弃去不用。

2. 去除效果

1) 聚合氯化铝

图 5-72 表明聚合氯化铝去除有机物均随着投加量的增加而增加,但砂滤的去除基本为负值。聚合氯化铝去除 AOC-P17 和 AOC-NOX 的效果均随着投加量的增加而增加,但 AOC-P17 的去除明显优于 AOC-NOX。砂滤对 AOC-P17 和 AOC-NOX 的去除毫无规律,且多为负值,如图 5-73 所示。图 5-74 为混凝和砂滤去除 AOC 和 BDOC 的效果,同样表明混凝可有效去除,而砂滤几乎没有去除效果。

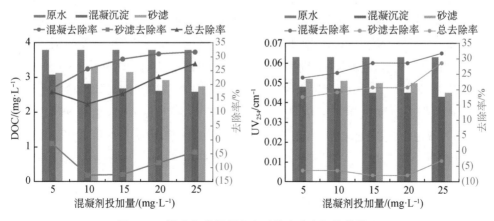

图 5-72　聚合氯化铝混凝和砂滤去除有机物的效果

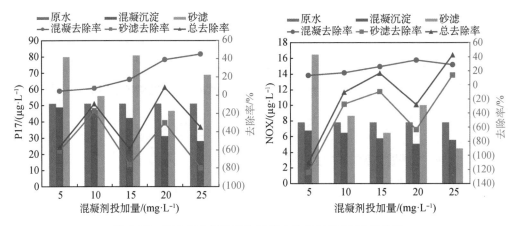

图 5-73 聚合氯化铝混凝和砂滤去除 P17 和 NOX 的效果

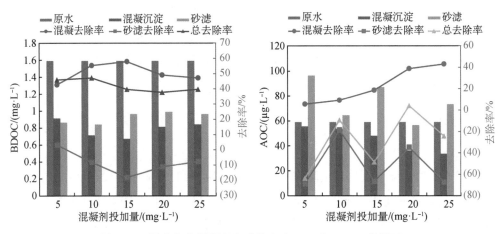

图 5-74 聚合氯化铝混凝和砂滤去除 AOC 和 BDOC 的效果

2）聚合氯化铝＋硫酸铝

聚合氯化铝加硫酸铝和砂滤去除有机物的效果如图 5-75 所示。聚合氯化铝保持在 10 mg/L，硫酸铝从 10 mg/L 增加至 50 mg/L。图 5-75 表明，聚合氯化铝加硫酸铝的混合投加对强化有机物的去除助力有限，硫酸铝投加量的增加对强化 DOC 的去除作用非常有限，对 UV_{254} 的去除有一定的作用。图 5-76 表明，硫酸铝的增加对去除 AOC-P17 的作用明显，去除 AOC-NOX 的效果也较好。图 5-77 表明，随着硫酸铝投加量的增加，AOC 的去除也随之增加；去除 BDOC 有较好的作用，但随投加量增加没有显示稳定的趋势。

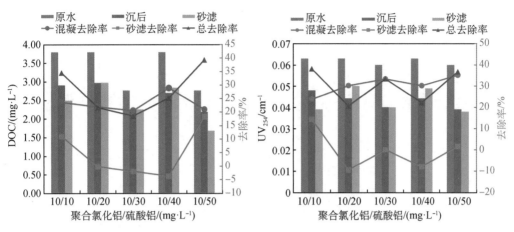

图 5-75　聚合氯化铝/硫酸铝和砂滤去除有机物的效果

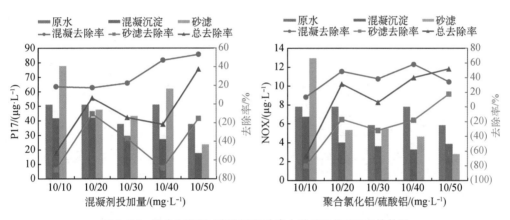

图 5-76　聚合氯化铝/硫酸铝和砂滤去除 P17 和 NOX 的效果

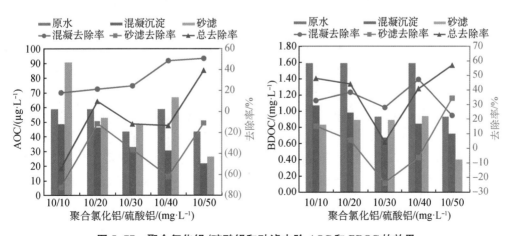

图 5-77　聚合氯化铝/硫酸铝和砂滤去除 AOC 和 BDOC 的效果

5.10.4 常规工艺去除 AOC 和 BDOC 的中试试验

1. 原水水质和试验装置

中试试验装置如图 5-78 所示。中试的规模为 $3\ \text{m}^3/\text{h}$。试验期间的原水水质如表 5-11 所示。

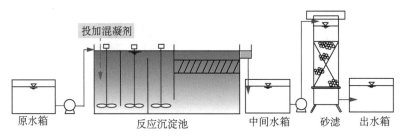

投加混凝剂

原水箱　　　　反应沉淀池　　　中间水箱　　砂滤　　出水箱

图 5-78　中试试验装置

表 5-11　　　　　　　　　　　　　原水水质

	最大	最小	平均
水温/℃	27.5	26.8	27.1
浊度/NTU	9.5	2.6	6.0
pH 值	8.77	8.36	8.56
TOC/$(\text{mg}\cdot\text{L}^{-1})$	3.63	3.46	3.54
UV_{254}/cm^{-1}	0.067	0.064	0.065
COD_{Mn}/$(\text{mg}\cdot\text{L}^{-1})$	2.98	2.90	2.94
碱度(mg/L,以 $CaCO_3$ 计)	57	48	52

机械混合池的有效尺寸为 $L\times B\times H=250\ \text{mm}\times250\ \text{mm}\times400\ \text{mm}=0.025\ \text{m}^3$，总高 0.7 m,反应时间 30 s,与反应池合建,并装有机械搅拌设备。反应池的反应时间为 20 min,采用穿孔流式反应池,有效尺寸为 $L\times B\times H=800\ \text{mm}\times1\ 200\ \text{mm}\times1\ 200\ \text{mm}=1.152\ \text{m}^3$,单格尺寸为 $400\ \text{mm}\times400\ \text{mm}$,每组 6 格,共 12 格。6 个穿孔的进水流速依次为 0.72 m/s、0.62 m/s、0.46 m/s、0.36 m/s、0.27 m/s、0.20 m/s,絮凝阶段平均速度梯度 $G=34.54\ \text{s}^{-1}$,反应池与沉淀池焊接在一体,中间设有 0.15 m 的过渡段。过渡段长 0.85 m,底部高出沉淀池排泥斗顶 0.1 m,过渡段底端距离沉淀池底部 0.4 m,设 $30\ \text{mm}\times30\ \text{mm}$ 过水孔,间距 80 mm,共 9 个。斜管沉淀池的停留时间 30 min,有效面积 $0.825\ \text{m}^3$,实际尺寸 $L\times B\times H=500\ \text{mm}\times825\ \text{mm}\times3\ 660\ \text{mm}$,清水区上升流速 2.10 mm/s,斜管长度 1 000 mm,内径 25 mm,水平倾斜角度 60°,雷诺数 $Re=13.12$,弗劳德数 $Fr=7.19\times10^{-3}$。石英砂滤池的滤速 8 m/h,过滤面积

0.375 m²,内径 0.7 m,总高 3.3 m,其中保护层高 0.3 m,砂上水深 1.2 m,砂滤层
1.25 m(含承托层),底部空间 0.55 m。

2. 试验结果

1)有机物去除效果

图 5-79 表明,混凝去除 TOC 和 UV_{254} 有较好的效果,并随着投加量的增加而提
高;砂滤去除效果非常有限,且 UV_{254} 的去除反而随着投加量呈下降趋势。

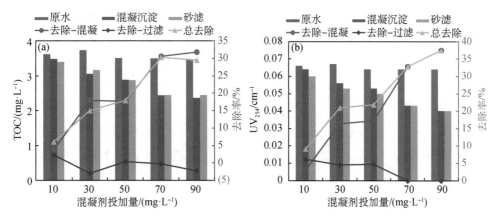

图 5-79 混凝和砂滤去除有机物的效果

2)AOC 和 BDOC 去除效果

混凝和砂滤去除 AOC-P17 和 AOC-NOX 的效果如图 5-80 所示。混凝对 AOC-
P17 有较好的去除效果,并随着投加量的增加而增加;砂滤的去除较差,随着混凝剂投
加量的增加,出现了反而下降的趋势。混凝和砂滤去除 AOC-NOX 的效果很差,远不如
AOC-P17。这种差异是由于 AOC-P17 由较大分子量构成,而 AOC-NOX 由较小分子量
构成。图 5-81 为混凝和砂滤去除 AOC 和 BDOC 的效果。混凝对 AOC 的去除规律性不
明显,这可能是受到了 AOC-NOX 的影响。混凝和砂滤去除 BDOC 的效果优于 AOC。

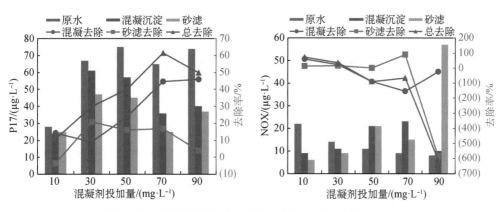

图 5-80 混凝和砂滤去除 AOC-P17 和 AOC-NOX 的效果

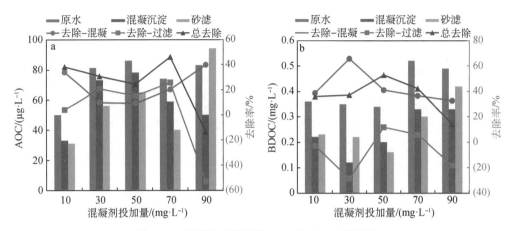

图 5-81　混凝和砂滤去除 AOC 和 BDOC 的效果

3）BRP 去除效果

细菌再生长潜力（Bacterial Regrowth Potential，BRP）通过细菌浓度反映了水样可以被用于细菌再生长的潜力。图 5-82 表明，随着混凝剂投加量的增加，BRP 的去除效果增加；砂滤呈现出先增加后下降的趋势。

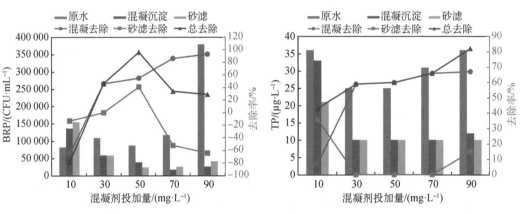

图 5-82　混凝和砂滤去除 BRP 的效果　　　　**图 5-83　混凝和砂滤去除 TP 的效果**

4）TP 去除效果

磷作为细菌生长最重要的无机营养元素之一，当有机物充足时，低浓度的磷会制约细菌的生长。混凝和砂滤去除 TP 的效果如图 5-83 所示。随着混凝剂投加量的增加，TP 的去除也呈现出持续的增加，但砂滤的去除没有规律。

原水和沉后水的 BRP 与 DOC 以及 BRP 与 TP 的相关关系如图 5-84、图 5-85 所示。BRP 与 DOC 以及 BRP 与 TP 呈现出较好的相关关系，这表明水中的 DOC 和 TP 均支持细菌的生长。

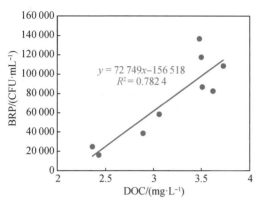

图 5-84　BRP 与 DOC 的相关关系

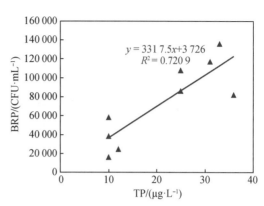

图 5-85　BRP 与 TP 的相关关系

5.10.5　臭氧生物活性炭深度工艺去除 AOC 和 BDOC

1. 臭氧生物活性炭深度工艺去除效果

臭氧生物活性炭深度工艺去除 AOC 和 BDOC 的效果如图 5-86 所示。图 5-86（a）表明，混凝沉淀去除 AOC 的效果最佳，其次为砂滤和活性炭，后臭氧导致 AOC 增加；BDOC 去除的效果如图 5-86（b）所示，活性炭的去除效果最佳，其次为混凝沉淀和砂滤，后臭氧同样导致 BDOC 的增加。

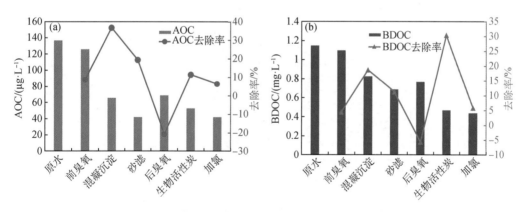

图 5-86　臭氧生物活性炭去除 AOC 和 BDOC 的效果

图 5-87 表明，活性炭去除的效果最佳，其次是混凝沉淀、预臭氧和砂滤，对于 UV$_{254}$，活性炭去除的效果最佳，其次是预臭氧、后臭氧、混凝沉淀和砂滤。

2. 不同运行年限的臭氧生物活性炭深度工艺去除效果

XC 水厂的运行年限为 6 年，XJ 水厂为 3 年，XQ 水厂为 2 年，BYW 水厂为 8 个月。

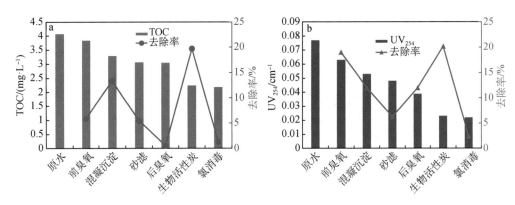

图 5-87　臭氧生物活性炭去除 TOC 和 UV_{254} 的效果

图 5-88 表明 BYW 水厂去除效果超过 50％，其余的非但没有去除效果，反而增加。其中的 XC 水厂增幅最大，其次为 XJ 水厂，增幅最小的为 XQ 水厂。图 5-88 还表明，生物活性炭去除 AOC 效果最佳的是 XC 水厂，其次为 XJ 水厂和 XQ 水厂，BYW 水厂的最差，然而氯消毒导致 AOC 增加幅度最大的是 XC 水厂，其次为 XJ 水厂和 XQ 水厂，增幅最小的是 BYW 水厂。由此可见，AOC 的去除效果与活性炭的运行年限有着密切的关系，运行年限越长，去除效果越好，反之亦然。但是，活性炭运行年限越长，后续的氯消毒导致的 AOC 增加幅度也越大。

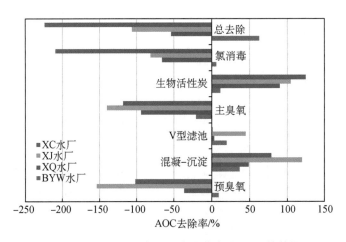

图 5-88　不同运行年限深度工艺去除 AOC 的效果

图 5-89 为不同运行年限的水厂，其深度工艺的常规和深度处理去除 AOC 效果的比较。对于常规处理，运行年限越短，去除 AOC 的效果越好；对于深度处理，运行年限越长，AOC 负增长率越明显。

图 5-90 为不同运行年限水厂的深度处理工艺去除 TOC 的效果。图 5-90 表明，对于各个处理环节，TOC 去除与水厂运行年限没有明显的规律，但就总去除效果而言，TOC 去除与水厂运行年限仍然遵循运行年限越长，去除效果越差的规律。各个水厂的

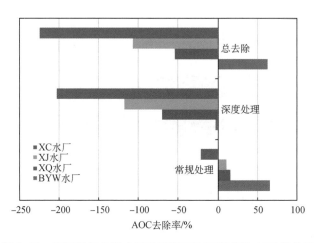

图 5-89　不同运行年限水厂常规和深度工艺去除 AOC 的效果

常规处理和深度处理去除 TOC 的比较如图 5-91 所示,由此可以看出,常规处理与运行年限没有关联,但深度处理与运行年限有着明显的关系,它们之间唯一的例外是 BYW 水厂和 XQ 水厂。XQ 水厂的深度处理去除效果优于 BYW 水厂,尽管前者的运行年限高于后者。从图 5-91 还可以看出一个明显的规律,当常规处理效果变差时,深度处理效果变好,换言之,常规处理和深度处理之间存在着互补的关系。这说明当常规处理去除效果变差时,较多的有机物进入活性炭,使得活性炭提高去除能力来去除多余的有机物;当常规处理效果变好时,较少的有机物进入活性炭,使得活性炭降低去除能力。这规律可以解释为什么 XQ 水厂的深度处理效果优于 BYW 水厂的现象。图 5-91 表明 XQ 水厂的常规处理效果较 BYW 水厂的差,因而前者的活性炭提高了去除能力,使得效果优于后者。

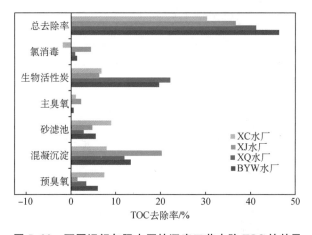

图 5-90　不同运行年限水厂的深度工艺去除 TOC 的效果

不同运行年限水厂的深度工艺去除 UV_{254} 的效果比较如图 5-92、图 5-93 所示。如同 TOC,UV_{254} 的总去除也遵循着运行年限越短,去除效果越好的规律。就深度去除而言,如图 5-93 所示,运行年限最短的 BYW 水厂的去除效果反而不如运行年限稍长的

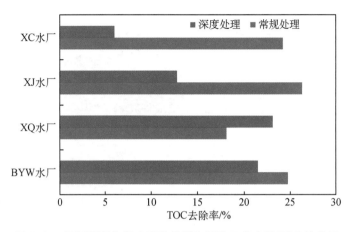

图 5-91　不同运行年限水厂的常规和深度工艺去除 TOC 的效果

XQ 水厂,但 BYW 水厂的常规工艺去除明显优于 XQ 水厂,这导致其深度的去除效果下降,但总去除效果仍优于 XQ 水厂。

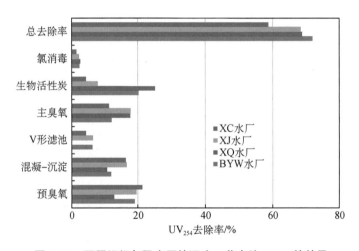

图 5-92　不同运行年限水厂的深度工艺去除 UV$_{254}$ 的效果

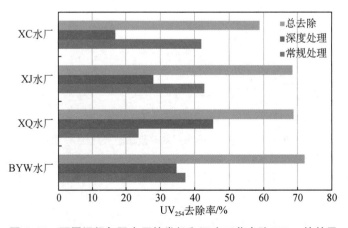

图 5-93　不同运行年限水厂的常规和深度工艺去除 UV$_{254}$ 的效果

第6章 消毒副产物

自1974年Rook和Bellar等人发现饮用水加氯消毒可以产生三卤甲烷(THMs)后,现在有600多种消毒副产物(DBPs)已被报道。但是,目前饮用水中已经确定的这600多种DBPs仅占总DBPs的50%~60%,其余DBPs的结构尚不清楚。DBPs的种类主要有三卤甲烷(THMs)、卤乙酸(HAA)、卤代乙腈(HAN)、卤代醛和酮、卤酚等各种副产物。其中三卤甲烷主要成分为三氯甲烷(TCM)、一溴二氯甲烷(BDCM)、二溴一氯甲烷(DBCM)和三溴甲烷(TBM)等,其中三氯甲烷含量最高。卤乙酸(HAAs),主要成分有一氯乙酸(MCAA)、二氯乙酸(DCAA)、三氯乙酸(TCAA)、一溴乙酸(MBAA)、二溴乙酸(DBAA)等。卤乙腈(HANs)主要成分有二氯乙腈(DCAN)、三氯乙腈(TCAN)、溴氯乙腈(BCAN)、二溴乙腈(DBAN)等。卤代酮类(HKs)主要成分有二氯丙酮(DCP)、三氯丙酮(TCP)等,卤乙醛类主要为水合氯醛(CH)等。

饮用水不仅仅可直接饮用,也可以做饭、洗衣、洗澡、洗涤等,因此,人体可通过多种途径直接接触DBPs。直接饮用是DBPs主要的一种暴露方式,但在淋浴、洗澡、游泳、洗衣等过程中皮肤也会接触到DBPs。在毒理学研究方面,普遍认为DBPs会有"三致"作用,即诱变性、致癌性和生殖与发育毒性。

常见DBPs对人体健康都会产生一定的影响,具体见表6-1。

表6-1　　　　　　　　　　　　氯消毒副产物对健康的影响

DBPs种类	化合物名称	毒理作用
三卤甲烷(THMs)	三氯甲烷	引发肝、肾和生殖系统的癌症
	一溴二氯甲烷	影响神经系统,肝脏,肾脏和生殖能力
	二溴一氯甲烷	引发肝,肾和生殖系统的癌症
	三溴甲烷	引发肝,肾和生殖系统的癌症
卤代乙腈(HANs)	三氯乙腈	引发癌症,致突变和致使染色体断裂
卤代醛和酮	甲醛	诱变
卤酚	2-氯苯酚	引发癌症或肿瘤
卤乙酸(HAAs)	二氯乙酸	引发癌症,对生殖及发育产生影响
	三氯乙酸	对肝、肾、脾以及生长发育产生影响

6.1 几种重要的消毒副产物

1. 三卤甲烷

THMs 是最早被检出的消毒副产物。1974 年,Rook 在鹿特丹市饮用水中检出氯化消毒副产物三氯甲烷(CF)。1976 年,美国环保署(EPA)公布并证实了 THMs 在自来水中的存在。通过对 80 个城市各种不同水源的原水以及经不同工艺处理的出水中的有机物调查研究表明,三卤甲烷类 DBPs 广泛存在于自然水中。饮用水中的 THMs 占 DBPs 总量的 70%左右,主要包括三氯甲烷(CF)、一溴二氯甲烷(BDCM)、二溴一氯甲烷(DBCM)和三溴甲烷(BF)四类,其中的三氯甲烷被检出的浓度和频率极高,它们的结构式如图 6-1 所示。

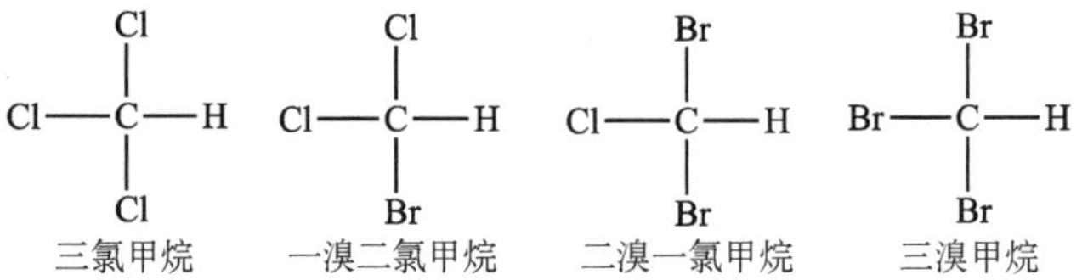

图 6-1 三卤甲烷的结构式

20 世纪 70 年代,美国国家癌症协会发现三氯甲烷能引发动物产生肿瘤,对动物具有致癌作用。美国癌症协会(IARC)也将三氯甲烷和一溴二氯甲烷列为对人类致癌的可疑物质,为致癌物质 2 B 等级。1994 年,美国环保署提出的新的适用于所有供水体系饮用水 DBPs 的最大污染浓度中,规定 THMs 的最大浓度水平为 80 $\mu g/L$。考虑到 THMs 对饮水健康的潜在危险,目前许多国家都对饮用水中 THMs 的浓度进行了严格规定。我国生活饮用水卫生新标准(GB 5749—2022)规定三氯甲烷小于 60 $\mu g/L$,在建设部颁布的城市供水标准中规定 THMs 小于 100 $\mu g/L$。

2. 卤代酮

饮用水中,HKs 的种类主要包括 1,1-二氯丙酮、1,1,1-三氯丙酮和 1,3-二氯丙酮等,主要来自水体的氯化消毒,其中以 1,1,1-三氯丙酮最常见。其中 1,1-二氯丙酮、1,1,1-三氯丙酮等已经被证实对小白鼠具有较强的致癌性和致突变性,对人体有潜在的危害。HKs 较易溶于水,且亲水性强,在常规处理工艺难以有效去除。有研究表明,HKs 的含量大约占所有挥发性 DBPs 总量的 1%,在目前被检出的挥发性 DBPs 中,含量仅次于 THMs,HAAs 和 HANs。对比研究发现,在管网中氯胺消毒法 HKs 的产生量远远高于自由氯消毒方式,且随停留时间的延长而增加趋势明显。多个水厂的检测结果表明:饮用水处理工艺中产生的 HKs 以 1,1,1-三氯丙酮为主,并且偏酸性的环境更有利于 HKs 的生成。

3. 卤乙腈

HANs 在 N-DBPs 中占有很大比例,且比常规的挥发性 DBPs 更具细胞毒性和遗传毒性,其致毒最低质量浓度可以低至 1.00×10^{-6} mol/L,细胞毒性大约是 THMs 的 150 倍以及 HAAs 的 100 倍,遗传毒性大约是 THMs 的 13 倍以及 HAAs 的 4 倍。世界卫生组织在《饮用水水质准则(第 4 版)》中规定了水中二氯乙腈的限值为 20 μg/L,一溴一氯乙腈的限值为 70 μg/L。在目前饮用水出水检测中,检测到的多数为 1 碳和 2 碳的卤代腈。其中 1 碳的卤代腈主要为卤化腈,存在形式主要有氯化腈和溴化腈,2 碳的卤代腈中主要为卤乙腈,最普遍的存在形式为二氯乙腈,同时二氯乙腈也是最为稳定的存在形式(图 6-2)。

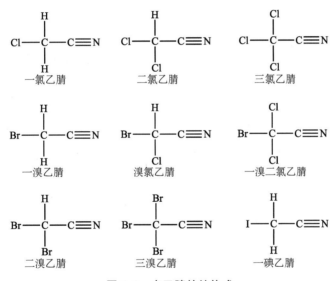

图 6-2　卤乙腈的结构式

水中溶解性有机氮(DON)是 HANs 生成的重要前体物,例如氨基酸、缩氨酸、嘌呤与嘧啶、蛋白质、甲醛或腐殖酸等,它们均可在氯化和氯胺化等过程中发生一系列的反应生成 HANs。由于 DON 具有分子量小,种类繁多和亲水性强的特点,易与周围水分子形成氢键,导致常规处理工艺难以去除。

4. N-亚硝基二甲胺

亚硝胺是一类具有强致癌性的化学物质。在近 30 年的研究中已发现近 300 种亚硝胺,其中 80%~90% 具有致癌作用,所以该类物质被人们称作"广谱"致癌物。N-亚硝基二甲胺(N-nitrosodimethylamine, NDMA)为 N-亚硝胺家族中的一员,是一种不易挥发的化合物,可以导致人体和动物体发生癌变、突变和畸变。自从 20 世纪 60 年代起,各国化学家和毒理学家已经开始对亚硝胺进行研究,然而,大部分学者所研究的亚硝胺主要来源于食物和工业制品,特别是啤酒、熏肉、烟草和橡胶制品中。1998 年,在美国加利福尼亚北部首次在饮用水中检测到作为消毒副产物的 NDMA 是最简单的双烷基亚硝胺,其化学结构式见图 6-3。它是一种半挥发性的黄色油状液体,具有较高的水溶性,且由于它的亨利定律常数较低,使其不易被生物富集和颗粒吸附,所以易通过土壤和沉积物进入地下水体。

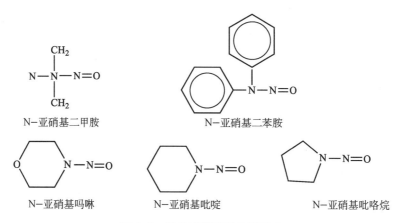

图 6-3　部分亚硝胺类的结构式

在饮用水中,NDMA 质量浓度为 0.7 ng/L 的条件下,可达到 10^{-6} 的致癌风险。美国环保署将其列为 B2 类化学污染物。欧盟则将其列为基因毒性的致癌物质(ISZW99)。到现在为止,还没有一个国家和世界性卫生组织对 NDMA 制定统一的官方标准。加拿大安大略省规定了 NDMA 的临时最大质量浓度限值为 9 ng/L。2006 年 12 月,美国环境健康危害评估室(OEHHA)提出饮用水中 NDMA 的公共健康标准(PHG)为 3 ng/L。

6.2　消毒副产物的前体物

与氯反应生成消毒副产物的有机物被称为消毒副产物的前体物。控制消毒副产物的最重要的措施是去除前体物,因而需要了解和发现影响消毒副产物生成的有机物。许多研究通过模型有机物,寻找生成量大的前体物,结果发现芳香族类、羧酸类以及氨基酸是最具活性和生成量大的前体物,如表 6-2 所示。腐殖类、氨基酸、蛋白质和羧酸类有机物是消毒副产物的重要前体物。腐殖类主要为芳香族有机物,一个典型的有机物为间苯二酚;羧酸类的如 3-氧化戊二酸,它们具有很高的消毒副产物的生成量,如表 6-3 所示。

表 6-2　　　　　　　　　　　　　　影响 DBP 生成的 NOM 化学组成

化学基团	影响 DBP 的生成		
	THMs	HAAs	N-DBPs
腐殖类	主要源	主要源	影响 NHMs
糖类	在 pH 值为 8 时	可能较小	小
氨基酸	较小,除了酪氨酸和色氨酸	天冬氨酸,色氨酸,组氨酸,天冬酰胺	很大
蛋白质	在藻类暴发时	不确定	不确定
羧酸	β-二羰酸	β-二羰酸	较小

表 6-3　　　　　　　　　　　　　　重要的 THMs 和 HAAs 前体物

化学基团		模型化合物		产生的消毒副产物 (DBPFP) /(μg · mgC^{-1})
名称	结构	名称	结构	
取代苯	(苯环-R 结构)	苯胺	(苯环-NH$_2$ 结构)	THM:207±185
取代酚	(HO-苯环-R 结构)	间苯二酚	(HO-苯环-OH 结构)	THM:1 500±94
β-二酮	(R$_1$-CO-CH$_2$-CO-R$_2$ 结构)	2,4-戊二酮	(CH$_3$-CO-CH$_2$-CO-CH$_3$ 结构)	THM:1 892
β-酮酸	(HO-CO-CH$_2$-CO-R$_2$ 结构)	3-氧化戊二酸	(HO-CO-CH$_2$-CO-CH$_2$-CO-OH 结构)	THM:1 424±451 HAA:733±1 029
氨基酸	(R-CH(NH$_2$)-COOH 结构)	L-天冬氨酸	(L-天冬氨酸结构)	DCAA:693 DCAN:130

图 6-4 为酮卤化反应生成氯仿的过程。首先是邻近 C=O 碳原子的脱氢,脱氢化合物以两个共振态形成"烯醇阴离子"。当与 HOCl 反应时,烯醇阴离子夺取 Cl 并接合,生成一氯化物,同样的反应会自身重复生成二氯化物,然后三氯化物。三氯化物与氢氧根反应生成了羧酸和氯仿。由图 6-4 可见,氢氧根离子在消毒副产物的生成反应中起到重要的作用,而且该步骤的反应速率较慢,因而是整个反应的速率控制步骤。因

此,碱性有利于消毒副产物的生成。THMs 的生成随 pH 值的增加而增加。

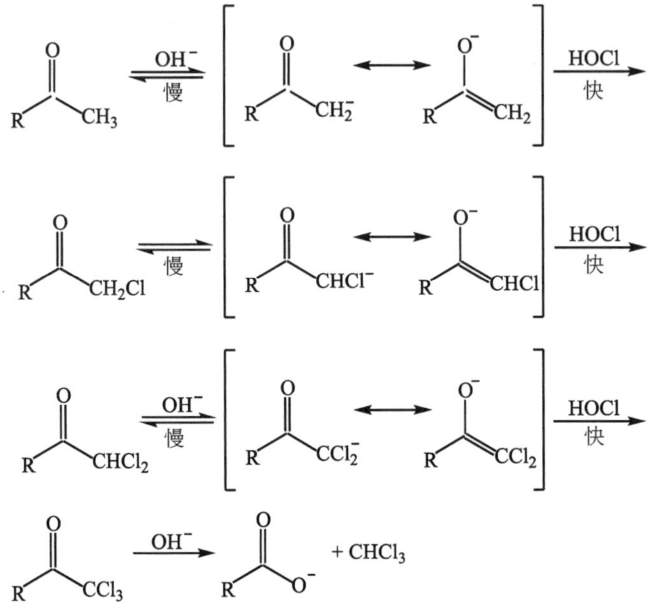

图 6-4　酮生成氯仿的过程

尽管通过对模型有机物的研究,弄清了许多前体物以及消毒副产物的生成路径,但天然水是由数百甚至更多的各种有机物的混合物,需要宏观的参数来表达前体物,目前常采用有机物组分如疏水性、亲水性以及分子量分布。腐殖酸是典型的疏水性有机物,因而疏水组分可认为是消毒副产物的来源。多糖类、氨基酸以及羧酸含有大量的亲水性组分,因而也是消毒副产物的重要前体物。但是,多种有机物例如氨基酸会出现在不同的组分中,既可能疏水也可能亲水。按照有机物的亲疏水分离不同组分确定前体物显得含糊不清。

图 6-5 为各个分子量区间的有机物和消毒副产物的分布,无论是有机物还是消毒副产物,它们的大部分分布在分子量小于 1 000 Da,换言之,消毒副产物主要是由小分子有机物生成的。天然水的有机物分子量主要为低于 1 000 Da 的小分子,因而是消毒副产物的主要前体物。大分子在天然水中所占比例很小,一般低于 10%。天然水大分子的构成被认为多糖类的亲水性有机物,目前已知大分子有机物的来源主要为藻类有机物,例如蓝藻在生长过程中会产生大量的大分子有机物,这类有机物多为亲水性。多糖类亲水性有机物与氯的反应非常缓慢,可长达几十小时。因而大分子的消毒副产物的生成量很低。

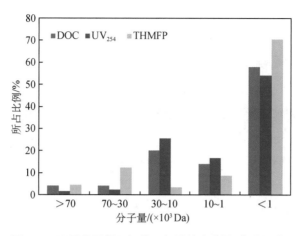

图 6-5　不同分子量区间的三氯甲烷生成量(黄浦江水)

6.3　消毒副产物的控制

消毒副产物的控制有两种方法,一是去除消毒副产物,二是通过优化处理工艺的运行参数来减少消毒副产物的产生。去除消毒副产物也有两种方法,一是通过去除消毒副产物的前体物,二是去除已经生成的消毒副产物。由于消毒副产物主要是投加氧化剂以及加氯消毒时产生的,而氯消毒是置于工艺最后的,因而这种方法在工艺中难以实现。因此,几乎所有的研究均聚焦在前体物的去除上。前体物是能与氯反应生成消毒副产物的有机物,如果能将前体物去除,即使加氯也会减少或不产生消毒副产物。有机物的分子量以及亲疏水性是决定哪些有机物是前体物的主要因素。研究表明,大部分的消毒副产物是由小分子有机物产生的,许多消毒副产物是由疏水性有机物产生的,但近年来的研究表明,含氮类的消毒副产物多数是由亲水性有机物产生的。由此可见,通过去除前体物可以在一定程度上减少消毒副产物的生成,但无法完全避免消毒副产物的产生。

1. 强化混凝去除消毒副产物

强化混凝是指在确保浊度合格的前提下,通过提高混凝剂投加量,或改善混凝剂品种,采用预处理方法以及控制 pH 值条件等途径来提高有机物去除效果。强化混凝对消毒副产物前体物的控制主要是去除疏水性 NOM 组分,这是由于疏水性 NOM 组分具有亲和性较低、分子量较高和电荷密度较高的特点,因此在混凝过程更容易被去除。有研究表明,在氯化后疏水性的 NOM 更容易生成氯代消毒副产物,而亲水性的 NOM 更容易生成溴代消毒副产物。另外,混凝对溴离子无去除效果。因此,在混凝过程对氯代消毒副产物去除效果优于溴代消毒副产物。为提高对有机物的去除效果和节省混凝剂的用量,有时常采用强化混凝和化学预氧化或粉末活性炭(PAC)联用技术。

2. 膜技术去除消毒副产物

纳滤对消毒副产物前驱物的去除是一项非常有前景的技术。Ersan 等考察了 TS 80 纳滤膜对地表水、受废水污染的地表水,以及市政和工业废水中消毒副产物前体物的去除效果,研究表明,TS 80 纳滤膜对 N-二甲基亚硝胺生成势(NDMAFP)、硝基甲烷生成势(HNMFP)和 THMsFP 有显著的去除效果,去除率分别在 57%~83%、48%~87% 和 72%~97% 之间。Yang 等用中试工艺对比了 GAC、O_3/BAC 以及膜工艺处理金门太湖水的处理效果,结果显示,相比砂滤工艺,虽然 GAC 和 O_3/BAC 处理工艺在不同程度上均提高了对 NOM 以及消毒副产物生成势的去除效果,但同时也增加了溴代三卤甲烷的生成风险。以超-纳滤为核心的联用膜工艺对 NOM 和消毒副产物生成势的去除表现出了最佳的处理效果,对 DOC、UV_{254}、THMsFP 和 HAAsFP 的去除效果分别为 88.7%、94%、84.3% 和 97.5%。Ribera 等比较不同型号的纳滤膜(NF 270、NF 200、SR 100、D 400、99 HF)对消毒副产物前体物的去除效果,结果表明,尽管原水中 NOM 存在季节性变化,但在大多数情况下,以上所有纳滤膜对 THMsFP 均表现出了有效去除效果,去除率高于 90%。这说明纳滤在水处理中的应用非常有利于控制消毒副产物的生成。

6.4 不同技术去除消毒副产物的效果

1. 混凝

图 6-6 为不同混凝剂投加量的消毒副产物变化。由图 6-6 可见,随着投加量的增加,消毒副产物呈明显下降趋势,说明强化混凝可有效去除消毒副产物的前体物。

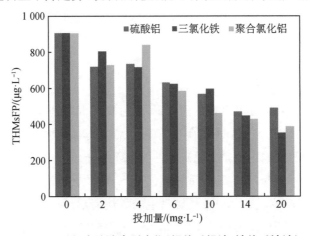

图 6-6　混凝去除消毒副产物(铝盐以铝计,铁盐以铁计)

图 6-7 为硫酸铝投加 4 mg/L(以铝计)时,不同 pH 值下去除消毒副产物的效果。图 6-7 表明,随着 pH 值的下降,消毒副产物减少,去除率提高。最高的去除率出现在 pH＝5.5 时,去除率接近 50％。

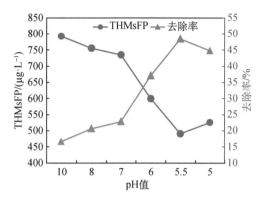

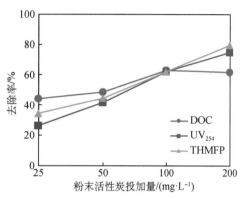

图 6-7 pH 值变化对消毒副产物去除的影响
　　(硫酸铝投加 4 mg/L,以 Al 计)

图 6-8 粉末活性炭去除消毒副产物的效果

2. 粉末活性炭

粉末活性炭去除有机物和消毒副产物的效果如图 6-8 所示。粉末炭去除有机物和消毒副产物有较好的效果。随着粉末炭投加量的增加,无论是有机物还是消毒副产物的去除率均明显增加。

6.5 不同处理工艺去除消毒副产物的效果

6.5.1 常规-臭氧生物活性炭、超滤-臭氧生物活性炭和超滤-纳滤

图 6-9 为三种工艺过程的卤乙酸浓度的变化。由图 6-9 可知,二氯乙酸的浓度最高,其次为三氯乙酸和二溴乙酸,一溴乙酸的浓度最低。对于常规-臭氧生物活性炭,预臭氧和混凝沉淀后的卤乙酸浓度反而增加,其中的二氯乙酸增加幅度最大,其次是三氯乙酸,二溴乙酸和一溴乙酸呈略增加趋势。二氯乙酸在砂滤后略为下降,后臭氧工艺阶段后继续下降,活性炭工艺阶段后大为下降,活性炭去除二氯乙酸的效果最好。活性炭工艺阶段后的三氯乙酸浓度有所下降。但是,溴代卤乙酸在整个处理过程中,浓度变化很小,说明常规-臭氧生物活性炭去除溴代卤乙酸的效果很差甚至没有效果。

对于超滤-臭氧生物活性炭工艺,超滤和臭氧后的卤乙酸浓度都呈上升趋势,但活性炭的去除效果非常明显,并且对 4 种卤乙酸均有较好的去除效果,甚至一溴乙酸几乎全部被去除(图 6-10)。

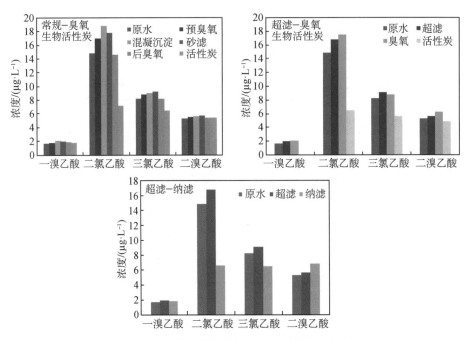

图6-9 三种工艺的过程中卤乙酸的浓度变化

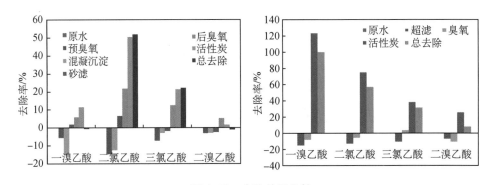

图6-10 去除效果比较

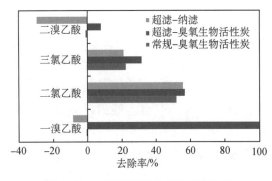

图6-11 三种工艺的总去除效果比较

图6-11表明,超滤-臭氧活性炭去除卤乙酸的效果最佳;常规-臭氧活性炭去除一溴乙酸、二溴乙酸以及三氯乙酸的效果优于超滤-纳滤,而超滤-纳滤去除二氯乙酸的效果略优于常规-臭氧活性炭。对于超滤-纳滤工艺,纳滤去除二氯乙酸的效果最好,对三氯乙酸也有一定的去除作用,但几乎无法去除溴代卤乙酸,纳滤后的二溴乙酸浓度反而增

加了。

常规-臭氧生物活性炭去除三卤甲烷的效果明显优于超滤-臭氧生物活性炭,如图 6-12 所示。对于常规-臭氧生物活性炭工艺,三卤甲烷的 4 种消毒副产物在工艺处理过程中的浓度变化呈现出很大的不同。预臭氧对去除三卤甲烷均有一定的效果,混凝沉淀去除三氯甲烷和一溴二氯甲烷有一定的效果,但无法去除二溴一氯甲烷和三溴甲烷;砂滤和后臭氧均导致它们浓度的增加,活性炭对三氯甲烷和一溴二氯甲烷有较好的去除效果,对二溴一氯甲烷的去除效果很差,而三溴甲烷的浓度反而增加。

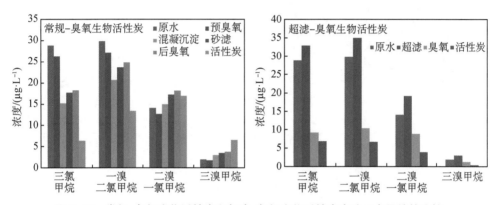

图 6-12　常规-臭氧生物活性炭和超滤-臭氧生物活性炭去除三卤甲烷的比较

因此,对于超滤-臭氧生物活性炭工艺,经超滤后的三卤甲烷均增加,但臭氧对其有明显的去除效果,活性炭对其也有一定的去除效果。

6.5.2　常规-臭氧生物活性炭-纳滤工艺的中试试验

原水为东太湖水,水厂的处理工艺为预臭氧-混凝沉淀-砂滤- O_3 -BAC-氯消毒。臭氧生物活性炭出水作为纳滤的进水,如图 6-13 所示。采用的纳滤膜为陶氏 NF 90—4040,运行通量为 20 L/(m^2 · h)、25 L/(m^2 · h),设计回收率为 30%。后臭氧的投加量为 0.5 mg/L,接触时间为 11.7~17.6 min。活性炭的空床接触时间为 13.8 min,滤速为 9.16 m/h,炭层深度为 2.10 m。

原水以及试验过程的主要水质变化如表 6-4 所示,常规工艺对 COD_{Mn} 有较好的去除效果,去除率为 37.80%;但去除 UV_{254} 和 DOC 的效果有限,去除率分别为 19.77% 和 24.10%。相比常规工艺,O_3 -BAC 深度处理工艺去除 DOC 和 COD_{Mn} 的效果不明显,仅在砂滤的基础上分别提升了 4.03% 和 4.68%,但对 UV_{254} 有较好的去除效果,提升了 18.47%。纳滤对 COD_{Mn} 有优异的去除效果,去除率可达 88.86%,出水为 (0.32±0.10) mg/L,对 UV_{254} 和 DOC 也均有显著的去除效果,去除率均大于 99%,出水分别为 (0.000 4±0.000 6) cm^{-1} 和 (0.03±0.05) mg/L。SUVA 作为简单判别

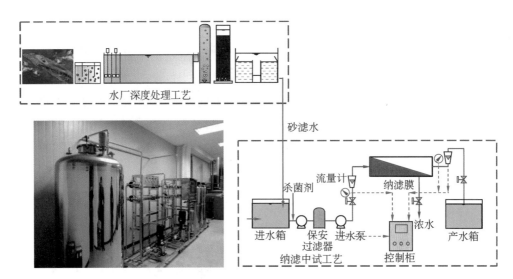

图 6-13 中试工艺流程

NOM 芳香性、亲疏水性和分子量的指标,天然水体的 SUVA 低于 2 mg/L 时主要含有亲水性和低分子量,低芳香性的 NOM 组分。表 6-4 表明东太湖原水 SUVA 为 (1.50 ± 1.27) L/(mg·m),说明其水质为亲水性、低芳香性和低分子量的特性。常规工艺对 SUVA 值没有去除作用,而 O_3-BAC 和纳滤工艺使水中 SUVA 值显著性降低,说明经 O_3-BAC 和纳滤处理后水体中的疏水性成分降低,亲水性成分升高。

表 6-4 主要水质的变化

项目	原水	砂滤	O_3-BAC	纳滤
浊度/NTU	2.23 ± 0.72	1.59 ± 0.27	0.31 ± 0.15	0.07 ± 0.02
pH 值	8.06 ± 0.11	7.70 ± 0.19	7.64 ± 0.22	6.47 ± 0.21
电导率/($\mu s \cdot cm^{-1}$)	379.24 ± 5.34	382.41 ± 3.94	381.35 ± 4.31	10.06 ± 1.05
TDS/($mg \cdot L^{-1}$)	189.81 ± 2.62	191.38 ± 2.01	190.88 ± 2.11	5.11 ± 0.64
总硬度/($mg \cdot L^{-1}$)	111.67 ± 8.27	111.04 ± 3.21	112.20 ± 6.81	0.27 ± 0.41
Br^-	0.073 ± 0.006	0.065 ± 0.002	0.072 ± 0.005	0.014 ± 0.000
BrO_3^-	—	—	—	—
ClO_2^-	—	—	—	—
ClO_3^-	0.016 ± 0.001	0.016 ± 0.001	0.018 ± 0.004	0.003 ± 0.004
COD_{Mn}	2.89 ± 0.18	1.80 ± 0.11	1.66 ± 0.20	0.32 ± 0.10
UV_{254}	$0.046\,6\pm0.003\,2$	$0.037\,2\pm0.002\,5$	$0.028\,6\pm0.007\,9$	$0.000\,4\pm0.000\,6$

续表

项目	原水	砂滤	O_3-BAC	纳滤
DOC/(mg·L^{-1})	3.17±0.42	2.41±0.42	2.28±0.44	0.03±0.05
SUVA/[L·(mg·m)$^{-1}$]	1.50±0.27	1.59±0.27	1.28±0.30	0.88±2.52

1. 工艺流程的消毒副产物的浓度变化和去除效果

图 6-14 为工艺流程的三卤甲烷生成潜能浓度的变化以及去除效果。混凝沉淀和活性炭对三氯甲烷有一定的去除,纳滤的去除最优异。纳滤去除一溴二氯甲烷的效果优异,其余的工序去除效果很差。对于二溴一氯甲烷,除了预臭氧和砂滤有所去除外,混凝沉淀、后臭氧和生物活性炭反而导致其增加。纳滤的去除效果非常优异。对于三溴甲烷,预臭氧导致其浓度大幅增加,混凝沉淀去除效果良好,但后臭氧和活性炭使其浓度增加,纳滤去除效果优异,处理水甚至无法检测出其浓度。

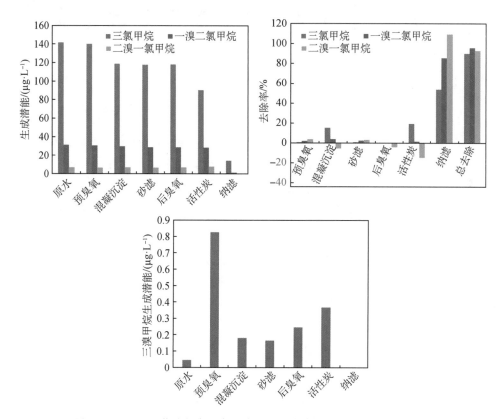

图 6-14　不同工艺流程中三卤甲烷生成潜能浓度的变化以及去除效果

不同工艺流程中卤乙酸生成潜能浓度的变化以及去除效果如图 6-15 所示。图 6-15 表明,原水中的二氯乙酸的生成潜能最大,其次为三氯乙酸,一氯乙酸,一溴乙酸和二溴乙酸较低,均在 10 μg/L 左右。预臭氧导致卤乙酸的浓度增加,混凝沉淀可去除卤乙酸,三氯乙酸的去除效果最好,其次为二氯乙酸,一氯乙酸和一溴乙酸,二溴乙酸的去除效果最差。砂滤对其也有一定的去除效果,但不如混凝沉淀效果好,去除率均低于 20%。后臭氧造成卤乙酸的增加,其中的一氯乙酸和二氯乙酸的增加幅度最大,其次为三氯乙酸,一溴乙酸和二溴乙酸的增加幅度最低。活性炭去除氯代卤乙酸的效果较好,去除率均在 40%左右,但对溴代卤乙酸的效果较差,低于 20%。纳滤去除效果仍然非常优异,去除一溴乙酸的效果最佳,其次为一氯乙酸,它们的去除效果均超过了 80%。二氯乙酸的去除效果可达 54%,三氯乙酸和二溴乙酸的去除效果分别为 37%和 34%。

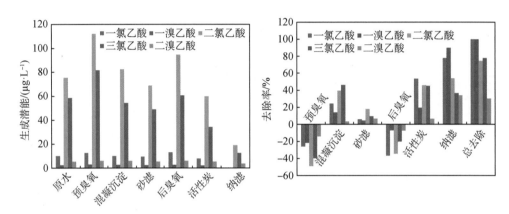

图 6-15　不同工艺流程中卤乙酸生成潜能浓度的变化以及去除效果

对常规,臭氧生物活性炭深度工艺和纳滤去除消毒副产物的效果进行比较,结果如图 6-16 所示。对于三氯甲烷,常规工艺去除效果最差,去除率不及 20%;臭氧生物活性炭深度工艺的去除率接近 40%,而纳滤的去除率高达 90%。对于一溴二氯甲烷,仍然是常规工艺的去除最差,但深度的去除仅略微增加,而纳滤的去除率接近 100%。常规工艺仅能略微去除二溴一氯甲烷,而深度工艺出水反而增加,纳滤的去除率高达 90%以上。

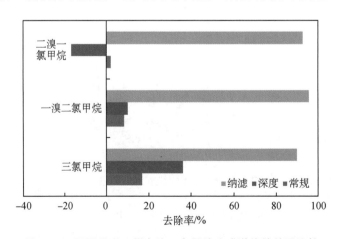

图 6-16　不同处理工艺去除三卤甲烷生成潜能的效果比较

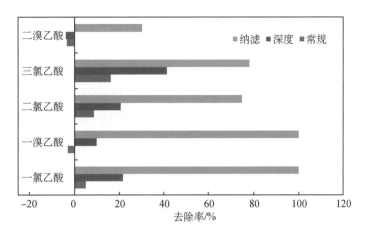

图 6-17　不同处理工艺去除卤乙酸生成潜能的效果比较

图 6-17 表明,常规工艺去除氯代卤乙酸的效果最差,臭氧生物活性炭深度工艺的去除有明显的提升,纳滤表现出非常优异的去除效果,其中几乎完全去除一氯乙酸,二氯乙酸和三氯乙酸的去除率也接近 80%。对于两种溴代卤乙酸,常规工艺不仅无法去除,反而导致增加;臭氧生物活性炭深度工艺对一溴乙酸有一定的去除,但无法去除二溴乙酸,反而导致其增加;纳滤几乎完全去除一溴乙酸,对二溴乙酸去除率仅有 30%。

原水测出 5 种含氮消毒副产物,分别为 N-亚硝基二甲胺(NDMA)、N-亚硝基二正丁胺(NDBA)、N-亚硝基二正丙基胺(NDPA)、N-亚硝基玛琳(NMOR)以及 N-亚硝基嘧啶(NPIP),它们的浓度分别为(0.735 4±0.06) ng/L、(0.026 75±0.015) ng/L、(1.551 8±0.243 6) ng/L、(0.097 05±0.002 5) ng/L,以及(0.137 7±0.023 1) ng/L。其中的 NDPA 最高,NDBA 最低。

图 6-18 为工艺流程的含氮消毒副产物浓度的变化以及去除效果。图 6-18 表明,试验的 5 种含氮消毒副产物均在后臭氧出现增加的现象。臭氧工艺会产生甲醛,这是含氮消毒副产物的前体物,从而造成了增加的情况。对于混凝沉淀,不同的消毒副产

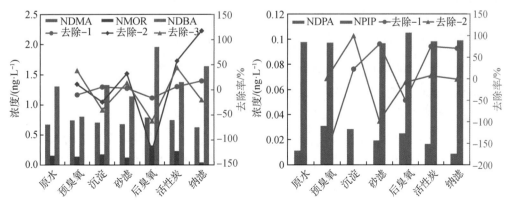

图 6-18　不同工艺流程对含氮消毒副产物生成潜能浓度的变化以及去除效果
(投加氯 20 mg/L,反应 7 天)

物,去除效果也不同。对于 NDPA 和 NPIP 有很好的去除效果,但对于 NMOR 和 NDBA,反而出现增加的现象。亲水以及中性亲水性有机物是含氮消毒副产物的主要前体物,而混凝倾向去除疏水性有机物,出现这种情况可能是前体物不同的缘故。

图 6-19 为不同工艺去除的比较,由此可见,除了 NPIP 外,臭氧生物活性炭非但没有去除,反而造成增加,其原因在于后臭氧导致的大量增加,虽然活性炭可有效去除,但仍有部分没能得到去除。除了 NDBA,纳滤均可去除,其中的 NMOR 去除效果最好,接近 80%。

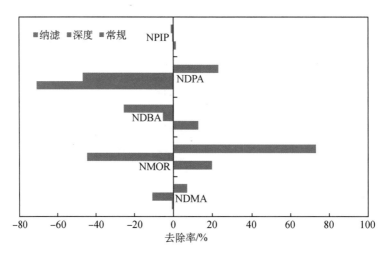

图 6-19　不同工艺对含氮消毒副产物去除效果的比较

2. 氯投加量对消毒副产物生成量的影响

氯投加量对三卤甲烷生成量的影响如图 6-20 所示。对于三氯甲烷,随着氯投加量的增加,三氯甲烷生成量随之增加,同时,随着工艺处理进程的推进,三氯甲烷的生成量下降。纳滤出水的生成量最低,且不随氯投加量的增加而增加。一溴二氯甲烷生成量的变化情况与三氯甲烷相似。对于二溴一氯甲烷,氯投加量增加至 2 mg/L 时,生成量增加,但继续增加投加反而导致生成量的下降。常规和深度工艺去除二溴一氯甲烷的效果较差,纳滤去除效果优异且生成量不随氯投加的增加而增加。对于原水和常规处理水,投加量的增加反而导致三溴甲烷生成量的下降,对于深度处理水,投加 2 mg/L 导致生成量的大幅增加,但继续增加投加反而导致下降。纳滤去除三溴甲烷的效果非常优异,处理水中三溴甲烷的生成量非常低且氯投加量对其没有影响。

不同氯投加量对卤乙酸生成量的影响如图 6-21 所示。随着氯投加量的增加,三氯乙酸和二氯乙酸生成量也增加,常规、深度和纳滤工艺对它们均有去除效果,其中纳滤的去除效果最佳。对于一溴乙酸,氯的投加对其生成量有一定程度的增加,但规律性不如三氯乙酸和二氯乙酸。常规和深度工艺去除一溴乙酸的效果较差,纳滤的去除效果最佳,几乎可以全部去除。对于二溴甲烷,氯的投加对其生成量几乎没有影响,同时常

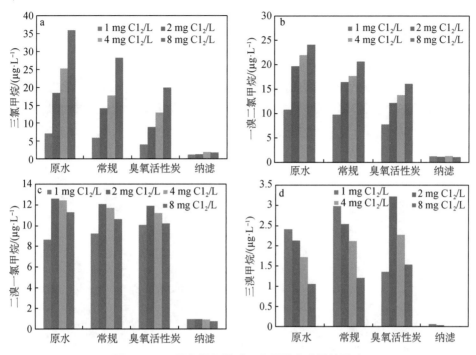

图 6-20　不同氯投加量对三卤甲烷生成量的影响

规和深度工艺对其去除几乎没有效果。纳滤可以去除二溴甲烷,但效果明显不如其他
3 种卤乙酸。

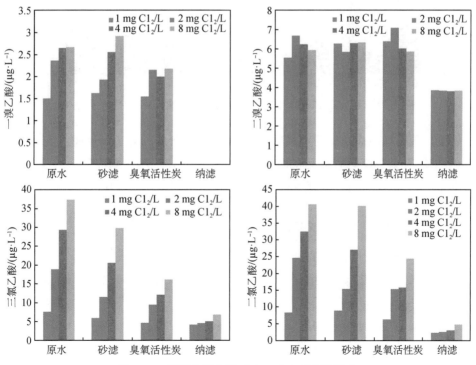

图 6-21　不同氯投加量对卤乙酸生成量的影响

3. 反应时间对消毒副产物生成量的影响

反应时间对三卤甲烷生成量的影响如图 6-22 所示，由图 6-22 可见，随着反应时间的延长，三卤甲烷的生成量均增加。对于三氯甲烷和一溴二氯甲烷，随着工艺流程，它们的生成量下降，其中纳滤的下降最为明显。但是，常规和深度工艺的二溴一氯甲烷和三溴甲烷的生成量却反而增加，而纳滤去除效果优异，甚至可去除全部的三溴甲烷。

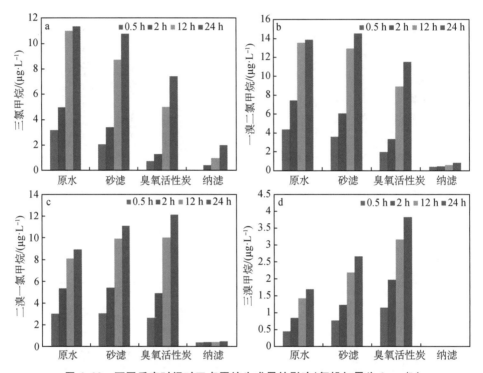

图 6-22　不同反应时间对三卤甲烷生成量的影响(氯投加量为 2 mg/L)

不同反应时间对卤乙酸的生成量影响如图 6-23 所示。对于氯代卤乙酸，除了三氯乙酸的纳滤，其余浓度均随着反应时间的增加而增加。对于溴代卤乙酸，除了二溴乙酸的臭氧生物活性炭，其余的浓度也均表现出随反应时间增加而增加的规律。

4. pH 值对消毒副产物生成的影响

原水以及各处理工序水的三卤甲烷生成量随 pH 值的变化如图 6-24 所示。由图 6-24 可见，三卤甲烷生成量均随着 pH 值的下降而降低，随着 pH 值的升高而增加。这种现象通常用消毒副产物生成过程的碱性催化来解释。但是，另一方面，消毒副产物的生成主要是氯与小分子有机物的反应所导致的，因此，有机物分子量分布随 pH 值的变化直接影响了消毒副产物的生成。

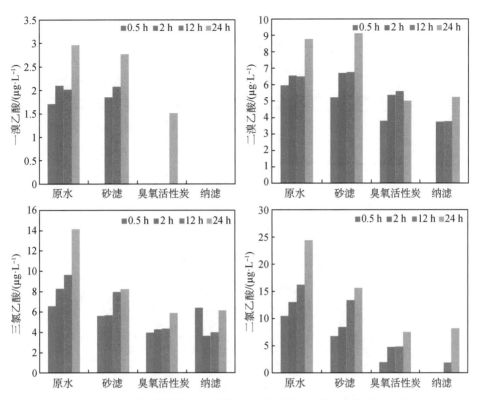

图 6-23 不同反应时间对卤乙酸生成量的影响(氯投加量为 2 mg/L)

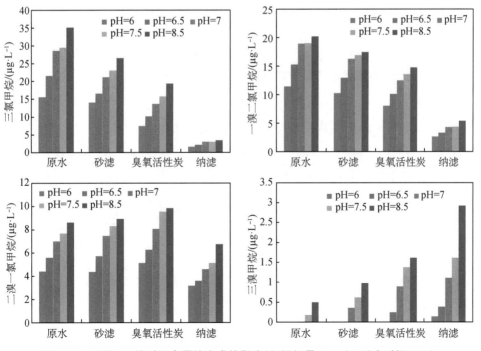

图 6-24 不同 pH 值对三卤甲烷生成的影响(氯投加量 2 mg/L,反应时间 24 h)

图 6-25 为太湖水的有机物分子量分布与 pH 值的关系，可见当 pH 值低于 7 即偏

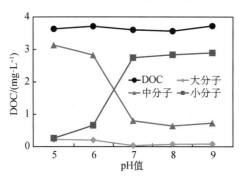

酸性时，小分子比例减少而中分子比例增加；当 pH 值大于 7 即偏碱性时，小分子比例增加而中分子比例减少。大分子比例随 pH 值的变化与中分子的相似，但由于大分子的比例很低，它的变化对消毒副产物的影响很小。由此可见，当 pH 值小于 7 时，中分子有机物占大多数的比例，而当 pH 值大于 7 时，小分子有机物占大多数的比例。有机物分子量与 pH 值的关系可用图 6-26 的机理解释。

图 6-25　有机物的分子量分布与 pH 值的关系

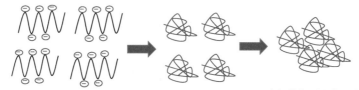

图 6-26　有机物形状与 pH 值的关系

这种分子量分布随 pH 值变化的规律可以解释消毒副产物生成量与 pH 值的关系。当 pH 值降低时，小分子有机物减少，消毒副产物也随之减少；当 pH 值升高时，小分子有机物增加，消毒副产物也随之增加。

5. 消毒副产物生成潜能与有机物的关系

三卤甲烷生成潜能与 TOC 的关系如图 6-27 所示，三氯甲烷与 TOC 有非常好的相关关系，且随着工艺流程的 TOC 降低，三氯甲烷的生成潜能也随之下降。由于纳滤处理水的 TOC 低于 0.5 mg/L，因而三氯甲烷的生成潜能也远低于深度处理。随着溴离子的增加，溴代三卤甲烷与 TOC 的相关关系也变差，其中的二溴一氯甲烷较好，而三溴

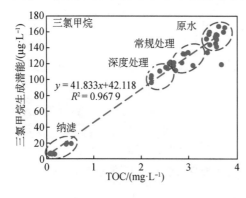

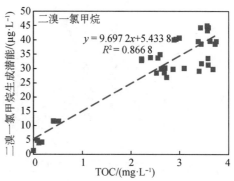

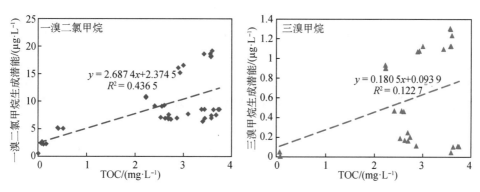

图 6-27　三卤甲烷生成潜能与 TOC 的关系

甲烷最差,R^2 仅为 0. 122 7。

将原水以及各个工艺水取样,并投加 2 μg/L,6 μg/L,18 μg/L,54 μg/L 和 162 μg/L 的溴离子,得到响应的 Br/DOC 值,并与溴代消毒副产物建立关系,如图 6-28 所示。对于常规/深度工艺,三溴甲烷生成潜能与 Br/DOC 的相关关系最好,高达 0.94,二溴一氯甲烷次之,一溴二氯甲烷最差,仅为 0.49。这种关系可以解释随着工艺流程,特别是臭氧活性炭后,溴代消毒副产物反而升高的现象。随着工艺流程,有机物即 DOC 下降,而溴离子浓度并未发生变化,因而 Br/DOC 增加,从而导致溴代消毒副产物的增加。由于

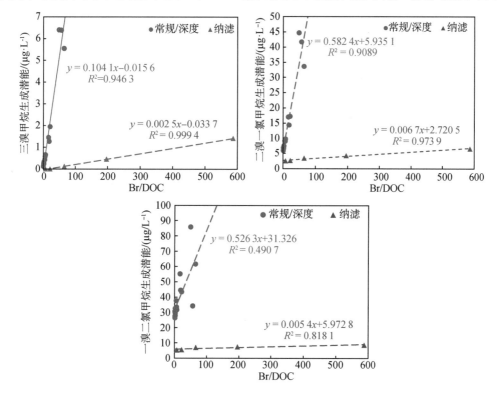

图 6-28　Br/DOC 与溴代消毒副产物的关系

纳滤水的 DOC 低于 0.5 mg/L,因而 Br/DOC 值非常大,故单独讨论它与溴代消毒副产物的关系。由图 6-28 可见,Br/DOC 与三种溴代消毒副产物有非常好的相关关系,即使是一溴二氯甲烷,其相关关系也可达 0.81,远高于常规/深度的 0.49。从图 6-28 还可知,纳滤水的 Br/DOC 值即使非常高,但其溴代消毒副产物生成量远低于常规/深度。由此可见,有机物仍然在溴代消毒副产物的产生中起到非常重要的作用,如果将其降低到一定量,尽管溴离子很高,但溴代消毒副产物仍可控制在较低的水平。

当水中存在溴离子时,氯与溴离子生成次溴酸(HBrO),次溴酸与有机物反应产生溴代消毒副产物,次溴酸较之次氯酸,是更强的氧化剂,而且次溴酸与有机物的反应速率高于次氯酸,因而在次氯酸和次溴酸共存的情况下,次溴酸优先与有机物反应,生成的溴代消毒副产物高于氯代消毒副产物。

第7章 膜 分 离

膜技术主要依靠膜孔径的筛分作用来去除水中的污染物,水中的杂质尺寸大于膜孔大小的被膜去除,而小于膜孔大小的透过膜不为膜所去除。膜处理是个物理过程,处理过程不会与污染物产生化学作用,因此,在膜处理过程中不会增加污染物,符合饮用水处理的理念。

水中杂质的尺寸大小决定了它们是否成为膜去除的对象。水中的各种杂质尺寸如图 7-1 所示。砂砾、悬浮物和藻类在水中可用肉眼观察到,胶体和细菌等表现为浑浊状态,有机物、病毒和无机离子等不为人眼所察觉,表现为透明状态。这些杂质除了部分可溶性盐类对人体健康有利需要保留外,其余的都必须予以去除。

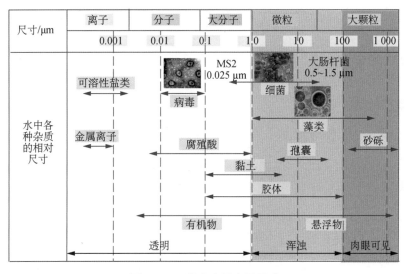

图 7-1 天然水中的杂质尺寸

饮用水处理对象以及相应的处理技术如图 7-2 所示。砂滤主要去除 $1 \sim 1\,000\ \mu m$ 杂质,如细菌、藻类胶体。混凝主要去除 $0.1 \sim 100\ \mu m$ 杂质,如黏土、胶体以及部分的有机物和腐殖酸。微滤去除尺寸大于 $0.1\ \mu m$ 的杂质。超滤去除尺寸大于 $0.01\ \mu m$ 的杂质,包括部分有机物和病毒。活性炭主要吸附 $0.01 \sim 0.001\ \mu m$ 的杂质,主要为有机物。纳滤可去除大部分的有机物、二价离子以及部分一价离子。反渗透可截留所有杂质。

混凝和砂滤是常规工艺的技术构成,它们去除的对象,用微滤和超滤工艺也可替代去除,而且效果更优。活性炭吸附是深度水处理工艺的技术构成,它可被纳滤和反渗透替代。

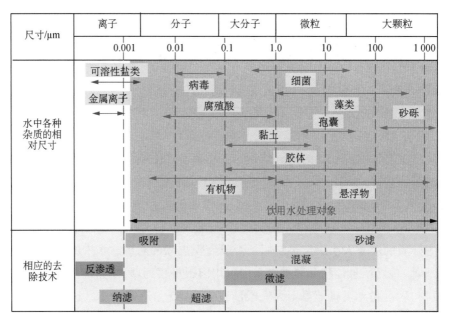

图 7-2　需要去除的杂质以及相应的处理技术

7.1　膜的性能

7.1.1　膜的分类

膜的分类可按照膜材质、膜孔径和膜组件进行,如图 7-3 所示。

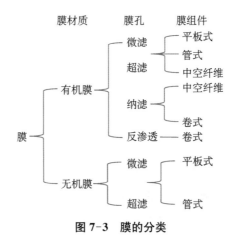

图 7-3　膜的分类

7.1.2　膜结构

膜的结构如图 7-4 所示,膜结构的特点是非对称结构并具有明显的方向性。

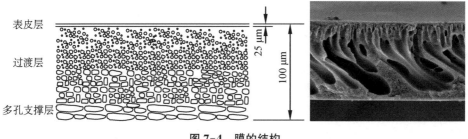

表皮层

过渡层

多孔支撑层

25 μm

100 μm

图 7-4　膜的结构

（1）非对称结构。膜结构分为表皮层和支撑层，表皮层致密，孔径 0.8～1 nm，厚 0.25 μm，起脱盐和截留作用。支撑层为一较厚的多孔海绵层，结构松散，起支撑表皮层的作用。支撑层没有脱盐和截留作用。

（2）明显的方向性。膜只有致密层与水接触，才能达到脱盐和截留效果，如果多孔层与水接触，则脱盐率或截留率下降，而透水量大为增加，这就是膜的方向性。

具有实用价值的膜要有较高的脱盐率和透水通量。根据这样的要求，膜的结构必须是不对称的，这样可尽量降低膜阻力，提高透水量，同时满足高脱盐率的要求。薄而致密的表皮层和多孔松散的支撑层比同样厚度的表皮层具有同样的脱盐能力，但阻力最小。表皮层越薄，透水通量越大。

7.1.3　膜组件

膜组件是指将膜、固定膜的支撑材料、间隔物或管式外壳等通过一定的黏合或组装构成基本单元，在外界压力的作用下实现对杂质和水的分离。

膜组件有平板膜、管式膜、卷式膜和中空纤维膜 4 种类型。

（1）平板膜：膜被放置在可垫有滤纸的多孔的支撑板上，两块多孔的支撑板叠压在一起形成的料液流道空间，组成一个膜单元，如图 7-5(a)所示。单元与单元之间可并联或串联连接。平板膜组件方便膜的更换，容易清洗，而且操作灵活。

（2）管式膜：管式膜组件如图 7-5(b)所示，有外压式和内压式两种。管式膜组件的优点是对料液的预处理要求不高，可用于处理高浓度的悬浮液。缺点是投资和操作费用较高，单位体积内的膜装填密度较低，为 30～500 m²/m³。

（3）卷式膜：将导流隔网、膜和多孔支撑材料依次迭合，用黏合剂沿三边把两层膜黏结密封，另一开放边与中间淡水集水管连接，再卷绕一起。原水由一端流入导流隔网，从另一端流出，即为浓水。透过膜的淡化水或沿多孔支撑材料流动，由中间集水管流出，如图 7-6 所示。卷式膜的装填密度一般为 600 m²/m³，最高可达 800 m²/m³。卷式膜由于进水通道较窄，进水中的悬浮物会堵塞其流道，因此必须对原水进行预处理。反渗透和纳滤多采用卷式膜组件。

（4）中空纤维膜：中空纤维膜是将一束外径 50～100 μm、壁厚 12～25 μm 的中空纤

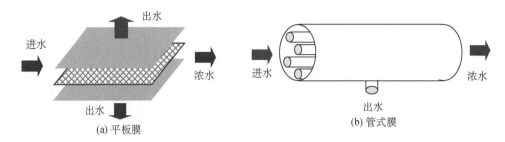

图 7-5　平板膜和管式膜

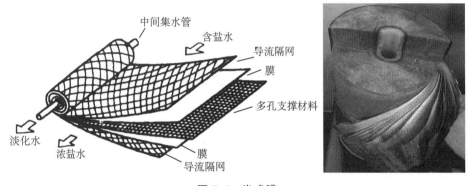

图 7-6　卷式膜

维弯成 U 形,装于耐压管内,纤维开口端固定在环氧树脂管板中,并露出管板。透过纤维管壁的处理水沿空心通道从开口端流出,如图 7-7 所示。中空纤维膜的特点是装填密度最大,最高可达 30 000 m^2/m^3。中空纤维膜可用于微滤、超滤、纳滤和反渗透。

图 7-7　中空纤维膜

7.1.4　膜孔径

膜孔径是表征膜性能最重要的参数。虽然有多种试验方法可以间接测定膜孔径的大小,但由于这些测定方法都必须作出一些假定条件以简化计算模型,因此实用价值不大。通常用截留分子量表示膜的孔径特征。

所谓截留分子量是用一种已知分子量的物质(通常为蛋白质类的高分子物质)来测定膜的孔径,当该物质的 90%为膜所截留时,此物质的分子量即为该膜的截留分子量。

由于超滤膜的孔径不是均一的,而是有一个相当宽的分布范围。因此,虽然超滤膜会注明某个截留的分子量,但对大于或小于该截留分子量的物质也有一定的截留作用。分子量和截留率的曲线越平坦,则孔径越不均一,而曲线越陡峭,则孔径越均一(图 7-8)。

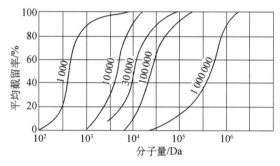

图 7-8　膜的截留分子量

膜的截留分子量与孔径之间存在关系,甲公司提出了它们之间关系的数学表达式,如式(7-1)所示。

$$d = 0.09 \cdot MW^{0.44} \tag{7-1}$$

式中　d——膜孔径(nm);

　　　MW——截留分子量(Da)。

根据式(7-1),可得到截留分子量与孔径的对应关系,如表 7-1 所示。需要指出的是,上述的关系仅适用于甲公司的膜。不同的膜公司,它们的截留分子量与膜孔径的关系是不同的。

表 7-1　　　　　　　　　　　膜孔径与截留分子量的关系

膜	截留分子量/Da	膜孔径/nm
YM3	3 000	3
YM10	10 000	5
YM30	30 000	8
YM100	100 000	14

膜孔径是表征膜性能的重要参数。目前的通常表示方法是,对于超滤膜,同时给出截留分子量和膜孔径;对于微滤膜,仅给出膜孔径;而对于反渗透和纳滤膜,通常用盐类的截留率来表示它们的截留精度。

通量的大小与膜的许多性能有关,如膜的孔隙率、亲水性等,因而并不唯一取决于膜孔径大小。

7.1.5 膜材质

膜材质分为有机和无机两种。对于水处理用的膜,要求膜材质具有亲水性。水很容易接近具有亲水性的膜表面,排斥具有疏水性的有机物,因而亲水性膜的通量更大。就有机聚合物而言,最具亲水性的是醋酸纤维素,因此,早期的膜材质多为醋酸纤维素。但是,醋酸纤维素抗氧化能力很差。在水处理过程中,经常要进行化学清洗,而且目前多数膜采用强化化学清洗。化学清洗通常采用强酸、强碱以及高浓度的氧化剂如氯,因而抗氧化能力差的醋酸纤维素不适合现在的水处理要求,人们进而寻求抗氧化性能好的膜材质。但是,抗氧化性能好的有机材质多为疏水性。通常采用对疏水材料进行改性的方法,使膜表面具有亲水性,从而得到既抗氧化又具亲水性的膜(表 7-2)。

表 7-2　　　　　　　　　　　　　膜材质与亲疏水性的关系

材质	英文缩写	亲疏水性
醋酸纤维素	CA	亲水
三醋酸纤维素	CTA	亲水
聚丙烯腈	PAN	疏水
聚砜	PS	疏水
聚偏氟乙烯	PVDF	疏水
聚醚砜	PES	疏水
聚芳醚酮	PEK	疏水

无机膜的支撑体是用无机材料制成的,包括陶瓷、玻璃和金属等。由于无机膜是刚性的,膜组件只有管式和板式。为了提高膜过滤面积,无机膜多被设计成多孔道。无机膜的特点是耐热性好,稳定性优异,能在强酸强碱条件下工作。其缺点是无可塑性,容易破碎,重量大。

7.2 膜的运行模式

7.2.1 恒流过滤和恒压过滤

恒流过滤是指在过滤过程中,膜的过滤流量保持不变,即通量不变。由于污染物质在膜表面的积累,阻力增大,需要通过增加驱动压力克服阻力来保持一定的过滤流量,因此,恒流过滤的膜压差随过滤时间逐渐增加。恒压过滤是指在过滤过程中,驱动压力保持不变。由于阻力随着时间的增加,过滤水量即通量随时间下降。恒流过滤模式常用于实际水处理以及实验室的中试,恒压过滤模式常用于实验室的小试(图 7-9)。

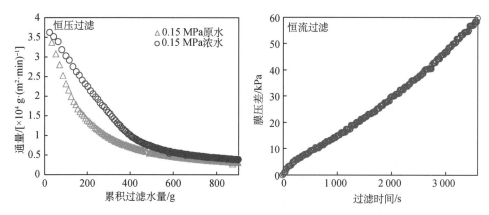

图 7-9 恒压过滤和恒流过滤

7.2.2 终端过滤和错流过滤

终端过滤就是全部的水量通过膜,而错流过滤为一部分水量透过膜,另一部分水量沿膜表面做切向流运动,并作为浓水回流。在终端过滤中由于水中所有的悬浮固体被截留在膜表面,形成的滤饼层厚度随过滤水量的增加而增加。在恒压过滤模式下,终端过滤的通量呈下降趋势。在错流过滤中,由于膜表面切向流的作用,会带走一部分的悬浮固体,滤饼层厚度并不随着过滤水量的增加而持续增加,因而通量下降缓慢(图 7-10)。

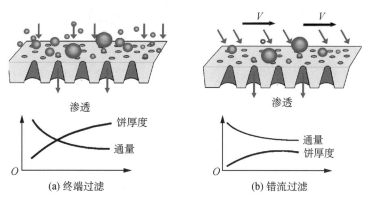

图 7-10 终端过滤和错流过滤

对于微滤和超滤,既可以采用终端过滤,也可以采用错流过滤,但对于纳滤和反渗透,必须采用错流过滤。微滤和超滤的错流过滤虽然可以缓解通量的下降或膜压差的增加,但由于浓水的回流需要额外增加动力消耗,因而多用于化工,生物以及污水等污染严重的处理工艺。给水的处理水量大,水中的有机物含量少,一般采用终端过滤的方式。

7.2.3 内压过滤和外压过滤

内压膜和外压膜均针对中空纤维膜(图7-11)。内压过滤是指待滤水由膜的内腔进入,由内向外的过滤模式;外压过滤是指由外向内的过滤模式。外压过滤由于待滤水在膜组件内,具有较大的空间,因而适用于处理水质较差的水,如悬浮固体较多的水。内压过滤为了防止固体颗粒将内腔的进口堵塞,不适合处理污染较为严重或悬浮颗粒较多的水。但是,如果在内压过滤之前设置过滤器,预先去除较大颗粒的杂质,也可适用于处理悬浮颗粒较多的水。另外,内压过滤可以采用错流过滤模式,如粉末活性炭作为预处理。外压式膜由于膜组件的两个端头近密封固定的膜丝之间的间隙很小,污染物极易堆积,并且难以被反冲洗去除,导致膜丝黏结,致使这部分的过滤面积减少。

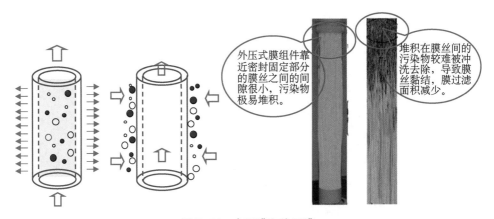

图7-11 内压膜和外压膜

7.2.4 压力式和浸没式

压力式可提供较高的驱动压力,压力一般可达0.1MPa,甚至更高,因而运行通量高;浸没式采用抽吸式,以大气压作为驱动压力,加之损失考虑,驱动力有限,最高仅为0.08MPa,因而膜压差上升的空间有限,运行通量较低,二者的工作原理及现场图如图7-12所示。虽然给水处理的浸没式与污水处理的MBR形式相似,但处理的机理上截然不同,不可混为一谈。

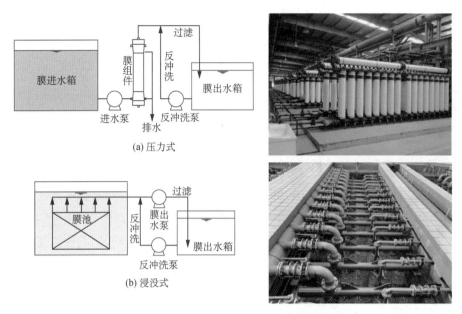

(a) 压力式

(b) 浸没式

图 7-12　压力式和浸没式工作原理及现场图

7.2.5　膜的过滤过程

膜的过滤过程如图 7-13 所示,包括过滤和反冲洗两个步骤,随着过滤的进行,污染物逐渐累积在膜表面,过滤阻力逐渐增加,导致膜压差的增加,因此,有必要过滤一段时

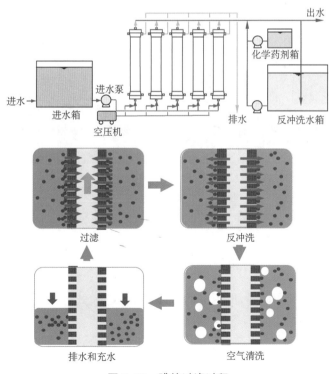

图 7-13　膜的过滤过程

间后,采用水力清洗将污染物从膜表面清洗出去,以恢复膜压差。为了强化清洗效果,也可以采用空气清洗辅助方式。目前,许多膜厂家通过在清洗水中加入化学药剂的方式强化清洗,称之为"强化化学清洗(Enhanced chemical backwash,ECB)"。

7.3 膜污染

7.3.1 可逆污染和不可逆污染

膜污染是膜过滤过程中发生的现象,它会造成膜的通量下降或膜压差的上升。膜污染又分为可逆污染和不可逆污染,不可逆污染又分为药剂可逆污染和药剂不可逆污染。水力反冲洗能消除可逆污染,药剂清洗能消除药剂可逆污染,但无法恢复药剂不可逆污染。药剂可逆污染造成的影响是膜压差上升,导致驱动压力增加,从而造成运行电耗增加,制水成本上升;药剂不可逆污染不仅造成驱动压力增加,最终导致膜组件被更换。

膜污染的产生通常用5种机理来解释:浓差极化、吸附、滤饼层、膜孔堵塞以及膜孔缩小与堵塞,如图7-14所示。浓差极化是膜截留了颗粒和溶质,它们累积在膜表面,使溶质透过膜的减少,造成了膜两侧的渗透压差;浓差极化是可逆污染,它可通过减小驱动压力或强化颗粒的反向迁移来缓解。小于膜孔的颗粒或有机物可进入膜孔,吸附在膜孔内壁,导致膜孔的缩小甚至堵塞。膜孔堵塞,如果颗粒或有机物的尺寸等于膜孔大小,它会堵塞膜孔。如果颗粒或有机物的尺寸大于膜孔,则它们会沉积在膜表面,形成污染层,称之为"滤饼层"。膜污染是非常复杂的过程,它是由多个机理共同作用的结果。

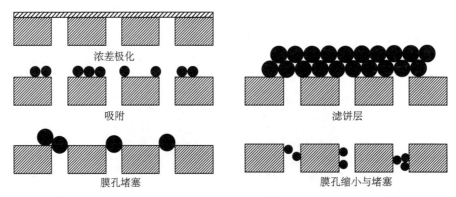

浓差极化

吸附

滤饼层

膜孔堵塞

膜孔缩小与堵塞

图 7-14　主要的膜污染机理

假设各个阻力是简单的叠加,上述的机理可用数学模式进行表述,如式(7-2)所示。

$$J = \frac{\Delta P}{\mu \cdot (R_m + R_c + R_i + R_n)} \tag{7-2}$$

式中　J——膜过滤通量,m/s;

ΔP——过滤膜压差，Pa；

μ——水的黏性系数，Pa·s；

R_m——膜阻力，m^{-1}；

R_c——滤饼层阻力，m^{-1}；

R_i——浓差极化阻力，m^{-1}；

R_n——吸附阻力，m^{-1}。

式(7-2)中的各个阻力可用试验方法得到。浓差极化阻力被认为是可逆的，滤饼层阻力部分可逆，而吸附阻力属于不可逆。

图 7-15 为超滤膜在通量 $125\ L/(m^2 \cdot h)$下直接过滤太湖水的膜压差以及可逆阻力、不可逆阻力的变化。

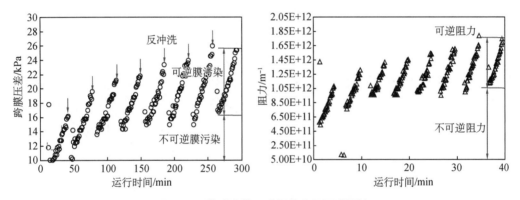

图 7-15　膜过滤的可逆污染和不可逆污染

常见的膜污染物为胶体和悬浮固体、无机物、天然有机物，以及微生物，它们在膜污染中所起的作用如表 7-3 所示。

表 7-3　膜污染物以及污染机理

种类	物质	污染机理
胶体和悬浮固体	黏土矿物，硅胶，铁、铝、锰的氧化物，有机胶体和悬浮物	微滤膜和超滤膜：膜孔堵塞以及膜表面滤饼层的形成； 纳滤膜和反渗透：膜表面滤饼层的形成
无机物	钙、镁、钡、铁等无机盐类，硅酸，金属氢氧化物	通过形成沉淀结垢，在膜表面积累或者沉积在膜孔内部
天然有机物	蛋白质，多糖，氨基糖，核酸，腐殖酸，富里酸，棕黄酸，生物细胞成分	造成膜污染的主要物质来源。这类物质既可以在膜表面形成滤饼层，也可以吸附在膜孔内部，产生膜污染
微生物	浮游植物，细菌及其产生的胞外聚合物（EPS）和溶解性微生物产物（SMP）	微生物附着在膜表面，繁殖并产生胞外聚合物，形成一种具有黏性的水合凝胶体，在膜表面形成生物膜以阻止水透过

无机物,主要是高价的阳离子,如铁离子、铝离子、钙离子等会加重膜污染。微生物主要附着在膜表面,繁殖产生胞外聚合物污染膜,但是,在给水处理中,经常的反冲洗会将微生物从膜表面清除,而且天然水的有机物含量较低,微生物很难大量繁殖,因此,生物污染不是给水处理膜污染的主要因素。有机物污染被认为是主要的膜污染因素。

有机物污染与有机物的种类有密切的关系,生物聚合类、蛋白质和腐殖酸被认为是导致膜污染的最主要有机物。

7.3.2 膜污染的数学模式

1. 定压模式

由 Hermia 提出膜污染的 4 种模式,如图 7-16 所示。完全堵塞模式被认为通量的减少与污染物所覆盖的面积成正比,但该模式假定污染物不会沉积在先前已被截留的污染物上;部分堵塞模式认为通量的减少与污染物所覆盖的面积成正比,但污染物仅沉积在先前已被截留的污染物上;标准堵塞模式认为污染物不是沉积在膜表面,而是进入膜孔内部,逐渐缩小膜孔的尺寸;滤饼层过滤模式认为污染物在膜表面逐渐形成滤饼层。4 种污染模式中,部分堵塞仅是理论上的假设,实际并不会发生这样的膜污染。

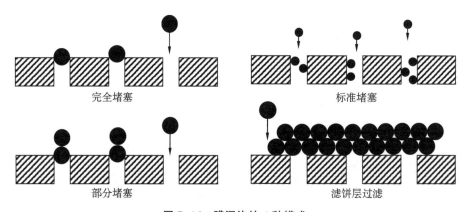

完全堵塞   标准堵塞

部分堵塞   滤饼层过滤

图 7-16　膜污染的 4 种模式

1) 滤饼层过滤模型

该模型假设滤饼层阻力 R_c 的下降与膜通量成正比。

$$\frac{\mathrm{d}R_c}{\mathrm{d}t} = \alpha_c J \tag{7-3}$$

式中,α_c 为滤饼过滤污染系数。

2) 完全堵塞模型

该模型假设膜孔完全被污染物堵塞,造成单位面积膜孔数目 N 的减少,并与膜通

量 J 成正比。

$$\frac{\mathrm{d}N}{\mathrm{d}t} = -\alpha_b J \tag{7-4}$$

式中,α_b 为完全堵塞污染系数。

3) 标准堵塞模型

假设随着颗粒在膜孔内的沉积,膜孔体积的减少与过滤体积成正比。膜孔由一定直径的一系列孔组成,孔的长度一定,则孔体积的减少等于孔截面积的减少,并与膜通量成正比。

$$2\pi r L \frac{\mathrm{d}r}{\mathrm{d}t} = -\alpha_p J \tag{7-5}$$

式中　α_p——标准堵塞污染系数;

　　　r——膜孔半径;

　　　L——膜孔长度。

以上的膜污染数学模型可用下面的统一公式表达。

$$\frac{\mathrm{d}^2 t}{\mathrm{d}V^2} = k \cdot \left(\frac{\mathrm{d}t}{\mathrm{d}V}\right)^n \tag{7-6}$$

式中　t——过滤时间,$\min$;

　　　V——累计的过滤水量,m^3;

　　　k,n——参数,n 的数值取决于图 7-16 的污染模式。

在膜的长期运行过程中,滤饼层过滤污染起着主导作用,因而可作为判断污染程度的指标。式(7-6)的 n 为 0,则式(7-6)变为

$$\frac{\mathrm{d}t}{\mathrm{d}V} = (MFIs)V \tag{7-7}$$

式(7-6)中的 K 被 $MFIs$ 所替代。式(7-7)表明,$MFIs$ 越大,则 $\mathrm{d}V/\mathrm{d}t$ 越小,说明污染越严重,则膜通量越小。因此,$MFIs$ 可作为判断污染严重程度的指标。但是,式(7-7)的污染指标 $MFIs$ 只适合于定压过滤,不适合于定通量过滤。式(7-7)的左边为通量的倒数,对于定通量过滤,可视为不变;但对于式(7-7)的右边,由于随着过滤的进行,处理水量 V 增加,此时的 $MFIs$ 必须减少。但是,随着过滤,污染应该是趋向更为严重,$MFIs$ 应该是增加的。在膜的实际应用中,均采用定通量运行,因而大大局限了式(7-7)的应用。

2. 定压模式下的通量计算

根据表 7-4 的 4 种污染模式,在定通量情况下,可得出其表达式:

$$\frac{\mathrm{d}P'}{\mathrm{d}V_s} = k_v P^n \tag{7-8}$$

式(7-8)的 V_s 为每单位膜面积过滤的水量,单位为 $\mathrm{m}^3/\mathrm{m}^2$,$k_v$ 为污染指数。

设 $J_s = \dfrac{J}{P}$,则标准化比通量 J_s' 为

$$J_s' = \frac{J_s}{J_{s0}} = \frac{1}{P'} \tag{7-9}$$

J_{s0} 为过滤时间等于零时的通量,P' 为 P_t/P_0。将式(7-9)代入式(7-8),得到:

$$-\frac{\mathrm{d}J_s'}{\mathrm{d}V_s} = k_v J_s'^{2-n} \tag{7-10}$$

对于定压过滤,

$$\frac{\mathrm{d}t}{\mathrm{d}V} = \frac{1}{\mathrm{d}V/\mathrm{d}t} = \frac{1}{JA_m} = \frac{1}{J_s P A_m} \tag{7-11}$$

$$\frac{\mathrm{d}^2 t}{\mathrm{d}V^2} = \frac{\mathrm{d}(1/J_s P A_m)}{\mathrm{d}V} = -\frac{1}{J_s^2 P A_m} \frac{\mathrm{d}J_s}{\mathrm{d}V} \tag{7-12}$$

式中　P——常数;

　　　A_m——总的膜面积。

将式(7-11)、式(7-12)代入式(7-6),得到:

$$-\frac{\mathrm{d}J_s}{\mathrm{d}V} = k(PA_m)^{1-n} J_s^{2-n} \tag{7-13}$$

将 J_s' 和 V_s 替代式(7-13)中的 J_s 和 V,可得到式(7-10),因此,式(7-10)既适用于定通量过滤,又适用于定压过滤。

表 7-4　　　　　　　　　　　　　污染数学模式

膜孔堵塞模式	n	k_v	数学表达式
完全堵塞	2	$C_f \sigma$	$J_s' = 1 - k_v V$
标准堵塞	1.5	$2C_f/L\rho$	$J_s^{1/2} = 1 + k_v/2 V_s$
部分堵塞	1	$C_f \sigma$	$\ln J_s' = -k_v V_s$
滤饼层过滤	0	$C_f R_c/R_m$	$1/J_s' = 1 + k_v V_s$

注:表中的 C_f 为原水的污染物质量浓度,$\mathrm{kg/m}^3$;R_m 为清洁膜的阻力,m^{-1};R_c 为滤饼层比阻力,$\mathrm{m/kg}$;ρ 为污染物的比重,$\mathrm{kg/m}^3$;σ 为单位质量颗粒在膜的投影面积,$\mathrm{kg/m}^2$。

3. 膜污染指数

膜污染指数可用于比较长期运行的膜的污染程度,采用不同的水源以及不同的处

理规模。

通量的表达式如下：

$$J = \frac{\Delta P}{\mu(k_m + k_f)} \tag{7-14}$$

式中　k_m——膜本身的阻力，m^{-1}；

　　　k_f——污染膜的阻力，m^{-1}。

假设膜污染阻力 k_f 与经过膜的水中污染物的质量成正比，即与每单位面积膜过滤的水量成正比，如下式表示：

$$k_f = kV_{sp} \tag{7-15}$$

式中　k——阻力增加系数，m^{-2}；

　　　V_{sp}——每单位面积膜过滤的水量，m^3/m^2。

式(7-14)可表达为

$$J_{sp} = \frac{J_s}{\Delta P} = \frac{1}{\mu(k_m + kV_{sp})} \tag{7-16}$$

对于新膜，$V_{sp} = 0$，则 $k_f = 0$，则有：

$$J_{sp0} = \frac{1}{\mu k_m} \tag{7-17}$$

$$J'_{sp} = \frac{J_{sp}}{J_{sp0}} = \frac{\dfrac{1}{\mu(k_m + kV_{sp})}}{\dfrac{1}{\mu k_m}} = \frac{k_m}{k_m + kV_{sp}} \tag{7-18}$$

$$\frac{1}{J'_{sp}} = 1 + (MFI)V_{sp} \tag{7-19}$$

4. 腐殖酸和海藻酸钠在超滤过程中的污染行为

1）试验装置和材料

试验装置如图 7-17 所示，试验用平板超滤装置由自制 PMMA 原水罐、Amicon 8400 型超滤杯（Merck Millipore，USA）和 UVW6200 H 电子天平（Shimadzu，Japan）组成。水样被高纯氮气驱动，经 PU 软管由原水罐进入超滤杯，最终通过超滤膜进入滤后水罐。滤后水质量由电子天平每隔 20 s 传输到个人计算机储存。

平板超滤装置采用恒压过滤，压力由高纯氮气提供，设定为 100 kPa。过滤结束后，小心反转超滤膜，重新放置好后，在 45 kPa 压力下利用 Mili-Q 超纯水反向过滤并进行物理反冲洗。超滤膜的材质为再生纤维素，截留分子量为 30 kDa。

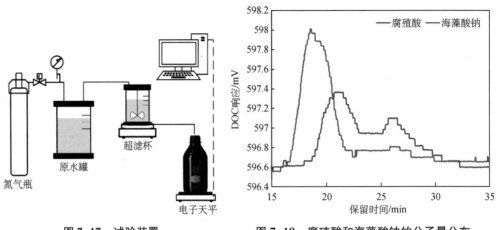

图 7-17　试验装置　　　　　　图 7-18　腐殖酸和海藻酸钠的分子量分布

腐殖酸和海藻酸钠的 TOC 均调节为 5 mg/L，它们的分子量分布如图 7-18 所示，腐殖酸与海藻酸钠的表观分子量分别约为 10 kDa 和 457 kDa。

2）试验结果

海藻酸钠和腐殖酸的过滤通量变化如图 7-19 所示，海藻酸钠的过滤通量下降迅速，而腐殖酸的下降缓慢。

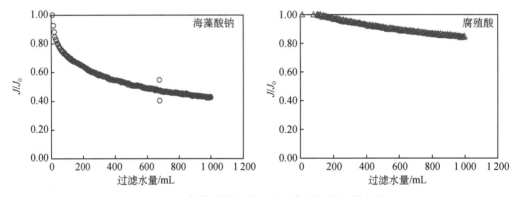

图 7-19　海藻酸钠和腐殖酸过滤过程的通量变化

海藻酸钠和腐殖酸的污染模式如图 7-20 所示，海藻酸钠的 $\lg \mathrm{d}t/\mathrm{d}V - \lg \mathrm{d}t^2/\mathrm{d}V^2$ 初期过滤曲线为接近横线，其斜率接近 0，随后呈下降趋势；腐殖酸的初期过滤曲线为上升的直线，其斜率为 1.61，随后曲线转为横线，然后呈下降趋势。海藻酸钠的过滤初期污染模式为滤饼层污染，这是由于海藻酸钠的表观分子大于试验膜的孔径，无法进入膜孔，从而沉积在膜表面，形成滤饼层；腐殖酸的污染模式为膜孔标准堵塞，这是由于腐殖酸的表观分子小于膜孔尺寸，从而可以进入膜孔，造成膜孔的缩小。此外，上述的曲线下降无法用任何一种污染模式解释，有人认为这是由于 $\mathrm{d}J/\mathrm{d}t$ 的下降快于 J。

海藻酸钠和腐殖酸的阻力变化如图 7-21 所示。海藻酸钠的过滤阻力和可逆阻力

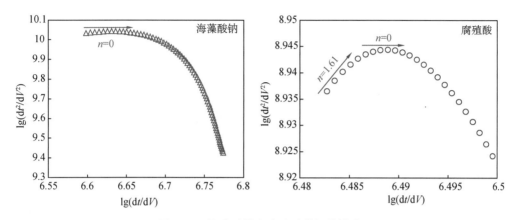

图 7-20　海藻酸钠和腐殖酸的污染模式

均明显大于腐殖酸,但腐殖酸的不可逆阻力大于海藻酸钠。腐殖酸的尺寸小于膜孔,因而阻力的产生是膜孔缩小造成的。膜孔的缩小是一个逐渐的过程,因而阻力增加缓慢,但反冲洗不易清洗膜孔内的腐殖酸,因而腐殖酸的污染主要为不可逆的。海藻酸钠的尺寸大于膜孔,过滤过程将膜孔堵塞并形成滤饼层,膜孔的堵塞造成阻力增加,但这种堵塞可通过反冲洗得到恢复,因而可逆阻力较大,但不可逆阻力较小。

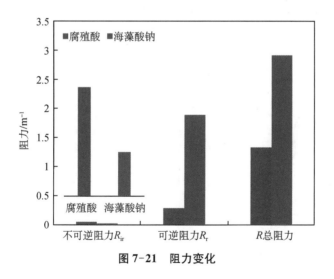

图 7-21　阻力变化

5. 微滤和超滤膜过滤太湖水过程中的污染模式识别

1) 试验用膜以及方法

试验采用两种中空纤维膜:微滤和超滤,膜材质均为聚偏氟乙烯,微滤膜的孔径为 $0.1\ \mu m$,超滤膜的截留分子量为 $150\ kDa$,试验组件的膜面积均为 $0.03\ m^2$。采用定压过滤方式,压力为 $0.1\ MPa$。试验用水为太湖水,试验时水的浊度为 $38\ NTU$,COD_{Mn} 浓度为 $4.2\ mg/L$。

2）试验结果

由图 7-22 可知，对于微滤膜，最接近试验通量变化的是滤饼层模式，其次为标准堵塞模式，完全堵塞和部分堵塞模式与试验通量变化相差甚远；超滤膜的结果与微滤膜的相似。这结果说明导致膜污染的主要模式为滤饼层模式和标准堵塞模式。

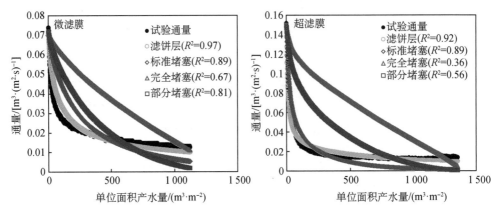

图 7-22 过滤通量以及污染模式

根据式(7-6)，过滤过程中的微滤和超滤膜的污染模式变化如图 7-23 所示。两种膜在过滤过程中，$d^2t/dv^2-dt/dv$ 的关系均经历了从标准堵塞模式到滤饼层模式的过程，微滤膜的转变过程经历了 63 s，而超滤膜为 32 s。

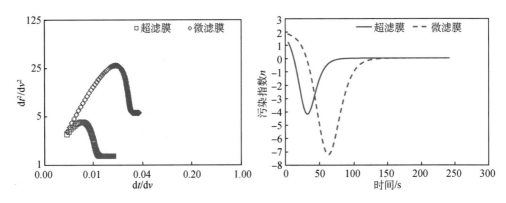

图 7-23 过滤过程的膜污染模式的变化

综上所述，膜在过滤天然水的过程中，过滤初期的污染为标准堵塞模式，小分子有机物进入膜孔，导致膜孔窄化；继而大分子有机物沉积在膜表面，形成滤饼层，膜污染转变为滤饼层模式。膜孔越小的超滤膜，小分子越难以进入膜孔，因而从标准堵塞变为滤饼层的时间较短；而对于膜孔越大的微滤膜，越多小分子容易进入膜孔，因而转变的时间越长，从而造成的污染也越严重。

7.3.3　影响膜污染的因素

1. 膜的性能

1）亲疏水性

膜的亲水性和疏水性由膜与水的接触角 θ 表征。当 $\theta \approx 0°$ 时，膜高度亲水，水滴接触到膜表面，迅即铺展开；当 $0° < \theta < 90°$ 时，膜较亲水；当 $\theta > 90°$ 时，膜疏水，水滴接触到膜表面，水被排斥，与膜接触的表面变小，使接触角变大。

亲水性的膜表面与水分子之间的氢键作用使水优先吸附，水呈有序结构，疏水物质若接近膜表面，需消耗能量破坏此结构，所以亲水性膜通量大，且不易被污染。

2）表面电荷

膜表面的电荷即 ζ 电势对膜污染的影响同样重要。许多胶体物质由于含有羧基、磺酸基及其他酸性基团而呈现出略微的负电性。当膜表面带正电荷时，胶体杂质易沉积于膜上造成污染，使膜性能下降；当膜的表面呈负电时，由于静电排斥力作用，胶体黏附到膜表面的程度减弱，这样能够抑制膜污染，以保证较高的通量。

3）粗糙度和孔隙率

膜表面粗糙度的增加使膜表面吸附污染物的可能性增加，但同时也增加了膜表面的扰动程度，阻碍了污染物在膜表面的形成，因此粗糙度对膜通量的影响是两方面的综合体现。较大的粗糙度和孔隙率的膜更容易发生膜污染。

4）膜孔径

膜孔径越大，通量越大，通量下降速度越快；膜孔径越小，通量也越小，通量下降速度越慢。

2. 不同孔径微滤和超滤膜过滤太湖水

图 7-24 表明不同膜孔径的微滤和超滤膜过滤太湖水时的通量变化情况。孔径为 $0.1\ \mu m$ 的微滤膜虽然初始的通量很高，但通量的下降非常剧烈，过滤结束后的通量下降了，截留分子量为 100 kDa 的超滤膜的初始通量明显低于微滤膜，但通量下降程度明显减缓，30 kDa 的超滤膜也有相似的趋势。

不同孔径的膜过滤前后的分子量分布变化如图 7-25 所示。太湖水的大分子分子量在 500 kDa 左右，大分子的尺寸仍小于 $0.1\ \mu m$，因而容易进入膜孔内部。从分子量分布来看，微滤膜仅能部分截留大分子，这表明仍有部分的大分子穿过膜孔，同时意味着有些大分子堵塞膜孔。超滤膜基本上可完全截留大分子。由此可见，膜孔越大，大分子有机物越容易进入膜孔，从而堵塞膜孔，造成膜污染。越小膜孔的超滤膜可通过机械筛分作用，阻止大分子进入膜孔，不易导致膜污染。

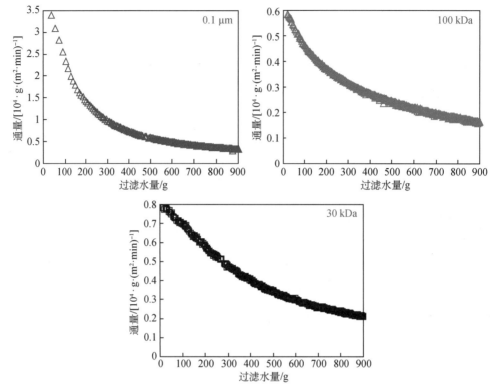

图 7-24　不同的膜孔径对过滤通量的影响

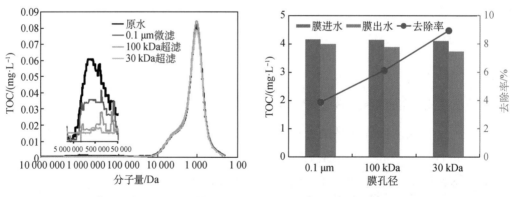

图 7-25　不同膜孔径对分子量分布的影响　　　图 7-26　不同的膜孔径去除有机物的效果

图 7-26 为不同膜孔的微滤和超滤膜去除有机物的效果。由图 7-26 可见，随着膜孔径减小，去除有机物的效果增强。

3. 微滤和超滤处理太湖水的中试试验

以太湖水为原水，采用微滤和超滤进行比较中试。膜压差的变化如图 7-27 所示。

在运行通量为 62.5 L/(m² · h)下,微滤膜的化学清洗(CIP)间隔小于 10 天,超滤膜的间隔大于 70 天;降低运行通量至 50 L/(m² · h),微滤膜的化学清洗间隔为 8 天,而超滤膜在运行通量 75 L/(m² · h)下,化学清洗的间隔仍大于 30 天,这说明微滤膜的污染速率显著高于超滤膜的。

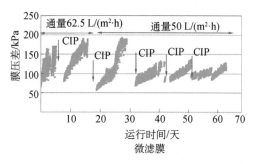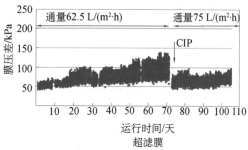

图 7-27　两种膜的膜压差变化

运行结束后的阻力分布如图 7-28 所示。超滤膜的总阻力虽然略高于微滤膜,但其不可逆阻力明显低于微滤膜,膜污染指数是比阻力随着单位面积产水量的增加速率。在相同的运行条件下,分析每周期初的运行数据,即反冲洗去除可逆污染后的数据。计算两种膜在第一个化学清洗周期的不可逆膜污染指数,结果如图 7-29 所示。图 7-29 表明,超滤膜的不可逆阻力明显低于微滤膜的不可逆阻力。

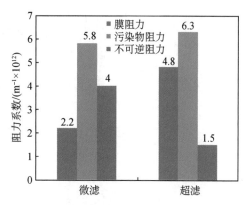

图 7-28　两种膜的阻力分布

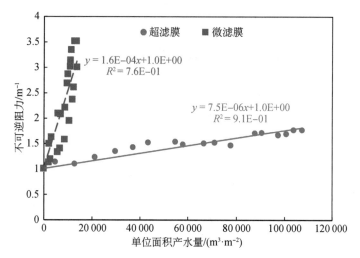

图 7-29　两种膜的不可逆阻力比较

原水以及膜出水的分子量分布如图 7-30 所示。由图 7-30 可见,原水在分子量百万 Da 处有一强烈的响应,微滤膜出水的响应虽然大大降低,但仍有一定的响应;超滤膜出水的响应几乎完全消失了。化学清洗水的分子量分布如图 7-31 所示,图 7-31 表明,微滤膜的大分子显著高于超滤膜。结果表明,有部分的大分子会透过微滤膜,同时会有一些大分子累积在膜孔内,从而造成不可逆污染;而超滤膜可将所有的大分子截留,这些有机物仅仅沉积在膜表面且难以进入膜孔,从而大大降低了不可逆污染。

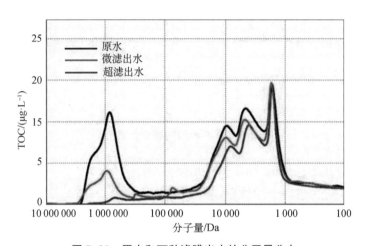

图 7-30　原水和两种滤膜出水的分子量分布

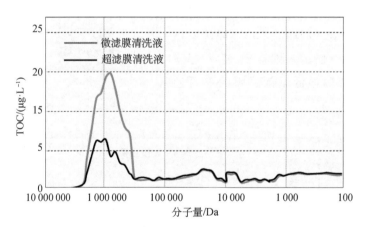

图 7-31　两种滤膜的化学清洗水的分子量分布

4. 膜材质亲疏水性的影响

亲水性的膜表面与水分子之间的氢键作用使水分子优先被膜吸附,水呈有序结构;疏水物质若接近膜表面,需消耗能量破坏有序结构。

5. 水中的物化性能的影响

水中的有机物组分和分子量也是影响膜污染的重要因素,亲水性有机物和大分子有机物会造成膜污染,但小分子有机物可能造成不可逆污染。

1) 有机物不同组分对膜污染的影响

图 7-32 为微滤膜(0.1 μm)和超滤膜(100 kDa,140 kDa)对太湖有机物不同组分的过滤通量变化。由图 7-32 可知,通量下降最为严重的为中亲水和强疏水组分,弱疏水和极亲水下降的最缓慢。之所以中亲水和强疏水污染最为严重是由于它们的组分中具有较多的大分子,如图 7-33 所示。弱疏水和极亲水几乎没有大分子有机物,因而对膜过滤的影响很小。

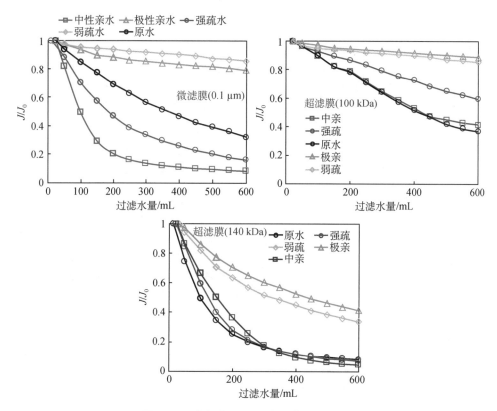

图 7-32　有机物不同组分对膜通量的影响

2) 各种藻类有机物分子量对膜污染的影响

图 7-34 为各种藻类以及膜过滤后的分子量分布的变化。由图 7-34 可见,铜绿藻、束丝藻、鱼腥藻以及小球藻有明显的大分子,而小环藻和栅藻几乎没有大分子。经膜过滤后,大分子的响应峰明显降低。由于大分子的尺寸大于膜孔径,因而大分子为膜所截留。

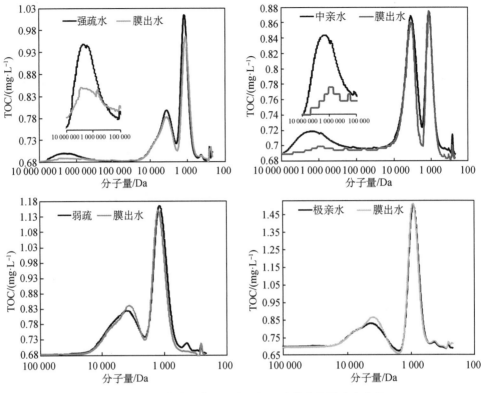

图 7-33　微滤膜过滤太湖有机物组分的分子量分布变化

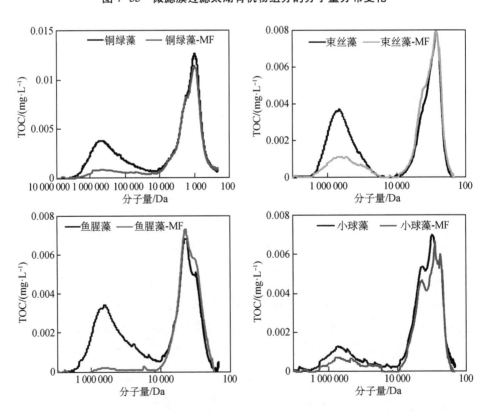

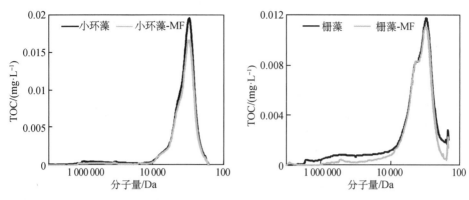

图 7-34　不同藻类的膜过滤前后的分子量分布的变化

将藻类的大分子和膜去除的大分子与膜通量建立关系,如图 7-35 所示。有机物的大分子多少与膜通量的下降有非常密切的关系,有机物以及为膜所截留的大分子越多,通量下降也越严重。

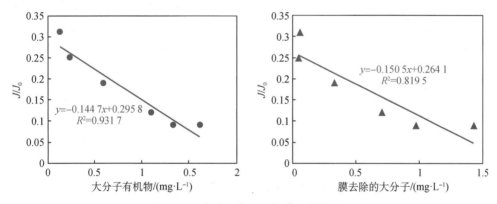

图 7-35　大分子有机物与膜通量的关系

3)不同截留分子量有机物对过滤通量的影响

采用同济校园的三好坞水,原水的 DOC 为 4.726 mg/L,UV_{254} 为 0.086 cm^{-1},pH 值为 7.6。将原水 DOC 用反渗透膜浓缩至 20.2 mg/L,然后经 0.45 μm 微滤膜去除悬浮固体,并分别用 100 kDa、30 kDa 和 10 kDa 的超滤膜进行预过滤,过滤水用超纯水将 DOC 调节为 5 mg/L,然后进行 0.1 μm 的 CA 微滤膜和 150 kDa 的 PVDF 超滤膜的过滤试验。

通量变化情况如图 7-36 所示。由图 7-36 可知,原水直接过滤,微滤膜的通量下降严重,结束时的通量为初始的 10%,经 100 kDa 预过滤后,通量有了明显的提升,结束时的通量为初始的 50%;30 kDa 预过滤的通量被进一步提升至 88%,10 kDa 预过滤的通量与 30 kDa 的相似。超滤膜过滤原水的通量下降严重,结束时的通量为初始的 30%,明显优于微滤膜;100 kDa 预过滤的通量为初始的 60%,通量 J 有了明显的提升,但提升程度不如微滤膜工艺;30 kDa 预过滤的通量进一步被提升至初始的 68%,10 kDa 预过滤提升至82%。由此可见,尽管有机物浓度相同,但膜孔径大的膜所遭受的污染较膜孔径小的严重,这是因为膜孔越大,有机物越容易进入,导致膜孔堵塞越严重。

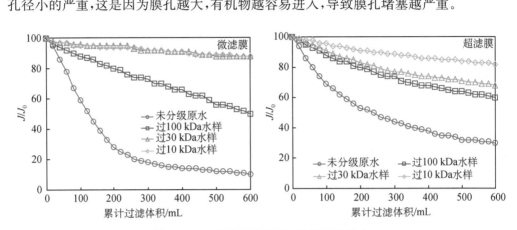

图 7-36　不同截留分子量对膜通量的影响

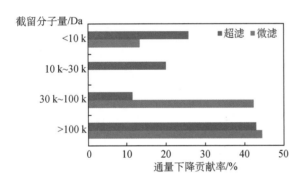

图 7-37　不同截留分子量对通量下降的贡献率

不同截留分子量的有机物对通量下降的贡献率如图 7-37 所示。大分子有机物对通量下降的贡献率最大,大于 30 kDa 分子量的有机物对微滤膜通量下降的贡献率高达 86%,超滤膜为 54%,因此,大分子有机物对通量下降的贡献率,微滤膜明显高于超滤膜。

不同截留分子量预过滤水过滤后的膜表面如图 7-38 所示。0.45 μm 预过滤的水样,过滤后的膜表面仍为污染物所覆盖,但经 100 kDa 预过滤的水样,过滤后的膜孔清晰可见,如同新膜,50 kDa 和 10 kDa 预过滤的水样,过滤后的膜孔与 100 kDa 的相似。

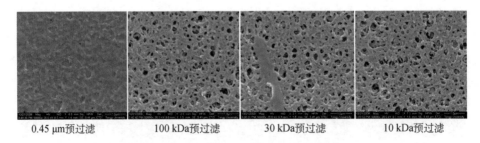

| 0.45 μm预过滤 | 100 kDa预过滤 | 30 kDa预过滤 | 10 kDa预过滤 |

图 7-38　不同截留分子量过滤后的膜表面

图 7-39 为不同截留分子量膜预过滤的水样过滤后的膜表面红外吸收情况。微滤膜表面有 4 个吸收峰,分别位于 844.9 cm^{-1}、1 070.3 cm^{-1}、1 280.5 cm^{-1} 以及

1 652.7 cm^{-1}，分别反映苯环、糖类、酯类、羧酸类和醇类等的有机物。图 7-39 表明，随着不同截留分子量的预过滤，各个吸收响应强度明显下降。当 10 kDa 预过滤后，几乎所有的响应峰均消失。与微滤膜相比，超滤膜表面的红外吸收响应峰值增加了许多，但吸收强烈的仍为 1 100 cm^{-1}、1 150 cm^{-1}、1 240 cm^{-1} 以及 1 650 cm^{-1}，这与微滤膜的相似，这表明，无论是微滤膜还是超滤膜，造成膜污染的主要是芳香族和多糖类的有机物。此外，这些有机物的分子量多高于 10 kDa。

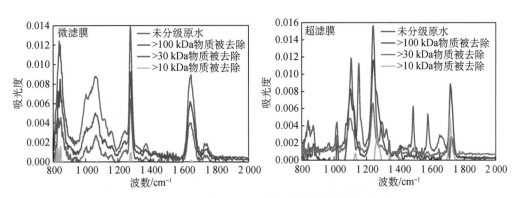

图 7-39　不同截留分子量膜预过滤后的膜表面红外

4）离子强度和 pH 值

天然水的 pH 值变化会改变有机物的物化性能，从而对膜过滤产生影响。在低离子强度、高 pH 值的情况下，有机物的官能团呈负电性，它们之间的相互排斥使得有机物结构伸长，呈柔软的线状；在高离子强度、低 pH 值的情况下，有机物官能团的负电性被掩蔽，其结构卷曲，而且由于负电性的消失或减弱，有机物官能团容易聚合形成较大的分子。因此，在低离子强度、高 pH 值的情况下，有机物和膜均呈负电性且相互排斥，有机物不容易沉积在膜表面；在高离子强度、低 pH 值的情况下，有机物的负电性消失或减弱，容易沉积在膜表面，而且聚合形成的大分子也造成严重的膜污染，如图 7-40 所示。

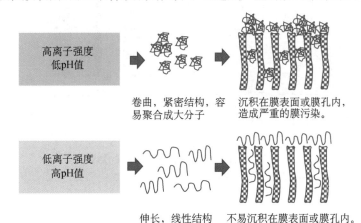

图 7-40　离子强度和 pH 值对膜污染的影响

试验水的浊度为 5.74 NTU，pH 值为 7.5，COD_{Mn} 为 4.34 mg/L，UV_{254} 为 0.126 cm^{-1}。试验膜的材质为 PVDF，截留分子量为 150 kDa。

调节原水的 pH 值，使之为 6.5 和 5.5，分别对原水以及调节 pH 值的水进行膜过滤，结果如图 7-41 所示。图 7-41(a)表明，随着 pH 值的降低，膜通量也逐渐下降。图 7-41(b)表明，pH 值的降低使得膜截留有机物的效果增加，pH 值从 7.5 时的 5% 去除率增加至 5.5 时的 27%。

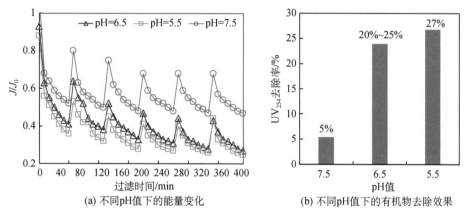

(a) 不同pH值下的能量变化   (b) 不同pH值下的有机物去除效果

图 7-41　pH 值对膜过滤通量的影响

不同 pH 值下的分子量分布以及各分子量区间的去除如图 7-42 所示。图 7-42(a)表明，当 pH 值偏酸性时，小于 1 000 Da 以及大于 10 000 Da 的分子量比例增多。图 7-42(b)表明，当不同 pH 值的水膜过滤时，pH 值在 5～6 的几乎所有分子量区间的均有一定比例为膜所截留，而原水(pH＝7)几乎难以为膜所截留。

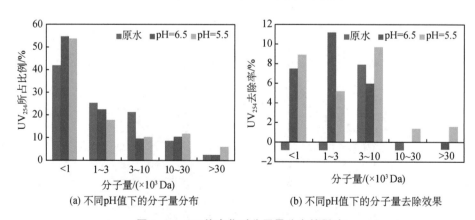

(a) 不同pH值下的分子量分布   (b) 不同pH值下的分子量去除效果

图 7-42　pH 值变化对分子量分布的影响

5）无机离子

水中的高价阳离子如钙镁等会与有机物如腐殖酸发生螯合作用，腐殖酸的官能团受到掩蔽，有机物的电负性下降，这使得有机物容易接近并吸附在膜表面或膜孔内部，同时高价阳离子还会在膜表面和溶液的有机物之间起到桥连的作用,使得更多的有机物累积在膜表面,从而造成更严重的膜污染,如图 7-43 所示。此外,官能团之间的相斥作用减弱,有机物的表观尺寸变小,这使得有机物容易进入膜孔内部。

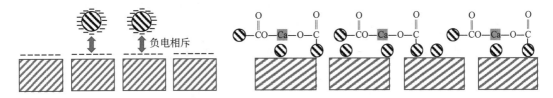

图 7-43　高价阳离子污染膜的原理

高价阳离子对膜过滤的影响如图 7-44 所示。随着水中铁含量的增加,膜通量也随之下降。同样,通量的下降与水中锰的含量有着密切的关系。

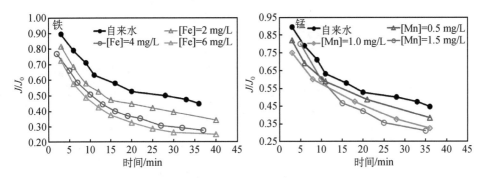

图 7-44　高价阳离子对膜过滤的影响

7.3.4　有机物对膜污染的影响试验

1. 原水水质与试验方法

采用超滤膜直接过滤天然原水,考察原水水质与可逆和不可逆污染的关系。采用4 种不同类型的原水,主要的原水水质如表 7-5 所示。

表 7-5　　　　　　　　　　　　　试验的原水水质

水源	三好坞	青草沙	黄浦江	太湖
浊度/NTU	6.2	17.6	40.9	44.6
UV_{254}/cm^{-1}	0.073	0.037	0.105	0.1
$TOC/(mg \cdot L^{-1})$	3.305	1.919	4.468	5.936
$SUVA/[L \cdot (mg \cdot m)^{-1}]$	2.209	1.928	2.35	1.685
碳水化合物与蛋白质$/(mgC \cdot L^{-1})$	2.462	0.501	2.073	2.681

试验采用某公司的中空纤维膜,膜材质为 PVDF,过滤模式为外压式。膜孔径 0.02 μm,组件的过滤面积 0.16 m²。试验系统如图 7-45 所示。采用恒定通量运行,通量 70 L/(m²·h)。每组试验运行 6 个周期,每个周期 90 min,其中充水 2 min,过滤 86 min,然后反冲洗 2 min。反冲洗采用原水正冲 1 min,去离子水反冲洗 1 min。

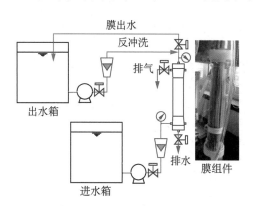

图 7-45 膜过滤系统以及膜组件

4 种原水的分子量分布如图 7-46 所示,由此可知,太湖水中的大分子最多,其次为黄浦江和三好坞,最少的为青草沙。小分子最多的为三好坞,其次为太湖和黄浦江,最少的为青草沙。中分子最多的为黄浦江,其次为太湖和三好坞,最少的为青草沙。

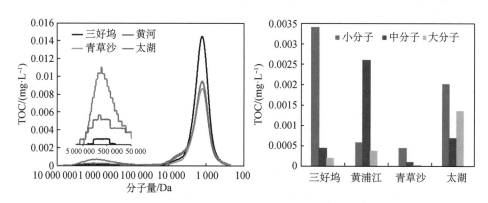

图 7-46 各原水的分子量分布

4 种原水的三维荧光光谱如图 7-47 所示。4 种原水在蛋白类的响应区间具有较强的荧光响应,以太湖和黄浦江为最强。太湖和黄浦江在微生物产物的区域也有较强的响应,而三好坞和青草沙的响应较弱。太湖和黄浦江在腐殖酸区域有明显的响应,三好坞次之,青草沙的响应最弱。它们的荧光区域强度如图 7-48 所示。

图 7-48 表明,黄浦江在 B 区和 T 区的荧光强度最大,其次为太湖;A 区荧光强度最大的为太湖,其次为黄浦江。三好坞和青草沙在各响应区域的荧光强度均较弱。这结果表明黄浦江的蛋白质和微生物分解产物较多,太湖其次,同时这两类水也有一定量的

腐殖酸,三好坞和青草沙的各个有机物组分分布较为均匀,且处于较低水平。

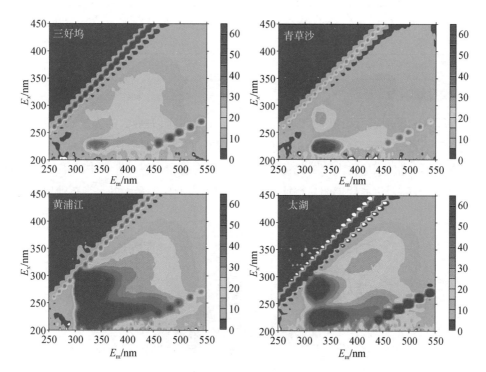

图 7-47　4 种原水的三维荧光

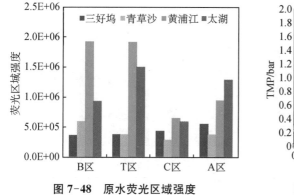

图 7-48　原水荧光区域强度

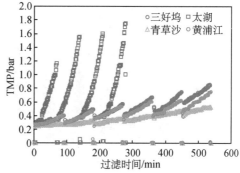

图 7-49　膜压差随过滤周期的变化

2. 膜压差的变化

膜过滤的压力变化如图 7-49 所示。膜压差随着过滤周期而逐渐增加,其中的太湖增加最为剧烈,其次为三好坞和黄浦江,青草沙最为平缓。膜压差的增加程度与原水的 TOC 以及大分子有机物含量基本符合,但黄浦江水的 TOC 和大分子均大于三好坞,膜压差大增长却低于三好坞。由表 7-6 可知,碳水化合物和蛋白质含量大小顺序与膜压差的增加程度完全一致。

表 7-6   原水的碳水化合物和蛋白质(mgC/L)

三好坞	青草沙	黄浦江	太湖
2.462	0.501	2.073	2.681

3. 膜过滤阻力

4 种原水的各项阻力如图 7-50 所示。图 7-50 表明,阻力最大的为过滤太湖水,其次为三好坞和黄浦江,青草沙的最低。由图 7-51 可见,随着过滤周期增加,总阻力在增加。太湖的阻力虽然最大,但占大部分的是可逆阻力,黄浦江和三好坞原水中的不可逆阻力占了相当比例,并随着过滤周期明显增加。不可逆阻力占的比例最大的是青草沙原水。

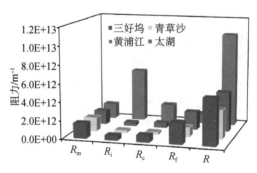

图 7-50　4 种原水的阻力

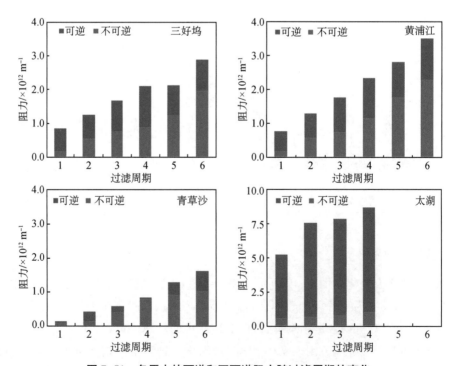

图 7-51　各原水的可逆和不可逆阻力随过滤周期的变化

4. 去除有机物

超滤膜去除有机物的效果如图 7-52 所示。无论是 TOC 还是 UV_{254}，去除效果的顺序是一致的，太湖最佳，其次为三好坞和黄浦江，最差的为青草沙。对于碳水化合物，去除效果由好到差的顺序为太湖、黄浦江、三好坞和青草沙；而对于蛋白质，去除效果由好到差的顺序为太湖、三好坞、黄浦江和青草沙。比较图 7-53 与图 7-54，可以发现，膜去除碳水化合物和蛋白质的效果明显优于对 TOC 和 UV_{254} 的去除。

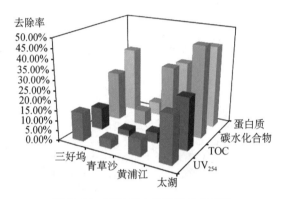

图 7-52　膜过滤去除有机物的效果

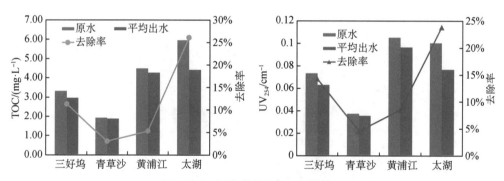

图 7-53　超滤膜去除有机物的效果

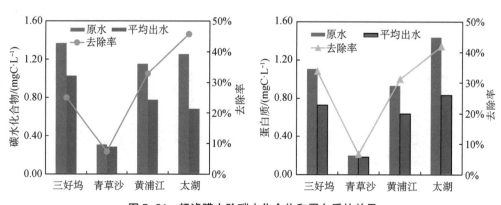

图 7-54　超滤膜去除碳水化合物和蛋白质的效果

5. 化学清洗液的分析

1) 分子量分布

化学清洗液的分子量分布如图 7-55、图 7-56 所示。由图 7-56 可知,化学清洗液中的小分子最多,其次为中分子,大分子最少。大分子分子量大于膜孔径,无法进入膜孔,主要黏附在膜表面,容易为水力清洗所去除,而中小分子分子量小于膜孔,容易进入膜孔,不容易为水力反冲洗所清除。化学清洗主要消除不可逆污染,水力反冲洗主要清除可逆污染,因此,中小分子的有机物主要造成不可逆污染。

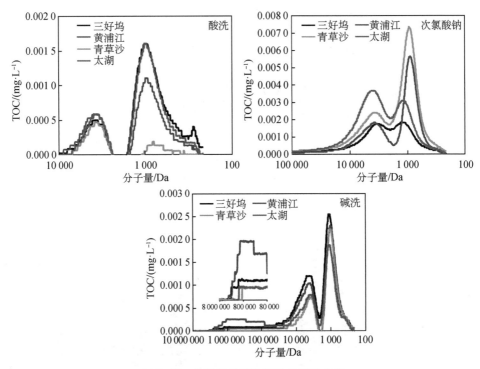

图 7-55 各种化学清洗液的分子量分布

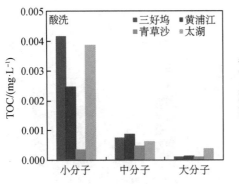
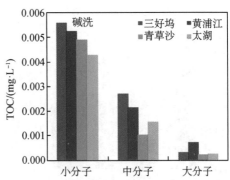

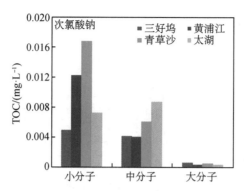

图 7-56　各种化学清洗液的分子量分布

2）三维荧光

4 种原水的化学清洗液的三维荧光如图 7-57 所示。图 7-57 表明，不同原水的荧光

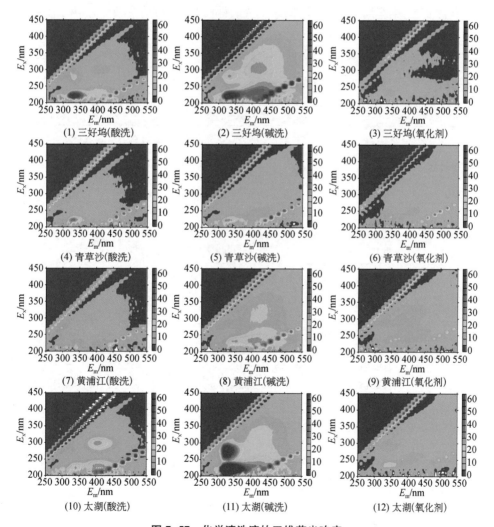

(1) 三好坞(酸洗)　　(2) 三好坞(碱洗)　　(3) 三好坞(氧化剂)

(4) 青草沙(酸洗)　　(5) 青草沙(碱洗)　　(6) 青草沙(氧化剂)

(7) 黄浦江(酸洗)　　(8) 黄浦江(碱洗)　　(9) 黄浦江(氧化剂)

(10) 太湖(酸洗)　　(11) 太湖(碱洗)　　(12) 太湖(氧化剂)

图 7-57　化学清洗液的三维荧光响应

响应区域不同。青草沙的荧光响应较弱,其余的在不同荧光区域出现明显的峰值。对于 3 种清洗剂,碱洗的荧光响应最强,其次是酸洗,氧化剂的荧光响应最弱,表明碱洗洗脱有机物的效果优于酸洗。图 7-57 表明,太湖水碱洗的荧光响应在 E_x230/E_m330 以及 E_x270/E_m330 处响应非常强烈;三好坞水碱洗的荧光响应在 E_x230/E_m330 处响应强烈,虽然在 E_x270/E_m330 处也有响应,但较弱,此外,在富里酸和腐殖酸区域也有响应,富里酸的响应较为强烈;黄浦江水仅在富里酸和腐殖酸区域有较弱的响应;青草沙仅在蛋白质区域有微弱的响应,其余的区域没有响应。由此可见,4 种原水碱洗液的响应强度与图 7-49 的膜压差增加完全一致,说明碱洗液中的有机物是造成膜污染的主要因素。另外,蛋白质类是造成膜污染的主要有机物,其次是微生物降解产物。

7.3.5 膜污染的控制

膜污染的控制是膜研究和应用中最重要的课题之一,目前主要采用两条途径,一是开发抗污染的膜,二是采用预处理的方式。混凝、吸附和氧化是预处理的主要技术措施,它们的作用和机理如表 7-7 所示。

表 7-7　　　　　　　　各种预处理缓解膜污染的作用与机理

预处理	混凝	吸附	预氧化
物理机理	增加溶解性污染物的尺寸以提高过滤的效果	将小分子的污染物吸附到吸附剂上,使之大于膜孔径,通过膜截留,得到去除	大分子的有机物氧化成小分子
化学机理	使污染物脱稳,使之凝聚或吸附在矾花和膜表面上	为污染物吸附提供新的界面,以吸附不利于膜过滤性能的物质	氧化或分解部分有机物
目标污染物	病毒,腐殖酸,蛋白质,带酸性基团的多糖,尺寸小于膜孔的胶体	腐殖酸,小分子的天然有机酸,农药和其他合成有机物	病毒,有机污染物(臭氧预氧化)
防止膜污染的作用	降低胶体和有机污染	缓解或加重膜污染	缓解生物和有机物污染
优点	有效改善低压膜的过滤性能,较低的膜污染和较好的去除效果	提高消毒副产物和它们的前体物的去除效果	降低生物污染的发生,强化有机物的去除(臭氧氧化)
缺点	需要适当的投加量,但进水水质变化较大时,较难满足;可能加重膜污染;增加污泥量;无法缓解亲水有机物导致的膜污染	可能加重膜污染;难以从处理设备中去除粉末炭	会形成消毒副产物;会导致膜的损害;无法抑制某些耐氧化的细菌的生长

7.3.6　混凝预处理工艺

1. 混凝预处理工艺的机理

混凝作为膜的预处理工艺可以提高通量和达到去除有机物的效果。混凝所形成的矾花会吸附有机物,同时矾花在膜表面会形成松散的滤饼层,它会避免有机物与膜的直接接触,同时还会继续吸附有机物。混凝可有效去除大分子有机物,而大分子有机物是造成膜污染最主要的因素,因而混凝控制膜污染的效果非常显著。

混凝控制膜污染的机理是通过压缩双电层和中和等作用,降低污染物表面的 Zeta 电位,同时混凝水解产物矾花的尺寸增大,矾花在膜表面形成松软的滤饼层,从而降低了膜过滤阻力。矾花的尺寸越大,膜过滤阻力越小。矾花的尺寸与其 Zeta 电位有关。Zeta 电位越接近零,悬浮颗粒之间的排斥力越小,则矾花的尺寸越大。图 7-58 表明了混凝剂投加量与矾花大小以及 Zeta 电位之间的关系。

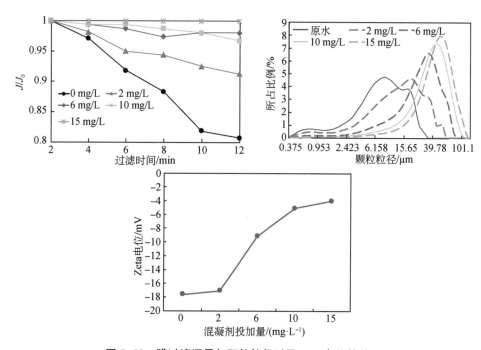

图 7-58　膜过滤通量与颗粒粒径以及 Zeta 电位的关系

2. 混凝预处理的几种模式

混凝作为预处理,有几种模式,如图 7-59 所示。最常见的是膜替代了砂滤,形成了混凝-沉淀-膜过滤的工艺。传统工艺的砂滤出水浊度很大程度上取决于混凝沉淀,因此,为了使出水浊度达标,要严格控制沉淀池出水的浊度。由于膜对浊度的绝对截留,无论进水的浊度高低,膜出水的浊度都不受影响。因此,将膜替代砂滤,沉淀的作用大为弱化,甚至可以取消,从而形成了混凝-膜过滤的工艺。沉淀工艺的取消可大大节省用地。如果更进一步,将絮凝环节略去,投加混凝剂后直接过膜,这种工艺被称为在线混凝(In line coagulation)。

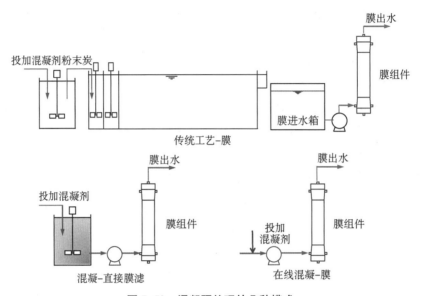

图 7-59 混凝预处理的几种模式

3. 混凝预处理试验

向原水中投加混凝剂,搅拌取其混凝液,然后沉淀后取其上清液,并将上清液通过砂滤后取其水样,将原水、混凝液、上清液以及砂滤液分别进行膜过滤试验并测定有机物含量,结果如图 7-60 所示。图 7-60(a)表明原水直接过滤情况下,通量下降严重;砂滤液的通量提升明显,上清液的通量得到进一步提升,混凝液的通量最大。图 7-60(b)表明混凝液去除有机物的效果最佳,其次为上清液,最差的为砂滤液。

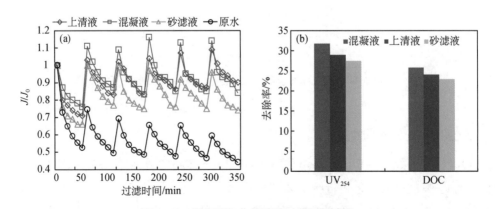

图 7-60 混凝液和上清液的过滤通量变化

投加混凝剂后,通量变化幅度增大,但对于上清液,通量变化幅度小。这表明矾花在膜表面形成的滤饼层松软,孔隙率较大,可压缩,因而富有弹性,过滤阻力小。反之,滤饼层密实,过滤阻力大。

图 7-61 为不同投加量的混凝液和上清液的通量变化。较高投加量的混凝液的通量明显高于上清液。

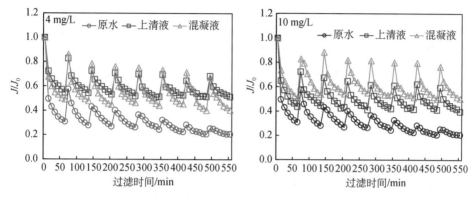

图 7-61　不同混凝投加量的通量变化

图 7-62 为混凝对不同组分的去除效果,可见混凝处理较直接过滤有机物去除明显提升。混凝去除强疏有机物的效果明显优于中性亲水。混凝上清液过滤截留几乎全是中性亲水有机物。这结果说明经混凝沉淀后,上清液残留较多的中性亲水有机物,膜过滤时,这些有机物为膜所截留,造成膜污染。

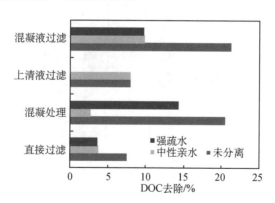

图 7-62　混凝过滤对不同组分的去除效果

图 7-63 为不同组分的有机物在混凝上清液和混凝液中的分布,以及它们经过膜出水的分子量变化情况。由图 7-63 可知,混凝对中性亲水有机物的去除效果很差,但经膜过滤后,大量的分子量小于 1 000 Da 的中性亲水有机物为膜所截留,而混凝液的中性亲水有机物也有较多被截留的。

图 7-64 表明,直接过滤主要去除分子量大于 30 kDa 以及小于 1 kDa 的有机物,无

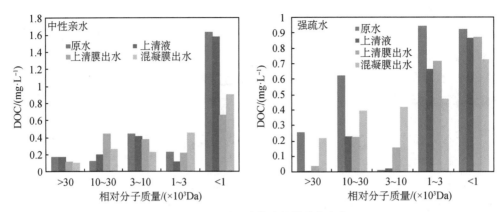

图 7-63　不同组分的分子量分布变化

论强疏还是中性亲水都有去除。直接过滤去除小于 1 kDa 的有机物应该是过滤形成的滤饼层所致。混凝主要去除的是分子量大于 10 kDa 的有机物,但对中性亲水有机物的去除效果差。混凝上清液过滤几乎截留的都是分子量小于 1 kDa 的中性亲水有机物,而混凝液过滤也对小于 1 kDa 的有机物有很好的去除效果。由此可知,中性亲水有机物是造成膜污染的主要因素。

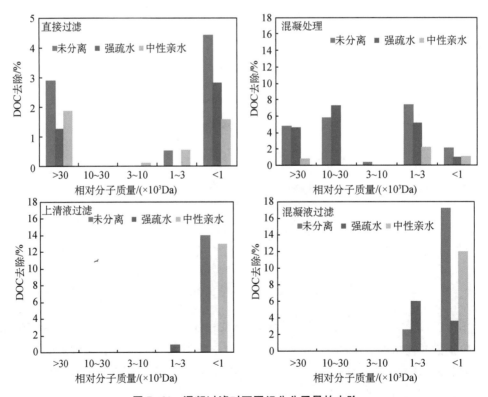

图 7-64　混凝过滤对不同组分分子量的去除

4. 不同预处理的中试试验

1）原水水质和试验方法

水源为一水塘水，主要水质指标如表 7-8 所示。试验期间的有机物浓度变化如图 7-65 所示。试验的工艺流程如图 7-66 所示。对水样进行了沉淀＋超滤膜、常规工艺＋超滤膜和在线混凝＋超滤膜的比较试验，前者将平流沉淀池出水作为超滤膜的进水，后者从水源取水，投加混凝剂后，直接进行膜过滤。混凝剂采用聚合氯化铝，投加量为 7.5 mg/L（以 Al_2O_3 计）。

试验用超滤膜为内压的中空纤维膜，材质为聚醚砜，膜面积为 46.5 m^2，截留分子量为 150 kDa，过滤周期为 30 min。

表 7-8　　　　　　　　　　　　　　　主要水质指标

水质指标	变化范围	平均值
水温/℃	4～30	18
浊度/NTU	14.2～98.8	35
pH 值	7.25～8.42	8.01
$COD_{Mn}/(mg \cdot L^{-1})$	6.14～7.89	6.67
氨氮/$(mg \cdot L^{-1})$	0.28～0.85	0.52
UV_{254}/cm^{-1}	0.085～0.147	0.106
$TOC/(mg \cdot L^{-1})$	3.59～7.39	5.29

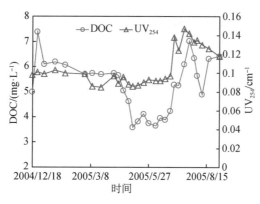

图 7-65　原水的有机物变化

2）常规工艺和混凝沉淀作为超滤预处理的膜压差变化

图 7-67(a)为以常规工艺的滤池出水作为超滤膜的进水的膜压差变化，可见在数小时内，膜压差上升非常迅速，无法稳定运行；当通量降低至 40 L/(m^2 · h)时，24 h 内的运行平稳。图 7-67(b)为以沉淀池出水作为超滤膜进水的膜压差变化，可见膜压差仍然增

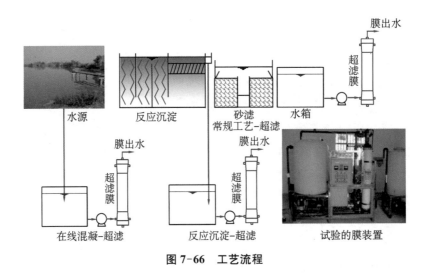

图 7-66 工艺流程

加迅速;当投加氯后,膜压差的增加变得平缓,但仍无法长期稳定运行。因此,无论是常规工艺或混凝沉淀作为超滤膜的预处理,均无法保证超滤膜的稳定运行。

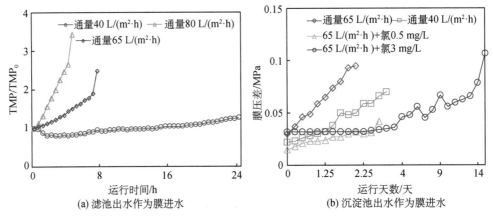

图 7-67 膜压差变化

3)在线混凝的膜压差变化

图 7-68 为聚合硫酸铝在不同投加量下的膜压差变化,可见膜压差增加幅度很小,运行 15 天的膜压差仅从 0.045 MPa 增加至 0.055 MPa。图 7-69 为聚合氯化铝 4 mg/L 并投加氧化剂时的膜压差变化。图 7-69 表明,次氯酸钠投加有助于稳定膜压差,但水温对膜压差的影响很大,水温下降时,膜压差明显上升,水温上升时,膜压差显著下降。投加高锰酸钾对膜压差造成了负面的影响,膜压差显著增加。

图 7-70 为在通量 62.5 L/(m² · h)下的不同混凝剂的膜压差变化。图 7-70 表明,聚合硫酸铁控制膜压差的效果明显优于聚合氯化铝。图 7-71 为运行更长时间内的聚合硫酸铁控制膜压差的效果,表明在运行近 100 天内,膜压差稳定在 0.02~0.05 MPa 内。

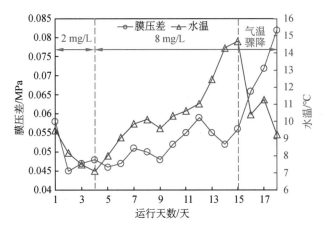

图 7-68　聚合氯化铝不同投加量的膜压差变化［通量 40 L/(m² · h)］

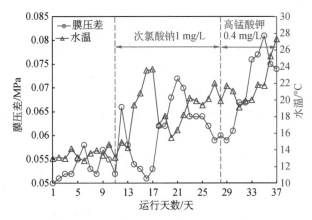

图 7-69　聚合氯化铝投加 4 mg/L 的膜压差变化［通量 40 L/(m² · h)］

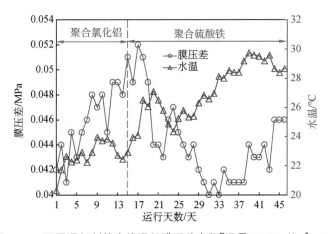

图 7-70　不同混凝剂的在线混凝膜压差变化［通量 62.5 L/(m² · h)］

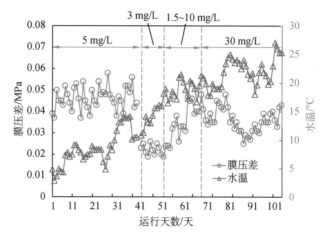

图 7-71　聚合硫酸铁作为混凝剂的在线混凝膜压差变化[通量 62.5 L/(m² · h)]

4）有机物的去除

常规工艺与超滤膜联用去除有机物的效果如图 7-72 所示。常规工艺去除 COD_{Mn} 的效果为 24%，超滤为 18%，总去除效果约为 43%，且出水浓度为 3.69 mg/L，未达到水质标准的要求。图 7-73 表明聚合硫酸铁作为混凝剂的在线混凝＋超滤去除效果明显优于常规＋超滤，聚合硫酸铁投加量 2.5 mg/L 的出水 COD_{Mn} 约为 3 mg/L，聚合硫酸铁投加量 5 mg/L 的可进一步降为 2.5 mg/L。聚合氯化铝去除有机物的效果略逊于聚合硫酸铁，但优于常规＋超滤工艺，如图 7-74 所示。它们之间去除有机物效果的比较如图 7-75 所示，表明在线混凝＋超滤去除 COD_{Mn} 的效果均优于常规＋超滤。

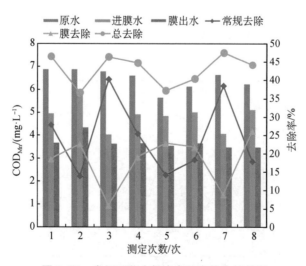

图 7-72　常规工艺＋超滤去除有机物的效果

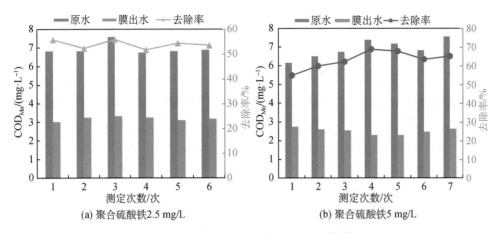

图 7-73　在线混凝＋超滤去除有机物的效果

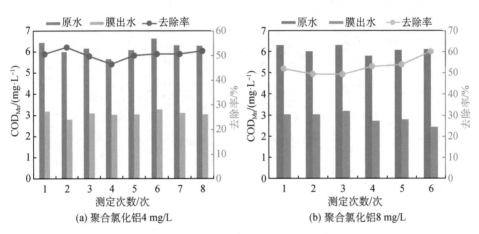

图 7-74　在线混凝＋超滤去除有机物的效果

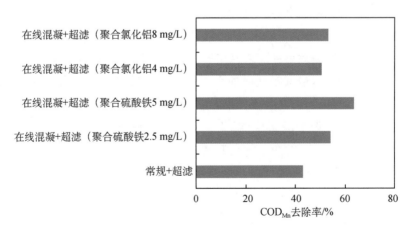

图 7-75　常规＋超滤和在线混凝＋超滤的去除有机物的比较

5. 混凝控制膜污染的机理

混凝缓解膜污染的机理如图7-76所示。在直接过滤情况下,亲水大分子有机物黏附在膜表面,形成污染层。反冲洗只能清洗部分的亲水大分子有机物,随着过滤的进行,膜表面积累了大量的亲水大分子有机物,造成严重的膜污染。混凝可有效去除疏水性有机物,无法去除的亲水性有机物特别是大分子有机物,会聚集在膜表面,造成膜污染。在线混凝的矾花在膜表面形成滤饼层,可截留或吸附包括亲水大分子的有机物,从而阻止有机物对膜的直接接触。反冲洗会将矾花连同这些有机物从膜表面清洗,从而有效控制膜污染。

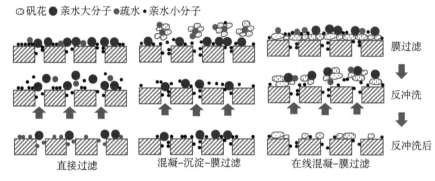

图7-76 混凝控制膜污染机理

7.3.7 吸附预处理工艺

1. 粉末炭预处理缓解膜污染的机理

最常用的吸附剂是活性炭,常用粉末炭与膜联用。粉末炭主要吸附小分子有机物,也会吸附部分的大分子,形成了粉末炭-有机物的复合体,为膜所截留,通过反冲洗从水中被移除。粉末炭缓解膜污染的效果存在争议,一些研究表明,粉末炭可有效缓解膜污染,但另外一些研究发现,粉末炭反而加重了膜污染。粉末炭是否缓解膜污染,很大程度上取决于粉末炭-有机物的复合体在膜表面形成的滤饼层的性质。一些研究认为,粉末炭会在膜表面形成松散的滤饼层,避免了有机物与膜的直接接触,从而控制了膜污染。但是,如果由于有机物的存在,使得粉末炭之间的结合更加紧密,滤饼层反而变得更加密实,反而会使膜污染更加严重。这与采用的膜以及处理的原水有机物的性质有密切的关系。

将不同吸附剂先预涂在膜表面后,分别进行过滤试验,它们的通量变化如图7-77所示。由图7-77可知,粉末炭的通量下降最为严重,甚至低于原水。沸石和高岭土的通量变化相似,硅藻土的通量最大。这结果表明,粉末炭对于通量的提升没有帮助,反而使膜污染更加严重;硅藻土控制膜污染的效果最好。这些吸附剂控制膜污染效果的好坏取决于它们的亲疏水性。粉末炭为典型的疏水性,而硅藻土的亲水性最好。因此,采用粉末炭控制膜污染的原因在于它能有效吸附有机物(图 7-78)。

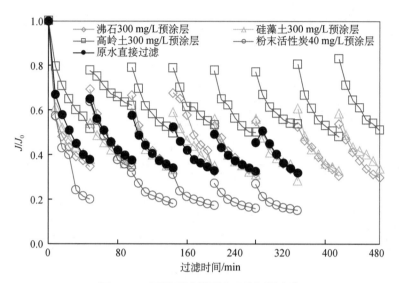

图 7-77 不同吸附剂预涂层的通量变化

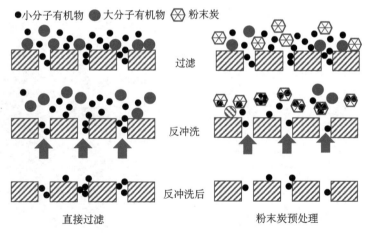

图 7-78 粉末炭预处理缓解膜污染的机理

2. 粉末炭与微滤膜联用处理试验装置和试验方法

微滤膜采用中空纤维膜,膜孔径为 $0.02\,\mu m$,膜面积为 $0.16\,m^2$,膜材料为聚偏氟乙烯,外压式。试验采用 4 种原水,它们的主要水质指标如表 7-9 所示。粉末炭采用两种,S 炭和 M 炭。S 炭为煤质炭,M 炭为木质炭。两种炭的性能如表 7-10 所示。试验装置如图 7-79 所示。

表 7-9 试验的原水水质

水源	三好坞	青草沙	黄浦江	太湖
水源类型	校内河	水库水	江水	高藻水
浊度/NTU	6.2	17.6	40.9	44.6
UV_{254}/cm^{-1}	0.073	0.037	0.105	0.1
$TOC/(mg \cdot L^{-1})$	3.305	1.919	4.468	5.936
$SUVA/(L \cdot mg^{-1} \cdot m^{-1})$	2.209	1.928	2.35	1.685
碳水化合物与蛋白质/$(mgC \cdot L^{-1})$	2.462	0.501	2.073	2.681

表 7-10 粉末炭的性能

炭种类	D50 /μm	比表面积 /$(m^2 \cdot g^{-1})$	孔容积(cm^3/g)			
			微孔 1.7 nm<w< 2 nm	中孔 2 nm<w< 10 nm	中孔 10 nm<w< 25 nm	中孔 25 nm<w< 50 nm
S 炭	28.295	620.59	0.046 0	0.245 4	0.070 0	0.020 2
M 炭	31.415	1 536.51	0.128 9	0.659 8	0.256 5	0.042 1

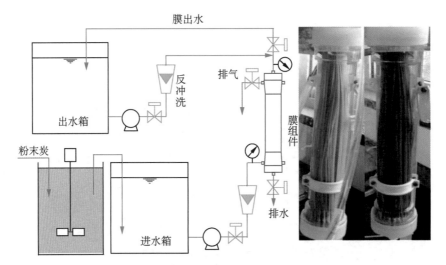

图 7-79 粉末炭-膜试验装置

3. 无反冲洗试验

1) 粉末炭对膜污染的控制作用

图 7-80 为粉末炭对膜压差的缓解效果。图 7-80(a)表明,投加粉末炭后,膜压差非

但没有下降,增加的幅度反而更明显。图 7-80(b)为用 1 μm 微滤膜将粉末炭过滤后再进行过滤试验。由此可以看到,膜压差相比于原水有所下降,这说明粉末炭是有助于控制膜污染的。图 7-81 为粉末炭在纯水中过滤的膜压差,可见粉末炭虽也会产生过滤阻力,但并不会随着过滤时间而增加,说明粉末炭本身并不会对膜造成污染。因此,图 7-80(a)的现象可以解释为有机物作为一种黏合剂与粉末炭形成粉末炭-有机物的复合体,这种复合体在膜表面形成的滤饼层所造成的过滤阻力较之于原水更大。

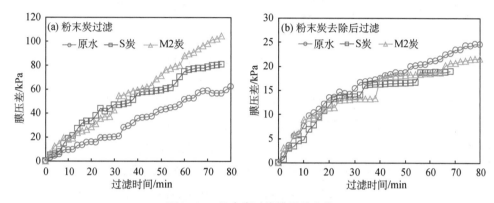

图 7-80　粉末炭过滤膜压差变化

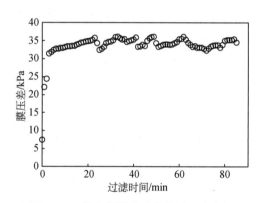

图 7-81　粉末炭纯水过滤的膜压差变化

2) 分子量分布的变化

图 7-82 为粉末炭与膜联用的分子量分布的变化。图 7-82 表明粉末炭只能去除很少的大分子有机物,但对小分子有机物有一定的去除效果。膜直接过滤原水,几乎可以去除所有的大分子有机物,但对小分子有机物的去除非常有限。粉末炭与膜的联用结合了膜和粉末炭的优点,既可去除大分子有机物,还强化了小分子有机物的去除。

图 7-83 为粉末炭与膜联用的不同组分的分子量分布的变化。图 7-83 表明,强疏和中亲组分在百万分子量处有明显的响应,但弱疏和极亲没有任何响应。单独的膜过滤可去除强疏和中亲的大分子,但对它们的小分子几乎没有截留作用。由图 7-83 还可

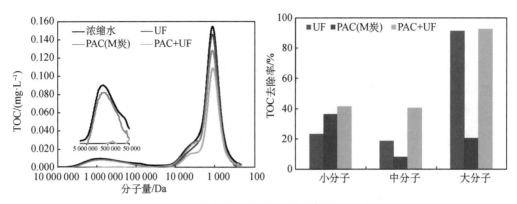

图 7-82　粉末炭和膜联用的分子量分布变化

以看出,粉末炭去除强疏组分的效果明显优于中亲。原水的大分子的分子量在百万级,这样的尺寸无法进入粉末炭的孔径内部。粉末炭去除强疏的大分子有很好的效果,但去除中亲的大分子的效果有限,这可解释为粉末炭的表面为疏水性,更容易吸附疏水有机物。这些疏水性大分子无法进入膜孔径,吸附在粉末炭的表面。图 7-83 还显示粉末炭对小分子的强疏有机物有较好的去除效果,它与膜的联用强化了去除效果;粉末炭对中亲小分子几乎没有去除效果。

由此可见,粉末炭对疏水性大分子有亲和力,容易吸附在其表面,由此形成了疏水大分子-粉末炭的复合体,增加了膜的过滤阻力。

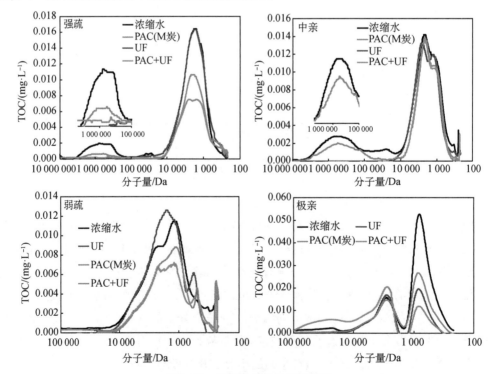

图 7-83　不同组分的分子量变化

4. 有反冲洗的试验

1）膜压差的变化

投加粉末炭的膜压差变化如图 7-84 所示。由图 7-84 可知,在运行的最初几个周期,投加粉末炭对降低膜压差的效果并不明显,但随着过滤的进行,投加粉末炭的膜压差增加明显低于原水,同时 M 炭的效果优于 S 炭。

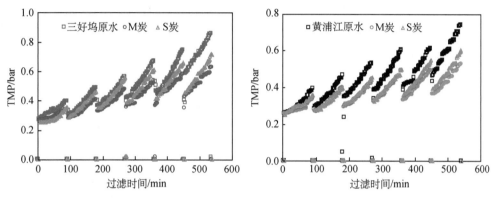

图 7-84　膜压差的变化

2）粉末炭控制阻力的效果

投加粉末炭对膜污染各阻力的减缓效果如图 7-85 所示。由图 7-85 可知,对于试验的两种原水,投加粉末炭有助于降低过滤阻力;粉末炭降低不可逆阻力(R_f)的效果明显优于可逆阻力(R_c);M 炭的效果明显优于 S 炭。

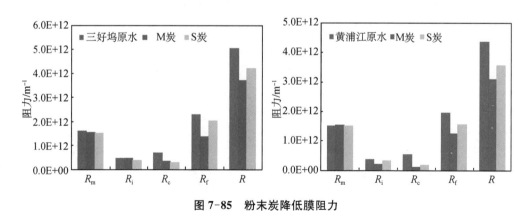

图 7-85　粉末炭降低膜阻力

可逆和不可逆阻力随着过滤周期变化情况如图 7-86 所示。由此可知,可逆阻力随着过滤周期初期呈增加趋势,但过滤至第 4 周期时,可逆阻力反而降低。无论是原水还是投加粉末炭均呈相似的趋势。对于不可逆阻力,随着过滤的进行,始终保持增加趋势,投加粉末炭明显减缓了增加,同时 M 炭的效果明显优于 S 炭。图 7-86 还表明,在过滤初期,投加粉末炭降低不可逆阻力的效果非常有限,但随着过滤的进行,控制膜污染的效果变得显著。

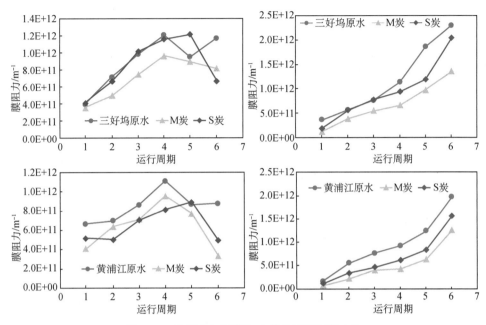

图 7-86 可逆和不可逆阻力随着过滤周期变化

3）分子量的变化

粉末炭去除有机物分子量的效果如图 7-87 所示。由图 7-87 可见，直接过滤仅可有效去除大分子，而对小分子的去除效果差。投加粉末炭明显强化了小分子的去除，同时对中分子也有很好的去除效果。图 7-87 还表明，M 炭去除中小分子量的效果明显优于 S 炭。

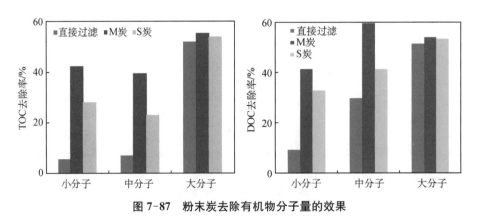

图 7-87 粉末炭去除有机物分子量的效果

5. 药剂清洗液的分析

1）分子量

化学清洗液的分子量分布如图 7-88～图 7-93 所示。由图 7-88 可见，投加粉末炭的酸洗清洗液的分子量主要分布在中分子和小分子。图 7-89 表明碱洗液的分子量在中分子和大分子有明显的响应。图 7-90 为直接过滤的清洗液分子量分布,其分布的区域与粉末炭预处理的相似,但碱洗的大分子的响应强度明显不如粉末炭处理,而小分子的响应强度较强,表明粉末炭预处理的清洗液中存在大量的大分子,但小分子低于直接过滤。之所以有较多的大分子可以解释为粉末炭吸附了大量的大分子如疏水性,而许多的粉末炭经反冲洗后仍然残留在膜表面。结合图 7-83 的膜压差变化,可以认为粉末

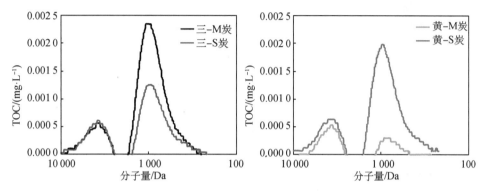

图 7-88　投加粉末炭酸洗液的分子量分布

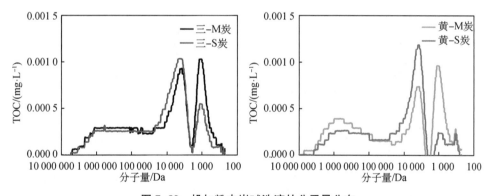

图 7-89　投加粉末炭碱洗液的分子量分布

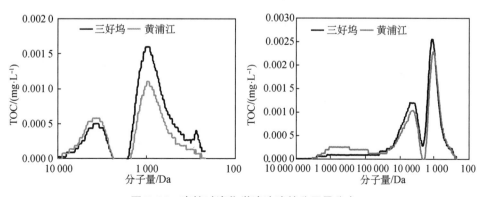

图 7-90　直接过滤化学清洗液的分子量分布

炭降低膜污染的原理是将许多的大分子吸附,形成粉末炭-有机物复合物,避免了这些有机物与膜直接接触。因此,虽然直接过滤的化学清洗水中的大分子有机物低于粉末炭处理,但这些有机物直接与膜接触,由此造成的膜污染更严重。

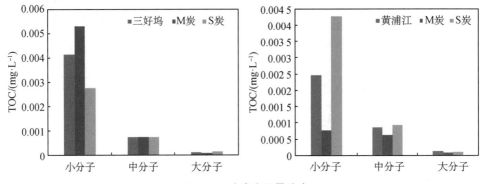

图 7-91　酸洗分子量分布

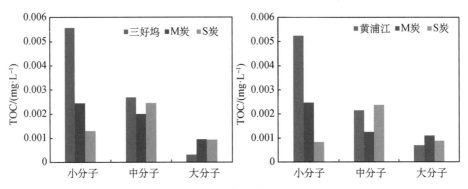

图 7-92　碱洗分子量分布

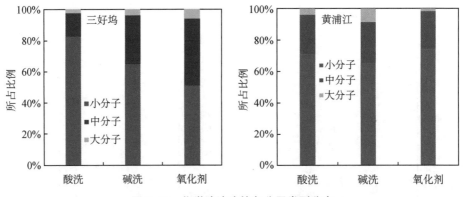

图 7-93　化学清洗液的各分子类型分布

2) 三维荧光

粉末炭处理的化学清洗液的三维荧光如图 7-94 所示,它们的荧光响应与直接过滤

（图 7-95）相比，响应强度大为降低，区域大为减小。

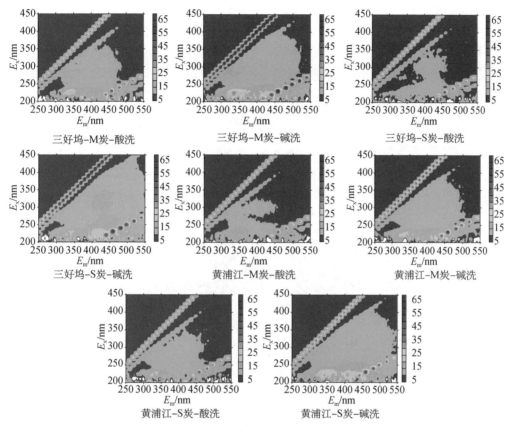

图 7-94　化学清洗液的三维荧光（粉末炭处理）

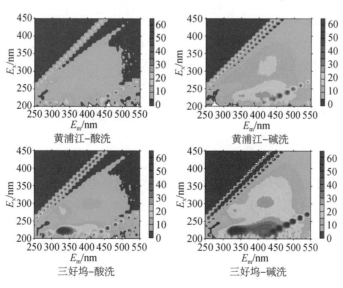

图 7-95　化学清洗液的三维荧光（直接过滤）

6. 粉末炭控制膜污染的机理

粉末炭控制膜污染的机理如图 7-96 所示。粉末炭容易吸附水中的疏水性大分子，与其在膜表面形成滤饼层，造成可逆阻力。小分子有机物进入膜孔径，导致了不可逆阻力。这种疏水有机物-粉末炭层较为紧密，所产生的阻力大于原水，因而导致投加粉末炭后的阻力反而高于原水过滤。过滤时，滤饼层中的粉末炭会继续吸附小分子有机物，降低了不可逆阻力。反冲洗可将滤饼层冲散，导致可逆阻力下降。

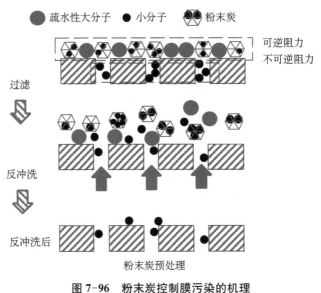

图 7-96　粉末炭控制膜污染的机理

7.3.8　氧化预处理

1. 氧化剂控制膜压差的效果

在膜前投加氧化剂也可控制膜污染。常用的氧化剂是氯、高锰酸钾和臭氧。

采用聚偏氟乙烯中空纤维膜，膜孔径 $0.03~\mu m$，膜过滤面积 $0.003~m^2$，外压式过滤，膜通量 $60~L/(m^2 \cdot h)$，过滤时间 65 min。原水的 DOC 为 8.542 mg/L，UV_{254} 为 0.093 cm^{-1}。

图 7-97 为三种氧化剂控制膜压差的效果。采用 TMP/TMP_0 表征膜压差，TMP 为过滤任何时间的膜压差，TMP_0 为过滤初始时的膜压差。任何工况下的初始压差均为 1，容易进行比较分析。图 7-97 表明，直接过滤原水时，膜压差上升迅速，过滤结束时可达 2.2。投加 1 mg/L 的氯控制膜压差效果有限，过滤结束时为 2.0。高锰酸钾缓解膜压差的效果明显，仅投加 0.5 mg/L 可将 TMP/TMP_0 降至 1.3，但继续增加投加量至 1 mg/L 反而导致膜压差增至 1.9。臭氧控制膜污染的效果非常显著，投加 1 mg/L 可将压差降至 1.7，继续增加投加 2 mg/L 压差可降至 1.4。

三种氧化剂对分子量分布的影响如图 7-98 所示。图 7-98 表明三种氧化剂投加后

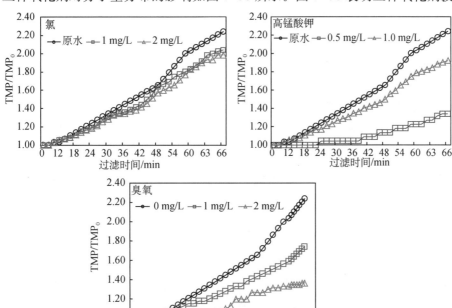

图 7-97　不同氧化剂缓解膜压差的效果

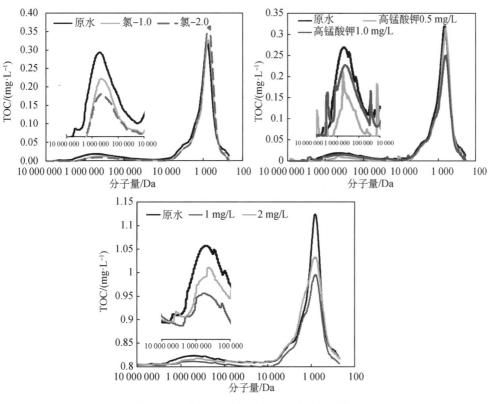

图 7-98　不同氧化剂的分子量分布的变化

的分子量分布变化的共同特征是大分子均有不同程度的下降。投加高锰酸钾0.5 mg/L 的大分子下降明显,但投加高锰酸钾 1 mg/L 后的大分子较之高锰酸钾0.5 mg/L 的投加反而增加,这与膜压差的变化完全相符,说明膜压差的变化与大分子有机物的增减有密切的关系。

2. 氧化剂与混凝剂联用控制膜污染的效果

氧化剂与混凝剂联用控制膜压差的效果如图 7-99 所示。混凝剂与氧化剂的联用均显示出很好地控制膜压差的效果。当臭氧投加 1 mg/L 时,同时投加混凝剂 10 mg/L可将膜压差从 1.7 降至 1.28,但继续投加混凝剂至 20 mg/L 却没有导致膜压差进一步下降。对于氯,1 mg/L 的氯与 10 mg/L 的混凝剂联用,膜压差为 1.4,较之单独投加氯的 2.0,控制膜压差效果显著;进一步将混凝剂投加量增至 30 mg/L,膜压差进一步降至1.2。

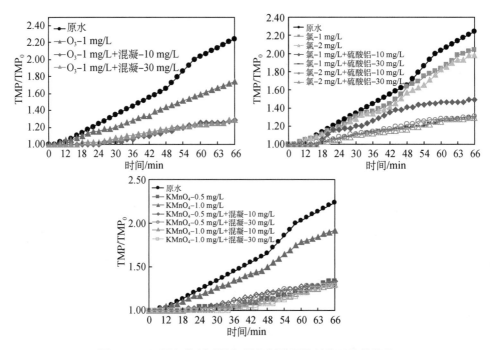

图 7-99　不同氧化剂以及与混凝剂联用控制膜压差的效果

预氧化与混凝联用对分子量分布的影响如图 7-100 所示。图 7-100 表明,氯与混凝联用后,大分子的去除明显强化,此外,高锰酸钾和臭氧与混凝的联用均强化了大分子的去除。因此,氧化和混凝的联用有助于强化膜污染的控制。

图 7-101 为不同分子量与膜压差的关系,可见大分子有机物与膜压差有较为密切的关系,而中分子和小分子与膜压差的相关性较弱。

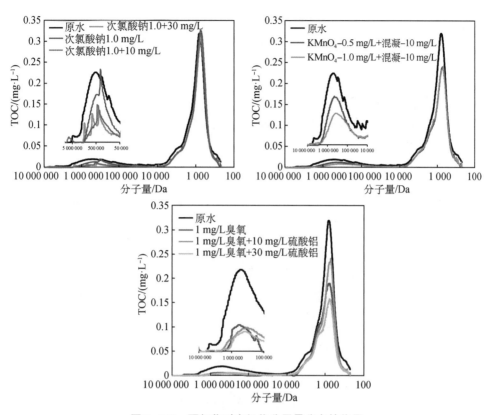

图 7-100　预氧化对有机物分子量分布的作用

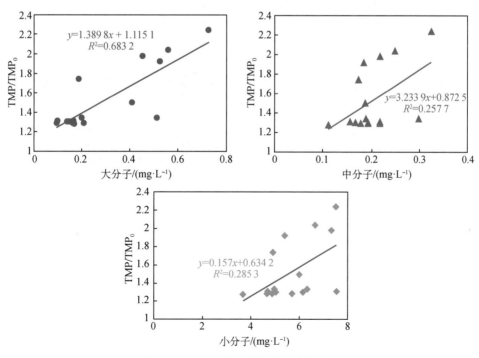

图 7-101　不同分子量与膜压差的关系

7.3.9 氧化–混凝–微滤膜处理黄浦江水的中试试验

1. 工艺流程和原水水质

中试试验的工艺流程如图 7-102 所示,试验现场主要装置如图 7-103 所示。原水取自黄浦江的闵行段,水质如表 7-11 所示。处理水量为 0.6 m³/h。混凝采用机械搅拌,絮凝时间为 15 min,沉淀采用斜管沉淀。臭氧以空气作为气源,接触时间为 18 min。

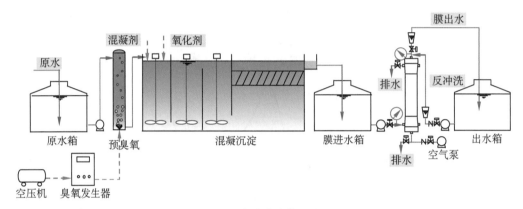

图 7-102 中试试验的工艺流程

膜采用 PVDF 的中空纤维膜,膜孔径 0.1 μm,膜面积 7 m²,过滤方式为外压终端过滤。运行周期 25 min,实际过滤时间 20 min。膜的反冲洗采用水冲和气冲,反冲洗时投加次氯酸钠,投加量为 20 mg/L。

图 7-103 试验现场

表 7-11 试验期间的原水水质

水质指标	变化范围	平均
水温/℃	5～34	27
pH 值	7.2～7.7	7.34
浊度/NTU	21.1～182	56

续表

水质指标	变化范围	平均
TOC/(mg·L^{-1})	5.5~7.0	6.0
铁/(mg·L^{-1})	0.66~3.39	1.9
锰/(mg·L^{-1})	0.07~0.37	0.21
UV$_{254}$/cm^{-1}	0.181~0.298	0.239
COD$_{Mn}$/(mg·L^{-1})	4.35~8.02	6.3

2. 次氯酸钠预氧化

在混凝剂投加量 20 mg/L，次氯酸钠投加 1.5 mg/L 时，不同通量下的膜压差变化如图 7-104 所示。图 7-104 表明，通量为 65 L/(m²·h) 时，微滤膜可运行近 2 个月，膜压差才达到 0.15 MPa；而当通量增至 85 L/(m²·h) 时，仅运行 20 天，膜压差就达到了 0.15 MPa。

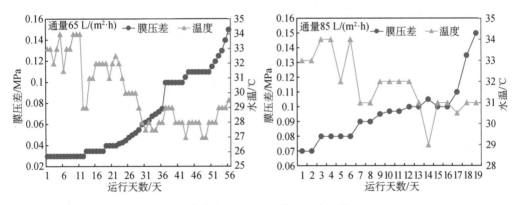

图 7-104　膜通量对膜压差的影响

不同工艺去除各种污染物的效果如图 7-105 所示。COD$_{Mn}$ 和 TOC 的去除分别为 51% 和 37%，其中的预处理分别为 48% 和 38%，膜处理分别为 3% 和 -0.98%。由此可见，有机物的去除主要为预处理所贡献。铁和锰的去除分别为 95% 和 56%，其中的预处理分别为 90% 和 30%，膜处理分别为 5% 和 26%。可见铁主要在预处理阶段完成，而预处理虽然也去除了部分的锰，但仍有部分的锰为膜所截留。这是由于铁较锰更容易被氧化成三价铁，形成难溶的絮体，在混凝沉淀中得到去除。UV$_{254}$ 的去除也主要在预处理阶段，膜仅能去除少量。

消毒副产物的去除如图 7-106 所示。由图 7-106 可见，膜非但不能去除消毒副产物，反而会造成它们的增加。消毒副产物的去除全部依靠预处理。

3. 高锰酸钾预氧化

投加混凝剂 20 mg/L，分别投加高锰酸钾 0.3 mg/L、0.5 mg/L 和 1 mg/L，它们的

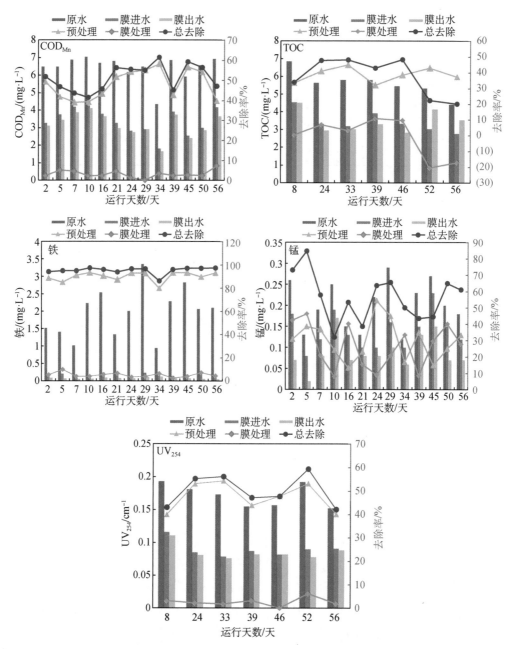

图 7-105　不同工艺去除各种污染物的效果

膜压差变化如图 7-107 所示。图 7-107 表明,投加 0.3 mg/L 或 0.5 mg/L,膜压差的变化较为相似,均在 14 天时压差达到 0.15 MPa;但投加 1 mg/L 时,膜压差的增加变得剧烈,仅运行 9 天就达到了 0.15 MPa,这结果表明高锰酸钾的投加量在 0.3 mg/L 或 0.5 mg/L 较为适宜。投加较多的锰反而使控制膜污染的效果变差,可能是锰也是造成膜污染的因素的缘故。

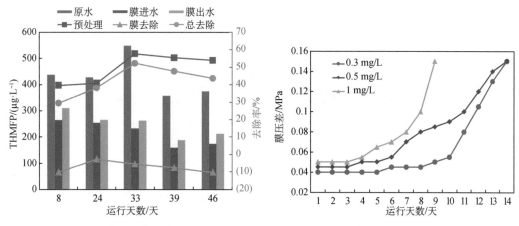

图 7-106　去除消毒副产物的效果　　　图 7-107　不同高锰酸钾投加量对膜压差的影响

高锰酸钾投加量去除污染物的效果如图 7-108 所示。对于 TOC 和 UV_{254} 的去除，投加量越大，去除率越高，且去除主要发生在预处理阶段。高锰酸钾去除铁的效果非常好，超过 90%，但去除 Mn^{2+} 的效果较差。

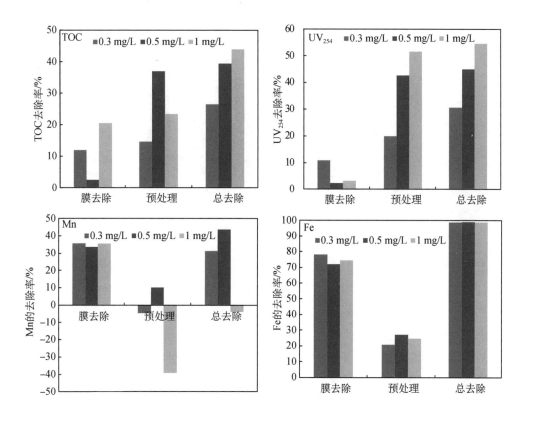

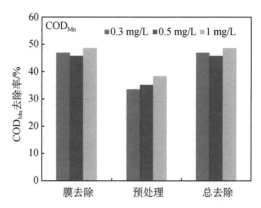

图 7-108　高锰酸钾投加量对污染物去除的影响

从图 7-109 可以看出，运行一段时间后，三种不同高锰酸钾投量的工况都表现出 Mn 的去除率的提高。高锰酸钾除 Mn 的反应如下：

$$3Mn^{2+} + 2KMnO_4 + 2H_2O \longrightarrow 5MnO_2 + 2K^+ + 4H^+ \tag{7-20}$$

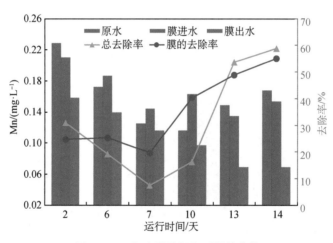

图 7-109　锰去除随运行时间的变化

上述反应是一个以 MnO_2 为催化剂的自催化氧化的反应，高锰酸钾的氧化速度较慢，所以当运行一段时间后，生成了 MnO_2 一定量时，除 Mn 的效果才会变好。

三种不同高锰酸钾投量的运行工况对 Fe 的去除效果均较好，高锰酸钾和混凝剂对原水中 Fe 的去除率已有 85% 以上，进膜水的 Fe 浓度均在 0.3 mg/L 以下，可见少量的高锰酸钾就能去除大部分的 Fe。这是由于高锰酸钾的氧化作用将溶解性的低价铁转化为高价态的 $Fe(OH)_3$ 沉淀，在水中以胶体或絮凝体形式存在，通过沉淀得到去除，减轻了后续膜处理的负担，也降低了 Fe 对膜的污染，过滤后出水 Fe 浓度均在 0.1 mg/L 左右。

Mn 的去除随着运行时间的变化如图 7-109 所示。图 7-109 表明，运行初始的 Mn

去除较低,仅为 20% 左右;当运行时间超过 7 天后,Mn 的去除率明显上升,运行两周后的去除率可达 60%。Mn 的氧化速度较慢,且氧化产生的 MnO_2 以及中间产物的絮状体较小,不易沉淀,因而主要依靠膜截留去除。

4. 臭氧预氧化

混凝剂投加 20 mg/L,臭氧投加量变化去除有机物的效果如图 7-110 所示。图 7-110 表明,臭氧投加量为 0.5 mg/L 时 COD_{Mn} 的去除效果最好,因而将 0.5 mg/L 作为后续试验时臭氧的投加量。

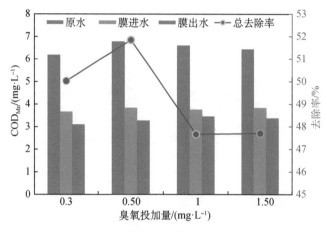

图 7-110　臭氧投加量去除 COD_{Mn} 的效果

图 7-111 为混凝投加 20 mg/L 时,投加臭氧和不投加的情况下,膜压差变化的比较。由图 7-111 可见,投加臭氧 0.5 mg/L 的膜压差基本保持不变,稳定运行 11 天;一旦停止投加臭氧,膜压差迅速上升,在 5 天时间内从 0.04 MPa 升至 0.09 MPa;此后恢复投加臭氧,膜压差下降。

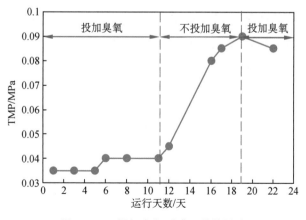

图 7-111　投加臭氧对膜压差的影响

在混凝剂投加 20 mg/L, 臭氧投加 0.5 mg/L 的情况下, 在不同水温下的膜压差变化如图 7-112 所示。图 7-112(a)表明, 随着水温从十几摄氏度降至 10℃以下, 膜压差迅速上升, 运行仅 15 天的膜压差超过了 0.15 MPa; 图 7-112(b)表明, 当水温从十几摄氏度增加至二十几摄氏度时, 膜压差的上升缓慢而均匀, 到达 0.15 MPa 的运行时间超过 1 个月, 是低温下的 2 倍。由此可见, 水温对膜压差的影响甚大。

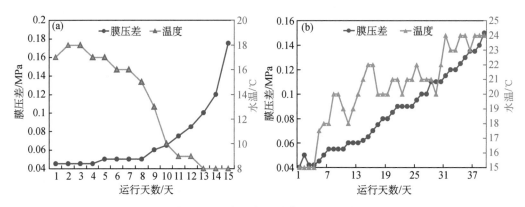

图 7-112　水温变化对膜压差的影响

去除各种污染物的效果如图 7-113 所示。COD_{Mn} 的去除率可达 51%, 其中预处理去除率 37%, 膜去除的去除率 14%, 膜出水 COD_{Mn} 的平均值为 3.04 mg/L。TOC 和 UV_{254} 的去除率分别为 44% 和 45%, 它们对应的预处理去除率和膜处理去除率分别为 26%、40% 和 17%、4%。虽然二者的总去除率大致相似, 但 TOC 的去除由预处理和膜处理共同承担, 而 UV_{254} 的去除主要由预处理贡献。

铁和锰的去除率分别为 97% 和 67%, 它们对应的预处理去除率和膜处理去除率分别为 72%、23% 和 25%、43%。出水值均低于 0.1 mg/L。由此可见, 工艺去除铁的效果优于锰, 同时铁的去除主要由预处理贡献, 而锰的去除主要由膜处理贡献。

与投加次氯酸钠和高锰酸钾的联用工艺相比, 膜对 Fe 的贡献率是最高的。这主要是由于臭氧具有很强的氧化性, 能将更多的离子态 Fe 氧化成不溶性的 Fe。这些不溶性的 Fe 为后续的膜截留去除, 从而提高了膜对 Fe 的去除率。

由于 Mn 的氧化还原电位比 Fe 低, 因而在 Fe 和 Mn 共存时, Fe 优先得以去除, 而 Mn 较难去除。对于 Mn 的去除, 臭氧所起的作用比 Fe 的去除要更大些, 臭氧的强氧化性使 Mn 的氧化更充分, 从而生成更多的 Mn 氧化颗粒被膜所截留。

臭氧氧化 Fe 的反应如下:

$$2Fe^{2+} + O_3 + 3H_2O \longrightarrow 2Fe(OH)_3 \qquad (7-21)$$

由上述反应式可知, 臭氧可将水中的 Fe^{2+} 氧化成 Fe^{3+}, 使溶解性的 Fe 变成固态物质, 在沉淀或过滤过程中去除。

臭氧氧化 Mn 的反应如下:

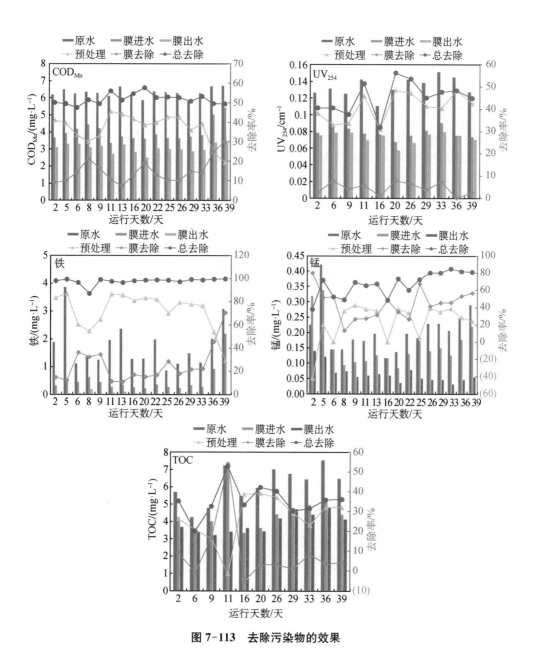

图 7-113　去除污染物的效果

$$Mn^{2+} + O_3 + H_2O \longrightarrow MnO_2 + 2H^+ + O_2 \text{（投加适量）} \tag{7-22}$$

$$6Mn^{2+} + 5O_3 + 9H_2O \longrightarrow 6MnO_4^- + 18H^+ \text{（投加过量）} \tag{7-23}$$

由上述反应式可知,臭氧可将 Mn 氧化成 MnO_2 絮体沉淀或被膜截留去除。但过量的臭氧会使 Mn 成为完全溶于水且具有毒性的过锰酸根离子,进入管道后缓慢还原成 $Mn(OH)_4$ 而形成 MnO_2 沉积,因此臭氧的投加量要考虑到 Fe 与 Mn 等的含量。试验分析了臭氧投加前后水中 Mn 形态的变化,结果表明原水的溶解性 Mn 的浓度占总 Mn 的 55%～70%,当投加臭氧量为 0.5 mg/L 时,沉淀出水中溶解性 Mn 只占 30%左右,而当臭氧投量增至 1.2 mg/L 时,沉淀出水中溶解性 Mn 则占 80％以上,所以考虑除 Mn 的效果应控制臭氧投量在 1.0 mg/L 以下。

5.三种氧化剂的比较

由图 7-114 三种氧化剂的膜压差变化情况可知,NaClO 控制膜压差的效果最好,其次是 O₃,最差是 KMnO₄。图 7-115 为三种氧化剂去除污染物的效果。对于 COD_{Mn} 的去除,NaClO 和 O₃ 的效果相似,KMnO₄ 的效果较差。三种氧化剂的去除主要为预处理所贡献,此外,臭氧和 KMnO₄ 在膜处理中还有一定的去除,而 NaClO 则去除很少。对于 TOC 的去除,其情况与 COD_{Mn} 的去除大致相似。这说明投加 NaClO 时,有机物的去除主要为预处理所贡献,膜截留较少的有机物;对于 O₃ 和 KMnO₄,虽然预处理也去除了部分的有机物,但膜还截留了一定的有机物,这是造成 O₃ 和 KMnO₄ 在膜污染比 NaClO 严重的原因。对于 Fe 的去除,三种氧化剂的效果相似,它们的区别在于在预处理方面,NaClO 去除效果最好,其次为 O₃,最差的为 KMnO₄,这造成了后续的膜处理的效果顺序正好与之相反。换言之,预处理无法去除的由后续的膜处理完成。Mn 的去除与 Fe 的大致相似。由此可见,对于 O₃ 和 KMnO₄,许多的 Fe 和 Mn 被膜截留,这造成了大量的 Fe 和 Mn 累积在膜内,造成严重的膜污染。

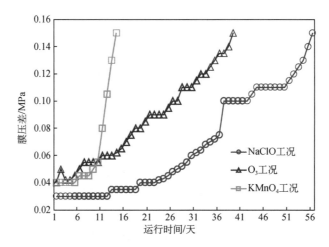

图 7-114　不同氧化剂的膜压差变化比较

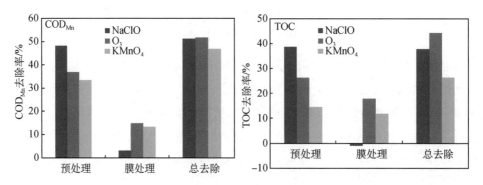

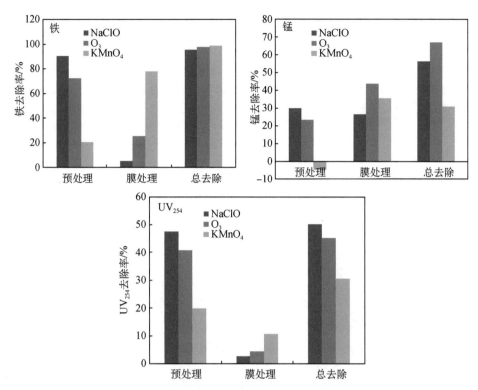

图 7-115　三种氧化剂作为预处理去除各种污染物的效果比较

6. 反冲洗和药剂清洗

1）反冲洗

膜污染的控制主要有水力反冲洗和药剂清洗。过滤周期结束后进行反冲洗,反冲洗包括水洗和气洗,首先进行水洗,反冲洗水由反冲洗泵注入膜的中空纤维内部,由膜内向膜外进行反冲,历时 1 min。然后进行气洗,空气进入膜柱内,对膜外表面进行擦洗,历时 2 min。分别对一个反冲洗过程的水洗排放水和气洗排放水取样进行常规分析,不同时间间隔取样,分析结果取平均值如表 7-12 所示。

表 7-12　　　　　　　　　　　　反冲洗水样分析结果

控制方法	浊度/NTU	$COD_{Mn}/(mg \cdot L^{-1})$	$Fe/(mg \cdot L^{-1})$	$Mn/(mg \cdot L^{-1})$
水洗	1.38	3.11	0.13	0.13
气洗	150.5	11.43	2.64	0.25

表 7-12 表明,气冲洗洗脱污染物的效果远优于水力冲洗。

2）药剂清洗

当膜压差达到 0.15 MPa 时,停止运行并进行膜的药剂清洗。先用 1% 浓度的草酸正洗循环 2 小时后,再用纯水清洗;然后用 5 000 mg/L 浓度的次氯酸钠正洗循环 2 小

361

时,再用纯水清洗。草酸清洗后的膜压差从 0.15 MPa 降至 0.08 MPa,膜压差恢复了 64%;NaClO 清洗后的膜压差降至 0.04 MPa,恢复到运行初期的水平。

图 7-116 为药剂清洗水的有机物和高价阳离子的分析结果。图 7-116(a)表明,清洗液中的 TOC 浓度非常高,其中的 NaClO 为最高,其次为高锰酸钾和臭氧,说明有机物仍然是污染膜的主要因素。

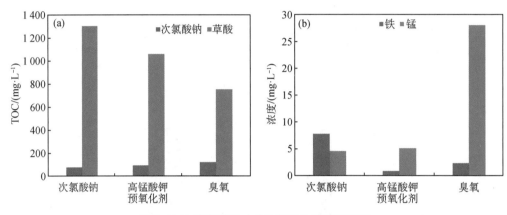

图 7-116　药剂清洗水的有机物和高价阳离子

如果考虑到不同氧化剂的运行天数,可得每天膜累积的有机物和铁、锰的量,如图 7-117 所示。图 7-117 表明,每天累积在膜上的有机物最高的是高锰酸钾,其次是次氯酸钠和臭氧;锰最高的是臭氧,其次为高锰酸钾和次氯酸钠。由于铁的含量大大低于锰,可以认为铁不是污染膜的主要因素。虽然次氯酸钠的 TOC 含量位居第二(但与位居第三的臭氧相差无几),但考虑到锰的含量最低,因此综合考量有机物和锰的每天累积的量,高锰酸钾无疑是污染最严重的,其次为臭氧和次氯酸钠。这个顺序与膜压差的增加速度完全一致。因此可以认为,膜污染是有机物和锰的共同作用产生的。

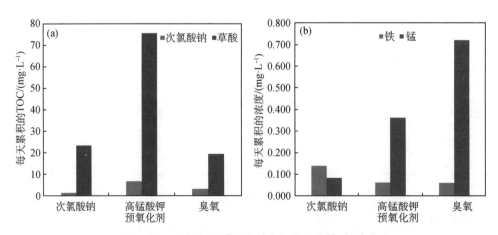

图 7-117　运行每天膜累积的有机物以及铁、锰浓度

7.4　膜的小试、中试和现场试验

7.4.1　膜的小试

小试的目的是考察膜的性能和膜对原水的过滤性能。不同于活性炭吸附或混凝试验,膜小试后仍无法完全确定膜的过滤性能。但通过小试的结果,可从某种程度上了解膜的过滤性能。

小试通常采用过滤罐装置,使用平板膜,过滤模式为等压变通量。这种试验是间歇性的,无法连续过滤试验,同时无法进行反冲洗,因而无法反映实际运行所遇到的问题,更无法确定运行参数了。

小试也可以通过试制装置,采用特制的小型中空纤维膜,来实现长时间的连续运行、自动反冲洗以及等通量变压力的过滤模式。但是,小型膜组件与实际应用的商业膜组件,污染效果是不同的。小试装置如图 7-118 所示。

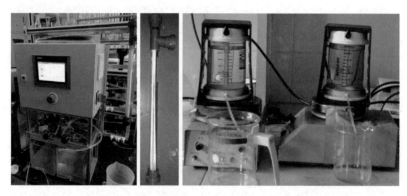

图 7-118　实验室膜小试的装置以及小型膜组件

7.4.2　膜的中试和现场试验

膜处理水厂的设计不同于常规水厂,工艺参数的确定往往要依靠试验结果。因此,在设计膜处理水厂时,必须进行中试或现场试验,获取设计所需的工艺参数以及确定膜组件和工艺流程。中试和现场试验前要了解原水水质,处理水水质要求,中试和现场试验的目的是确定是否需要预处理以及获取工艺运行参数。

低压膜的预处理通常采用混凝、吸附和氧化。纳滤膜的预处理通常需要常规工艺以及低压膜。

有机污染物是水处理的去除对象。有机物可用 TOC/DOC 和 UV_{254} 等表示,这些有机物指标能很好地反映原水的水质。有机物与膜通量下降密切相关,应经常进行检测。膜去除有机物的效果下降表明膜性能的劣化。

膜的污染物随着膜材质的不同而不同。近年来的研究表明,造成超滤膜通量下降的污染物主要是浊度,溶解性的总有机炭 DOC 和 UV_{254}。有机物的分子量大小与膜污染程度也有很大的关系。从被污染的膜上取样分析,可以了解污染物的性质,从而有助于选择膜的清洗方法和预处理工艺。

水温影响水的黏性和过滤性能。为了消除水温对膜过滤通量的影响,可计算某一水温时的通量。下式可将通量修正到水温为 20℃时的通量。

$$J_{20℃} = J_T \cdot e^{-0.023\,9(T-20)} \tag{7-24}$$

式中,T 为实际测定的水温。

对于 UF 和 MF,可逆膜污染会在数小时内发生,化学可逆膜污染会在数小时或数日甚至数月内发生,而不可逆的通量下降在数月或数年内发生。

可逆污染是由水中的胶体颗粒和有机物沉积在膜表面造成的。对于 UF 和 MF,可逆污染可通过水力反冲洗恢复。在中试试验中,一个很重要的试验目的是了解水力冲洗间隔时间,它同时可得到该膜处理工艺的回收率,这个指标有很大的经济意义。过滤周期的确定是很重要的。设定水力反冲洗间隔时要慎重,过于频繁的反冲洗会减少水的回收率。

长期或化学膜污染是指这种污染通过化学药剂的清洗才可恢复。当采用的膜或处理工艺不恰当时,这种类型的污染很快会发生。膜应用于饮用水处理时,化学清洗的间隔时间跨度很大,在数星期或一年之间。在中试试验中,确定化学清洗的间隔时间非常重要。化学清洗通常采用强酸、强碱和强氧化剂,这些药剂对膜的损害很大。频繁的化学清洗不仅会导致膜的过滤性能和寿命下降,还会增加制水成本和废水处理的负担。如果在中试试验中发生频繁的化学清洗,通常意味采用的膜或预处理不适用该原水。可采用较高的通量强化膜污染。这种试验的目的是了解化学清洗恢复膜污染的效果。

通量的下降无法为水力冲洗或化学清洗恢复时,表明膜内部结构已发生变化。当发生这种情况时,说明膜的寿命已到了必须更换新膜的时间。膜的寿命通常为数年。

中试或现场试验的膜组件的大小、材质、排列以及工艺流程应与工程设计的相近。不同的膜材质与水中的污染物的相互作用不同,因此,膜污染的行为也不尽相同。通过膜与试验水的接触,了解膜是否适合于该水质的处理。膜组件、膜丝的直径和膜的厚度与膜过滤的水力特征有关。对于中空纤维膜,中试用膜与工程应用应有相同的装填密度;对于卷式膜,则应有相同的膜通量大小。简言之,尽管中试试验的膜组件的膜面积和尺寸小于工程应用,但膜材质、形状和组件形式必须相同。

膜运行过程中最重要的参数是膜压差和膜过滤通量,因此,只要条件许可,中试试验的驱动压力和通量应与工程应用相同。

运行费用与能量消耗、人力费用、膜的药剂清洗频率和膜的更换频率有关。中试试验时的运行条件和参数可以灵活调整,但生产性膜系统的调整空间有限。一般而言,运行压力和化学药剂投加的设定在设计阶段确定,不可能在运行时任意改变。中试试验可获得人力费用和能量消耗的运行费用信息。膜的药剂清洗次数可通过中试或通量的变化趋势推断得到。但膜的更换周期只能通过长期的试验得到,它的长短取决于运行条件本身。当膜的运行时间接近它的寿命时,即使是采用适当的处理参数,也无法减缓通量的快速衰减。因此,更换膜所产生运行费用,只能通过实际的运行或已知的膜特性获得。

7.4.3　超滤膜组件的膜丝长度对膜污染速率的影响

中试试验采用的膜组件经常与实际工程的相同,也可采用特别为试验制作的过滤面积较小的膜组件。中试在现场试验,时间长,费用较大,小试可在实验室进行,并可容易调整运行参数。小试所用的膜均为特制的小膜,膜面积一般在 0.1 m^2,甚至更小。许多小试采用平板膜。

就中空纤维膜而言,小试和中试的膜组件区别在于膜丝长度以及装填密度的不同。小试和中试组件在去除污染物方面没有区别,但在膜污染速率方面,却存在巨大的差别。这也是为何中试采用的膜组件应尽量与实际生产的相同或相近,以获得生产运行时的实际膜污染情况。

1. 试验膜组件和阻力

采用 Inge 公司的七孔内压式膜,膜材质为 PES,截留分子量为 150 kDa。膜组件的长度和面积见表 7-13,膜组件 A、B 和 C 用于小试,D 用于中试。

表 7-13　　　　　　　　　　　　试验的膜组件长度和面积

组件	膜丝长度/m	膜丝根数/根	膜面积/m^2
A	0.25	12	0.5
B	0.5	6	0.5
C	1.0	3	0.5
D	1.7	220	6.5

分配阻力的计算:在层流状态下,水力阻力的计算公式为

$$h_f = \lambda \cdot \frac{L}{d} \cdot \frac{v^2}{2g} \tag{7-25}$$

式中　h_f——水力阻力;

L——膜丝的长度(m);

v——流速(m/s);

d——膜丝的直径(m);

饮用水深度处理技术与工艺

λ——阻力系数。

在层流中可将式(7-25)变为

$$h_f = \frac{32 \cdot L \cdot \mu \cdot v}{d^2 \cdot g \cdot \rho} \qquad (7-26)$$

膜孔的直径为0.9 mm,水温为10℃,采用这个条件下的黏性系数,并且将水头损失转换为压力,得到水力分配导致的压力降低公式为

$$\Delta p = 53 \cdot L \cdot v \qquad (7-27)$$

式(7-23)中的 Δp 为层流下的压力损失(Pa)。

超滤的水流符合沿程均匀分配,因此,分配导致的压力损失为

$$\Delta p = \int_0^L 53 \cdot v_0 \cdot \left(L - \frac{x}{L}\right) \mathrm{d}x \qquad (7-28)$$

$$\Delta p = 26.5 \cdot L \cdot v_0 \qquad (7-29)$$

式中　Δp——水力分配导致压力损失(Pa);

　　　L——膜元件的长度(m);

　　　v_0——膜孔内水的流速。

2. 膜丝长度对于纯水通量的影响

图7-119为过滤纯水情况下,每单位长度膜丝的水头损失与流速的关系。图7-119表明,无论是中试还是小试,水头损失与流速均为线性关系,与式(7-29)计算的理论值基本一致。

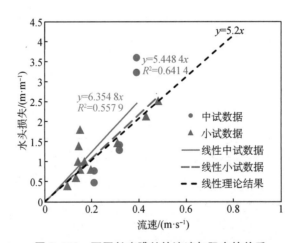

图7-119　不同长度膜丝的流速与阻力的关系

纯水通量与膜丝长度的关系如图7-120所示。纯水通量随着膜丝长度的增加而降低。根据式(7-29),每米长度膜丝的过滤阻力与流速成正比关系,即与通量成正比关

366

系。膜丝越长,产生的阻力也越大,因而在驱动压力一定的情况下,通量下降。如果不考虑分配阻力的话,不同膜丝长度的通量没有明显的差别。

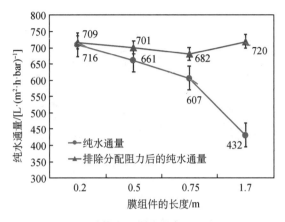

图 7-120　纯水通量和膜丝长度的关系

3. 膜丝长度对可逆污染的影响

采用膜面积 0.5 m²,长度为 0.5 m 和 1 m 的膜组件,在通量为 50 L/(m² · h)下,考察它们的污染速率,并分析膜丝长度与污染速率的关系。

图 7-121 表明,直接过滤产生了严重的膜污染,但 0.5 m 膜丝的污染速率明显大于 1 m 膜丝,为 1 m 的污染速率的 2.7 倍。在线混凝的情况下,膜污染的速率大大降低,但是,0.5 m 膜丝的污染速率仍然大于 1 m 的污染速率,低于直接过滤,为 2.2 倍。这是由于随着膜丝长度的增加,分配阻力的减少,使可逆污染速率降低的缘故。

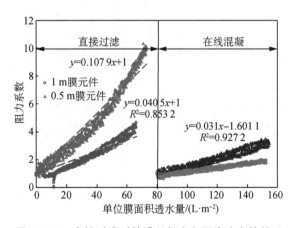

图 7-121　直接过滤时的膜丝长度和污染速率的关系

图 7-122 为在线混凝条件下,不同的通量时的膜丝长度与污染速率的关系。图 7-122 表明,不同的运行通量下,1 m 的膜组件的污染速率均低于 0.5 m 的膜组件。

通量为 $50 \text{ L}/(\text{m}^2 \cdot \text{h})$、$100 \text{ L}/(\text{m}^2 \cdot \text{h})$ 和 $150 \text{ L}/(\text{m}^2 \cdot \text{h})$ 时，0.5 m 的膜组件的污染速率分别是 1 m 膜组件的 2.2 倍、3.7 倍和 1.5 倍。

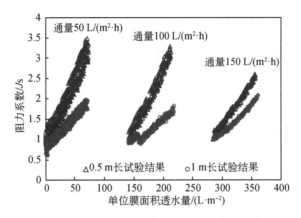

图 7-122　在线混凝时的膜丝长度和污染速率的关系

4. 膜丝长度对不可逆污染的影响

图 7-123 为通量 $90 \text{ L}/(\text{m}^2 \cdot \text{h})$，直接过滤的运行条件下，不同膜丝长度的不可逆污染速率。图 7-123 表明，不可逆污染速率随着膜丝长度的增加而降低，0.5 m 和 1 m 的膜丝长度的污染速率分别是 1.7 m 的 59 倍和 10 倍。

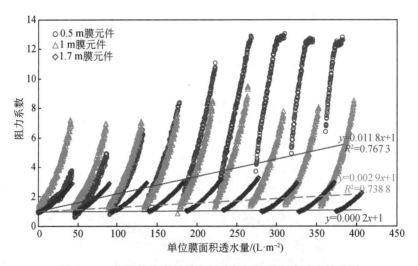

图 7-123　直接过滤时的膜丝长度与不可逆污染速率的关系

由此可见，膜丝长度与污染速率有着密切的关系，无论是可逆还是不可逆污染。随着膜丝长度的增加，污染速率降低。因此，为了真实反映实际工程的膜污染，中试应尽量采用的实际工程的膜组件，如果由于现场条件的原因，无法使用生产膜组件，至少采用膜丝长度与生产相同或接近的膜组件。

7.5　超滤-纳滤工艺处理太湖水的中试试验

1. 试验流程和试验方法

试验工艺流程如图 7-124 所示。太湖水通过 $200\ \mu m$ 的碟式过滤器,去除水中的粗大漂浮物如树枝等,以避免对膜产生损坏。试验采用直接过滤和在线混凝预处理并行的方式,以考察在线混凝的效果。混凝剂采用聚合氯化铝,投加量 2 mg/L (以 Al 计)。混凝剂投加后直接过膜。运行通量范围 $65\sim90\ L/(m^2\cdot h)$,以考察膜的抗污染能力。超滤膜由德国某公司提供,膜材质为 PES,膜孔径为 $0.02\ \mu m$,截留分子量 200 kDa。

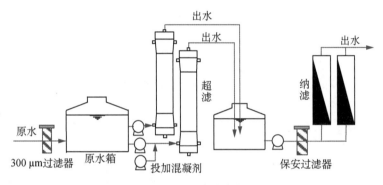

图 7-124　试验流程

过滤时间 30 min,水力反冲洗强度 $230\ L/(m^2\cdot h)$,冲洗历时 $25\sim30$ s。化学强化冲洗(CEB)每隔 48 h 或膜压差上升至 0.8 MPa 进行。CEB 采用 50 mg/L 次氯酸钠和硫酸。超滤系统的回收率 92%。

2. 原水水质

试验原水取自东太湖水,试验期间的主要原水水质指标见表 7-14。

表 7-14　　　　　　　　　　　原水主要水质指标

水质指标	最大值	最小值	平均值
水温	32	17	25.13
浊度/NTU	102	10.3	38.31
pH 值	8.64	7.5	7.98
$COD_{Mn}/(mg\cdot L^{-1})$	6.4	3.2	4.02
藻类密度/($\times10^4$ 个·L^{-1})	150	66	104.37

试验期间的藻类与水温的关系如图 7-125 所示。由图 7-124 可见,随着水温的上升,藻类数量明显增加。太湖水温最高为 30℃,出现在 6～8 月间,此时的藻类数量最

高,每升大约在 250 万个。

试验期间太湖水质的变化如图 7-126 所示。太湖水的浊度在冬季有上升的趋势,

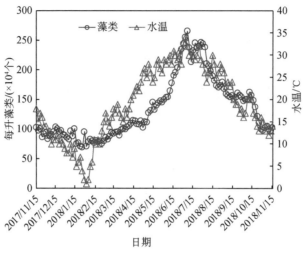

图 7-125 藻类与水温的关系

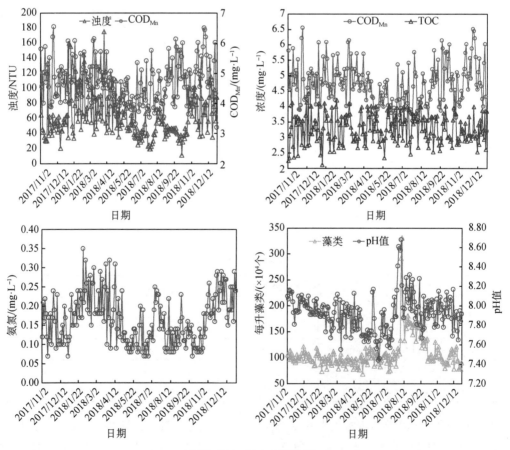

图 7-126 原水水质变化

在夏季反而较低。COD_{Mn} 的变化与浊度有相似的趋势。太湖为浅水湖,平均水深 2 m。冬季常起大风,容易扰动湖底,使湖底泥泛起,导致浊度增加。太湖水中的浊度有部分为藻类,因而有机物也会随之增加。太湖的氨氮浓度较低,低于 0.5 mg/L,但也呈现冬季高,其余季节低的变化特点。

3. 超滤膜压差的变化

不同通量下的直接过滤和在线混凝的膜压差变化如图 7-127 所示,图 7-127 表明,在线混凝控制膜压差的效果优于直接过滤,但其缓解率随着通量的增加而下降。图 7-128 表明在线混凝缓解膜压差的效果与通量有非常好的相关关系。当通量为 60 L/(m^2·h)时,缓解率可达 35%;但当通量增加至 90 L/(m^2·h)时,缓解率减少至仅为 5%。在线混凝之所以缓解膜压差是因为在膜表面形成了松软滤饼层,但这层松软滤饼层会随着通量和驱动压力的增加而逐渐压实,使之失去弹性,导致缓解效果的下降。

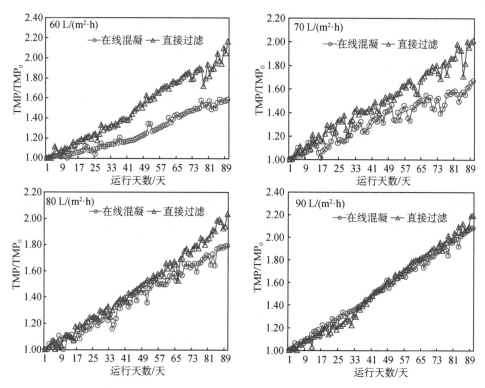

图 7-127　不同通量下的直接过滤和在线混凝的膜压差

图 7-129 为直接过滤的膜压差变化,连续运行 190 天后,膜压差接近 0.01 MPa。化学清洗后的膜压差降至 0.003 MPa。

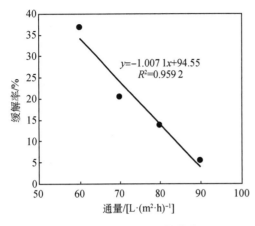

图 7-128　缓解率与通量的关系

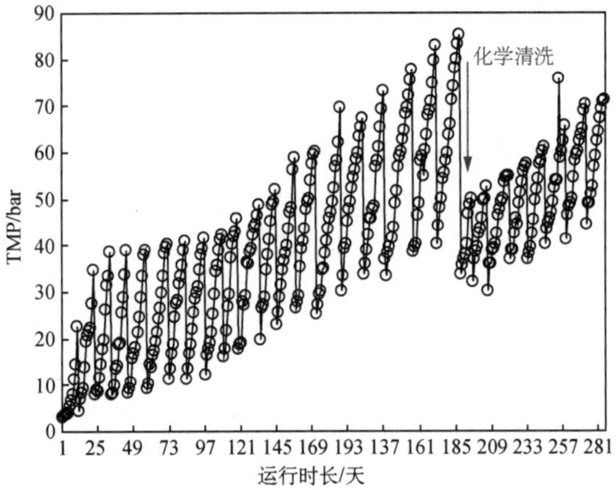

图 7-129　直接过滤的膜压差变化

4. 直接过滤和在线混凝去除污染物的效果

如图 7-130 所示,在线混凝-超滤对 COD_{Mn}、TOC 和 UV_{254} 的平均去除率分别为 45%、19% 和 24.2%,而直接过滤去除率分别为 36%、10% 和 0.82%。在线混凝作为预处理,可以有效提高有机物的去除效果。由于在线混凝没有沉淀环节,混凝形成的矾花在膜表面形成动态的滤饼层,它可吸附和截留部分的有机物,从而提高了有机物的去除效果。

由图 7-130 可知,直接过滤和在线混凝-超滤对藻类有较高的去除率,直接过滤对藻类的平均去除率为 88.5%,在线混凝-超滤对藻类的平均去除率为 95.5%。由此可见,超滤的直接过滤对藻类有很高的去除效果,而在线混凝-超滤会进一步提升去除率。对于有藻类问题的原水如太湖,由于藻类在常规工艺中没有被有效去除,剩余的藻类会在后臭氧中氧化并释放出胞内有机物,这些有机物通过进一步氧化会产生嗅味和消毒副产物等。以超滤膜或在线混凝-超滤替代常规工艺,就可避免这些问题的产生,从而有效提高水质。

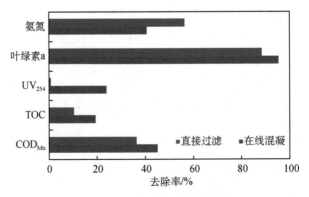

图 7-130　去除污染物的效果

图 7-130 还表明,无论是在线混凝还是直接过滤均对氨氮有去除效果,并且在线混凝的效果优于直接过滤。超滤膜的孔径远大于氨氮,所以就截留原理而言,超滤不可能去除氨氮。可能的机理是膜表面截留杂质所形成的滤饼层对氨氮具有吸附作用,而在线混凝所产生的矾花吸附氨氮的效果更佳。

5. 纳滤膜压差的变化

以超滤作为预处理,纳滤膜长期运行的膜压差变化如图 7-131 所示。图 7-131 表明,纳滤的运行通量在 21 L/(m² · h)的情况下,运行 180 天的膜压差保持在 2~3 bar,而后增至 3.5 bar;当运行通量增加至 26 L/(m² · h)时,膜压差增加。试验结果表明,以超滤作为预处理可以保证纳滤膜能长期稳定运行。

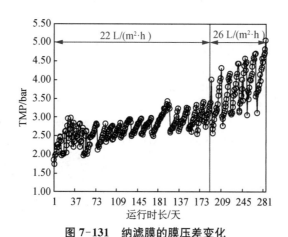

图 7-131　纳滤膜的膜压差变化

6. 超滤和纳滤去除有机物的效果

超滤和纳滤去除有机物的效果如图 7-132 所示。图 7-132 表明,对于 COD_{Mn},超滤和纳滤出水分别为 2.08 mg/L 和 0.76 mg/L,去除率分别为 50.76% 和 31.79%,总去除率为 82%;对于 TOC,分别为 1.9 mg/L 和 0.43 mg/L,去除率分别为 29% 和 55%,总去除率为 84%;对于 UV_{254},分别为 0.049 cm⁻¹ 和 0.017 cm⁻¹,去除率分别为 50.83% 和 37.57%,总去除率为 88.4%。

超滤和纳滤去除各种污染物的效果如图 7-133 所示。超滤对叶绿素 a 和藻类有非常好的去除效果,去除率均在 90% 左右,但对有机物的去除效果有限,COD_{Mn}、TOC 和 UV_{254} 的去除率分别为 36%、15% 和 11%。纳滤膜对有机物有非常好的去除效果,COD_{Mn}、TOC 和 UV_{254} 的去除率分别为 57%、71% 和 80%。因此,超滤和纳滤工艺对各种污染物的去除效果均在 90% 以上。

纳滤去除电导率和 TDS 的效果如图 7-134 所示。电导率和 TDS 的去除率均在

40％左右。这是松散型纳滤膜处理的效果,它可保证出水仍有一定的含盐量和矿物质,从而有利于饮水的健康。

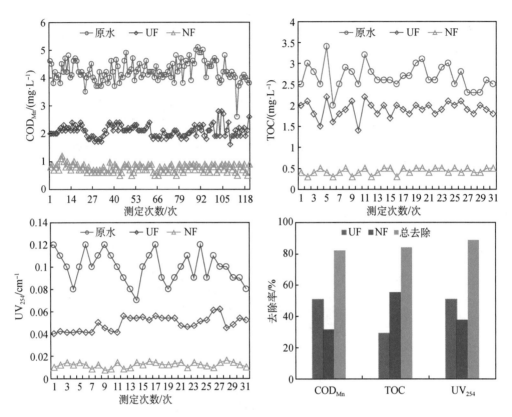

图 7-132　超滤和纳滤的有机物浓度以及去除

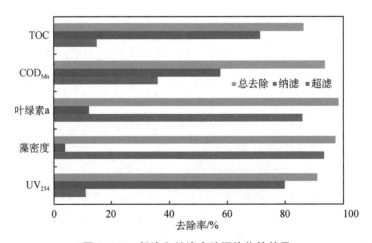

图 7-133　超滤和纳滤去除污染物的效果

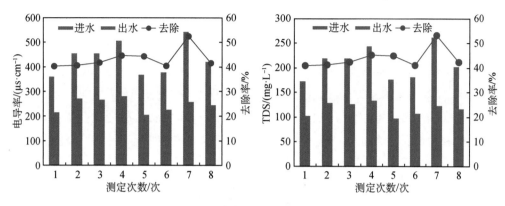

图 7-134　纳滤去除电导率和 TDS 的效果

7. 分子量的变化

超滤和纳滤的分子量分布变化如图 7-135 所示。原水的 TOC 分子量主要在 1 000 Da 左右，超滤处理水的 TOC 响应仅比原水的略降些，说明超滤去除小分子有机物极为有限。纳滤处理水的响应大幅降低，而且在分子量 10 000 Da 左右没有响应，说明这些分子量已被纳滤完全截留去除。纳滤处理水的分子量仅在 1 000 Da 左右响应。原水的 UV_{254} 分子量响应峰在 10 000 Da 左右。超滤处理水的 UV_{254} 分子量响应大幅降低，纳滤处理水的进一步下降。

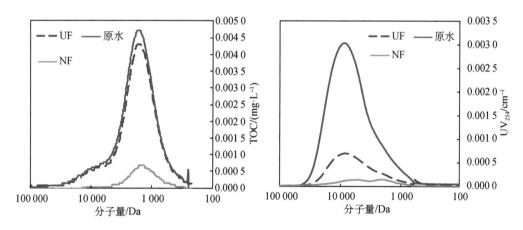

图 7-135　超滤和纳滤的分子量变化

8. 纳滤去除嗅味有机物的效果

太湖水中最常见的两种致嗅物质为土臭素（GSM）和 2-甲基异莰醇（2-MIB），其嗅味阈值浓度极低，我国已在《生活饮用水卫生标准》（GB 5749—2022）增加的附录 A 中规定了典型嗅味物质 GSM 和 2-MIB 的限值,均为 10 ng/L。GSM 和 2-MIB 会成为三卤甲烷(THMs)的前体物,因此,去除这两种太湖典型的异嗅物对提高饮用水水质有重要意义。

为了解纳滤膜去除嗅味物质的效果,向超滤产水中分别投入 40 ng/L、70 ng/L、100 ng/L、150 ng/L 和 200 ng/L 的土臭素和 2-甲基异莰醇。图 7-136 为纳滤去除 2-MIB 和 GSM 的效果,由此可知,2-MIB 浓度在 50～200 ng/L 的变化范围内,纳滤膜对其保持着稳定的去除能力,去除率约 70%。在相同的浓度变化范围内,纳滤对于土臭素的去除能力高于 2-MIB,去除率约 77.2%。

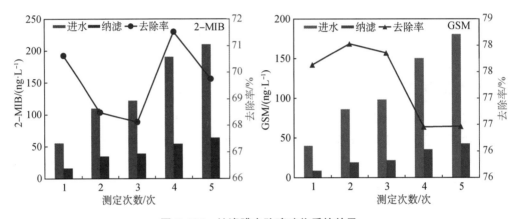

图 7-136　纳滤膜去除嗅味物质的效果

7.6　膜处理组合工艺及其应用案例

7.6.1　膜处理组合工艺概述

1. 膜组合工艺

膜在处理天然水时,由于污染的问题,常与其他技术如混凝、吸附和氧化等联用,形成所谓的"膜组合工艺"。这些技术通常置于膜的前端,它们的作用可强化有机物和其他污染物的去除,同时还可以控制膜污染,使之长期、高通量地稳定运行。

1) 混凝-膜组合工艺

混凝是饮用水处理工艺中几乎是必不可少的技术环节,它与膜的组合可以带来两个好处,一是强化了有机物的去除,二是可以控制膜污染,而且二者是相互关联的。膜与混凝组合的最常用形式是膜取代砂滤,置于反应沉淀池后面,如图 7-137 所示。

2) 吸附-膜组合工艺

吸附-膜组合工艺多采用活性炭作为吸附剂,可分为粉末炭和颗粒炭。对于粉末炭-

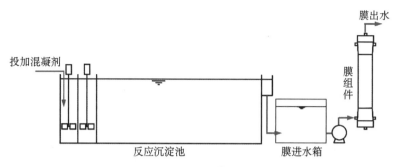

图 7-137　混凝-膜组合工艺

膜组合工艺,粉末炭吸附了有机物后,为膜所截留,这样既可去除有机物,又可将粉末炭从水中移除,避免了粉末炭残留在水中影响水质。在粉末炭-膜组合工艺中,如何延长粉末炭的吸附时间是提高工艺去除有机物的关键。为此,将粉末炭在系统中进行循环是解决这个问题的方法,如图 7-138 所示。

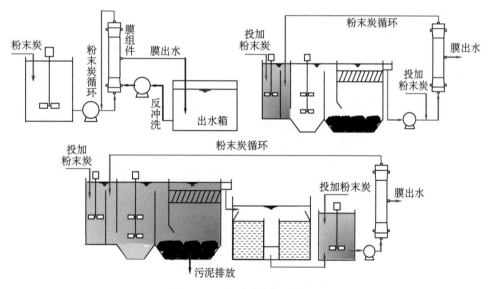

图 7-138　粉末炭-膜组合工艺

　　这样的组合工艺被称为"水晶工艺",粉末炭有两个投加点,一是投加在高效澄清池,但粉末炭在此投加会受到混凝剂的强烈干扰,其吸附受到严重影响,二是投加在高效澄清池出水,膜的进口处,此时粉末炭的吸附没有受到干扰,吸附效果最佳,但吸附时间很短,许多吸附容量没有发挥作用,因此,可将粉末炭通过错流过滤再回到高效澄清池的进口。

　　吸附-膜组合工艺的另一种形式是颗粒活性炭与膜组合。如果仅是颗粒炭,由于吸附容量很快饱和,制水成本很高,实际上采用极少。目前实际采用的是将超滤膜置于臭氧生物活性炭后,如图7-139所示。该工艺的膜起到的作用仅为截留生物活性炭泄漏的微生物和细菌,保障饮用水的生物安全。

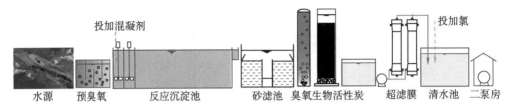

投加混凝剂 投加氯

水源　预臭氧　反应沉淀池　砂滤池　臭氧生物活性炭　超滤膜　清水池　二泵房

图7-139　臭氧生物活性炭-膜组合工艺

3）预氧化-膜组合工艺

在预氧化-膜组合工艺中,经常采用的氧化剂为氯、高锰酸钾和臭氧。由于臭氧的强氧化性,经臭氧氧化的水不可直接与有机膜接触,这样会损害膜。因此,前臭氧以及臭氧生物活性炭的后臭氧可视为预氧化-膜组合工艺,如图7-140所示。高锰酸钾和氯由于氧化性较弱,可直接置于膜的前端。臭氧可直接置于无机膜的前端,形成臭氧-无机膜工艺。

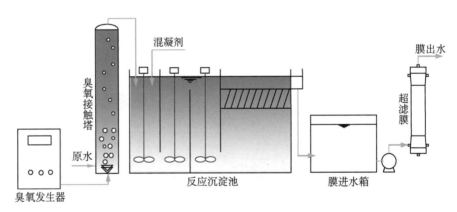

混凝剂　　　　　　　　　　膜出水

臭氧接触塔　　　　　　　　　　　　　　　超滤膜

原水　　　　　　　　　　　　膜进水箱

臭氧发生器　　　反应沉淀池

图7-140　预氧化-膜组合工艺

此外,为了强化有机物的去除,更好地控制膜污染,也可采用几种技术与膜联用,如混凝-粉末炭-超滤膜,氧化-粉末炭-超滤膜等。图7-140也可视为氧化-混凝-超滤膜工艺。

2. 膜深度处理组合工艺

膜深度处理组合工艺是指以去除有机物为主要目的的工艺。

1）超滤-臭氧生物活性炭工艺

在这样的工艺中,超滤替代了常规工艺,为了控制膜污染,也可采用在线混凝作为预处理。臭氧生物活性炭承担了去除有机物的作用。该工艺与常规-臭氧生物活性炭相比,占地面积大大节省,对于藻类水,去除藻类的效果优异(图7-141)。

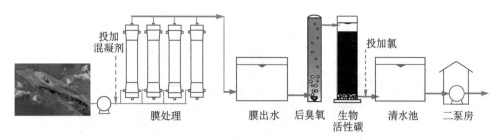

图 7-141　超滤-臭氧生物活性炭工艺

2）纳滤组合工艺

以纳滤为核心的膜深度处理工艺，如图 7-142 所示。将常规工艺的砂滤用超滤替代，后续纳滤。超滤作为纳滤的预处理，保证符合纳滤的进水水质（Silt Density Index，SDI<3）要求。还可将超滤替代常规工艺，形成超滤-纳滤的处理工艺，如图 7-143 所示。

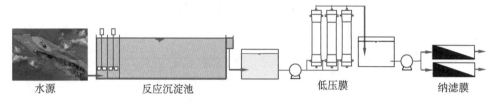

图 7-142　超滤-纳滤处理工艺（1）

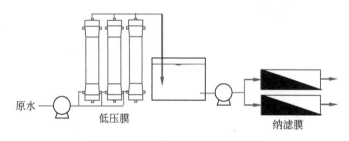

图 7-143　超滤-纳滤处理工艺（2）

7.6.2　膜处理应用案例

1. 安徽某水厂

水厂建于长江下游马鞍山市的江心岛，设计水量 5 000 m^3/d，超滤部分为 4 个处理单元，每个单元由 24 支膜组件组成。超滤膜为 LH3 系列超滤膜，内压式中空纤维膜。膜中空丝内径 1 mm，平均截留分子量 80 000 Da（图 7-144）。

去除各种污染物的效果如图 7-145 所示。出水浊度可达 0.07 NTU，COD_{Mn} 的去除率为 27%，出水的铁和锰低至检测不出。

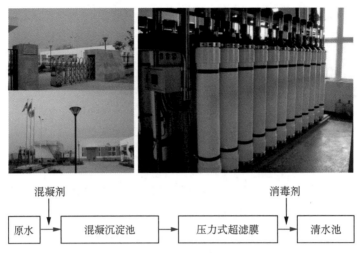

图 7-144　某水厂现场图及膜处理工艺流程

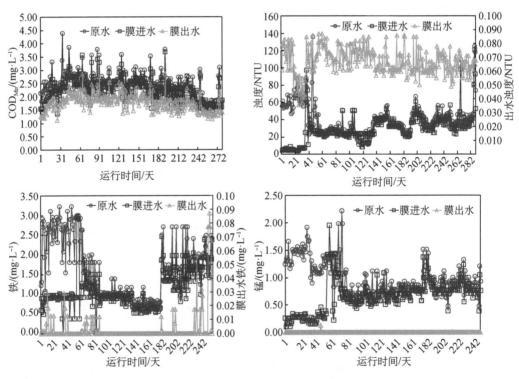

图 7-145　去除各种污染物的效果

2. 南通某水厂

水厂水源取自长江南通段，始建于 1973 年，供水能力 500 000 m³/d（图 7-146）。老水厂升级改造。由于地方狭小，将原有的斜管沉淀池改造成浸没式超滤膜，混凝反应后不经过沉淀,直接膜过滤。

超滤系统设计产水能力 25 000 m^3/d。采用海南立升的 PVC 超滤膜,过滤面积 35 m^2,膜孔径 0.01 μm,设计通量 32 $L/(m^2 \cdot h)$(图 7-147)。

图 7-146　南通某水厂现场图

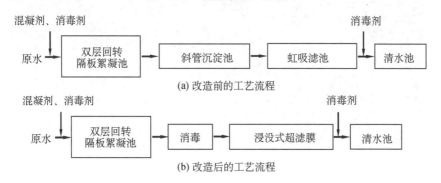

(a) 改造前的工艺流程

(b) 改造后的工艺流程

图 7-147　改造前后的工艺流程

3. 青浦某水厂

青浦某水厂的原水取自黄浦江上游,耗氧量多在 5～7 mg/L,常规工艺出水的耗氧量经常高于 3 mg/L。一期规模 10 万 m^3/d,浸没式设计,设计膜通量 30～50 $L/(m^2 \cdot h)$(图 7-148)。

图7-148　青浦某水厂现场图及工艺流程

4. 山东某水厂

水厂的原水取自南郊水库,藻类繁殖严重,一般藻类有机物每升在100万个以上,耗氧量低于6 mg/L。南郊水厂设计规模10万 m^3/d,设计膜通量30 L/($m^2 \cdot$ h)。2009年12月建成通水(图7-149)。

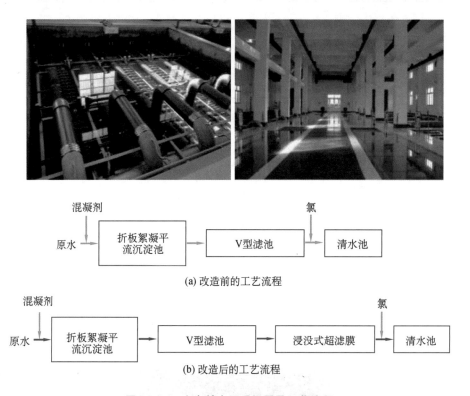

(a) 改造前的工艺流程

(b) 改造后的工艺流程

图7-149　山东某水厂现场图及工艺流程

5. 无锡某水厂

无锡某水厂处理水量15万 m^3/d。老水厂工艺升级改造,以应对太湖藻类的影响。改造后的工艺为混凝反应沉淀-砂滤-后臭氧-生物活性炭-超滤膜(图7-150)。水厂采用西门子外压式超滤膜,膜孔径0.04 μm,膜组件过滤面积38 m^2,设计通量86 L/($m^2 \cdot$ h)。

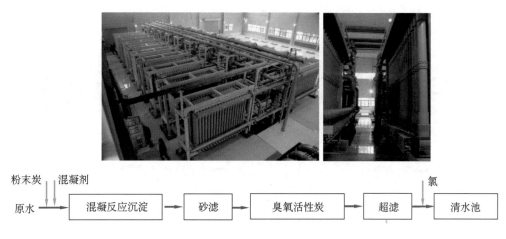

粉末炭 混凝剂   氯

原水 → 混凝反应沉淀 → 砂滤 → 臭氧活性炭 → 超滤 → 清水池

图 7-150 无锡某水厂现场图及工艺流程

6. 杭州某水厂

某水厂供水规模 30 万 m^3/d,有两组各为 15 万 m^3/d 的新旧常规工艺。为了进一步提高供水水质,对水厂的净水工艺进行升级改造。主要目标是浊度小于 0.1 NTU,COD_{Mn} 小于 2 mg/L,锰小于 0.05 mg/L(图 7-151)。

采用外压式微滤膜,膜孔径 0.1 μm,膜材质 PVDF。通量 60 L/(m^2·h)。

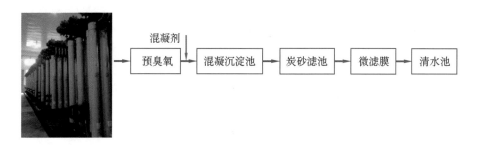

混凝剂

预臭氧 → 混凝沉淀池 → 炭砂滤池 → 微滤膜 → 清水池

图 7-151 杭州某水厂现场图及工艺流程

7. 太仓某水厂

太仓某水厂的工艺流程如图 7-152 所示。纳滤处理规模每天 5 万吨。纳滤膜采用某公司的 DF50。工艺设计采用二段式,并有部分浓水回流,系统回收率 85%。DF50 的脱盐率在 20%~50%,运行压力为 0.2~0.4 MPa,能耗 0.2~0.3 kW·h/m^3。纳滤运行通量 16 L/(m^2·h)。

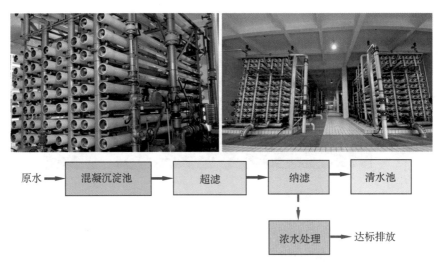

图 7-152　太仓某水厂现场图及工艺流程

参 考 文 献

［1］钟淳昌,戚盛豪.净水厂设计[M].2 版.北京:中国建筑工业出版社,2019.

［2］董秉直,褚华强,尹大强,等.饮用水膜法处理新技术[M].上海:同济大学出版社,2015.

［3］范瑾初,金兆丰.水质工程[M].北京:中国建筑工业出版社,2009.

［4］董秉直,曹达文,陈艳.饮用水膜深度处理技术[M].北京:化学工业出版社,2006.

［5］王占生,刘文君,张锡辉.微污染水源饮用水处理[M].北京:中国建筑工业出版社,2016.

［6］许保玖.给水处理理论[M].北京:中国建筑工业出版社,2000.

［7］范瑾初.混凝技术[M].北京:中国环境科学出版社,1992.

［8］MIKA SILLANPAA. Natural organic matter in water[M]. Butterworth-Heinemann,2014.

［9］MALLEVIALLE J,ODENDAAL P E,WIESNER M R. Water treatment membrane process [M]. MCGRAW-HILL,1996.

［10］RAYMOND D LETTERMAN. Water quality and treatment[M]. Fifth Edition. McGraw-Hill,1999.

［11］JOHN C,CRITTENDEN R R,DAVID W H,et al. MWH's Water Treatment Principles and Design[M]. Third Edition. John Wiley & Sons,Inc.,2012.

［12］MARK M B,DESMOND F L. Water quality engineering physical/chemical treatment process [M]. John Wiley & Sons,Inc.,2013.

［13］徐开钦,津仓洋,须藤隆一.生物膜法による低濃度汚濁水の净化[J].用水と廃水,1997,39(8): 66-81.

［14］董秉直,曹达文,范瑾初.强化混凝中不同分子质量有机物的变化特点[J].工业水处理,2003, 23(9):41-43.

［15］董秉直,曹达文,范瑾初.铝盐和铁盐去除有机物的特点比较[J].中国给水排水,2003,19(13): 69-70.

［16］陈艳,董秉直,詹俊英,等.pH 对粉末活性炭去除有机物的影响[J].给水排水,2004,30(5): 13-16.

［17］徐悦,董秉直,高乃云.纳滤膜对饮用水中可同化有机碳的去除效果[J].给水排水,2006,32(11): 3-7.

［18］胡红梅,董秉直,宋亚丽,等.高锰酸钾预氧化/混凝/微滤工艺处理黄浦江源水[J].中国给水排水,2007,23(5):97-100.

［19］董秉直,孙飞,闫昭晖,等.在线混凝—超滤联用工艺用于小城镇给水的应用研究[J].给水排水,2007,33(12):27-31.

［20］董秉直,刘凤仙,桂波.在线混凝处理微污染水源水的中试研究[J].工业水处理,2008,28(1):

40-43.

[21] 宋亚丽,董秉直,高乃云,等. 预臭氧化对 MF 膜处理黄浦江水的影响研究[J]. 环境科学,2009,30 (5):1391-1396.

[22] 聂莉,董秉直. 不同相对分子量的有机物对膜通量的影响[J]. 中国环境科学,2009,29(10): 1086-1092.

[23] 宋亚丽,董秉直,高乃云,等. 臭氧/混凝预处理工艺降低膜污染的研究[J]. 环境科学,2010,31 (7):1516-1519.

[24] 董秉直,林洁,张晗. 一种新的有机物分子质量测定以及在膜污染研究中的应用[J]. 给水排水, 2012,38(7):117-122.

[25] 张晗,董秉直. HPSEC-UV-TOC 联用技术测定有机物相对分子质量分布[J]. 环境科学,2012, 33(9):3144-3151.

[26] 王继萍,华伟,蒋福春,等. 臭氧-生物活性炭工艺去除 AOC 和有机物的效果研究[J]. 给水排水, 2014,40(2):11-15.

[27] 董秉直,盛云鸽. 膜组合工艺处理高藻水的试验研究[J]. 给水排水,2014,40(3):115-121.

[28] 董秉直,杜嘉丹,林洁. 混凝预处理缓解微滤膜污染的效果与机理研究[J]. 给水排水,2015,41 (1):115-118.

[29] 董秉直,陈嘉珮. 膜组合工艺应对藻类暴发的能力研究[J]. 给水排水,2015,41(2):25-31.

[30] 董秉直,何畅,阎婧. 预氧化与混凝联用控制膜污染的效果与机理[J]. 给水排水,2015,41(3): 115-119.

[31] 董秉直,张佳丽,何畅. 臭氧氧化饮用水过程中可同化有机碳生成的影响因素[J]. 环境科学, 2016,37(5):1837-1844.

[32] 吴炜玮,陈嘉珮,董秉直. 氯对饮用水中可同化有机碳的影响[J]. 中国环境科学,2016,36(4): 1067-1072.

[33] 别楚君,姚迎迎,董秉直. 基于高效液相凝胶色谱与三维荧光光谱研究饮用水中溶解性有机物去 除规律[J]. 给水排水,2017,43(2):27-33.

[34] 杜嘉丹,董秉直. 太湖微污染水中生物可降解有机碳的特点分析[J]. 中国给水排水,2018,34 (13):43-47.

[35] 魏永,姚维昊,桂波,等. 超低压反渗透处理太湖水的中试分析[J]. 给水排水,2018,44(12): 11-16.

[36] 殷祺,郭小龙,桂波,等. 超滤-臭氧生物活性炭深度工艺处理太湖水的中试研究[J]. 给水排水, 2019,45(11):9-12.

[37] 董秉直,孙雨卉,蒋福春,等. 预臭氧在臭氧生物活性炭深度处理工艺中的优化和协同作用[J]. 给 水排水,2019,45(1):24-30.

[38] 董秉直,王蕊,邰阔,等. 预臭氧对深度工艺去除臭味和有机物的影响[J]. 给水排水,2019,45(6): 50-58.

[39] 胥倩倩,董秉直,刘坤乔,等. 全膜深度处理工艺处理太湖水的中试研究[J]. 给水排水,2020,46 (4):76-81.

[40] 刘坤乔,胥倩倩,汪步云,等. 不同深度处理工艺净化太湖高藻原水的中试研究[J]. 中国给水排

水,2021,37(9):21-26.

[41] 丰桂珍,董秉直.水中藻类溶解性有机物特性研究[J].环境科学与技术,2016,39(11):144-149.

[42] 周建平,郑国兴.悬浮填料在微污染原水生物预处理中的应用[J].净水技术,2005,24(5):45-48.

[43] 贺珊珊,陈才高,刘海燕,等.生物接触氧化工艺在市政给水中的应用[J].净水技术,2021,40
(s1):60-65.

[44] 郭永晖,李永国,王坚,等.不同截留分子量超微滤膜处理地表水中膜污染的对比研究[J].膜科学
与技术,2022,42(5):139-145.

[45] 王志刚,刘文清,张玉钧,等.不同来源水体有机综合污染指标的三维荧光光谱法与传统方法测量
的对比研究[J].光谱学与光谱分析,2007,27(12):2514-2517.

[46] 傅平青,吴丰昌,刘丛强,等.高原湖泊溶解有机质的三维荧光光谱特性初步研究[J].海洋与湖
沼,2007,38(6):512-520.

[47] 董秉直.超滤膜与混凝、粉末活性炭联用处理微污染水源[D].上海:同济大学环境科学与工程学
院,2002.

[48] 杨玲.周家渡水厂臭氧-生物活性炭滤池换炭方式试验研究[D].上海:同济大学环境科学与工程
学院,2006.

[49] 徐悦.纳滤和反渗透技术对饮用水中可同化有机碳(AOC)的去除特性的研究[D].上海:同济大
学环境科学与工程学院,2007.

[50] 胡红梅.微滤膜处理微污染水及 Fe、Mn 对膜污染影响的研究[D].上海:同济大学环境科学与工
程学院,2007.

[51] 李旋.混凝/超滤组合工艺去除有机物及控制膜污染的研究[D].上海:同济大学环境科学与工程
学院,2012.

[52] 张晗.采用 HPSEC-UV-TOC 测定有机物相对分子量分布及膜污染机理的研究[D].上海:同济
大学环境科学与工程学院,2012.

[53] 何欢.臭氧-生物活性炭深度处理工艺对饮用水中可同化有机碳(AOC)的去除特性研究[D].上
海:同济大学环境科学与工程学院,2014.

[54] 王劲.混凝去除 AOC 和 BDOC 的试验研究[D].上海:同济大学环境科学与工程学院,2014.

[55] 别楚君.深度处理对饮用水中可同化有机碳及溶解性有机物去除规律研究[D].上海:同济大学
环境科学与工程学院,2014.

[56] 林洁.预处理低压膜工艺在太湖原水的应用[D].上海:同济大学环境科学与工程学院,2013.

[57] 阎婧.不同预氧化与超滤膜联用去除有机物效果及缓解膜污染的研究[D].上海:同济大学环境
科学与工程学院,2012.

[58] 宋亚丽.预氧化对微滤膜及其联用工艺的影响和机理研究[D].上海:同济大学环境科学与工程学
院,2007.

[59] 王继萍.粉末活性炭去除水中嗅味物质的试验研究[D].上海:同济大学环境科学与工程学
院,2014.

[60] 柳君侠.粉末炭低压膜处理微污染水及膜污染机理研究[D].上海:同济大学环境科学与工程学
院,2014.

[61] 盛云鸽.不同种类粉末活性炭吸附藻类胞外有机物 EOM 的研究[D].上海:同济大学环境科学与

工程学院,2014.

[62] 黄伟伟.藻类有机物的特征及其对微滤膜的污染控制和机理研究[D].上海:同济大学环境科学与工程学院,2013.

[63] 喻瑶.不同原水中膜污染物质的确定与表征[D].上海:同济大学环境科学与工程学院,2013.

[64] 陈思莹.水处理工艺对天然水中游离氨基酸的去除研究[D].上海:同济大学环境科学与工程学院,2018.

[65] 吴炜玮.饮用水处理过程中氯影响可同化有机碳及其前体物变化规律的研究[D].上海:同济大学环境科学与工程学院,2016.

[66] 陈嘉佩.氯对饮用水中可同化有机碳的影响及其前体物研究[D].上海:同济大学环境科学与工程学院,2015.

[67] 何畅.臭氧氧化饮用水中可同化有机碳生成的影响因素及前体物研究[D].上海:同济大学环境科学与工程学院,2015.

[68] 张佳丽.氧化对饮用水中可同化有机碳生成影响及控制[D].上海:同济大学环境科学与工程学院,2016.

[69] 杜嘉丹.臭氧生物活性炭工艺对饮用水生物可降解有机碳和嗅味的去除研究[D].上海:同济大学环境科学与工程学院,2015.

[70] 姚迎迎.臭氧-生物活性炭工艺对太湖水中微量有机物的去除研究[D].上海:同济大学环境科学与工程学院,2016.

[71] 李雨轩.超滤-纳滤双膜组合工艺在高品质饮用水处理中的研究[D].兰州:兰州交通大学环境与市政工程学院,2019.

[72] 郭小龙.在线混凝-超滤-臭氧活性炭联用工艺处理藻类微污染原水的中试研究[D].兰州:兰州交通大学环境与市政工程学院,2019.

[73] 李惠平.纳滤膜在高品质饮用水处理中的应用研究[D].兰州:兰州交通大学环境与市政工程学院,2020.

[74] 张健.典型饮用水处理工艺影响纳滤膜运行的分析[D].兰州:兰州交通大学环境与市政工程学院,2021.

[75] 徐鹏成.纳滤控制高品质饮用水中消毒副产物的应用研究[D].兰州:兰州交通大学环境与市政工程学院,2022.

[76] 胥倩倩.超滤-臭氧生物活性炭联用工艺处理高藻原水的中试研究[D].宁波:宁波大学土木与环境工程学院,2020.

[77] 刘小为.单宁酸与给水处理过程相关的若干化学行为研究[D].哈尔滨:哈尔滨工业大学,2007.

[78] TOM BOND, EMMA H G, SIMON A P, et al. A critical review of trihalomethane and haloacetic acid formation from natural organic matter surrogates[J]. Environmental Technology Reviews, 2012, 1(1): 93-113.

[79] TOM BOND, JIN HUANG, MICHAEL R. Templeton, Nigel Graham. Occurrence and control oa nitrogenous disinfection by-products in drinking water—A review[J]. Water Research, 2011, 45: 4341-4354.

[80] CHEN YAN, LI HUIPING, PANG WEIHAI, et al. Pilot study on the combination of different

pre-treatments with nanofiltration for efficiently restraining membrane fouling while providing high-quality drinking water[J]. Membranes, 2021, 11(6): 380.

[81] LI TIAN, ZHANG YUNLU, GUI BO, et al. Application of coagulation-ultrafiltration-nanofiltration in a pilot study for Tai Lake water treatment[J]. Water Environment Research, 2020(4): 579-587.

[82] LI HUIPING, CHEN YAN, ZHANG JIAN, et al. Pilot study on nanofiltration membrane in advanced treatment of drinking water[J]. Water Supply, 2020, 20(516): 2043-2053.

[83] CHEN SIYING, DONG BINGZHI, GAO KUO, et al. Pilot study on advanced treatment of geosmin and 2-MIB with O_3/GAC[J]. Water Supply, 2019, 19(4): 1253-1263.

[84] KAWASAKI N, MATSUSHIGE K, KOMATSU K, et al. Fast and precise method for HPLC-size exclusion chromatography with UV and TOC (NDIR) detection: Importance of multiple detectors to evaluate the characteristics of dissolved organic matter[J]. Water Research, 2011, 45(18): 6240-6248.

[85] CHIN Y P, AIKEN G, O'LOUGHLIN E. Molecular-weight, polydispersity, and spectroscopic properties of aquatic humic substances[J]. Environmental Science and Technology. 1994, 28 (11): 1853-1858.

[86] SPETH T F, GUSSES A M, SUMMERS R S. Evaluation of nanofiltration pretreatments for flux loss control[J]. Desalination, 2000, 130(1): 31-44.

[87] NAMGUK HER, GARY AMY, DAVID FOSS, et al. Optimization of Method for Detecting and Characterizing NOM by HPLC- Size Exclusion Chromatography with UV and On-Line DOC Detection[J]. Environmental Science and Technology, 2002, 36: 1069-1076.

[88] LEENHEER J A. Comprehensive approach to preparative isolation and fractionation of dissolved organic carbon from natural waters and wastewaters[J]. Environmental Science and Technology, 1981, 15(5): 578-587.

[89] HUANG H, LEE N, YOUNG T, et al. Natural organic matter fouling of low-pressure, hollow-fiber membranes: Effects of NOM source and hydrodynamic conditions[J]. Water Research, 2007, 41(17): 3823-3832.

[90] CHEN W, WESTERHOFF P, LEENHEER J A, et al. Fluorescence excitation-emission matrix regional integration to quantify spectra for dissolved organic matter[J]. Environmental Science & Technology, 2003, 37(24): 5701-5710.

[91] COBLE P G. Characterization of marine and terrestrial DOM in seawater using excitation-emission matrix spectroscopy[J]. Marine Chemistry, 1996, 51(4): 325-346.

[92] MAIE N, SCULLY N M, PISANI O, et al. Composition of a protein-like fluorophore of dissolved organic matter in coastal wetland and estuarine ecosystems[J]. Water Research, 2007, 41(3): 563-570.

[93] MARHABA T F, VAN D, LIPPINCOTT R L. Rapid identification of dissolved organic matter fractions in water by spectral fluorescent signatures[J]. Water Research, 2000, 34 (14): 3543-3550.

[94] MCKNIGHT D M, BOYER E W, WESTERHOFF P K, et al. Spectrofluorometric characterization of dissolved organic matter for indication of precursor organic material and aromaticity[J]. Limnology and Oceanography, 2001, 46(1): 38-48.

[95] FU P Q, WU F C, LIU C Q, et al. Spectroscopic characterization and molecular weight distribution of dissolved organic matter in sediment porewaters from Lake Erhai, Southwest China[J]. Biogeochemistry, 2006, 81(2): 179-189.

[96] HER N, AMY G L, MCKNIGHT D, et al. Characterization of DOM as a function of MW by fluorescence EEM and HPLC-SEC using UVA, DOC, and fluorescence detection[J]. Water Research, 2003, 37(17): 4295-4303.

[97] WANG L Y, WU F C, ZHANG R Y, et al. Characterization of dissolved organic matter fractions from Lake Hongfeng, Southwestern China Plateau[J]. Journal of Environmental Sciences-China, 2009, 21(5): 581-588.